普通高等教育新闻传播学类国家级一流专业建设精品教材　专业改革创新卷
丛书主编　张明新　金凌志　　分卷主编　张明新　李华君　李卫东

文科生也看得懂的线性代数

徐明华　徐长发◎编著

華中科技大學出版社
http://press.hust.edu.cn
中国·武汉

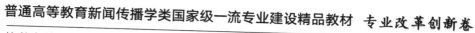

内 容 提 要

线性代数的相关知识不仅是学习各类科学技术的前期基础，对于理解和运用当下流行的"大数据采集与分析""机器学习和深度学习"等人工智能方法也具有十分重要的意义。本书以通俗易懂的语言解释线性代数的基本概念，通过生动的实际应用场景，帮助学生直观地理解线性代数的原理和方法，逐步建立数学思维模式，注重学生逻辑思维和问题解决能力的训练。为了增加可读性与实用性，本书还介绍了矩阵变形演算的练习，同时丰富了人文、经济和管理方面的实际操作案例。

本书采用科普式、由浅入深、思路引导和形象直观的写作方式，可作为高等院校理工类、经管类、文科类学生的通用型教材，也适合自学者作为参考用书。

图书在版编目(CIP)数据

文科生也看得懂的线性代数/徐明华，徐长发编著. —武汉：华中科技大学出版社，2024.2
ISBN 978-7-5680-8658-5

Ⅰ. ①文… Ⅱ. ①徐… ②徐… Ⅲ. ①线性代数-高等学校-教材 Ⅳ. ①O151.2

中国版本图书馆 CIP 数据核字(2022)第 223406 号

文科生也看得懂的线性代数 徐明华 徐长发 编著
Wenkesheng ye Kandedong de Xianxing Daishu

策划编辑：周晓方 杨 玲
责任编辑：余晓亮
封面设计：原色设计
责任校对：张汇娟
责任监印：周治超
出版发行：华中科技大学出版社(中国·武汉) 电话：(027)81321913
武汉市东湖新技术开发区华工科技园 邮编：430223
录 排：华中科技大学惠友文印中心
印 刷：湖北恒泰印务有限公司
开 本：787mm×1092mm 1/16
印 张：13.75
字 数：333 千字
版 次：2024 年 2 月第 1 版第 1 次印刷
定 价：49.90 元

徐明华

华中科技大学新闻与信息传播学院教授、博士生导师，入选“华中卓越学者”，国家社会科学基金重大项目首席专家，人文社会科学处副处长，“新时代网络舆情与情感传播研究中心”主任。兼任国际知名SSCI期刊*Telematics & Informatics*（排名一区）编委，权威期刊《政治学研究》评审专家，中华传播学会（CCA）华中地区负责人，中央网信办智库成员，中国文化和旅游部智库专家库成员，山西省广播电视局决策咨询顾问，《中国大百科全书》词条撰写专家，中国新闻史学会计算传播学研究委员会理事，中国新闻史学会公共关系分会副秘书长等。主要研究方向包括传播理论、国际传播与人工智能技术创新应用等。主持国家社会科学基金项目、教育部人文社会科学基金项目、团中央重大课题等40余项。发表排名一区SSCI和SCI期刊论文30余篇、中文权威期刊论文和CSSCI期刊论文50余篇，出版专著《情感传播:理论溯源与中国实践》《全球化与中国电视文化安全》《国际传播的理论、方法与展望》《中国国家形象的全球传播效果研究》，主编教材《网络新闻采写》《融合新闻报道》等。

徐长发

华中科技大学数学与统计学院教授，从事偏微分方程数值解法的教学和研究工作，在核心学术刊物上发表论文40余篇，出版教材《实用计算方法》《数值分析学习辅导习题解析》等。

总　序

新闻传播学是对我国哲学社会科学具有支撑作用的重要学科。2016 年 5 月 17 日，习近平总书记在哲学社会科学工作座谈会上的讲话中指出："要加快完善对哲学社会科学具有支撑作用的学科，如哲学、历史学、经济学、政治学、法学、社会学、民族学、新闻学、人口学、宗教学、心理学等，打造具有中国特色和普遍意义的学科体系。"可以说，我国新闻传播学的学科建设和发展步入了历史上最好的机遇期。

从实践的维度看，当今时代的新闻传播学科处于关键的转型发展阶段。首先，信息科技革命推动新闻传播实践和行业快速转型。大数据、云计算、区块链、物联网、人工智能等新兴技术，给社会带来了翻天覆地的变革，不断颠覆、刷新和重构人们的生活与想象，促进新闻传播活动进入更高更新的境界。新闻传播实践的形态、业态和生态，正在被快速重构。在当前"万物皆媒"的时代，媒体的概念被放大，越来越体现出数据化、移动化、智能化的趋势。

其次，全球文化交往与中外文明互鉴对当前的新闻传播实践提出了更高的要求。中国正在越来越走近世界舞台中央，"讲好中国故事""传播好中国声音"成为国家层面的重大战略。在此背景下，新闻传播学的学科建设、学术研究和专业实践，要以"关怀人类、联通中外、沟通世界"的担当和气魄，以传承、创新和传播中华文化为己任，推进全球文化交往，推动中外文明互鉴，为人类文明进步贡献中国智慧和中国方案。

再次，媒体的深度融合发展，促进了媒体功能的多样化拓展。在当今"泛传播、泛媒体、泛内容"的时代，媒体正在进一步与政务、文旅、娱乐、财经、电商等诸多行业和领域产生更加紧密的联系。在媒体深度融合发展的进程中，媒体不仅承担着意识形态领域的新闻传播、舆论引导和文化传承功能，而且是治国理政的利器，是服务群众的平台和载体。在推进国家治理体系和治理能力现代化的过程中，媒体融合是关键一环。通过将新闻与政务、服务、商务等深度结合，媒体全面介入了社会治理和公共服务的各领域各环节。

不论是学科地位的提升，还是实践的快速变革，都对新闻传播学科的转型发展提出了新的时代要求。2022 年 4 月 25 日，习近平总书记在中国人民大学考察时系统阐述了建构中国自主知识体系的重大战略目标。总书记强调："加快构建中国特色哲学社会科学，归根结底是建构中国自主的知识体系。要以中国为观照、以时代为观照，立足中国实际，解决中国问题，不断推动中华优秀传统文化创造性转化、创新性发展，不断推进知识创新、理论创新、方法创新，使中国特色哲学社会科学真正屹立于世界学术之林。”具体到新闻传播学科，就是要加快中国新闻传播学自主知识体系建设。我们要以习近平总书记强调的“立足中国、借鉴国外，挖掘历史、把握当代，关怀人类、面向未来”为根本遵循，构建中国特色新闻传播学知识体系，充分体现中国特色、中国风格、中国气派。

加强教材建设是建构中国特色新闻传播学知识体系的重中之重。新闻传播学的学科、学术和话语体系，正处于持续的变革、更新与迭代过程中，加强教材建设显得尤为重要。只有建构高水平的教材体系，才能满足立德树人的时代需要，才能为培养新时代的卓越新闻传播人才提供知识基础。教材也是中外文化交流和文明互鉴的重要载体。要向世界提供中国方案、贡献中国智慧，向世界民众传播中国理论、中国话语，教材是重要的依托和媒介。新闻传播学教材是中国特色新闻传播学知识体系的重要构成部分，肩负着向全人类贡献中国新闻传播话语、理论、思想的历史使命。

本系列教材是国家级一流专业建设精品教材。在某种意义上，本系列教材是顺应国家层面一流本科专业和一流本科课程“双万计划”建设的时代产物。2019 年 4 月，教育部办公厅正式发布《关于实施一流本科专业建设“双万计划”的通知》，提出在 2019—2021 年，建设一万个左右国家级一流本科专业点和一万个左右省级一流本科专业点。在一万个左右国家级一流本科专业点中，包含 236 个新闻传播学类专业。目前，全国约有 1400 个新闻传播学类本科专业，国家级一流本科专业点，显然具有极其重要的示范价值。2019 年 10 月，教育部发布《关于一流本科课程建设的实施意见》，正式启动一流本科课程“双万计划”。在“双万计划”建设中，教材建设无疑是极为重要的。

华中科技大学新闻与信息传播学院创建于 1983 年，是全国理工科院校中创立的第一个新闻院系，开国内网络新闻传播教育之先河。1983 年 3 月，华中工学院派姚启和教授赴京参加全国新闻教育工作座谈会，到会代表听说华中工学院也准备办新闻系，认为这本身就是新闻。第一任系主任汪新源教授明确指出，我们的目标是培养文理知识渗透的新闻专业人才，我们和中国人民大学、复旦大学、武汉大学办的新闻学专业不一样。1998 年，华中理工大学在新闻系基础上，成立了新闻与信息传播学院。学院坚持以“应用为主，交叉见长”为学科发展和专业建设理念，走新闻传播科技与新闻传播文化相结合的道路，推进人文学科、社会科学与自然科学、技术科学交叉融合。经过程世寿教授、吴廷俊教授、张昆教授等历任院长（系主任）的推动、传承和改革创新，学院逐渐形成并不断深化自身的特色。可以说，学院秉持学科交叉的人才培养理念，在传统的人文教育和“人文＋社会科学”新闻教育模式之外，于众多高校新闻传播人才培养模式中走出了一条独特的发展道路。

近年来，学院坚持“面向未来、学科融合、主流意识、国际视野”的人才培养理念，致力于培养具有家国情怀、国际视野和新技术思维，适应媒体深度融合和行业创新发展，能胜任中外文化传播与文明互鉴的卓越新闻传播人才。在人才培养过程中，注重学生综合素质与专业水平、理论功底与业务技能、实践精神与创新思维的均衡发展。在这样的思维理念指导下，学院以跨学科、跨领域、跨文化为专业建设路径。所谓“跨学科”，即强化专业特色，建设多元化的师资队伍，凝聚跨学科的新兴方向，组建创新团队，培育跨学科的重要学术成果；所谓“跨领域”，是在人才队伍、平台建设等方面拓展社会资源，借助业界的力量提升学科实力和办学水平,通过与知名业界机构的密切合作提高本学科的行业与社会知名度;所谓"跨文化",是扩大海外办学空间,建设国际化科研网络,推出高水平合作研究成果,推进学术成果的国际发表和出版,提升学科的国际知名度和美誉度。

目前,学院拥有五个本科专业:新闻学(另设有新闻评论特色方向)、广播电视学、传播学、广告学、播音与主持艺术。其中,新闻学、广播电视学、传播学入选国家级一流本科专业建设点,广告学、播音与主持艺术入选省级一流本科专业建设点。与此同时,学院还建设了包括"外国新闻传播史""新媒体用户分析""网络与新媒体应用模式""传播学原理"等在内的一批一流本科课程。为持续推进一流本科专业建设和一流本科课程建设,我们经过近三年的策划和组织,编撰推出"普通高等教育新闻传播学类国家级一流专业建设精品教材",为促进新时代卓越新闻传播人才培养、推进中国新闻传播教育转型、建设中国特色新闻传播学知识体系贡献华中科技大学新闻传播学科的思想智慧与解决方案。

本系列教材包括三个子系列:专业改革创新卷、卓越人才培养卷、学生实践创新卷。其中,专业改革创新卷以促进专业建设为宗旨,致力于探讨在新的时代条件下,开展新闻传播学类专业建设的理念、思维、机制和措施,具体包括专业改革创新的指导思想、课程思政、教师与学生、课程与教材、授课形式、教学团队、实践创新、育人机制、交流机制等方面的内容。特别的是,我们在课程思政建设方面做了一些探索,取得了一些成果。2022 年,学院作为牵头单位,编撰出版了《新文科背景下专业课程思政教学指南》,系全国首部文科类课程思政教学指南;同时,编写的《新闻传播学专业课程思政教学指南》即将于 2023 年由华中科技大学出版社出版,系全国首部新闻传播学类课程思政教学指南。

卓越人才培养卷以推进课程教材建设为宗旨,致力于促进新闻传播学类各专业核心课程、前沿课程、选修课程教材的编撰和出版。在我们的设计中,其既包括传统意义上的正式课堂教材,也包括各种配套教材,譬如案例选集、案例库、资料汇编等。课堂教学的教材建设是专业建设的重要构成部分,对于促进快速转型中的新闻传播领域的知识更新和理论重构,具有极其重要的意义。我们以培养全能型、高素质、复合型、创新型的新时代卓越新闻传播人才为目标,着眼于培养学生的跨领域知识融通能力和实践能力。教材是实现上述目标的重要依托和载体。我们在推进卓越人才培养卷教材编撰的过程中,特别注重将新时代中国特色社会主义伟大实践和中国媒体深度融合发展的最新成果及时进行转化并融入其中,以增强新闻传播教育教学的时代性和针对性。

学生实践创新卷以提升学生实践水平为宗旨,致力于培养学生面向媒体融合前沿、面向文化传承、面向国际传播的实践意识和能力。新闻传播学类各专业具有很强的应用性,必须面向实践和行业。"以学为中心",在某种意义上就是要注重实践。新时代的卓越新闻传播人才培养,必须建构基于实践导向的育人机制,其中包括课程、实验室与实践平台、实践指导团队、学生团队实践、实践作品、实践保障机制等诸要素,构成一个完整的闭环。我们编撰学生实践创新卷教材,是要通过对华中科技大学新闻传播学子原创实践作品的聚沙成塔、结集成册,充分展现他们在评论、报道、策划等领域的优秀成果,展现他们的创作水平、责任意识和家国情怀。这些成果中的一部分,可能稍显稚嫩,却是学生在专业领域创造的杰作,凝聚着青年学子的思想智慧和劳动结晶。当然,这些成果也是学院教师们精心指导的结果,是教学相长的产物,对于推动专业建设具有重要的参考、借鉴和示范意义。

在我们的理解中，教材的概念相对宽泛，不仅包括传统意义上的课堂教材和辅助性教学材料，还包括专业改革创新著作和学生实践创新作品。教材是构成专业建设的基石，一流的专业必然拥有一流的课堂教材、教改成果和实践成果。本系列教材名为“国家级一流专业建设精品教材”，但并不仅仅服务于本科专业的建设，还囊括针对研究生各专业建设的教材作品。打通本科生专业建设和研究生专业建设，是本系列教材的一个重要创新。我们认为，只有在一流本科专业建设的基础上，才能建设好一流的研究生专业。

2023 年将迎来华中科技大学新闻与信息传播学院四十周年华诞。四十年筚路蓝缕，以启山林；四十年创业维艰，改革前行。经过四十年的历程，学院建成了全国名列前茅的新闻传播学科，培养了数以万计具有国际视野、家国情怀的高素质复合型新闻传播人才，成为华中科技大学人文社会科学学科蓬勃发展的一张名片。值此佳期到来之际，我们隆重推出“普通高等教育新闻传播学类国家级一流专业建设精品教材”，为学院四十周年华诞献礼。本系列教材是教育部首批新文科研究与改革实践项目“基于多学科融合的卓越新闻传播人才培养体系创新改革研究”的重要阶段性成果，体现了华中科技大学新闻传播学科专业建设发展的主要特色。根据规划，本系列教材将在 2025 年前全部出版完毕，包括约 50 部作品，可谓蔚为大观。在此，我们要感谢中共湖北省委宣传部、中共湖北省委教育工作委员会、湖北省教育厅与华中科技大学部校共建新闻学院的项目经费支持，同时，我们也要感谢华中科技大学本科生院在经费上的大力支持，正是有了这些经费的资助，本系列作品才能出版面世，与读者相见，接受诸位的评判和检验。

本系列教材是华中科技大学新闻与信息传播学院致力于推进中国新闻传播教育转型发展的努力与尝试。我们希望这样的努力与尝试，将在中国特色新闻传播学知识体系建构过程中留下历史印记，为新时代培养造就更多具有使命担当、家国情怀和国际视野的卓越新闻传播人才贡献华中科技大学新闻传播学科的思想、智慧和方法。

华中科技大学新闻与信息传播学院院长、教授、博士生导师

張明新

2022 年 12 月 12 日

前　言

本教材在现有的线性代数教材基础上进行了全面的改革，把通俗易懂和实用放在第一位，力求避免过多的抽象论证，并删减了一些不常用的内容。本教材是一本方便阅读、表述直观、易于理解、兼顾应用的线性代数教材。通过对各章节的不同选用，本教材可适用于文科类、经管类、理工类专业的教学，适合本科或专科的教学，也适合自学者阅读。

1. 本教材的特点

本教材的特点包括两方面，一是通俗，二是实用，具体如下。

(1) 用科普方法讲解线性代数知识，按学生的学习习惯，用提出问题、引导思考、解决问题的方式讲解线性代数中的概念和方法。传统的线性代数教材强调自身体系，强调严谨，处处严格论证，包含过多的抽象思维训练，脱离实际应用，读者普遍感到很多抽象的概念“从天而降”，缺乏理解，学习被动无趣。本教材为了让读者始终学得明白、学得踏实，特别做了三个方面的安排：其一是增加了绪论，让学生在开始学习时就感觉线性代数课程很是切合应用；其二是调整整体章节安排，从“2 维向量”“3 维向量”“n 维向量”“n 维向量组”过渡到“矩阵”，这样的顺序非常有利于学生理解后面的“行列式”“矩阵的秩”“向量的线性相关性”等基本概念；其三是对每个概念都给出相应的几何解释或物理解释。

(2) 形象直观地讲解线性代数知识中的一些定义、记号、规则、要解决的问题和相应的解决办法；学习常识性的、常用的、实用的知识，不讲那些既烦琐又不常用的内容。

(3) 加强对概念和方法的理解，联想对象明确，推理简单明了，思维过程简单连贯，学习过程轻松，阅读方便，一读就懂。

(4) 适当地解释线性代数符号的简便运算过程，在线性代数众多知识点和众多算法中明确指出，哪些是简便实用的方法，哪些是不实用的方法。每章结束时都指出应该掌握的知识点。

(5) 较多地介绍了一些常见的与高中数学和物理知识相联系的实际应用例子，让线性代数与几何知识有机结合，用浅显的知识向一般应用渗透，向数值计算渗透，向技术基础课渗透，这不仅可以明确线性代数的实际背景，适当扩展读者的应用知识面，提高学习兴趣，也可以为学习其他知识提供方便和链接。

(6) 本教材内容的深度和广度满足教学大纲的要求，也满足部分学生考研的需要。

正是由于本教材的上述特点，本教材的叙述方式是直白通俗的，不追求“十分精练”；为了方便学习和思考，知识点的先后次序与传统的教材不同，不追求“十分严谨”。本教材追求的是“阅读流畅”“理解顺当”“实用便当”；为了突出基本知识点，举例和练习都不搞过多的“抽象思维训练”，同时丢弃了传统线性代数教材中的少数“既烦琐又不常用”“抽象度高、理论性强”的内容。

提醒读者几件事：其一，虽然本书通俗易懂，但学习要有耐心，不能急功近利，不能浮躁，学习线性代数和学习其他基础课程一样，先要搞懂基本的知识点，才能明白其基本原理，才能利用它分析问题，建立数学模型，再用计算机去解决实际问题；其二，学习线性代数主要是学思想、学方法，培养逻辑思维的能力，还要学习线性代数的扩展应用，不能仅陷于抽象训练之中；其三，读者应该把多种概念、多方面性质加以对比理解，把基本的知识点串通起来，这样才能达到灵活运用的效果。

对于文科类学生，建议教师多讲线性代数的思想方法，多讲实际的和扩展的应用，少讲繁杂的计算过程，多选择关于几何方面、经管方面和文档方面的例子去讲解；对于理工类学生，教师应注意思想和实际运算并重，结合专业和学时需要去选择例子。

2. 本教材的适用范围

(1) 对于初等的线性代数知识需要，第 1—7 章就可以满足要求。

通常来讲，初学者都想尽早知道，线性代数的某个概念为什么这样总结出来，又有什么实际用处，只有心里踏实了，才能提高学习线性代数的兴趣。为此，第 1 章着重讲述了 3 维向量的有关概念及其实用例子，初学者既能感受到实际，又能顺理成章地为学习第 2 章的 n 维向量打好基础。第 3 章从向量组的角度引导出矩阵概念，具体形象地介绍了有关矩阵运算的基本概念及性质、矩阵的秩及其性质。关于行列式的运算规则及其性质、逆矩阵的运算规则及性质，第 4—5 章都给出了直观形象的解释和总结。对于矩阵用于分析线性方程组解的结构，用于简单求解线性方程组，用于坐标变换，等等，第 6—7 章都将其与三维空间的问题进行类比，便于读者理解和应用。特别地，对于线性代数中的每一个概念，书中都给出了形象的几何解释，特别在第 7 章和第 10 章中给出了很多实际应用的例子，初学者可以选择学习。

(2) 对于中、高等的线性代数知识需要，可增加学习第 8 章和第 9 章的内容。

“矩阵的特征值问题”在理工科专业中应用较多，第 8 章形象具体地引导读者深刻理解特征值问题的含义，综合介绍了矩阵特征值的性质，而且还较多地介绍了其在几何方面和物理方面的含义和应用。对于具体求解特征值的问题，本章采用引导思考的办法，引导出矩阵相似变换的目标和实现过程。

“矩阵的二次型”在理工科专业中应用较多，第 9 章从几何角度和矩阵形式的角度讲述二次型的目标和任务，引导读者理解和应用矩阵的合同变换。因为实对称矩阵在实际应用中很重要，所以本章综合介绍了关于实对称矩阵的若干性质。另外，本章比较具体地介绍了矩阵的二次型在多个方面的应用，还特别介绍了在文科和理工科中都经常使用的“最小二乘方法”。

特别是，第 7 章和第 10 章给出了一些学科交叉的例子，有的是实际应用的，有的和专业基础结合，有的和现代应用结合，这些例子充分表现了线性代数的实用性和强大的扩展性。

最后，希望大家支持线性代数教材的改革，也真诚地欢迎同行们和读者们对本书提出批评、完善、修改、指正的意见，谢谢！

徐明华

2023 年 12 月

目　录

绪论　大学生为什么必须学习线性代数知识　1
第 1 章　2 维、3 维向量及其常见运算和应用　9
§1.1　2 维向量及其应用　9
§1.2　3 维向量的表示　15
§1.3　3 维向量的几种常见运算　17
§1.4　3 维向量的一般应用　25
§1.5　关于 3 维向量全体的初步认识　32
习题一　35
第 2 章　n 维向量及其线性运算　37
§2.1　n 维向量的常见运算规则　39
§2.2　n 维向量的线性相关性　42
§2.3　n 维向量线性空间　45
习题二　46
第 3 章　矩阵运算规则和矩阵的秩　48
§3.1　矩阵的定义和一些常见矩阵　48
§3.2　矩阵的基本运算规则　50
§3.3　矩阵的秩　58
习题三　64
第 4 章　方阵的行列式　66
§4.1　行列式的定义　66
§4.2　行列式的性质　68
§4.3　行列式的实用计算方法　72
§4.4　用行列式解线性方程组(Cramer 法则)　73
习题四　74
第 5 章　方阵的逆矩阵　76
§5.1　逆矩阵的定义　76
§5.2　求逆矩阵的方法　78
§5.3　逆矩阵的性质　80
§5.4　判断方阵可逆的方法　82

习题五 85
第 6 章 矩阵用于求解线性方程组 88
§6.1 关于齐次线性方程组解状况的判断方法 88
§6.2 关于非齐次线性方程组解状况的判断方法 90
§6.3 线性方程组解状况的几何解释 92
§6.4 线性方程组无穷多非零解的构造方法 93
习题六 100
*基本概念复习题 102
第 7 章 矩阵用于几何变换与坐标变换 107
§7.1 矩阵用于几何变换 107
§7.2 矩阵用于坐标变换 113
§7.3 正交基和基的正交化方法 116
§7.4 正交矩阵 119
习题七 121
第 8 章 矩阵的特征值与特征向量 125
§8.1 矩阵特征值问题的引入 125
§8.2 用矩阵的特征多项式求解特征值 127
§8.3 用相似变换求矩阵的特征值 132
§8.4 实对称矩阵的特征值 137
§8.5 特征值问题的几何解释和物理解释 140
习题八 142
第 9 章 实二次型及最小二乘方法 145
§9.1 实二次型和实对称矩阵 145
§9.2 实二次型化为标准型的几种方法 147
§9.3 正定的实二次型和正定的实对称矩阵 153
§9.4 实二次型在多元函数极值方面的应用 158
§9.5 实二次型在最小二乘方法中的应用 160
习题九 166
第 10 章 矩阵的多方面应用举例 169
§10.1 矩阵在数值模拟原函数方面的应用 169
§10.2 矩阵在离散求解应用问题方面的应用 172
§10.3 矩阵在曲线曲面模拟和坐标变换方面的应用 174
§10.4 矩阵在电路分析计算方面的应用 178
§10.5 矩阵在商经计算和加密方面的应用 181
§10.6 矩阵在各类管理方面的应用 188
§10.7 矩阵在信号相关性分析方面的应用 191
§10.8 矩阵在关键词检索和文本分类方面的应用 194
习题十 200

绪 论 大学生为什么必须学习线性代数知识

线性代数是大学的部分文科生和几乎所有理科生都必须学习的课程，只是文科生的学时和内容少一些，理科生的学时和内容多一些而已.

一、关于学习线性代数课程的困惑

在学习线性代数课程的过程中，大学生们普遍存在着这样的困惑："为什么非要学习线性代数不可？"

传统的线性代数教材和教学过程，都是强调自成体系，先解决一些基本概念问题，再加上一堆抽象训练。所以，在学习了一大半课程后，学生们还都感到困惑：这么多"莫名其妙"的概念"从天而降"，无法接受，没有学习兴趣；那么多抽象思维训练，总觉得"悬在空中转来转去"，总觉得"不能脚踏实地"；文科生们抱怨，今后用不到数学知识，为什么非要学线性代数不可？理工科学生们也抱怨，都说线性代数对理科生很重要，可是线性代数究竟有什么用，总是感觉不到.

分析其原因，主要是教材问题，现有的大多数线性代数教材一直保持着传统的格调，强调"自成体系"，强调"抽象训练"，没有考虑学生的学习习惯，教材中少有关于"引导""启发""总结""应用""扩展"等方面的内容.

现今的时代变了，生活节奏变快了，学生们都希望尽快知道为什么要学线性代数，希望"启发学习的积极性"，希望尽快地"掌握要意"，希望尽快知道"所学知识的应用和扩展".

学生们都盼望有一本好的线性代数教材，文科生要看得懂，理科生要用得着.

二、线性代数知识在社会活动中被广泛应用

其实，大学生学习线性代数是非常有用的，下面先在线性代数的社会应用方面列举几个例子.

现今，"信息""大数据"的概念很流行，这些内容都有序地存储在数据库中，和互联网一起，将决定社会生活许多方面的变革，例如文档搜索、文档管理；例如财经管理、财经预测；例如社会调查、职能管理、企业发展管理、商业营销对策等。数据库和互联网不仅已经存在于各行各业之中，而且发展越来越迅速.

其实，信息、数据是五花八门的，它可能是文字、符号、图形、声音、视频、数值等.数据库中的存储内容是"自行定义"的，是"按顺序"存储的，一切需要存储的内容都可以采用数据的形式存储在存储器中，有关存储内容的调取、组合、统计、计算，都采用不同的算法用以达到

分析、利用这些数据的目的.

数据的存储量是巨大的,利用数据库分析问题的能力是巨大的,互联网传递数据的能力是巨大的,这些方面结合在一起,使得社会生活飞快地发生了变革.

因此,在这个数字化的时代,每个大学生都应该明白:各种不同的事物是如何数据化的?是如何利用和分析大数据,去实现所需要的目标任务的?线性代数为认识这些问题提供了极好的基础知识.

1. 财经和管理可以数据化

对于某单位的销售管理,每一笔账目都记录在案,随时又生成新的季度报表.例如,对于下面的数据表,人们希望计算出甲、乙站点的销售额.

项目	产品 1	产品 2	产品 3
单件价格	101	105	108
甲站点销售量	25	20	31
乙站点销售量	18	21	32

当然,办法是简单的:

销售额=产品 1 销售量×产品 1 单价+产品 2 销售量×产品 2 单价+产品 3 销售量×产品 3 单价.

可是,如果产品很多,站点很多,内容很复杂,人们就需要把销售问题数据化,且把这些数据有序地存储起来,在分析问题的时候,还需要用计算机把数据有序地调取出来,配以一定的“算法”,这样就可以解决在销售工作中的大部分问题了.下面,先就上面表格中的简单数据,提供计算销售额的简单的算法思想,再把简单情形推广到复杂情形.

对于上述数据表,采用线性代数中关于“向量”的表示和存储方式:

甲站点销售量$=\boldsymbol{a}$(向量)=(产品 1,产品 2,产品 3)$=(25,20,31)$;

乙站点销售量$=\boldsymbol{b}$(向量)=(产品 1,产品 2,产品 3)$=(18,21,32)$;

产品价格顺序$=\boldsymbol{c}$(向量)=(产品 1 价格,成品 2 价格,产品 3 价格)$=(101,105,108)$.

按照线性代数中关于“向量点乘”的算法,可得:

$$\text{甲站点销售额}=\boldsymbol{a}\cdot\boldsymbol{c}=(25,20,31)\begin{pmatrix}101\\105\\108\end{pmatrix}=\begin{matrix}25\times101\\+20\times105\\+31\times108\end{matrix}=7973;$$

$$\text{乙站点销售额}=\boldsymbol{b}\cdot\boldsymbol{c}=(18,21,32)\begin{pmatrix}101\\105\\108\end{pmatrix}=\begin{matrix}18\times101\\+21\times105\\+32\times108\end{matrix}=7479.$$

从这个简单例子中,读者需要明白几个问题.

(1) 向量概念能解决“实际内容数字化存储”的问题.线性代数中的向量可以看作“有序数”,例如:

$\boldsymbol{a}=(a_1,a_2)$　　$\boldsymbol{b}=(b_1,b_2,b_3)$　　$\boldsymbol{c}=(c_1,c_2,\cdots,c_n)$

2 维向量　　3 维向量　　n 维向量

2 个有序数表示　　3 个有序数表示　　n 个有序数表示

向量的有序数可长可短,不同顺序和含义的分量可以代表不同的对象.例如,按顺序有 8 个需要记录的对象,就用 8 维向量去表示它.向量在计算机中存储方便.

(2)“实际目标”可以采用关于向量的“算法”去实现.例如上面例子中 $\boldsymbol{a}\cdot\boldsymbol{c}$ 就是采用了一种叫作“向量点乘”的算法,所谓算法,是根据实际需要而制定的.当然,算法要有普遍性,要能够有效地处理某一大类问题.

2. 人脸识别可以数据化

如本书第 2 章中的图 2-1 所示,那里叙述了人脸图像识别的最简单易懂的原理,并假设人脸图像在一个平面内.

(1) 以鼻尖为坐标原点,采集人脸上规定的 18 个数据点的坐标值,数据点按照一定顺序排列,构成 18 个有序数的向量:

数据点顺序向量=(点 1,点 2,…,点 18);

数据点坐标向量$=\begin{pmatrix} x_1 & x_2 & \cdots & x_{18} \\ y_1 & y_2 & \cdots & y_{18} \end{pmatrix}$;

脸部特征向量=(左眉长,右眉长,眉间距,左眼开合程度,右眼开合程度,鼻长度,鼻宽度,嘴巴宽度).

(2) 对每个人都记录上述数据,共采集 n 个人的数据,构成数据库存储起来.

(3) 实时识别时,现场采集某人的脸部数据,按算法形成“实地脸部特征向量”.

(4) 将“实地脸部特征向量”与数据库中的所有脸部特征向量记录“比对”,如果比对结果有 95%是吻合的,识别通过,否则就认为此人不是存储在数据库中的成员.

现在,人脸识别已经在很多领域得到了极其广泛的应用.

由这个简单例子也可以看到,向量是可长可短的,其分量的排列顺序以及所代表的对象都是按照实际需要人为“赋义”的.另外,还可以看到“多个向量排列成矩阵”,即

$$\text{数据点顺序坐标矩阵}=\begin{cases}(x_1,x_2,\cdots,x_{18})\\(y_1,y_2,\cdots,y_{18})\end{cases}\xrightarrow{\text{记为}}\begin{pmatrix} x_1 & x_2 & \cdots & x_{18} \\ y_1 & y_2 & \cdots & y_{18} \end{pmatrix}.$$

一个向量的元素“横排”,又称为“行向量”;多个行向量竖排,其所有元素构成长方形的“矩阵”,例如

$$\boldsymbol{A}=\begin{pmatrix}\boldsymbol{a}_1\\\boldsymbol{a}_2\\\boldsymbol{a}_3\end{pmatrix}=\begin{pmatrix}a_{11}&a_{12}&a_{13}\\a_{21}&a_{22}&a_{23}\\a_{31}&a_{32}&a_{33}\end{pmatrix},\quad \boldsymbol{B}=\begin{pmatrix}\boldsymbol{b}_1\\\boldsymbol{b}_2\\\vdots\\\boldsymbol{b}_m\end{pmatrix}=\begin{pmatrix}b_{11}&b_{12}&\cdots&b_{1n}\\b_{21}&b_{22}&\cdots&b_{2n}\\\vdots&\vdots&&\vdots\\b_{m1}&b_{m2}&\cdots&b_{mn}\end{pmatrix}.$$

矩阵实际上就是“向量组”排列在一起.

无论向量还是矩阵,都是有序数的排列,都能够代表人为赋义,用计算机存储和计算都

非常方便.线性代数就是学习向量和矩阵的运算规律,并用它们解决实际问题时所使用的实用"算法".

3. 线性方程组用矩阵形式存储和求解都很方便

设有三元一次方程组

$$\begin{cases} x + 2y + 3z = 14 \\ 2x + y + 2z = 10, \\ 3x + 2y + z = 10 \end{cases}$$

记

$$\boldsymbol{A} = \begin{pmatrix} 1 & 2 & 3 \\ 2 & 1 & 2 \\ 3 & 2 & 1 \end{pmatrix}, \quad \boldsymbol{X} = \begin{pmatrix} x \\ y \\ z \end{pmatrix}, \quad \boldsymbol{B} = \begin{pmatrix} 14 \\ 10 \\ 10 \end{pmatrix},$$

并且按照线性代数中"规定"的"矩阵乘法"规则,$\boldsymbol{A}$ 矩阵的每一行与列向量 $\boldsymbol{X}$ 相乘;还按照"规定"的关于"向量相等"或"矩阵相等"的规则,所有的对应分量都相等;于是三元一次方程组可以用矩阵简洁地表示为 $\boldsymbol{AX}=\boldsymbol{B}$,即

$$\boldsymbol{AX} = \begin{pmatrix} 1 & 2 & 3 \\ 2 & 1 & 2 \\ 3 & 2 & 1 \end{pmatrix} \begin{pmatrix} x \\ y \\ z \end{pmatrix} = \begin{pmatrix} 1x + 2y + 3z \\ 2x + 1y + 2z \\ 3x + 2y + 1z \end{pmatrix} = \begin{pmatrix} 14 \\ 10 \\ 10 \end{pmatrix},$$

再按照线性代数中关于求解线性方程组的"简便算法",求得

$$\boldsymbol{X} = \begin{pmatrix} 1 \\ 2 \\ 3 \end{pmatrix}, \quad 即 \begin{cases} x = 1 \\ y = 2. \\ z = 3 \end{cases}$$

同样地,

$$\begin{pmatrix} a_{11} & a_{12} & \cdots & a_{1n} \\ a_{21} & a_{22} & \cdots & a_{2n} \\ \vdots & \vdots & & \vdots \\ a_{n1} & a_{n2} & \cdots & a_{nn} \end{pmatrix} \begin{pmatrix} x_1 \\ x_2 \\ \vdots \\ x_n \end{pmatrix} = \begin{pmatrix} b_1 \\ b_2 \\ \vdots \\ b_n \end{pmatrix}$$

表示 n 个变元的一次方程组

$$\begin{cases} a_{11}x_1 + a_{12}x_2 + a_{1n}x_n = b_1 \\ a_{21}x_1 + a_{22}x_2 + a_{2n}x_n = b_2 \\ \qquad\vdots \\ a_{n1}x_1 + a_{n2}x_2 + a_{nn}x_n = b_n \end{cases}.$$

很多科技计算问题,一般都会归化为 n 个变元的一次方程组,线性代数还给出了关于求解大型方程组的简单有效的"算法".无论 n 有多大,是百万还是千万,用计算机存储矩阵、表示线性方程组、求解线性方程组都是分分钟的事情.

4. 文字识别可以数据化

在纸片上给定一个"印刷字"图像,如何用计算机识别出这个字并把这个字打印出来?其实现过程的基本思路是什么?

(1) 构建"单字矩阵"

按照"新华字典顺序",即"拼音字母顺序"和"4 声顺序",将以拼音"a"开头的所有单字排列成一个"单字矩阵 1",其顺序是:

第一行,单字母"a"的单字,按"4 声排序";

第二行,以字母"a、b"开头的所有单字,按"4 声排序";

第三行,以字母"a、b、c"开头的所有单字,按"4 声排序";

如此下去,构建的这个"单字矩阵 1"是巨大的.

同样地,将字典中的所有单字构建"单字矩阵",这个矩阵更大.

(2) 构建"单字特征矩阵"

例如,对"单字矩阵 1"中的全部单字提取"特征".把每个汉字当作"图像",用一种"有效算法"提取"几何特征",例如提取单字的线条、端点、交叉点、折弯、凹凸、倾斜方向、闭合环路等信息.如果每个单字都对应 8 个特征,把单字特征与单字对应起来,并构建"单字特征矩阵 1",这个矩阵巨大.

同样地,将字典中的所有单字都构建"单字特征矩阵",这个矩阵更是巨大.

(3) 识别单字

例如,要具体识别某个以拼音"a"开头的印刷汉字.先把该汉字看作"图像",用"有效算法"计算出该文字的"8 个特征",再把该单字的特征与"单字特征矩阵 1"比对,特征基本相同的那个就对应着"文字矩阵 1"中的那个文字,该文字就会出现在计算机屏幕上,就可以参与文字编辑.

同样地,对任意给定的中文单字图像,先算出它的特征,再到"单字特征矩阵"中去比对,就可以将该单字识别出来,并参与编辑.

显然,实现中文单字的识别,需要计算机具有强大的存储能力和超快的计算能力,这些方面都需要线性代数的基础知识.

单个文字识别是最基本的工作,在此基础上,现在已经发展出了"文字扫描输入""文字手写识别""文本实词识别""文本相似程度识别",还有"文字语音识别""语音输入文字""语音翻译"等.这些都需要极其庞大的数据库.虽然计算机在比对和计算方面的速度很快,但是由于数据量太大,必须设计出"快速算法"才能适应实际需要,由此在硬件方面要求"存储器的性能强大""芯片的运行功能强大",在软件方面要求"针对不同需要的快速算法".要做好这些工作,线性代数在其中发挥了极大的作用.

5. 图书分类搜索可以数据化

这里仅介绍关于"线性代数"图书的检索过程和思路.

下面构建每本线性代数图书的“关键词矩阵”.

假设图书馆已有 7 本有关的图书，书名如下：

B1：应用线性代数；
B2：初等线性代数；
B3：初等线性代数及其应用；
B4：线性代数及其应用；
B5：线性代数及应用；
B6：矩阵代数及应用；
B7：矩阵理论.

先对馆内的线性代数图书设定关键词向量的顺序(按照字典顺序)：

初等，代数，矩阵，理论，线性，应用；

再对内部每一本图书构建“图书关键词向量”，例如图书 B1 的关键词向量为(0，1，0，0，1，1)；把所有图书的关键词向量列在一起，构建出“图书关键词矩阵”$\boldsymbol{A}$，这是 7 行 6 列矩阵.

	初等	代数	矩阵	理论	线性	应用
B1	0	1	0	0	1	1
B2	1	1	0	0	1	0
B3	1	1	0	0	1	1
B4	0	1	0	0	1	1
B5	0	1	0	0	1	1
B6	0	1	1	0	0	1
B7	0	0	1	1	0	0

如果要搜索《应用线性代数》这本书，输入的关键词是“应用”“线性”“代数”，按照字典顺序，计算机会自动生成一个“搜索关键词向量”，记为 $\boldsymbol{X}=(0,1,0,0,1,1)^{\mathrm{T}}$；还会采用“矩阵相乘的算法”，搜索每一本书对这几个关键词的匹配程度. 因此有：

$$\boldsymbol{A}\cdot\boldsymbol{X}=\begin{pmatrix}0&1&0&0&1&1\\1&1&0&0&1&0\\1&1&0&0&1&1\\0&1&0&0&1&1\\0&1&0&0&1&1\\0&1&1&0&0&1\\0&0&1&1&0&0\end{pmatrix}\begin{pmatrix}0\\1\\0\\0\\1\\1\end{pmatrix}=\begin{pmatrix}3\\2\\3\\3\\3\\2\\0\end{pmatrix}.$$

按照矩阵乘法的规则，$\boldsymbol{A}$ 的第 1 行乘以 $\boldsymbol{X}$，就是“图书 B1 的关键词向量”“点乘”“搜索关键词向量 $\boldsymbol{X}$”，其乘积结果的含义为“B1 的关键词向量”和 $\boldsymbol{X}$ 的匹配程度为 3；$\boldsymbol{A}$ 的第 2 行“点乘”$\boldsymbol{X}$，其乘积结果的含义为“B2 的关键词向量”和 $\boldsymbol{X}$ 的匹配程度为 2.

搜索结果表示，图书 B1、B3、B4、B5 的匹配程度最高，值得推荐.

这个简例启发我们，计算机搜索程序的设置使用的是线性代数知识. 例如，搜索体育新闻的思路大致是这样的：第一步是准备工作，先对体育新闻设定关键词顺序，假设按字典顺序有 10 个关键词；再把收集起来的所有体育新闻，对每一条新闻都建立一个“关键词向量”；所有这些向量构成“关键词矩阵”存储起来. 第二步是搜索，输入几个关键词，计算机会自动生成一个“搜索关键词向量”，搜索过程实际上是看“每一条新闻的关键词向量”和“搜索关键词向量”的匹配程度.第三步,将匹配程度高的搜索结果推荐出来.

6. 应用〝大数据〞离不开线性代数知识

大数据是什么?大数据有什么特征?具体来说,包括如下几点.

(1) 大容量.大数据的特征首先就是数据规模大.随着互联网、物联网、移动互联技术的发展,人和事物的所有轨迹都可以被记录下来,数据呈现出爆发性增长.

(2)范围广.大数据可以分为三类:一是结构化数据,如财务系统数据、信息管理系统数据、医疗系统数据等,其特点是数据间因果关系强;二是非结构化数据,如视频、图片、音频等,其特点是数据间没有因果关系;三是半结构化数据,如文档、邮件、网页等,其特点是数据间的因果关系弱.

(3) 高速度.大数据主要是通过互联网和云计算等方式记录、交换和传播的,其响应速度非常快.

(4) 价值高.大数据的核心特征是价值,例如,可以通过“算法”从海量数据中“挖掘”出消费者属性和产品属性,为提高商业价值提供信息;如果有必要,也可以掌握某个人的活动轨迹、活动内容等情况,等等.从大数据中可以挖掘的内容是很多的.

大数据的存储、传输、分析,都需要线性代数中关于基本概念和基本算法方面的知识.

三、大学生为什么要学习线性代数这门基础课程?

中学里,中学生们要学习的是必备的常识性的知识;大学里,线性代数是必备的常识性的基础知识和科技知识,大学生们必须学习线性代数,只存在学多学少的区别.

线性代数中的向量和矩阵,又可看作一堆数字的有序排列,人们可以对这种有序排列赋予所需要的含义,于是数据库也就具有新的价值.人们可以利用向量、矩阵、数据库去表示和分析各种各样的内容和问题,其内容是不拘一格的,是多方面的.文科类、经管类、理工类的大学生都必须掌握线性代数的基本知识,这样才能在处理实际问题时有效地应用相应软件,或自己编制软件解决实际问题.

学习线性代数知识,有利于提高思维能力.线性代数将几何知识和代数知识联系在一起,将数学知识和实际应用联系在一起,有利于提高空间想象力,提高逻辑思维和运算能力.

现今时代强调“新文科”.传统文科知识要和数字化、多媒体、大数据、数据挖掘结合,要和其他学科交叉,这已经成为文科学生的基本素质要求.就新闻传播类的若干有关专业来说,都需要在社会层面、群体层面和数据层面,去全面培养学生灵敏的洞察能力,严密的思维能力,较强的组织、归纳和宣传能力,分析问题和解决问题的能力.于是,按照学科的具体要求去学习数学知识,特别是线性代数和统计学知识,这对培养学生的“现代素质”具有重要的作用.

现今时代强调“新工科”.工程技术问题本身就是需要多种知识集合在一起来解决的,只有懂得多学科的基本知识,才能找到多种解决问题的思路;只有懂得如何将科技问题数学化，才能归纳出最主要的线索，总结出数学模型进行定量分析．其中，线性代数是最基本的知识，是不可缺少的而且是应用频繁的有力工具．

总之，学习线性代数，不能陷于“抽象游戏”之中，而是要学习“向量和矩阵的实际应用”，学习“数学概念和实际目标的对应”，学习“逻辑思维的能力”，学习“扩展思维的能力”，学习“用数学方法分析问题和解决问题的能力”．

第 1 章　2 维、3 维向量及其常见运算和应用

现今是数据化的时代，无论是科技问题、经济问题、管理问题、社会调查分析问题，还是文档关键词提取问题、文档检索问题、文档类型识别和推送问题、文档查重问题等，都需要首先把问题数据化，再利用数学方法分析得出结论. 其中，线性代数知识是一种强有力的数据分析工具.

传统的线性代数教材“太数学化”“太抽象化”“太不符合学生的学习习惯”，学生们“感觉在云雾中转圈”. 其实线性代数中的每一个概念都是有具体背景和广泛应用的，问题在于，学习线性代数知识如何才能做到“不枯燥”“顺理成章”和“形象直观”？

为此目的，本教材在内容安排方面特别注意让“2 维向量”“3 维向量”“n 维向量”的知识具有类比性，特别加强了每个概念的背景和应用，还特别注意了逐步提出问题、逐步解决问题的学习方法.

线性代数中的所有问题、概念、规则、方法、应用，都可以在 3 维向量的有关知识中得到类比理解，读者只要抓住这种类比理解，学习线性代数就变得“形象直观”了.

§1.1　2 维向量及其应用

为了便于文科学生更好地学习 3 维和 n 维向量，这里先介绍一下 2 维向量. 有一定基础的学生可以直接阅读§1.2.

2 维向量，就是在同一个平面里存在的、只有 2 个自由度的向量，它也是在日常生活中经常被应用到的.

如图 1-1(a)所示，两个分力 $\boldsymbol{F}_1$ 和 $\boldsymbol{F}_2$ 拉起灯泡，相当于它们的合力 $\boldsymbol{F}$ 拉起灯泡的效果. 再看图 1-1(b)，“斜拉桥”的钢索用分力 $\boldsymbol{F}_1$ 和 $\boldsymbol{F}_2$ 拉起桥面，相当于它们的合力作用在桥墩上. 这两个关于力的例子说明，两个分力的作用效果等于一个合力的作用效果，或者说一个合力可以分解为两个分力的和.

如图 1-2 所示，一条船以速度 $\boldsymbol{V}_{船}$ 垂直于北岸行驶，由于水流从东向西，速度为 $\boldsymbol{V}_{水}$，所以船的实际航行路线是东北向的，实际航行速度是 $\boldsymbol{V}_{实}$.

力和速度都是有大小和方向的. 在现实生活中，既有大小又有方向的向量有很多种，人们有必要总结向量的表示方式和运算规律.

通常，称有大小和方向的量为“向量”，称只有大小没有方向的量为“标量”.

例如，力和速度是向量；在图 1-3 的平面直角坐标系中，坐标原点 O 指向点 C 的是“径向量”，记为 $\overrightarrow{OC}$；有向线段 CD，起点是 C，终点是 D，$\overrightarrow{CD}$ 是向量. 而年龄、身高、长度、总量、面积、体积、质量等是标量.

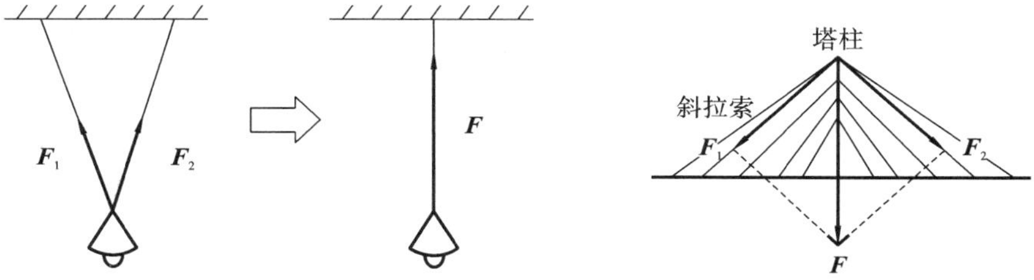

(a) 挂灯示意图　　(b) 斜拉桥示意图

图 1-1　合力与分力

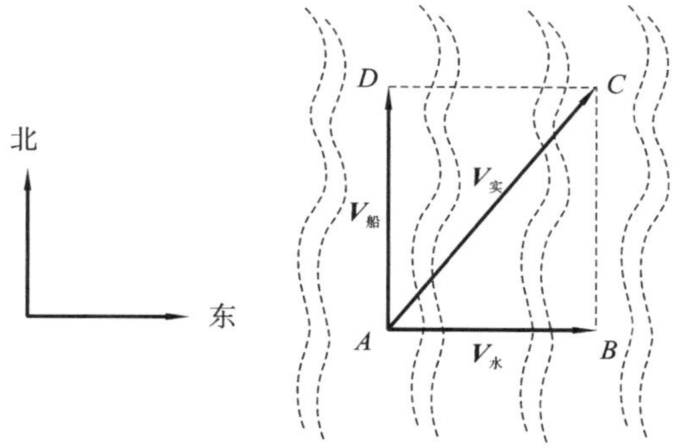

图 1-2　船的航行路线要考虑水流的大小和方向

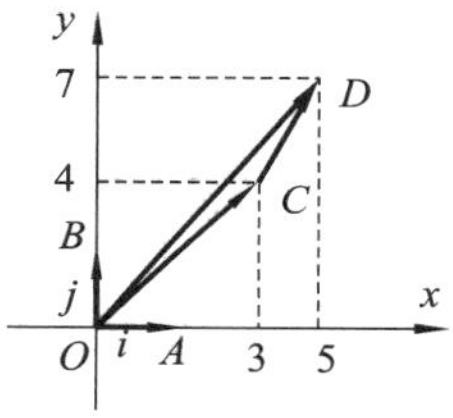

图 1-3　平面直角坐标系中的向量

1. 向量怎么表示?

在平面直角坐标系中,参见图 1-3,从坐标原点 O 到点 C 的 $\overrightarrow{OC}$ 是径向量;起点 C 到终点 D 的有向线段 $\overrightarrow{CD}$ 也是向量. 特别地,在 x 轴上单位长度的 $\overrightarrow{OA}$ 是向量;在 y 轴上单位长度的 $\overrightarrow{OB}$ 也是向量. 这些向量该如何表示呢?

(1)“点”或“径向量”怎么表示?

对于图 1-3 中的具体情形,点 C 表示为 $C(3,4)$,径向量表示为 $\overrightarrow{OC}=(3,4)$.

对于一般情形,平面直角坐标系中的点或径向量都用 2 个有序数表示为 $C(c_1,c_2)$,其中 c_1(数值)是 $\overrightarrow{OC}$ 在 x 轴上的投影长度,c_2(数值)是 $\overrightarrow{OC}$ 在 y 轴上的投影长度.

(2)“有向线段”怎么表示?

对于图 1-3 中的具体情形,起点为 $C(3,4)$,终点为 $D(5,7)$,于是 $\overrightarrow{CD}=(5-3,7-4)=(2,3)$. 对于一般情形,平面直角坐标系中的有向线段仍然是用 2 个有序数表示.

如果强调起点和终点,就表示为 $\overrightarrow{CD}=(a_1,a_2)$;如果不强调起点和终点,就直接表示为 (a_1,a_2).

(3)“轴向量”怎么表示?

在 x 轴方向上的单位长度的向量记为 $\boldsymbol{i}$,在 y 轴方向上的单位长度的向量记为 $\boldsymbol{j}$.

总之,在平面直角坐标系中,某个向量 $\boldsymbol{a}$ 有两种表示方式:一种是用2个有序数表示为 $\boldsymbol{a}=(a_1,a_2)$,另一种是用单位轴向量表示为 $\boldsymbol{a}=a_1\boldsymbol{i}+a_2\boldsymbol{j}$.

2. 向量的模

向量的模就是俗称的向量长度,模用记号 $\|\cdot\|$ 表示.对于向量 $\boldsymbol{a}=(a,b)$ 来说,

$$\|\boldsymbol{a}\|=(a^2+b^2)^{\frac{1}{2}}.$$

3. 向量的方向

向量 $\boldsymbol{a}$ 与 x 轴、y 轴的夹角分别记为 α、β,因为夹角不便于直接表示,所以用方向余弦表示为

$$\cos\alpha=\frac{a}{\|\boldsymbol{a}\|},\quad \cos\beta=\frac{b}{\|\boldsymbol{a}\|}.$$

如果这2个余弦量确定了,向量 $\boldsymbol{a}$ 在平面直角坐标系中的方向角就是确定的.

4. 单位向量

把向量 $\boldsymbol{a}$ 的长度单位化就得到其单位向量 $\boldsymbol{a}^0$,所以

$$\boldsymbol{a}^0=\frac{\boldsymbol{a}}{\|\boldsymbol{a}\|}.$$

注意:分子 $\boldsymbol{a}$ 是向量,有长度有方向;分母 $\|\boldsymbol{a}\|$ 仅表示 $\boldsymbol{a}$ 的长度.

特别地,沿着 x 轴方向的单位轴向量记为 $\boldsymbol{i}=(1,0)$,沿着 y 轴方向的单位轴向量记为 $\boldsymbol{j}=(0,1)$.

例 1.1.1 在图 1-3 中,已知点 $D(5,7)$,试写出这个径向量 $\overrightarrow{OD}$ 的长度和单位向量 $\overrightarrow{OD}^0$.

解 $\overrightarrow{OD}=5\boldsymbol{i}+7\boldsymbol{j}$,$\|\overrightarrow{OD}\|=\sqrt{5^2+7^2}=\sqrt{74}$,$\overrightarrow{OD}^0=\dfrac{1}{\sqrt{74}}(5,7)$.

例 1.1.2 已知点 $A(0,1)$、$B(1,-1)$,试将 $\overrightarrow{AB}$ 用单位轴向量表示.

解 $\overrightarrow{AB}=(1-0,-1-1)=(1,-2)=\boldsymbol{i}-2\boldsymbol{j}$.

5. 向量相等的规则

设 $\boldsymbol{a}=(a_1,a_2)$,$\boldsymbol{b}=(b_1,b_2)$,它们可能有不同的模和方向,所以两个向量相等,必须是对应分量都相等,即

$$\boldsymbol{a}=\boldsymbol{b}\quad\Leftrightarrow\quad a_i=b_i,\quad i=1,2.$$

6. 向量数乘的规则

实数 k 与向量 $\boldsymbol{a}=(a_1,a_2)$ 相乘,也就是把 $\boldsymbol{a}$ 放大为 k 倍,所以

$$k\boldsymbol{a}=(ka_1,ka_2)=ka_1\boldsymbol{i}+ka_2\boldsymbol{j}.$$

7. 向量加法的规则

向量的加法和减法是互为逆运算的，例如：$\boldsymbol{a}+\boldsymbol{b}+(-\boldsymbol{b})=\boldsymbol{a}$；若 $\boldsymbol{a}+\boldsymbol{b}=\boldsymbol{c}$，则 $\boldsymbol{c}-\boldsymbol{b}=\boldsymbol{a}$.

平面向量的加法符合平行四边形法则，如图 1-4 所示. 图 1-5 表示了向量加减法的简易方法：对于 $\boldsymbol{a}+\boldsymbol{b}$ 来说，$\boldsymbol{b}$ 的箭尾接 $\boldsymbol{a}$ 的箭头，其和是 $\boldsymbol{a}$ 的箭尾连接到 $\boldsymbol{b}$ 的箭头；对于 $\boldsymbol{a}-\boldsymbol{b}$ 来说，$\boldsymbol{a}$ 和 $\boldsymbol{b}$ 的箭尾连接在一起，其差是 $\boldsymbol{b}$ 的箭头连接到 $\boldsymbol{a}$ 的箭头.

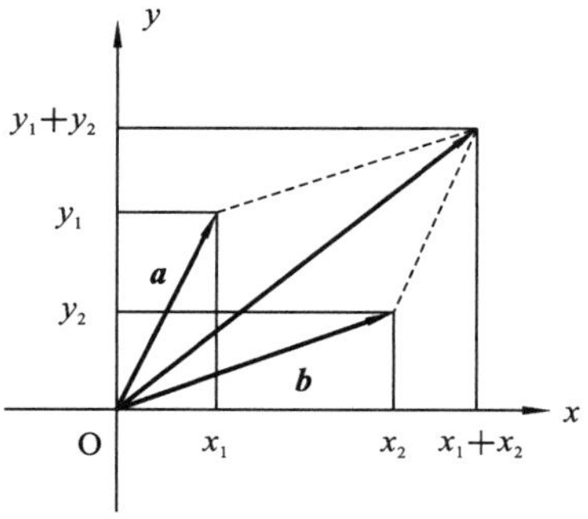

图 1-4　平面向量加法的平行四边形法则

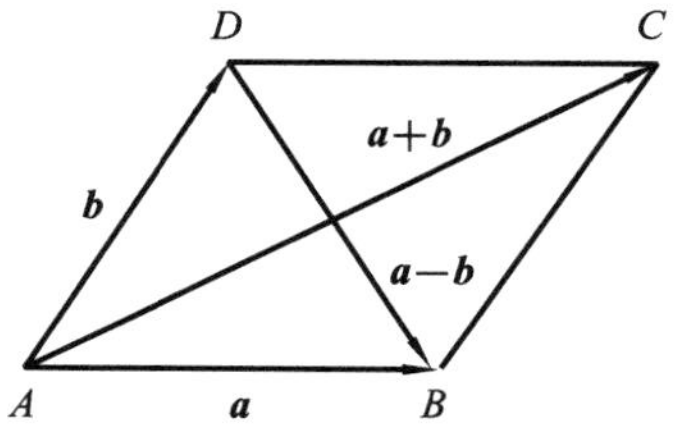

图 1-5　平面向量加减法示意图

向量只能和向量相加，向量和标量不能相加. 向量加法满足代数运算的“线性规则”：

$\boldsymbol{a}-\boldsymbol{b}=\boldsymbol{a}+(-\boldsymbol{b})$，加法和减法互为逆运算；

$\boldsymbol{a}+\boldsymbol{b}+\boldsymbol{c}=(a_1+b_1+c_1,a_2+b_2+c_2)=(a_1+b_1+c_1)\boldsymbol{i}+(a_2+b_2+c_2)\boldsymbol{j}$，对应分量相加；

$(\boldsymbol{a}+\boldsymbol{b})+\boldsymbol{c}=\boldsymbol{a}+(\boldsymbol{b}+\boldsymbol{c})=(\boldsymbol{a}+\boldsymbol{c})+\boldsymbol{b}$，可以交换也可以结合；

$k(\boldsymbol{a}+\boldsymbol{b})+r\boldsymbol{c}=k\boldsymbol{a}+k\boldsymbol{b}+r\boldsymbol{c}=k\boldsymbol{a}+(k\boldsymbol{b}+r\boldsymbol{c})$，与数乘可以去括号.

例 1.1.3　已知 $\boldsymbol{a}=(1,2)$，$\boldsymbol{b}=(3,1)$，求 $\|3\boldsymbol{a}+4\boldsymbol{b}\|$.

解　因为 $3\boldsymbol{a}+4\boldsymbol{b}=[(3+12),(6+4)]=(15,10)$，所以 $\|3\boldsymbol{a}+4\boldsymbol{b}\|=\sqrt{15^2+10^2}=\sqrt{325}$.

8. 向量的“点乘”（又称“数量积”）规则

两个平面向量的点乘运算 $\boldsymbol{a}\cdot\boldsymbol{b}$，是有广泛应用背景的. 最典型的例子是：在同一个平面内，向量 $\boldsymbol{b}$ 沿着向量 $\boldsymbol{a}$ 方向把物体移动距离 $\|\boldsymbol{a}\|$ 所做的功，如图 1-6 所示.

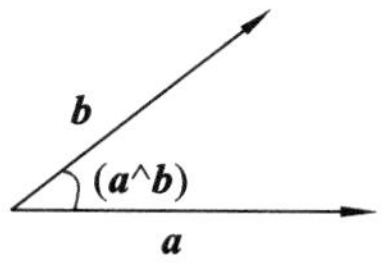

图 1-6　一个向量在另一个向量方向上做功的示意图

由于做功问题是普遍存在的，为了便于应用，数学中将其定义为“向量的点乘”或“向量的数量积”，而且规定了相应的计算规则.

(1) 向量 $\boldsymbol{a}$ 和 $\boldsymbol{b}$ 的数量积定义

$$\overset{\text{数量积}}{\boldsymbol{a}\cdot\boldsymbol{b}}=\|\boldsymbol{a}\|\cdot\|\boldsymbol{b}\|\cos(\boldsymbol{a}\wedge\boldsymbol{b}),$$

其中 $\boldsymbol{a}\wedge\boldsymbol{b}$ 是向量 $\boldsymbol{a}$ 和 $\boldsymbol{b}$ 之间的夹角，夹角在 $0\sim\pi$ **之间.** 数量积的结果是数值，正值表示正方向做功，负值表示反方向做功.

由物理知识可知，“$\boldsymbol{b}$ 沿着 $\boldsymbol{a}$ 方向把物体移动距离 $\|\boldsymbol{a}\|$ 做功”在大小上等于“$\boldsymbol{a}$ 沿着 $\boldsymbol{b}$ 方向把物体移动距离 $\|\boldsymbol{b}\|$ 做功”.

顺便指出：$\boldsymbol{b}$ 在 $\boldsymbol{a}$ 上的投影长度为 $\|\boldsymbol{b}\|\cdot\cos(\boldsymbol{a}\wedge\boldsymbol{b})$，$\boldsymbol{b}$ 在 $\boldsymbol{a}$ 上的投影向量为 $(\|\boldsymbol{b}\|\cdot\cos(\boldsymbol{a}\wedge\boldsymbol{b}))\cdot\boldsymbol{a}^0$.

(2) 单位轴向量之间的数量积

$$\boldsymbol{i}\cdot\boldsymbol{j}=\boldsymbol{j}\cdot\boldsymbol{i}=0,\text{因为 } \boldsymbol{i} \text{ 和 } \boldsymbol{j} \text{ 垂直},\ \cos(\boldsymbol{i}\wedge\boldsymbol{j})=0;$$
$$\boldsymbol{i}\cdot\boldsymbol{i}=\boldsymbol{j}\cdot\boldsymbol{j}=1,\text{因为 } \cos(\boldsymbol{i}\wedge\boldsymbol{i})=\cos(\boldsymbol{j}\wedge\boldsymbol{j})=1.$$

(3) 向量 $\boldsymbol{a}$ 和 $\boldsymbol{b}$ 的数量积计算公式

因为

$$\begin{aligned}\boldsymbol{a}\cdot\boldsymbol{b}&=(a_1\boldsymbol{i}+a_2\boldsymbol{j})(b_1\boldsymbol{i}+b_2\boldsymbol{j}),\\&=a_1b_1(\boldsymbol{i}\cdot\boldsymbol{i})+a_2b_1(\boldsymbol{j}\cdot\boldsymbol{i})+a_1b_2(\boldsymbol{i}\cdot\boldsymbol{j})+a_2b_2(\boldsymbol{j}\cdot\boldsymbol{j}),\end{aligned}$$

所以有

$$\boldsymbol{a}\cdot\boldsymbol{b}=a_1b_1+a_2b_2.$$

(4) 数量积满足线性运算规则

交换律：$\boldsymbol{a}\cdot\boldsymbol{b}=\boldsymbol{b}\cdot\boldsymbol{a}$;

数乘结合律：$(\lambda\boldsymbol{a})\cdot\boldsymbol{b}=\boldsymbol{a}\cdot(\lambda\boldsymbol{b})=\lambda(\boldsymbol{a}\cdot\boldsymbol{b})$;

分配律：$\boldsymbol{c}\cdot(\boldsymbol{a}+\boldsymbol{b})=\boldsymbol{c}\cdot\boldsymbol{a}+\boldsymbol{c}\cdot\boldsymbol{b}$;

综合规则：$\boldsymbol{c}\cdot(\alpha\boldsymbol{a}+\beta\boldsymbol{b})=\alpha(\boldsymbol{c}\cdot\boldsymbol{a})+\beta(\boldsymbol{c}\cdot\boldsymbol{b})=\alpha(\boldsymbol{a}\cdot\boldsymbol{c})+\beta(\boldsymbol{b}\cdot\boldsymbol{c})$.

(5) 数量积的性质应用

$$\boldsymbol{a}\cdot\boldsymbol{b}=0\quad\Leftrightarrow\quad\boldsymbol{a}\perp\boldsymbol{b};$$
$$\cos(\boldsymbol{a}\wedge\boldsymbol{b})=\frac{\boldsymbol{a}\cdot\boldsymbol{b}}{\|\boldsymbol{a}\|\cdot\|\boldsymbol{b}\|};$$
$$\boldsymbol{a}/\!/\boldsymbol{b}\quad\Leftrightarrow\quad\frac{a_1}{b_1}=\frac{a_2}{b_2}=\lambda\neq0\ (\text{对应分量成比例}).$$

例 1.1.4 已知 $\boldsymbol{a}=2\boldsymbol{i}+\boldsymbol{j}$，$\boldsymbol{b}=3\boldsymbol{i}-6\boldsymbol{j}$，试问这两个向量是互相平行还是互相垂直的？

解 因为 $\boldsymbol{a}\cdot\boldsymbol{b}=2\times3+1\times(-6)=0$，所以 $\boldsymbol{a}\perp\boldsymbol{b}$.

例 1.1.5 已知 $\|\boldsymbol{a}\|=10$，$\boldsymbol{b}=(3,-4)$，$\boldsymbol{a}/\!/\boldsymbol{b}$，求 $\boldsymbol{a}$.

解 因为 $\boldsymbol{a}/\!/\boldsymbol{b}$，所以设 $\boldsymbol{a}=(3k,-4k)$，

又因为 $\|\boldsymbol{a}\|=\sqrt{(3k)^2+(-4k)^2}=10$，则 $k=\pm2$，

所以，求得 $\boldsymbol{a}=(6,-8)$ 或 $\boldsymbol{a}=(-6,8)$.

例 1.1.6 已知 $\|\boldsymbol{a}\|=1$，$\|\boldsymbol{b}\|=\sqrt{2}$，且 $\boldsymbol{a}\perp(\boldsymbol{a}-\boldsymbol{b})$，求 $\boldsymbol{a}$ 与 $\boldsymbol{b}$ 的夹角.

解 利用公式

$$\cos(\boldsymbol{a}\wedge\boldsymbol{b})=\frac{\boldsymbol{a}\cdot\boldsymbol{b}}{\|\boldsymbol{a}\|\cdot\|\boldsymbol{b}\|},$$

只要求出 $\boldsymbol{a}\cdot\boldsymbol{b}$ 就可以了.

因为 $\boldsymbol{a}\perp(\boldsymbol{a}-\boldsymbol{b})$，所以

$$\boldsymbol{a}\cdot(\boldsymbol{a}-\boldsymbol{b})=\boldsymbol{a}\cdot\boldsymbol{a}-\boldsymbol{a}\cdot\boldsymbol{b}=0,\quad\boldsymbol{a}\cdot\boldsymbol{b}=1,$$

于是代入公式，有

$$\cos(\boldsymbol{a} \wedge \boldsymbol{b}) = \frac{1}{\sqrt{2}},$$

因为夹角在 0 和 π 之间，所以所求夹角等于$\frac{\pi}{4}$.

9. 应用向量解决问题时，一般要画出坐标系

例 1.1.7　如图 1-7 所示，以原点 O 和 $A(4,2)$ 的连线为斜边，画等腰直角三角形，$\angle OBA$ 是直角，求 B 点的坐标，并写出 $\overrightarrow{AB}$.

解　设 $B(x,y)$，于是 $\overrightarrow{OB}=(x,y)$，$\overrightarrow{AB}=(x-4,y-2)$；

因为 $\overrightarrow{OB}\perp\overrightarrow{AB}$，所以 $x(x-4)+y(y-2)=0$；

因为 OA 的中点为 $C(2,1)$，所以 $\overrightarrow{CB}=(x-2,y-1)$，$\overrightarrow{OA}\cdot\overrightarrow{CB}=2(x-2)+1\cdot(y-1)=0$；

联立求解上面两个式子，得 $x=1,y=3$，所以，$B(1,3)$，$\overrightarrow{AB}=(-3,1)$.

例 1.1.8　如图 1-8 所示，已知正方形的边长为 2，E 是 DC 的中点，求 $\overrightarrow{AE}\cdot\overrightarrow{BD}$.

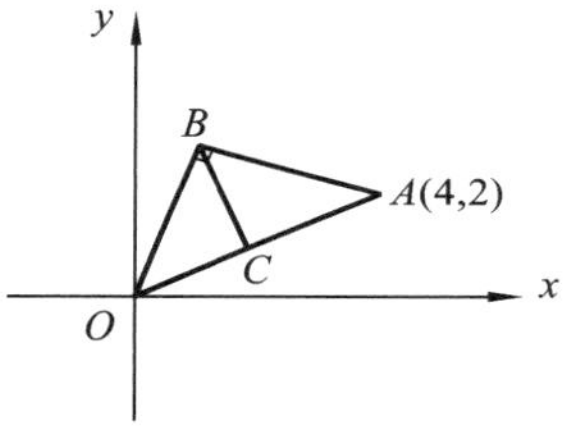

图 1-7　求 B 点的坐标和 $\overrightarrow{AB}$

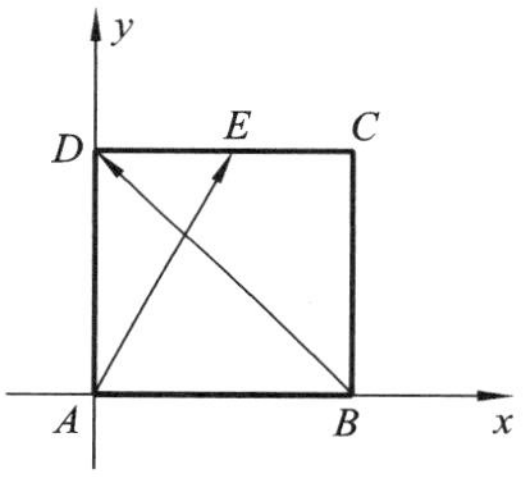

图 1-8　求 $\overrightarrow{AE}\cdot\overrightarrow{BD}$

解　方法 1：在坐标系中，先用向量加法表示 $\overrightarrow{AE}$ 和$\overrightarrow{BD}$，后做点乘运算，有

$$\begin{aligned}\overrightarrow{AE}\cdot\overrightarrow{BD} &= \left(\overrightarrow{AD}+\frac{1}{2}\overrightarrow{AB}\right)\cdot(\overrightarrow{AD}-\overrightarrow{AB}) \\ &= \overrightarrow{AD}\cdot\overrightarrow{AD}-\overrightarrow{AD}\cdot\overrightarrow{AB}+\frac{1}{2}\overrightarrow{AB}\cdot\overrightarrow{AD}-\frac{1}{2}\overrightarrow{AB}\cdot\overrightarrow{AB} \\ &= \|\overrightarrow{AD}\|^2-\frac{1}{2}\|\overrightarrow{AB}\|^2-\frac{1}{2}\overrightarrow{AB}\cdot\overrightarrow{AD}=2.\end{aligned}$$

方法 2：在以 A 为原点的平面直角坐标系(图 1-8)中，表示出各点和有关向量的坐标：

$$A(0,0),\quad B(2,0),\quad C(2,2),\quad D(0,2),\quad E(1,2);$$

$$\overrightarrow{AE}=(1,2),\quad \overrightarrow{BD}=(-2,2).$$

再计算出 $\overrightarrow{AE}\cdot\overrightarrow{BD}=2$.

通过对简单 2 维向量知识的学习，大家可能会有如下体会.

(1) 向量是有方向和大小的量，向量用有序数组表示，于是几何问题可以用代数化的方法去解决. 很多平面几何问题都可以用 2 维向量去解决.

(2) 科技问题中的向量很多，例如力、力矩、速度、加速度等，于是科技中的向量问题可以用代数的方法去表示、计算和分析.

在现实生活中应用向量知识解决问题的情形也是很多的．例如，两人合抬一个旅行包，夹角越大越费力；在单杠上做引体向上，两臂夹角越小越省力；在水流向右流动的情况下，如果船的驱动方向总是垂直于对岸，那么船一定在右前方靠岸，如果要让船在河岸正对面靠岸，那么船必须向左前方驱动．

（3）向量是用有序数表示的，有序数可以表示很多内容，于是，很多事物和信息都可以设法“数据化”，从而用代数的方法去表示、计算、存储、归类、检索、排序和分析，等等．而且，有序数组 $(a_1, a_2, \cdots, a_n)$ 的数位越多，表现的信息越复杂越广泛．

对于有序数组 (a,b)，可以从“有序”和“数据”两个方面去理解它的含义．例如，a 表示位置的“排”，b 表示位置的“列”；第一种商品的数量用 a 表示，第二种商品的数量用 b 表示；第一城镇人口数用 a 表示，第二城镇人口数用 b 表示；某篇文章的段落用 a 表示，此段落的第几行用 b 表示；把档案资料归类整理，档案的类别用 a 表示，此类别中的第几份资料用 b 表示；等等．

§1.2　3 维向量的表示

3 维向量要在空间直角坐标系中讨论，3 维向量概念是 2 维向量的自然扩展．

在空间直角坐标系 $xOyz$ 中，如图 1-9 所示，$\overrightarrow{OP}$ 是空间某个方向的向量，$\overrightarrow{OP_1}$ 是它在 x 轴上的投影向量，$\overrightarrow{OP_2}$ 是它在 y 轴上的投影向量，$\overrightarrow{OP_3}$ 是它在 z 轴上的投影向量，这些 3 维向量都有着各自的方向和长度．

空间中的一个点 P，它也可以看作连接坐标原点的径向量 $\overrightarrow{OP}$．

点 P 或向量 $\overrightarrow{OP}$ 可以用 3 个有序数表示为

$$\overrightarrow{OP} = (P_1, P_2, P_3).$$

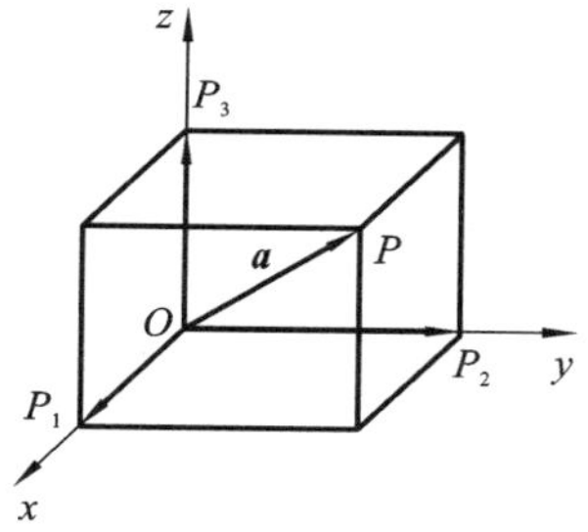

图 1-9　三维直角坐标系中的点向量

由图 1-9 可以看到，$\overrightarrow{OP}$ 在 x 轴上的投影向量是 $\overrightarrow{OP_1}$，长度是 P_1（数值）；在 y 轴上的投影向量是 $\overrightarrow{OP_2}$，长度是 P_2（数值）；在 z 轴上的投影向量是 $\overrightarrow{OP_3}$，长度是 P_3（数值）．读者应注意，投影向量和投影长度这两个称谓是有区别的．$\overrightarrow{OP}$ 在坐标轴上的投影长度是标量，是数值；$\overrightarrow{OP}$ 在坐标轴上的投影向量是向量，有长度有方向．

如果在三维直角坐标系中，给定一个 3 维向量 $\boldsymbol{a} = (a, b, c)$，它既可以表示三维空间中的一个点，也可以表示一个径向量，它在 x 轴上的投影长度是 a，在 y 轴上的投影长度是 b，在 z 轴上的投影长度是 c；它在空间直角坐标系 $xOyz$ 中的坐标为 (a,b,c)．

下面给出关于向量 $\boldsymbol{a} = (a,b,c)$ 的几个概念．

1. 向量的模

向量的模就是俗称的向量长度，模用记号 $\|\cdot\|$ 表示. 对于向量 $\boldsymbol{a}=(a,b,c)$来说，

$$\|\boldsymbol{a}\|=(a^2+b^2+c^2)^{\frac{1}{2}}.$$

2. 向量的方向

向量 $\boldsymbol{a}$ 与 x 轴、y 轴、z 轴的夹角分别记为 α、β、γ，因为夹角不便于直接表示，所以用方向余弦表示为

$$\cos\alpha=\frac{a}{\|\boldsymbol{a}\|},\quad \cos\beta=\frac{b}{\|\boldsymbol{a}\|},\quad \cos\gamma=\frac{c}{\|\boldsymbol{a}\|}.$$

如果这 3 个余弦量确定了，向量 $\boldsymbol{a}$ 在三维直角坐标系中的方向角就是确定的.

3. 单位向量

把向量 $\boldsymbol{a}$ 的长度单位化就得到其单位向量$\boldsymbol{a}^0$，所以

$$\boldsymbol{a}^0=\frac{\boldsymbol{a}}{\|\boldsymbol{a}\|}.$$

注意：分子 $\boldsymbol{a}$ 是向量，有长度有方向；分母$\|\boldsymbol{a}\|$仅表示 $\boldsymbol{a}$ 的长度.

特别地，在三维直角坐标系中有 3 个单位轴向量：沿着 x 轴方向的单位轴向量记为 $\boldsymbol{i}=(1,0,0)$；沿着 y 轴方向的单位轴向量记为 $\boldsymbol{j}=(0,1,0)$；沿着 z 轴方向的单位轴向量记为$\boldsymbol{k}=(0,0,1)$.

引进单位轴向量是为了以后便于任意向量的表示和运算.

4. 向量的表示方式

向量的坐标表示方式为 $\boldsymbol{a}=(a,b,c)$，其坐标值是有序排列的；单位轴向量表示方式为 $\boldsymbol{a}=a\boldsymbol{i}+b\boldsymbol{j}+c\boldsymbol{k}$.

例 1.2.1 已知点 $P(1,1,3)$，试写出这个径向量 $\overrightarrow{OP}=\boldsymbol{a}$ 及其单位向量 $\boldsymbol{a}^0$.

解 $\overrightarrow{OP}=\boldsymbol{a}=(1,1,3)=1\cdot\boldsymbol{i}+1\cdot\boldsymbol{j}+3\cdot\boldsymbol{k}$，故

$$\|\boldsymbol{a}\|=\sqrt{1^2+1^2+3^2}=\sqrt{11},\quad \boldsymbol{a}^0=\frac{1}{\sqrt{11}}(1,1,3).$$

例 1.2.2 已知点 $A(0,1,2)$、$B(1,-1,0)$，试将 $\overrightarrow{AB}$ 用单位轴向量表示.

解 $\overrightarrow{AB}=(1-0,-1-1,0-2)=(1,-2,-2)=\boldsymbol{i}-2\boldsymbol{j}-2\boldsymbol{k}$.

因为 3 维向量(a_1,a_2,a_3)是 3 个有序数的排列，每个元素有各自的含义，也有各自的顺序，所以在日常生活中的 3 个数据，只要给予一定的含义和顺序，就可以用 3 维向量表示这些数据及其相互之间的运算关系.

例如，每个学生的3门主科（语文、数学、外语）的成绩，就此顺序用3维向量表示为(a_1, a_2, a_3)，全班有30个学生，就有30个这样的“成绩向量”. 于是就可以用向量运算去计算：每个学生三科总成绩；对所有学生按照总成绩排序；全班单科的平均成绩；班与班之间按平均成绩排序；等等.

再比如，把每个省份的3种主要网媒（网媒1，网媒2，网媒3）的被访问量构成一个3维向量(a_1, a_2, a_3)，现在已经汇集到26个省份的有关数据，于是就有26个同类型的3维向量，可以用向量运算去计算：各省份对3种网媒的访问总量；同一种网媒在全国范围内排序；各省份3种网煤的影响力在全国范围内排序；等等.

更多的向量应用实例，可参见本章§1.3、第2章和第10章的有关内容.

§1.3　3维向量的几种常见运算

1. 向量相等的规则

两个向量相等的等价表现是对应分量都相等，即

$$\boldsymbol{a} = \boldsymbol{b} \text{ 或 } (a_1, a_2, a_3) = (b_1, b_2, b_3) \quad \Leftrightarrow \quad a_i = b_i, \quad i = 1, 2, 3.$$

2. 向量加法的规则

空间向量的加法符合平行四边形法则，如图1-10所示：

$$\overrightarrow{AB} + \overrightarrow{AA'} = \overrightarrow{AB'}, \quad \overrightarrow{AA'} + \overrightarrow{AD} = \overrightarrow{AD'},$$

$$\overrightarrow{AB} + \overrightarrow{BC} + \overrightarrow{CC'} = \overrightarrow{AC'}, \quad \overrightarrow{AD'} + \overrightarrow{D'C'} = \overrightarrow{AC'}.$$

向量的加、减法属于同一种运算：

$$\overrightarrow{AD'} + \overrightarrow{D'C'} = \overrightarrow{AC'}, \quad \overrightarrow{AD'} = \overrightarrow{AC'} - \overrightarrow{D'C'}.$$

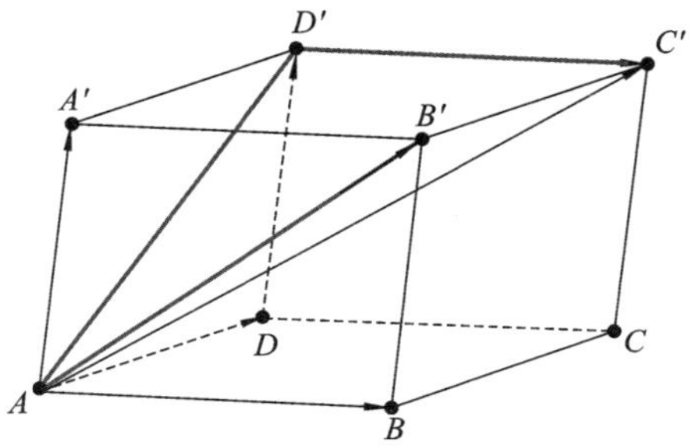

图1-10　空间向量加法的平行四边形法则

空间向量加法如果采用代数运算，其运算规则如何？

设有

$$\boldsymbol{a}=(a_1,a_2,a_3)=a_1\boldsymbol{i}+a_2\boldsymbol{j}+a_3\boldsymbol{k},$$
$$\boldsymbol{b}=(b_1,b_2,b_3)=b_1\boldsymbol{i}+b_2\boldsymbol{j}+b_3\boldsymbol{k},$$
$$\boldsymbol{c}=(c_1,c_2,c_3)=c_1\boldsymbol{i}+c_2\boldsymbol{j}+c_3\boldsymbol{k},$$

则有

坐标表示形式：$\boldsymbol{a}+\boldsymbol{b}+\boldsymbol{c}=(a_1+b_1+c_1,a_2+b_2+c_2,a_3+b_3+c_3)$；

或者

单位轴向量表示形式：$\boldsymbol{a}+\boldsymbol{b}+\boldsymbol{c}=(a_1+b_1+c_1)\boldsymbol{i}+(a_2+b_2+c_2)\boldsymbol{j}+(a_3+b_3+c_3)\boldsymbol{k}$.

3. 向量与实数相乘的规则

向量 $\boldsymbol{a}$ 与实数 k 相乘，其几何表现是把向量 $\boldsymbol{a}$ 的长度扩大了 k 倍，$k\boldsymbol{a}$ 和 $\boldsymbol{a}$ 是同方向的向量.

向量 $\boldsymbol{a}$ 与实数 k 相乘的代数运算规则为：若 k 是实数，$\boldsymbol{a}=(a_1,a_2,a_3)$，则 $k\cdot\boldsymbol{a}=k(a_1,a_2,a_3)=(ka_1,ka_2,ka_3)$.

4. 向量的"数量积"（又称"点乘"或"内积"）运算规则

向量数量积的物理背景是：向量 $\boldsymbol{b}$ 沿着向量 $\boldsymbol{a}$ 方向把物体移动距离 $\|\boldsymbol{a}\|$ 所做的功，如图 1-6 所示.

稍加注意，这里 $\boldsymbol{a}$ 和 $\boldsymbol{b}$ 是 3 维向量，虽然 $\boldsymbol{a}$ 和 $\boldsymbol{b}$ 处于同一个平面内，但不一定是水平面或垂直面. 由于做功问题是普遍存在的，为了便于应用，数学中将其定义为"向量的数量积"，而且规定了相应的计算规则.

（1）空间向量 $\boldsymbol{a}$ 和 $\boldsymbol{b}$ 的数量积定义

$$\overset{\text{数量积}}{\boldsymbol{a}\cdot\boldsymbol{b}}=\|\boldsymbol{a}\|\cdot\|\boldsymbol{b}\|\cdot\cos(\boldsymbol{a}\wedge\boldsymbol{b}),$$

其中 $\boldsymbol{a}\wedge\boldsymbol{b}$ 是向量 $\boldsymbol{a}$ 和 $\boldsymbol{b}$ 之间的夹角，夹角在 $0\sim\pi$ 之间. 数量积的结果是数值，正值表示正方向做功，负值表示反方向做功.

由物理知识可知，"$\boldsymbol{b}$ 沿着 $\boldsymbol{a}$ 方向把物体移动距离 $\|\boldsymbol{a}\|$ 做功"在大小上等于"$\boldsymbol{a}$ 沿着 $\boldsymbol{b}$ 方向把物体移动距离 $\|\boldsymbol{b}\|$ 做功".

顺便指出：$\boldsymbol{b}$ 在 $\boldsymbol{a}$ 上的投影长度为 $\|\boldsymbol{b}\|\cdot\cos(\boldsymbol{a}\wedge\boldsymbol{b})$，$\boldsymbol{b}$ 在 $\boldsymbol{a}$ 上的投影向量为 $\|\boldsymbol{b}\|\cdot\cos(\boldsymbol{a}\wedge\boldsymbol{b})\cdot\boldsymbol{a}^0$.

（2）单位轴向量之间的数量积

$$\boldsymbol{i}\cdot\boldsymbol{i}=\boldsymbol{j}\cdot\boldsymbol{j}=\boldsymbol{k}\cdot\boldsymbol{k}=1,\quad \boldsymbol{i}\cdot\boldsymbol{j}=\boldsymbol{j}\cdot\boldsymbol{i}=0,$$
$$\boldsymbol{i}\cdot\boldsymbol{k}=\boldsymbol{k}\cdot\boldsymbol{i}=0,\quad \boldsymbol{j}\cdot\boldsymbol{k}=\boldsymbol{k}\cdot\boldsymbol{j}=0.$$

（3）向量 $\boldsymbol{a}$ 和 $\boldsymbol{b}$ 的数量积计算公式

因为

$\boldsymbol{a}\cdot\boldsymbol{b}=(a_1\boldsymbol{i}+a_2\boldsymbol{j}+a_3\boldsymbol{k})(b_1\boldsymbol{i}+b_2\boldsymbol{j}+b_3\boldsymbol{k})$

$$= a_1b_1(\boldsymbol{i}\cdot\boldsymbol{i}) + a_2b_1(\boldsymbol{j}\cdot\boldsymbol{i}) + a_3b_1(\boldsymbol{k}\cdot\boldsymbol{i}) + a_1b_2(\boldsymbol{i}\cdot\boldsymbol{j}) + a_2b_2(\boldsymbol{j}\cdot\boldsymbol{j}) + a_3b_2(\boldsymbol{k}\cdot\boldsymbol{j}) + a_1b_3(\boldsymbol{i}\cdot\boldsymbol{k}) + a_2b_3(\boldsymbol{j}\cdot\boldsymbol{k}) + a_3b_3(\boldsymbol{k}\cdot\boldsymbol{k}),$$

所以有

$$\boldsymbol{a}\cdot\boldsymbol{b} = a_1b_1 + a_2b_2 + a_3b_3.$$

(4) 数量积满足线性运算规则

交换律：$\boldsymbol{a}\cdot\boldsymbol{b}=\boldsymbol{b}\cdot\boldsymbol{a}$；

数乘结合律：$(\lambda\boldsymbol{a})\cdot\boldsymbol{b} = \boldsymbol{a}\cdot(\lambda\boldsymbol{b}) = \lambda(\boldsymbol{a}\cdot\boldsymbol{b})$；

分配律：$\boldsymbol{c}\cdot(\boldsymbol{a}+\boldsymbol{b})=\boldsymbol{c}\cdot\boldsymbol{a}+\boldsymbol{c}\cdot\boldsymbol{b}$；

综合规则：$\boldsymbol{c}\cdot(\alpha\boldsymbol{a}+\beta\boldsymbol{b}) = \alpha(\boldsymbol{c}\cdot\boldsymbol{a})+\beta(\boldsymbol{c}\cdot\boldsymbol{b}) = \alpha(\boldsymbol{a}\cdot\boldsymbol{c})+\beta(\boldsymbol{b}\cdot\boldsymbol{c})$.

(5) 数量积的性质应用

$$\boldsymbol{a}\cdot\boldsymbol{b}=0 \quad \Leftrightarrow \quad \boldsymbol{a}\perp\boldsymbol{b};$$

$$\cos(\boldsymbol{a}\wedge\boldsymbol{b}) = \frac{\boldsymbol{a}\cdot\boldsymbol{b}}{\|\boldsymbol{a}\|\cdot\|\boldsymbol{b}\|};$$

$$\boldsymbol{a}/\!/\boldsymbol{b} \quad \Leftrightarrow \quad \frac{a_1}{b_1} = \frac{a_2}{b_2} = \frac{a_3}{b_3} = \lambda \neq 0\ (\text{对应分量成比例}).$$

用数量积去判断两个向量是否相互垂直或平行是非常方便的.

例 1.3.1　已知 $\boldsymbol{a}=2\boldsymbol{i}+\boldsymbol{j}-\boldsymbol{k}$，$\boldsymbol{b}=3\boldsymbol{i}+7\boldsymbol{j}+13\boldsymbol{k}$，$\boldsymbol{c}=20\boldsymbol{i}-29\boldsymbol{j}+11\boldsymbol{k}$，验证这 3 个向量两两垂直.

解　因为

$$\boldsymbol{a}\cdot\boldsymbol{b}=2\times3+1\times7+(-1)\times13=0,$$
$$\boldsymbol{a}\cdot\boldsymbol{c}=2\times20+1\times(-29)+(-1)\times11=0,$$
$$\boldsymbol{b}\cdot\boldsymbol{c}=3\times20+7\times(-29)+13\times11=0,$$

所以 $\boldsymbol{a}$、$\boldsymbol{b}$、$\boldsymbol{c}$ 两两垂直.

例 1.3.2　已知 $\|\boldsymbol{a}\|=1$，$\|\boldsymbol{b}\|=2$，$(\boldsymbol{a}\wedge\boldsymbol{b})=\frac{\pi}{3}$，求 $\|\boldsymbol{a}+\boldsymbol{b}\|$ 和 $\|\boldsymbol{a}-\boldsymbol{b}\|$.

解　因为

$$\boldsymbol{a}\cdot\boldsymbol{b} = \|\boldsymbol{a}\|\cdot\|\boldsymbol{b}\|\cdot\cos(\boldsymbol{a}\wedge\boldsymbol{b}) = 1\cdot2\cdot\cos\frac{\pi}{3} = 1,$$

又有

$$\|\boldsymbol{a}+\boldsymbol{b}\|^2 = (\boldsymbol{a}+\boldsymbol{b})\cdot(\boldsymbol{a}+\boldsymbol{b}) = \|\boldsymbol{a}\|^2+\|\boldsymbol{b}\|^2+2\boldsymbol{a}\cdot\boldsymbol{b} = 7,$$
$$\|\boldsymbol{a}-\boldsymbol{b}\|^2 = (\boldsymbol{a}-\boldsymbol{b})\cdot(\boldsymbol{a}-\boldsymbol{b}) = \|\boldsymbol{a}\|^2+\|\boldsymbol{b}\|^2-2\boldsymbol{a}\cdot\boldsymbol{b} = 3,$$

所以

$$\|\boldsymbol{a}+\boldsymbol{b}\|=\sqrt{7},\quad \|\boldsymbol{a}-\boldsymbol{b}\|=\sqrt{3}.$$

例 1.3.3　如图 1-11 所示，有一正方体 $ABCD\text{-}A'B'C'D'$，棱长是 2，F 是 $C'D'$ 的中点，求 AF 和 $A'F$ 的长.

解　沿着 AB — AD — AA' 架起空间直角坐标系，分别写出点坐标

$$A(0,0,0),\quad A'(0,2,0),\quad F(1,2,2),$$

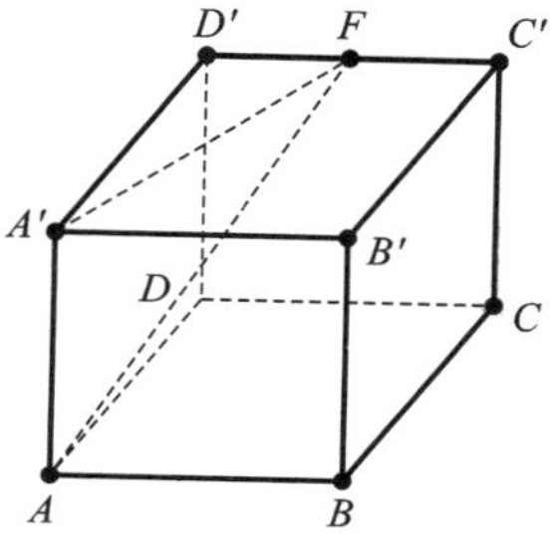

图 1-11　求 AF 和 $A'F$ 的长度

于是 $\overrightarrow{AF}=(1,2,2),\|\overrightarrow{AF}\|=\sqrt{1^2+2^2+2^2}=3$；

$\overrightarrow{A'F}=(1,0,2),\|\overrightarrow{A'F}\|=\sqrt{1^2+0^2+2^2}=\sqrt{5}$.

例 1.3.4 已知某公司在某季度的商品销售量、价格和成本报表如下：

商品	销售总量(件)	单件价格(元)	单件运输成本(元)
1	120	130	5
2	100	140	6
3	150	150	8

试用向量的数量积去计算该季度：(1)总销售额；(2)总运输成本；(3)毛利润.

解 记 $\boldsymbol{a}=$(品 1 销量，品 2 销量，品 3 销量)$=(120,100,150)$；

$\boldsymbol{b}=$(品 1 单价，品 2 单价，品 3 单价)$=(130,140,150)$；

$\boldsymbol{c}=$(品 1 运输单价，品 2 运输单价，品 3 运输单价)$=(5,6,8)$；

于是有

总销售额$=\boldsymbol{a}\cdot\boldsymbol{b}=120\times130+100\times140+150\times150=51100$(元)；

总运输成本$=\boldsymbol{a}\cdot\boldsymbol{c}=120\times5+100\times6+150\times8=2400$(元)；

毛利润(只算运输花费)$=51100-2400=48700$(元).

例 1.3.5 某公司要给近万人发放工作服，公司按照衣长、肩宽和领口这三种尺寸，统一制定了 5 种类型. 试问：对于具体个人，如何用向量方法选择比较合适的类型.

解 按照衣长、肩宽和领口尺寸的顺序，把 5 种类型的工作服分别记为向量$\boldsymbol{a}_1,\boldsymbol{a}_2,\boldsymbol{a}_3,\boldsymbol{a}_4,\boldsymbol{a}_5$，个人的具体尺寸也按照上述顺序记为向量 $\boldsymbol{b}$，选择办法如下：

把$\boldsymbol{a}_1,\boldsymbol{a}_2,\boldsymbol{a}_3,\boldsymbol{a}_4,\boldsymbol{a}_5$ 和 $\boldsymbol{b}$ 看作空间直角坐标系中的 6 个点，计算距离

$$\|\boldsymbol{b}\boldsymbol{a}_1\|,\quad \|\boldsymbol{b}\boldsymbol{a}_2\|,\quad \|\boldsymbol{b}\boldsymbol{a}_3\|,\quad \|\boldsymbol{b}\boldsymbol{a}_4\|,\quad \|\boldsymbol{b}\boldsymbol{a}_5\|,$$

比较这 5 个距离，距离最小的那个款式就是比较适合那个人的.

日常生活中，向量的数量积可以用来表示很多问题，具体可参见第 10 章的有关内容.

5. 向量的"向量积"（又称"外积"）运算

在实际应用中，经常遇到一类特殊的力的作用形式和结果.

例如，在图 1-12 中，把 OM 看作轴，在轴上固定铁杆，在力 $\boldsymbol{r}$ 和力 $\boldsymbol{F}$ 作用下产生了"扭转力矩"，"扭矩"$\boldsymbol{M}$ 是向量，它沿着轴的方向，并垂直于力 $\boldsymbol{r}$ 和力 $\boldsymbol{F}$.

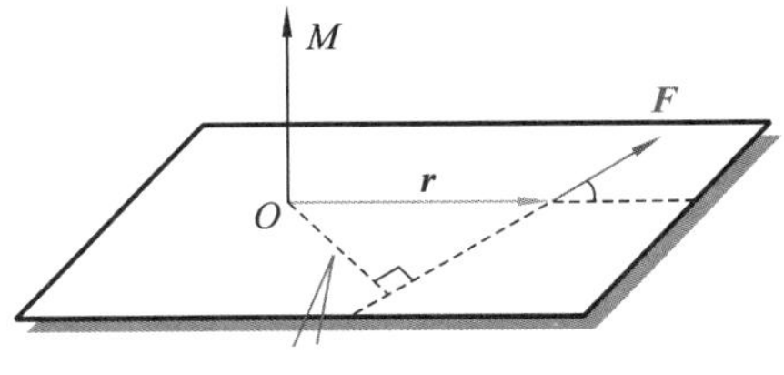

图 1-12 同平面中的两个力产生了一个垂直于平面的力

类似的应用例子很多，例如，两个力作用在方向盘上，方向盘产生了一个扭转力；用螺丝

刀扭转螺丝，实际上是同一平面上的两个力扭转螺丝，螺丝的前进方向是垂直于那两个平面力的.

总结这些情形的力的情况，两个同平面的力，产生了另一个垂直于“作用力平面”方向的力. 因为这类作用力非常普遍，数学上将其定义为“向量的向量积”，而且给出了计算规则.

(1) 向量积的定义

定义 $\boldsymbol{a}\times\boldsymbol{b}$ **仍是一个向量，参见图 1-13，其大小和方向为：**

$$\boldsymbol{a}\times\boldsymbol{b}\text{ 是向量}\begin{cases}\text{方向：} & \text{符合“右手法则”，它垂直于“从 }\boldsymbol{a}\text{ 转到 }\boldsymbol{b}\text{”所在的平面；}\\ \text{大小：} & \|\boldsymbol{a}\cdot\boldsymbol{b}\|=\|\boldsymbol{a}\|\cdot\|\boldsymbol{b}\|\cdot\sin\theta;\\ \text{大小：} & \text{由 }\boldsymbol{a}\text{ 和 }\boldsymbol{b}\text{ 构成的平行四边形的面积.}\end{cases}$$

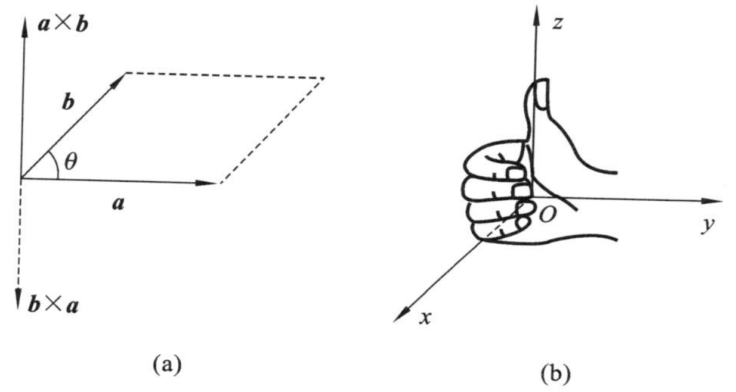

图 1-13　向量积 $\boldsymbol{a}\times\boldsymbol{b}$ 按照右手法则的定义

这里解释一下右手法则：手指的弯握方向表示“叉乘顺序”，大拇指的指向是“叉乘结果”的方向. 例如，在图 1-14(a)中，手指的弯握由 $\boldsymbol{a}$ 到 $\boldsymbol{b}$，表示 $\boldsymbol{a}\times\boldsymbol{b}$ 的顺序，大拇指的指向是 $\boldsymbol{a}\times\boldsymbol{b}$ 的结果方向. 又如，在图 1-14(b)中，手指的弯握由 x 轴到 y 轴，表示 $\boldsymbol{x}\times\boldsymbol{y}$ 的顺序，大拇指的指向是 z 轴正向.

(2) 单位轴向量的向量积

x 轴、y 轴和 z 轴方向的单位轴向量分别记为 $\boldsymbol{i}$、$\boldsymbol{j}$ 和 $\boldsymbol{k}$，根据向量积的定义，有

$$\boldsymbol{i}\times\boldsymbol{i}=\boldsymbol{j}\times\boldsymbol{j}=\boldsymbol{k}\times\boldsymbol{k}=\boldsymbol{0},$$
$$\boldsymbol{i}\times\boldsymbol{j}=\boldsymbol{k},\quad \boldsymbol{j}\times\boldsymbol{k}=\boldsymbol{i},\quad \boldsymbol{k}\times\boldsymbol{i}=\boldsymbol{j},$$
$$\boldsymbol{j}\cdot\boldsymbol{i}=-\boldsymbol{k},\quad \boldsymbol{k}\times\boldsymbol{j}=-\boldsymbol{i},\quad \boldsymbol{i}\times\boldsymbol{k}=-\boldsymbol{j}.$$

(3) 向量积满足的运算规则

反交换律：$(\boldsymbol{a}\times\boldsymbol{b})=-(\boldsymbol{b}\times\boldsymbol{a})$；

数乘结合律：$\lambda(\boldsymbol{a}\times\boldsymbol{b})=(\lambda\boldsymbol{a})\times\boldsymbol{b}=\boldsymbol{a}\times(\lambda\boldsymbol{b})$；

分配律：$(\boldsymbol{a}+\boldsymbol{b})\times\boldsymbol{c}=\boldsymbol{a}\times\boldsymbol{c}+\boldsymbol{b}\times\boldsymbol{c}$,

$\boldsymbol{c}\times(\boldsymbol{a}+\boldsymbol{b})=\boldsymbol{c}\times\boldsymbol{a}+\boldsymbol{c}\times\boldsymbol{b}$.

(4) 向量积的性质应用

$$\boldsymbol{a}\times\boldsymbol{b}=\boldsymbol{0}\quad\Leftrightarrow\quad\boldsymbol{a}\,/\!/\,\boldsymbol{b};$$

$$\sin\theta=\frac{\boldsymbol{a}\times\boldsymbol{b}}{\|\boldsymbol{a}\|\cdot\|\boldsymbol{b}\|}.$$

(5) 向量积的计算公式

假设 3 维向量 $\boldsymbol{a}$ 和 $\boldsymbol{b}$ 做向量积，因为

$$\begin{aligned}\boldsymbol{a}\times\boldsymbol{b}&=(a_1\boldsymbol{i}+a_2\boldsymbol{j}+a_3\boldsymbol{k})\times(b_1\boldsymbol{i}+b_2\boldsymbol{j}+b_3\boldsymbol{k})\\&=a_1b_1(\boldsymbol{i}\times\boldsymbol{i})+a_2b_1(\boldsymbol{j}\times\boldsymbol{i})+a_3b_1(\boldsymbol{k}\times\boldsymbol{i})\\&\quad+a_1b_2(\boldsymbol{i}\times\boldsymbol{j})+a_2b_2(\boldsymbol{j}\times\boldsymbol{j})+a_3b_2(\boldsymbol{k}\times\boldsymbol{j})\\&\quad+a_1b_3(\boldsymbol{i}\times\boldsymbol{k})+a_2b_3(\boldsymbol{j}\times\boldsymbol{k})+a_3b_3(\boldsymbol{k}\times\boldsymbol{k}),\end{aligned}$$

全部展开，合并为

$$\boldsymbol{a}\times\boldsymbol{b}=\begin{vmatrix}a_2&a_3\\b_2&b_3\end{vmatrix}\boldsymbol{i}-\begin{vmatrix}a_1&a_3\\b_1&b_3\end{vmatrix}\boldsymbol{j}+\begin{vmatrix}a_1&a_2\\b_1&b_2\end{vmatrix}\boldsymbol{k},$$

此式表明向量积的结果仍然是向量，式中单位轴向量的系数是用 2 阶行列式表示的. 向量积的结果还可以简化为一个 3 阶行列式：

$$\boldsymbol{a}\times\boldsymbol{b}=\begin{vmatrix}\boldsymbol{i}&\boldsymbol{j}&\boldsymbol{k}\\a_1&a_2&a_3\\b_1&b_2&b_3\end{vmatrix}.$$

关于 2 阶行列式和 3 阶行列式的计算办法，关于为什么 $\|\boldsymbol{a}\times\boldsymbol{b}\|$ 等于以 $\boldsymbol{a}$ 和 $\boldsymbol{b}$ 为邻边的平行四边形的面积，这些都将在下面进行叙述.

6. 2 阶和 3 阶行列式的计算方法及其几何含义

行列式运算是一种特定的运算，下面介绍 2 阶行列式和 3 阶行列式的定义和计算方法.

(1) 2 阶行列式的表示形式及其计算方法

所谓 2 阶行列式，是对“2 行 2 列元素”采用的特殊的计算规则，其记号和计算规则为：

$$\begin{vmatrix}a_{11}&a_{12}\\a_{21}&a_{22}\end{vmatrix}\text{(按第一行元素展开计算)}$$

$$=(-1)^{1+1}a_{11}\cdot a_{22}+(-1)^{1+2}a_{12}\cdot a_{21}.$$

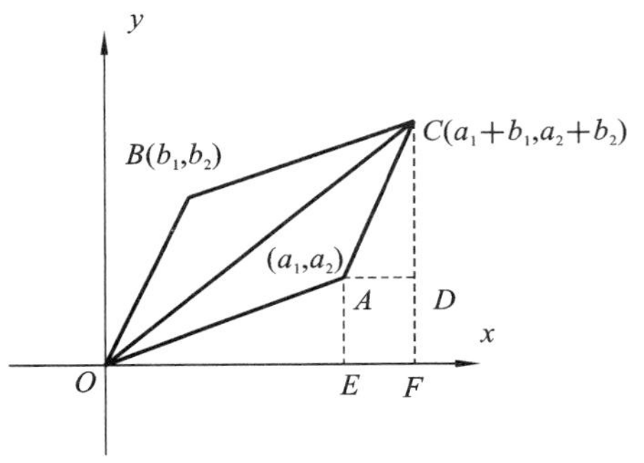

图 1-14　2 阶行列式几何意义的示意图

其中，第一项是 a_{11} 乘以“划去它所在的第 1 行、第 1 列”所得到的元素 a_{22}，该项的符号与 a_{11} 所在的行数加列数有关，符号为 $(-1)^{1+1}$；第二项是 a_{12} 乘以“划去它所在的第 1 行、第 2 列”所得到的元素 a_{21}，该项的符号与 a_{12} 所在的行数加列数有关，符号为 $(-1)^{1+2}$.

2 阶行列式的结果是数值.

(2) 2 阶行列式的几何含义是平行四边形的(代数)面积

如图 1-14 所示，平行四边形的两条邻边分别为：

$$\overrightarrow{OA}=(a_1,a_2),\quad\overrightarrow{OB}=(b_1,b_2).$$

从几何图形角度观察，有

平行四边形 $OACB$ 的面积

$=2$(△OFC 的面积 − △OEA 的面积 − △ADC 的面积 − 矩形 $EFDA$ 的面积)，
其中

$$2\cdot\triangle OFC\text{ 的面积}=(a_1+b_1)(a_2+b_2),$$
$$2\cdot\triangle OEA\text{ 的面积}=a_1a_2,$$
$$2\cdot\triangle ADC\text{ 的面积}=(a_1+b_1-a_1)(a_2+b_2-a_2)=b_1b_2,$$
$$\text{矩形 }EFDA\text{ 的面积}=(a_1+b_1-a_1)a_2=a_2b_1.$$

经简单计算可知：平行四边形 $OACB$ 的面积 $=a_1b_2-a_2b_1$.

这个结果正好是当平行四边形两个邻边向量为 $\overrightarrow{OA}$ 和 $\overrightarrow{OB}$ 时，用这两个邻边向量写出的 2 阶行列式的计算结果：

$$\begin{vmatrix} a_1 & a_2 \\ b_1 & b_2 \end{vmatrix}=a_1b_2-a_2b_1.$$

由此可知，由两个 2 维向量所构成的 2 阶行列式的值，等于以这两个向量为邻边的平行四边形的(代数)面积. 按右手法则从 $\overrightarrow{OA}$ 转到 $\overrightarrow{OB}$ 时，面积为正；从 $\overrightarrow{OB}$ 转到 $\overrightarrow{OA}$ 时，面积为负.

(3) 3 阶行列式的表示形式及其计算方法

所谓 3 阶行列式，是对"3 行 3 列元素"采用的特殊计算规则，其记号和计算规则为：

$$\begin{vmatrix} a_{11} & a_{12} & a_{13} \\ b_{21} & b_{22} & b_{23} \\ c_{31} & c_{32} & c_{33} \end{vmatrix}\text{(按第一行元素展开计算)}$$

$$=(-1)^{1+1}a_{11}\begin{vmatrix} b_{22} & b_{23} \\ c_{32} & c_{33} \end{vmatrix}+(-1)^{1+2}a_{12}\begin{vmatrix} b_{21} & b_{23} \\ c_{31} & c_{33} \end{vmatrix}+(-1)^{1+3}a_{13}\begin{vmatrix} b_{21} & b_{22} \\ c_{31} & c_{32} \end{vmatrix}.$$

其中，第一项是 a_{11} 乘以"划去它所在的第 1 行、第 1 列"所得到的 2 阶行列式，该项的符号与 a_{11} 所在的行数加列数有关，符号为 $(-1)^{1+1}$；第二项是 a_{12} 乘以"划去它所在的第 1 行、第 2 列"所得到的 2 阶行列式，该项的符号与 a_{12} 所在的行数加列数有关，符号为 $(-1)^{1+2}$；第三项是 a_{13} 乘以"划去它所在的第 1 行、第 3 列"所得到的 2 阶行列式，该项的符号与 a_{13} 所在的行数加列数有关，符号为 $(-1)^{1+3}$.

3 阶行列式的计算结果是数值.

(4) 3 阶行列式的几何含义是平行六面体的(代数)体积

为此，下面先计算如图 1-15 所示的平行六面体的体积.

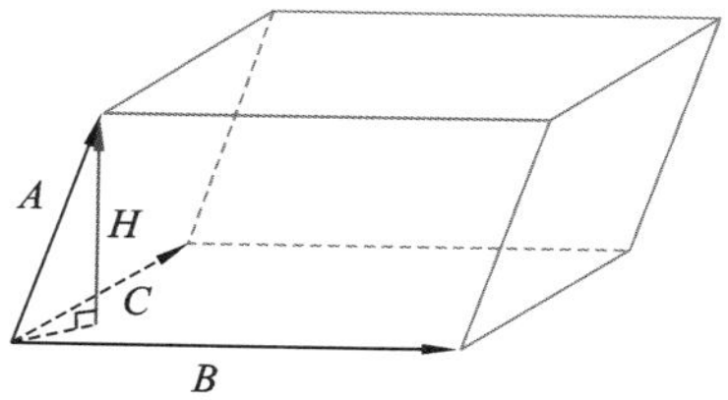

图 1-15　计算平行六面体的体积的示意图

记图中三个邻边向量分别为 $\boldsymbol{A}=(a_1,a_2,a_3)$，$\boldsymbol{B}=(b_1,b_2,b_3)$，$\boldsymbol{C}=(c_1,c_2,c_3)$. 注意，按照右手法则，$\boldsymbol{B}\times\boldsymbol{C}=\boldsymbol{H}$，$\boldsymbol{H}$ 垂直于 $\boldsymbol{B}$ 和 $\boldsymbol{C}$ 所在的平面，方向朝上，$\boldsymbol{H}$ 的量值大小为平行六面体的底面积. 由于 $\boldsymbol{A}\cdot\boldsymbol{H}=\|\boldsymbol{A}\|\cdot\|\boldsymbol{H}\|\cdot\cos(\boldsymbol{A}\wedge\boldsymbol{H})$，所以 $\boldsymbol{A}\cdot\boldsymbol{H}$ 就是平行六面体的体积. 于是有

$$V=\boldsymbol{A}\cdot\boldsymbol{H}=\boldsymbol{A}\cdot(\boldsymbol{B}\times\boldsymbol{C})$$

$$= (a_1\boldsymbol{i} + a_2\boldsymbol{j} + a_3\boldsymbol{k}) \cdot \begin{vmatrix} \boldsymbol{i} & \boldsymbol{j} & \boldsymbol{k} \\ b_1 & b_2 & b_3 \\ c_1 & c_2 & c_3 \end{vmatrix} = \begin{vmatrix} a_1 & a_2 & a_3 \\ b_1 & b_2 & b_3 \\ c_1 & c_2 & c_3 \end{vmatrix}.$$

由此可见，由 3 个 3 维向量所构成的 3 阶行列式的值，等于以这 3 个向量为棱边的平行六面体的(代数)体积.

下面解释当向量积 $\|\boldsymbol{a}\times\boldsymbol{b}\|$ 采用 3 阶行列式表示时的大小问题. 为了简单观察起见，把图 1-14 中处于空间位置的平行四边形 $OACB$，旋转变化为 xOy 平面内的"新"的平行四边形，"新""老"平行四边形的形状和面积都不改变. 记"新"的平行四边形的邻边向量为 $\tilde{\boldsymbol{a}} = (\tilde{a}_1, \tilde{a}_2, 0)$ 和 $\tilde{\boldsymbol{b}} = (\tilde{b}_1, \tilde{b}_2, 0)$，显然

$$\tilde{\boldsymbol{a}} \times \tilde{\boldsymbol{b}} = \begin{vmatrix} \boldsymbol{i} & \boldsymbol{j} & \boldsymbol{k} \\ \tilde{a}_1 & \tilde{a}_2 & 0 \\ \tilde{b}_1 & \tilde{b}_2 & 0 \end{vmatrix} \xlongequal{\text{按第3列展开}} \begin{vmatrix} \tilde{a}_1 & \tilde{a}_2 \\ \tilde{b}_1 & \tilde{b}_2 \end{vmatrix} \boldsymbol{k},$$

这是向量，其方向和大小都是明确的. 计算其模长，也就是对其系数取绝对值，就有

$$\|\tilde{\boldsymbol{a}} \times \tilde{\boldsymbol{b}}\| = \underbrace{\left\| \begin{vmatrix} \tilde{a}_1 & \tilde{a}_2 \\ \tilde{b}_1 & \tilde{b}_2 \end{vmatrix} \boldsymbol{k} \right\|}_{\text{向量模}} = \underbrace{\left| \left(\begin{vmatrix} \tilde{a}_1 & \tilde{a}_2 \\ \tilde{b}_1 & \tilde{b}_2 \end{vmatrix} \right) \right|}_{\text{绝对值}}.$$

所以，向量积 $\|\boldsymbol{a}\times\boldsymbol{b}\|$ 的几何含义是平行四边形的(代数)面积.

例 1.3.6　已知 $\boldsymbol{a} = (2,1,-1)$，$\boldsymbol{b} = (1,-1,2)$，求 $\boldsymbol{a}\times\boldsymbol{b}$.

解　$$\boldsymbol{a}\times\boldsymbol{b} = \begin{vmatrix} \boldsymbol{i} & \boldsymbol{j} & \boldsymbol{k} \\ 2 & 1 & -1 \\ 1 & -1 & 2 \end{vmatrix} = \boldsymbol{i} - 5\boldsymbol{j} - 3\boldsymbol{k}.$$

例 1.3.7　已知三角形的三个顶点分别为 $A(-1,2,3)$，$B(1,1,1)$，$C(0,0,5)$，求 $\triangle ABC$ 的面积 S.

解　由向量积的模的几何含义可知，$\triangle$ABC 的面积 $S = \frac{1}{2}\|\overrightarrow{AB}\times\overrightarrow{AC}\|$.

由于 $\overrightarrow{AB} = (2,-1,-2)$，$\overrightarrow{AC} = (1,-2,2)$，

$$\overrightarrow{AB}\times\overrightarrow{AC} = \begin{vmatrix} \boldsymbol{i} & \boldsymbol{j} & \boldsymbol{k} \\ 2 & -1 & -2 \\ 1 & -2 & 2 \end{vmatrix} = -6\boldsymbol{i} - 6\boldsymbol{j} - 3\boldsymbol{k},$$

所以 $S = \frac{1}{2}\|\overrightarrow{AB}\times\overrightarrow{AC}\| = \frac{1}{2}\sqrt{(-6)^2 + (-6)^2 + (-3)^2} = \frac{9}{2}$.

向量积贯穿于线性代数这门学科的整体，而且有很多实际应用(更多的应用参见第 10 章)，读者应该掌握其含义和运算规则.

§1.4　3 维向量的一般应用

在现实生活中，很多问题用 3 维向量去思考和解决，会带来极大的方便.

1. 很多立体几何问题可以用 3 维向量解决

平面几何中的很多问题，采用 2 维向量的方法，就可以方便地得到解决.

立体几何中的很多问题，采用 3 维向量的方法，就能方便地得到解决.

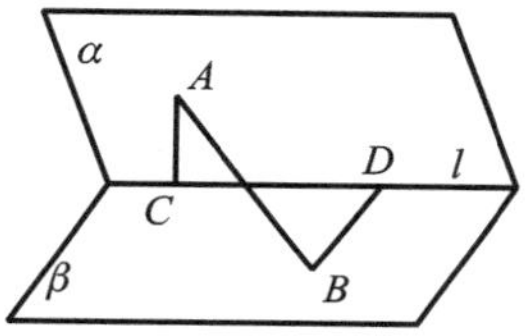

图 1-16　求异面点之间的距离 $|AB|$

例 1.4.1　用向量求异面点的距离. 设平面 α 和 β 的夹角为 $\frac{\pi}{3}$，交线为 l，如图 1-16 所示. $A \in \alpha, B \in \beta$，$|CD| = 6$；$AC \perp l, |AC| = 4$；$BD \perp l, |BD| = 5$. 求 $|AB|$.

解　记向量 $\overrightarrow{AC}$、$\overrightarrow{CD}$、$\overrightarrow{DB}$ 的单位向量分别为 $\overrightarrow{e_1}$、$\overrightarrow{e_2}$、$\overrightarrow{e_3}$，有

$$\overrightarrow{AC} = 4\overrightarrow{e_1}, \quad \overrightarrow{CD} = 6\overrightarrow{e_2}, \quad \overrightarrow{DB} = 5\overrightarrow{e_3},$$

因为 $\overrightarrow{AB} = \overrightarrow{AC} + \overrightarrow{CD} + \overrightarrow{DB} = 4\overrightarrow{e_1} + 6\overrightarrow{e_2} + 5\overrightarrow{e_3}$，

所以 $\|\overrightarrow{AB}\|^2 = (4\overrightarrow{e_1} + 6\overrightarrow{e_2} + 5\overrightarrow{e_3}) \cdot (4\overrightarrow{e_1} + 6\overrightarrow{e_2} + 5\overrightarrow{e_3})$，

其中 $\overrightarrow{e_1} \cdot \overrightarrow{e_3} = \frac{-1}{2}$（注意向量的方向），$\overrightarrow{e_1} \cdot \overrightarrow{e_2} = \overrightarrow{e_2} \cdot \overrightarrow{e_3} = 0$，$\|\overrightarrow{e_1}\| = \|\overrightarrow{e_2}\| = \|\overrightarrow{e_3}\| = 1$，

所以 $\|\overrightarrow{AB}\| = \sqrt{4^2 + 6^2 + 5^2 + 2 \times 4 \times 5 \times \left(\frac{-1}{2}\right)} = \sqrt{57}$.

例 1.4.2　用向量确定平面方程. 如图 1-17 所示，已知平面上的点 $P_0(x_0, y_0, z_0)$ 和该平面的法向量 $\vec{n} = (A, B, C)$，求出该平面的方程.

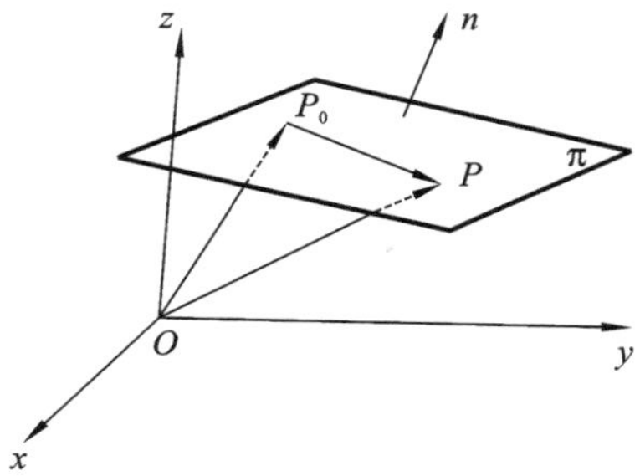

图 1-17　已知平面上某点和平面法向量求平面方程

解　设该平面上的动点为 $P(x, y, z)$，则向量 $\overrightarrow{PP_0}$ 在该平面内，于是

$$\vec{n}\cdot\overrightarrow{PP_0}=0,$$

所以有

$$A(x-x_0)+B(y-y_0)+C(z-z_0)=0.$$

这是用点和法向量构造的平面方程，简称为“点法式平面方程”，这是一个三元一次方程.

从点法式方程，人们可以看到以下几个有用的事实：

(1) 从平面的点法式方程中，人们可以直接看出平面的法向量是 $\vec{n}=(A,B,C)$；

(2) 把点法式方程中的常数项合并，有

$$Ax+By+Cz+D=0,$$

也就是说，一般的三元一次方程在几何上表示平面；

(3) 对于一般的三元一次方程，其 x、y、z 的系数 A、B、C 正好是平面法向量的三个分量，即 $\vec{n}=(A,B,C)$；

(4) 对于一般的三元一次方程，

如果 $A=0$，此时的平面方程为 $By+Cz+D=0$，则该平面法向量 $\vec{n}=(0,B,C)$，该平面平行于 x 轴；

如果 $A=0,B=0$，则该平面的方程为 $Cz+D=0$，该平面法向量 $\vec{n}=(0,0,C)$，该平面平行于 x 轴，也平行于 y 轴，即平行于 xOy 面；

如果 $D=0$，则平面 $Ax+By+Cz=0$ 过原点.

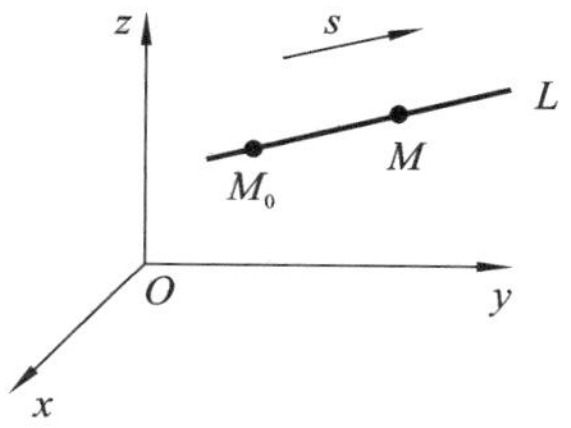

图 1-18　构造直线方程

例 1.4.3　用向量确定直线方程. 如图 1-18 所示，已知直线上的点 $M_0(x_0,y_0,z_0)$ 和该直线的方向向量 $\vec{s}=(l,m,n)$，求出该直线的方程.

解　在直线上取动点 $M(x,y,z)$，则向量 $\overrightarrow{M_0M}=(x-x_0,y-y_0,z-z_0)$ 与直线的方向向量 $\vec{s}=(l,m,n)$ 平行，两个平行向量的对应分量成比例，于是有

“点向式直线方程”：$\dfrac{x-x_0}{l}=\dfrac{y-y_0}{m}=\dfrac{z-z_0}{n}$.

这是一个“等比形式”，不是方程，人们把这个直线方程理解为：两个平面相交是直线，即

$$\begin{cases}\dfrac{x-x_0}{l}=\dfrac{y-y_0}{m}, & \text{这是一个平面方程；}\\[2ex] \dfrac{y-y_0}{m}=\dfrac{z-z_0}{n}, & \text{这是另一个平面方程.}\end{cases}$$

在点向式直线方程中，可以清楚地看出直线的方向向量 $\vec{s}=(l,m,n)$.

因为平面方程还可以写成一般形式，所以直线方程的一般形式又可以表示为

$$\begin{cases}A_1x+B_1y+C_1z=0,\\ A_2x+B_2y+C_2z=0.\end{cases}$$

对于这种直线方程，可以清楚地看出“两平面相交是直线”，但是直线的方向向量不明确.

例 1.4.4　求点到平面的距离.如图 1-19 所示,已知平面 $Ax+By+Cz+D=0$ 和平面外一点 $Q(x_0,y_0,z_0)$,要求出点到平面的距离.

解　画出平面的法向量 $\vec{n}=(A,B,C)$,P 是法向量与平面的交点,P 在平面内,显然 $\overrightarrow{PQ}$ 在 $\vec{n}$ 上的投影长度就是 Q 到平面的距离 d,所以

$$d=\frac{\overrightarrow{PQ}\cdot\vec{n}}{\|\vec{n}\|},$$

其中,$\overrightarrow{PQ}=(x-x_0,y-y_0,z-z_0)$,$\|\vec{n}\|=\sqrt{A^2+B^2+C^2}$,代入上式即可得到 $d=\dfrac{|Ax_0+By_0+Cz_0+D|}{\sqrt{A^2+B^2+C^2}}$,点到平面的距离取正值.

例 1.4.5　求两个平面的夹角.如图 1-20 所示,已知两个平面分别为

$$A_1x+B_1y+C_1z+D_1=0\quad 和\quad A_2x+B_2y+C_2z+D_2=0,$$

求这两个平面的夹角的余弦值.

解　如图 1-20 所示,两个平面的夹角等于两个平面法向量的夹角.因为

$$\vec{n_1}=(A_1,B_1,C_1)\quad 和\quad \vec{n_2}=(A_2,B_2,C_2),$$

所以两平面夹角的余弦值 $\cos\beta=\dfrac{\vec{n_1}\cdot\vec{n_2}}{\|\vec{n_1}\|\cdot\|\vec{n_2}\|}$,　$0\leqslant\beta\leqslant\pi$.

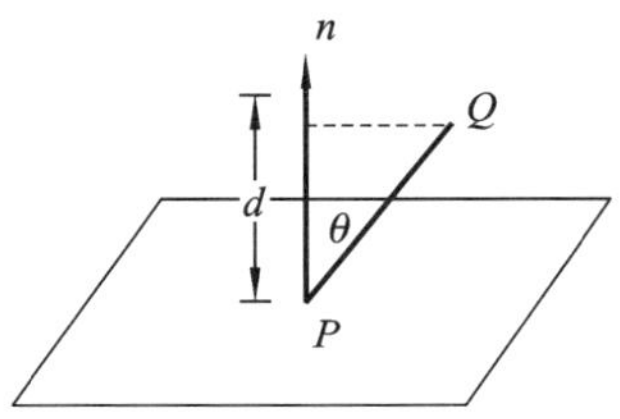

图 1-19　求点到平面的距离

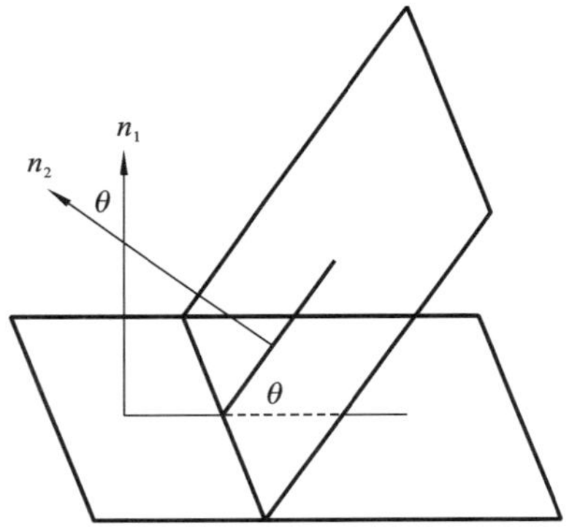

图 1-20　求两平面的夹角

例 1.4.6　求两个平面的交线.已知两个平面分别为

$$A_1x+B_1y+C_1z+D_1=0\quad 和\quad A_2x+B_2y+C_2z+D_2=0,$$

求交线 l 的方程.

解　两个平面相交的直线一定同时垂直于两个平面的法向量.所以 $\vec{n_1}\times\vec{n_2}$ 一定同时垂直于两个法向量,也就是交线 l 的方向向量 $\vec{s}$:

$$\vec{s}=\begin{vmatrix}\boldsymbol{i}&\boldsymbol{j}&\boldsymbol{k}\\A_1&B_1&C_1\\A_2&B_2&C_2\end{vmatrix}=(B_1C_2-B_2C_1)\boldsymbol{i}+(A_2C_1-A_1C_2)\boldsymbol{j}+(A_1B_2-A_2B_1)\boldsymbol{k}.$$

为了求得直线方程,还需确定交线上的一个点 P,为此,联立

$$\begin{cases}A_1x+B_1y+C_1z=0\\A_2x+B_2y+C_2z=0\end{cases},$$

令 $x=0$，解出 y_0 和 z_0，于是就有 $P(0,x_0,y_0)$.

最后，利用点 P 和方向向量 $\vec{s}$，就可以写出两个平面交线的方程.

2. 力、速度、加速度都可以用向量表示

例 1.4.7　子弹的实际飞行速度和飞行路线问题. 射出去的子弹可用向量 $\boldsymbol{a}=(a_1,a_2,a_3)$ 表示，有一定的量值大小和方向；风向可用向量 $\boldsymbol{b}=(b_1,b_2,b_3)$ 表示，也有一定的量值大小和方向；这两个向量叠加的结果，即 $\boldsymbol{a}+\boldsymbol{b}=(a_1+b_1,a_2+b_2,a_3+b_3)$，才是子弹真实的飞行速度大小和方向.

例 1.4.8　运动趋势力. 问：人坐在车内遇到刹车，身体会向前还是向后运动？答：在行驶中人和车具有同样的运动速度，速度越大运动趋势越大；遇到刹车，车的速度降为零，身体要由运动趋势大的状态改变为静止，身体自然会向前方运动.

例 1.4.9　水池泄水的旋转方向问题. 地球旋转时，赤道处的线速度最大，纬度越高线速度越小，在两极处线速度为零，于是地球自转使得地面上的物体受到偏向力的作用. 在北半球地面上的水，一方面受到地球由西向东的力，一方面受到从线速度由大向小方向变化的力，于是北半球地面上的水(包括洋流)受到的是逆时针方向的偏转力，水池泄水时还要受到指向地心的力，所以北半球水池垂直泄水是逆时针方向的. 附带解释，人坐在车内正常行驶就具有一定的速度，如果刹车，速度降低，那么人的身体会向前方运动，身体受到了由速度大到速度小的方向的力. 同理，南半球的管道垂直泄水是沿顺时针方向旋转的(图 1-21).

图 1-21　南半球的管道垂直泄水沿顺时针方向旋转

例 1.4.10　速度叠加问题.

飞机的飞行速度是 $\vec{b}$（有大小有方向）；风速为 $\vec{a}$（有大小有方向）；飞机实际的飞行方向和速度为 $\vec{c}=\vec{b}+\vec{a}$，是飞机飞行速度和风速叠加的结果.

船在动水中航行，一定是船速度和水流速度叠加的结果.

飞机在高速飞行的过程中，虽然一只鸟的质量小、速度慢，但是鸟撞飞机的后果是严重的，因为鸟和飞机叠加后的相对速度很大，鸟对飞机的冲击能量很大.

飞行的飞机会发出轰鸣声音，一般飞机是追不上自己所发出的声音的；可是当飞机的速度超过声速时，飞机很快就可以超过自己所发出的声音，这就是超音速飞机.

物理中关于力的叠加问题都可以用向量表示.

3. 一个向量在另一个向量方向上做功，用向量内积运算表示

已知向量 $\boldsymbol{a}=(a_1,a_2,a_3)$ 和向量 $\boldsymbol{b}=(b_1,b_2,b_3)$，则有

(1)$\boldsymbol{a}$ 在 $\boldsymbol{b}$ 上的投影长度为：$\|\boldsymbol{a}\|\cdot\cos(\boldsymbol{a}\wedge\boldsymbol{b})$；

(2)$\boldsymbol{a}$ 在 $\boldsymbol{b}$ 上的投影向量为：$[\boldsymbol{a}\cdot\cos(\boldsymbol{a}\wedge\boldsymbol{b})]\cdot\boldsymbol{b}^0$；

(3)$\boldsymbol{a}$ 在 $\boldsymbol{b}$ 方向上做功的大小为：$\boldsymbol{a}\cdot\boldsymbol{b}=\|\boldsymbol{a}\|\cdot\|\boldsymbol{b}\|\cdot\cos(\boldsymbol{a}\wedge\boldsymbol{b})$.

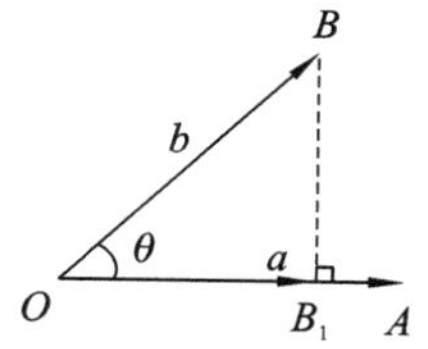

图 1-22　一个向量在另一个向量方向上做功

4. 三元一次方程（组）可以用 3 维向量表示

设有三元一次方程

$$a_1x+a_2y+a_3z=d_1,$$

人们可以用向量点乘去重新表示这个方程，为此设 $\boldsymbol{a}=(a_1,a_2,a_3)$，$\boldsymbol{X}=(x,y,z)$，此方程可描述为 $\boldsymbol{a}\cdot\boldsymbol{X}=d_1$.

设有三元一次方程组

$$\begin{cases}a_1x+a_2y+a_3z=d_1\\ b_1x+b_2y+b_3z=d_2.\\ c_1x+c_2y+c_3z=d_3\end{cases}$$

可记 $\boldsymbol{a}=(a_1,a_2,a_3)$，$\boldsymbol{b}=(b_1,b_2,b_3)$，$\boldsymbol{c}=(c_1,c_2,c_3)$，$\boldsymbol{X}=(x,y,z)$，于是方程组可用向量表示为

$$\begin{cases}\boldsymbol{a}\cdot\boldsymbol{X}=d_1\\ \boldsymbol{b}\cdot\boldsymbol{X}=d_2.\\ \boldsymbol{c}\cdot\boldsymbol{X}=d_3\end{cases}$$

5. 三维图形可以用向量表示

在三维空间中有一个五边形，它们的顶点按照“人为规定的顺序”可以写成一个“五边形向量”：

$$五边形向量=(A,B,C,D,E),$$

其中的每个顶点都有坐标，具体可写为：

$$五边形向量=\begin{pmatrix}a_1 & b_1 & c_1 & d_1 & e_1\\ a_2 & b_2 & c_2 & d_2 & e_2\\ a_3 & b_3 & c_3 & d_3 & e_3\end{pmatrix},$$

这可以看作 5 个 3 维向量的向量组. 如果有一个变换使得点 A 绕坐标原点在某个方向旋转 ϑ 角，这个变换同时把其他顶点在同样方向上旋转 ϑ 角，也就是把整个五边形在这个方向上旋转了 ϑ 角. 于是，把这个变换作用到上述的向量组中，就可以实现图形的旋转变换. 同样的道理，对图形的其他变换就是对图形向量组的变换.

6. 简单数表可以用向量表示

这里讲一下销售报表问题.某公司有Ⅰ、Ⅱ、Ⅲ三种产品,由甲、乙、丙三个部门销售,下表中列出了某一天的销售量、各种产品的单位价格及单位利润:

项目	产品Ⅰ	产品Ⅱ	产品Ⅲ
部门甲销售量	48	36	18
部门乙销售量	42	40	12
部门丙销售量	35	26	24
单位价格(元/件)	150	180	300
单位利润(元/件)	20	30	60

根据计算需要,可以设定如下向量:

$\boldsymbol{b}_1=(48,36,18)$,表示部门甲的销售量,其分量分别表示产品Ⅰ、Ⅱ、Ⅲ的销售量;

$\boldsymbol{b}_2=(42,40,12)$,表示部门乙的销售量,其分量分别表示产品Ⅰ、Ⅱ、Ⅲ的销售量;

$\boldsymbol{b}_3=(35,26,24)$,表示部门丙的销售量,其分量分别表示产品Ⅰ、Ⅱ、Ⅲ的销售量;

$\boldsymbol{d}=(150,180,300)$,表示单位价格向量,其分量分别表示产品Ⅰ、Ⅱ、Ⅲ的单位价格;

$\boldsymbol{r}=(20,30,60)$,表示单位利润向量,其分量分别表示产品Ⅰ、Ⅱ、Ⅲ的单位利润.

根据需要,计算如下问题可采用相应的向量运算:

部门甲的营销额$=\boldsymbol{b}_1\cdot\boldsymbol{d}$; 部门甲的营销利润$=\boldsymbol{b}_1\cdot\boldsymbol{d}\cdot\boldsymbol{r}$;

部门乙的营销额$=\boldsymbol{b}_2\cdot\boldsymbol{d}$; 部门乙的营销利润$=\boldsymbol{b}_2\cdot\boldsymbol{d}\cdot\boldsymbol{r}$;

部门丙的营销额$=\boldsymbol{b}_3\cdot\boldsymbol{d}$; 部门丙的营销利润$=\boldsymbol{b}_3\cdot\boldsymbol{d}\cdot\boldsymbol{r}$;

三个部门的总营销额$=(\boldsymbol{b}_1+\boldsymbol{b}_2+\boldsymbol{b}_3)\cdot\boldsymbol{d}$;

三个部门的总营销利润$=(\boldsymbol{b}_1+\boldsymbol{b}_2+\boldsymbol{b}_3)\cdot\boldsymbol{d}\cdot\boldsymbol{r}$.

由此可见,一个数据表都可以看作若干向量的集合,利用向量运算可以表示所需要的结果.

7. 一些实际问题可以转换为向量去思考

(1) 关于哪些向量最接近于平行的问题

设有若干3维向量$\overrightarrow{A_1B_1}$,$\overrightarrow{A_2B_2}$,…,$\overrightarrow{A_9B_9}$,问$\overrightarrow{CD}$与哪些向量“最接近平行”?解决此问题的思路是,先用数量积去计算$\cos(\overrightarrow{CD}\wedge\overrightarrow{A_1B_1})$,$\cos(\overrightarrow{CD}\wedge\overrightarrow{A_2B_2})$,…,$\cos(\overrightarrow{CD}\wedge\overrightarrow{A_9B_9})$,再设置阈值,假设设置为0.95,那些余弦值大于阈值的向量,可以认为与$\overrightarrow{CD}$“最接近平行”.

(2) 配色问题

人们已知,用三种原色就可以配制出所需要的颜色(见图1-23).基本红色、基本黄色和基本蓝色,分别记为R、Y、B,要配置的颜色记为C,于是可以调整基本色的不同比例,组合出所需要的颜色,有$\mathrm{C}=\lambda_1\mathrm{R}+\lambda_2\mathrm{Y}+\lambda_3\mathrm{B}$.

要把配色问题数值化,就需要将每一种颜色数值化.根据分析,某种颜色只需3个数值

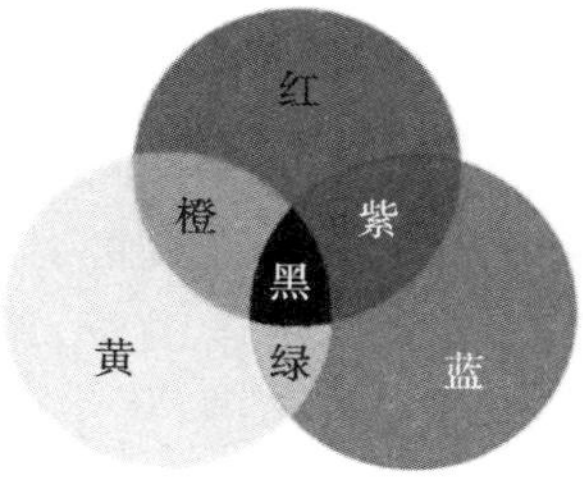

图 1-23　利用三种“原色”配色

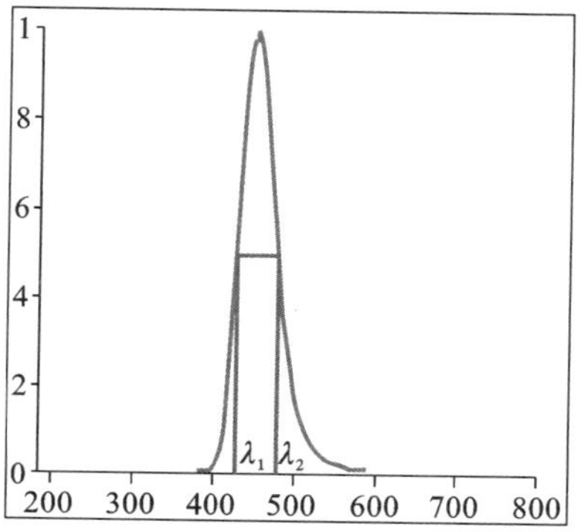

图 1-24　任意颜色的光谱分析示意图

就可以准确区别出来.

有 2 个特征数值可借助于光谱分析得到；不同的颜色有不同的光谱，任意一种颜色的光谱图形大致如图 1-24 所示，其横坐标表示一种颜色对一定“频率”的光吸收的强烈程度，纵坐标表示吸收这种频率光的“能量”大小. 可取用表示颜色特征的 2 个数值，一个是“中心频率”，就是曲线峰值所对应的频率，另一个是“能量大小”，可以简单地用曲线中部的宽度表示，显然，这个宽度越大，就表示曲线包含的面积越大，曲线所显示的“能量”越大.

还有一个特征数值就是颜色的“亮度”. 在计算机中，“黑”和“白”之间被分成 256 份，以区别其明亮度；同样地，某种颜色的亮度也可以分成 256 份.

于是，某种颜色就可以用三个有序数去代表，这个 3 维向量的分量顺序不妨规定为

（中心频率，能量大小，亮度大小），

也就是说，三种原色和待配色都可以用已知的三维向量表示出来，于是调配方程 $\lambda_1 R+\lambda_2 Y+\lambda_3 B=C$ 就可以写成三元一次方程组：

$$\begin{cases} r_1\lambda_1+y_1\lambda_2+b_1\lambda_3=c_1 \\ r_2\lambda_1+y_2\lambda_2+b_2\lambda_3=c_2 \\ r_3\lambda_1+y_3\lambda_2+b_3\lambda_3=c_3 \end{cases}.$$

求解这个方程组就可以知道“配色的比例”了.

（3）减肥配方的问题

大学生在饮食方面存在很多问题，多数人不重视早餐，日常饮食也没有规律，为了身体健康就需要注意日常饮食的营养搭配，以保证每天摄入的蛋白质、脂肪和碳水化合物不仅不能过量，而且要保持均衡. 为此可列出日常食用品的营养情况：

	牛奶/100 g	肉食/100 g	粮食/100 g	蔬菜/100 g	每日总需求
蛋白质（单位值）	a_1	a_2	a_3	a_4	w_1
碳水物（单位值）	b_1	b_2	b_3	b_4	w_2
脂肪（单位值）	c_1	c_2	c_3	c_4	w_3
维生素（单位值）	d_1	d_2	d_3	d_4	w_4

假设每日摄入的牛奶量为 k_1，肉食量为 k_2，粮食量为 k_3，蔬菜量为 k_4，根据此表，可以

列出 4 元 1 次方程组：

$$\begin{cases} k_1a_1 + k_2b_1 + k_3c_1 + k_4d_1 = w_1 \\ k_1a_2 + k_2b_2 + k_3c_2 + k_4d_2 = w_2 \\ k_1a_3 + k_2b_3 + k_3c_3 + k_4d_3 = w_3 \\ k_1a_4 + k_2b_4 + k_3c_4 + k_4d_4 = w_4 \end{cases}.$$

求解方程组，解得k_1、k_2、k_3、k_4，就知道该怎么做到食物的营养搭配了.

由上面的例子可以看出，3 维向量是 3 个有序数，这些有序数可以代表不同的对象，因此 3 维向量可以表示很多实际应用问题. 向量应用的更多实例具体还可参见第 10 章，那里有很多文科专业需要学习的实例，也有很多经管类、理工科专业需要学习的实例，从中可以学习到用线性代数解决实际问题的方法.

§1.5　关于 3 维向量全体的初步认识

下面对直角坐标系中的全体 3 维向量做一个综合性的论述，这样可以进一步扩展我们思考问题的范围.

1. 在 3 维直角坐标系中共有无穷多个 3 维向量

可以把这无穷多个向量看作一个"向量集合"，因为任意两个 3 维向量 $\boldsymbol{a}$ 和 $\boldsymbol{b}$ 的线性组合（$\alpha \cdot \boldsymbol{a} + \beta \cdot \boldsymbol{b}$）的结果仍然是这个集合中的一个 3 维向量，也就是说，这个向量集合对于线性运算来说具有"自封闭性"，它是一个关于 3 维向量的线性空间（严格的定义见第 2 章§2.3），通常人们将其简称为"3 维向量空间"，记为 $\mathbf{R}^3$.

2. 在无穷多个 3 维向量中，只需 3 个相互独立的向量构成坐标系

在空间直角坐标系中，$\boldsymbol{i}$、$\boldsymbol{j}$、$\boldsymbol{k}$ 这 3 个向量是互相独立的，而且是互相正交的，它们构成了空间直角坐标系，有了这个坐标系，其他任意的 3 维向量都可以在这个坐标系采用平行四边形法则表示出来.

其实，在空间直角坐标系中可以找出另外的 3 个向量，只要它们是互相独立的，利用这 3 个独立向量和平行四边形法则，就可以构造出其他任意的 3 维向量；也就是说，这 3 个独立的向量也可以当作 3 维向量空间的坐标系.

3 维向量空间的坐标系可以有很多组，但无论哪一组坐标系，都是由 3 个互相独立的向量组成的向量组，组内向量之间可能是相互正交的，也可能是相互不正交的. 人们通常使用的"由 $\boldsymbol{i}$、$\boldsymbol{j}$ 和 $\boldsymbol{k}$ 构成的直角坐标系"仅仅是众多坐标系中的一种.

3. 如何判断 3 个非零向量是相互独立的

对于任意给定的 3 个非零向量 $\boldsymbol{\eta}_1$、$\boldsymbol{\eta}_2$、$\boldsymbol{\eta}_3$，要么它们是相互独立的，要么是相互关联的.

判断 2 个非零向量是否相关很容易，只要看“$k_1\boldsymbol{\eta}_1+k_2\boldsymbol{\eta}_2=\mathbf{0}$，$k_1$、$k_2$ 非零”是否成立就可以了；判断 3 个向量是否相关，要考虑下式是否成立：

$$k_1\boldsymbol{\eta}_1+k_2\boldsymbol{\eta}_2+k_3\boldsymbol{\eta}_3=\mathbf{0}, \quad k_1、k_2、k_3 \text{ 不全为零}.$$

对此判断式子的理解是：

(1) 对于 3 个非零向量来说，此式成立时不可能有 2 个系数为零；

(2) 在 3 个系数中只要有 1 个系数为零，例如 $k_3=0$，就会有 $k_1\boldsymbol{\eta}_1=-k_2\boldsymbol{\eta}_2$，说明 $\boldsymbol{\eta}_1$、$\boldsymbol{\eta}_2$ 或者 $\boldsymbol{\eta}_1$、$\boldsymbol{\eta}_2$、$\boldsymbol{\eta}_3$ 是可以相互表示的，是相关的；

(3) 如果 3 个系数都非零，就会有 $k_1\boldsymbol{\eta}_1=-k_2\boldsymbol{\eta}_2-k_3\boldsymbol{\eta}_3$，说明 $\boldsymbol{\eta}_1$、$\boldsymbol{\eta}_2$、$\boldsymbol{\eta}_3$ 可以相互表示；

(4) 如果 $k_1\boldsymbol{\eta}_1+k_2\boldsymbol{\eta}_2+k_3\boldsymbol{\eta}_3=\mathbf{0}$ 中的系数 k_1、k_2、k_3 全为零，此时说明不存在这 3 个向量可相互表示的情形，这里的逻辑关系是，“不是相关”就是“无关”，也就是说，如果要保证原式成立，系数必须全为零，那么 $\boldsymbol{\eta}_1$、$\boldsymbol{\eta}_2$、$\boldsymbol{\eta}_3$ 就是相互独立的，就可以作为 $\mathbf{R}^3$ 的一个坐标系.

判断多个向量是否相互独立或者相关，上述办法在逻辑上是清晰的，最简便的判断方法是利用后面即将介绍的“矩阵的秩”的概念.

4. 在不同坐标系下向量具有不同的坐标

考虑向量 $\boldsymbol{a}$ 在两组共原点的坐标系下的表示形式.

一组坐标系是由 $\boldsymbol{i}$、$\boldsymbol{j}$ 和 $\boldsymbol{k}$ 构成的直角坐标系，在此坐标系下，

$$\boldsymbol{a}=(a_1,a_2,a_3)=a_1\boldsymbol{i}+a_2\boldsymbol{j}+a_3\boldsymbol{k},$$

其中，坐标 a_1、a_2、a_3 分别是 $\boldsymbol{a}$ 在 $\boldsymbol{i}$、$\boldsymbol{j}$、$\boldsymbol{k}$ 上的投影(代数) 长度.

另一组坐标系是由 $\boldsymbol{\eta}_1$、$\boldsymbol{\eta}_2$、$\boldsymbol{\eta}_3$ 构成的，不一定是直角坐标系，在此坐标系下，向量 $\boldsymbol{a}$ 的表述形式为：

$$\boldsymbol{a}=(\tilde{a}_1,\tilde{a}_2,\tilde{a}_3)=\tilde{a}_1\boldsymbol{\eta}_1^0+\tilde{a}_2\boldsymbol{\eta}_2^0+\tilde{a}_3\boldsymbol{\eta}_3^0,$$

其中，坐标 $\tilde{a}_1$、$\tilde{a}_2$、$\tilde{a}_3$ 分别是 $\boldsymbol{a}$ 在 $\boldsymbol{\eta}_1$、$\boldsymbol{\eta}_2$、$\boldsymbol{\eta}_3$ 上的投影(代数) 长度. 稍加注意：

$$\text{向量 } \boldsymbol{a} \text{ 在 } \boldsymbol{\eta}_i \text{ 上的投影长度是 } \tilde{a}_i=\|\boldsymbol{a}\|\cos(\boldsymbol{a}\wedge\boldsymbol{\eta}_i)=\frac{\boldsymbol{a}\cdot\boldsymbol{\eta}_i}{\|\boldsymbol{\eta}_i\|}, \quad i=1,2,3;$$

$$\text{向量 } \boldsymbol{a} \text{ 在 } \boldsymbol{\eta}_i \text{ 上的投影向量是 } \tilde{a}_i\boldsymbol{\eta}_i^0, \quad i=1,2,3.$$

5. 一组坐标系一定可以变换为另一组坐标系

两组坐标系可能共原点，也可能不共原点. 不是正交的坐标系可以变换为通常熟悉的直角坐标系，也可以变换为其他的直角坐标系，参见图 1-25.

某个确定向量随着坐标系的改变，其坐标也随之发生改变.

坐标系、向量坐标具体怎么变换的问题，尤其是如何利用正变化方法将一组不正变的坐

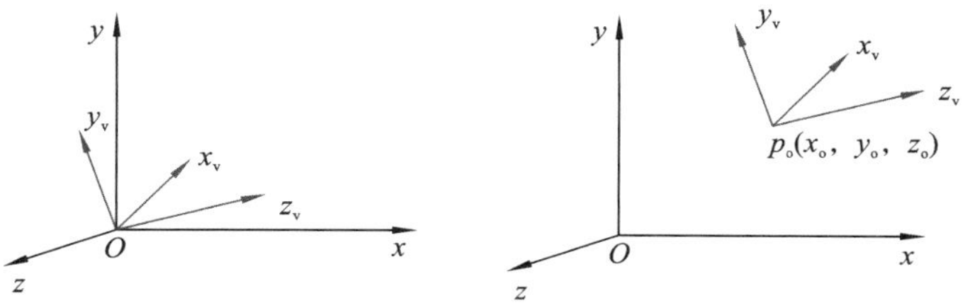

图 1-25　共原点和不共原点的两组坐标系关系的示意图

标系改变为正交坐标系的问题，将在以后第 7 章的“坐标变换”中叙述.

例 1.5.1　已知 $\boldsymbol{a}=(1,2,3)$，$\boldsymbol{b}=(2,3,4)$，求 $\boldsymbol{a}$ 在 $\boldsymbol{b}$ 上的投影向量，$\boldsymbol{b}$ 在 $\boldsymbol{a}$ 上的投影向量.

解　$\boldsymbol{a}$ 在 $\boldsymbol{b}$ 上的投影向量为

$$\|\boldsymbol{a}\|\cdot\cos(\boldsymbol{a}\wedge\boldsymbol{b})\cdot\boldsymbol{b}^0=\frac{\boldsymbol{a}\cdot\boldsymbol{b}}{\|\boldsymbol{b}\|}\cdot\frac{\boldsymbol{b}}{\|\boldsymbol{b}\|}=\frac{\boldsymbol{a}\cdot\boldsymbol{b}}{\boldsymbol{b}\cdot\boldsymbol{b}}\boldsymbol{b}$$

$$=\frac{1\times2+2\times3+3\times4}{2\times2+3\times3+4\times4}(2,3,4)=\frac{20}{29}(2,3,4).$$

$\boldsymbol{b}$ 在 $\boldsymbol{a}$ 上的投影向量为

$$\|\boldsymbol{b}\|\cdot\cos(\boldsymbol{a}\wedge\boldsymbol{b})\cdot\boldsymbol{a}^0=\frac{\boldsymbol{a}\cdot\boldsymbol{b}}{\|\boldsymbol{a}\|}\cdot\frac{\boldsymbol{a}}{\|\boldsymbol{a}\|}=\frac{\boldsymbol{a}\cdot\boldsymbol{b}}{\boldsymbol{a}\cdot\boldsymbol{a}}\boldsymbol{a}$$

$$=\frac{1\times2+2\times3+3\times4}{1\times1+2\times2+3\times3}(1,2,3)=\frac{10}{7}(1,2,3).$$

例 1.5.2　已知 $\boldsymbol{a}=(1,2,3)$，$\boldsymbol{b}=(2,3,4)$，$\boldsymbol{c}=(1,1,1)$，这可以作为 $\mathbf{R}^3$ 中的坐标系吗？

解　直接观察，有 $\boldsymbol{c}=\boldsymbol{b}-\boldsymbol{a}$，这 3 个向量相互之间并不独立，它们不能作为 $\mathbf{R}^3$ 中的坐标系.

例 1.5.3　问 $\boldsymbol{a}=(1,2,3)$，$\boldsymbol{b}=(2,3,4)$，$\boldsymbol{c}=(3,4,5)$ 可以作为 $\mathbf{R}^3$ 中的坐标系吗？

解　要判断这 3 个非零向量是否相互独立，需看

$$k_1\boldsymbol{a}+k_2\boldsymbol{b}+k_3\boldsymbol{c}=\mathbf{0},$$

如果式中 k_1、k_2、k_3 可以不全为零，则 $\boldsymbol{a}$、$\boldsymbol{b}$、$\boldsymbol{c}$ 是可以相互表示的，它不能作为 $\mathbf{R}^3$ 中的坐标系；如果式中 k_1、k_2、k_3 必须全为零，则说明 $\boldsymbol{a}$、$\boldsymbol{b}$、$\boldsymbol{c}$ 是相互独立的，它能作为 $\mathbf{R}^3$ 中的坐标系.

仔细写出这个式子的分量形式：

$$\begin{cases}1\cdot k_1+2\cdot k_2+3\cdot k_3=0\\2\cdot k_1+3\cdot k_2+4\cdot k_3=0\\3\cdot k_1+4\cdot k_2+5\cdot k_3=0\end{cases},$$

经消元过程，有

$$\begin{cases}1\cdot k_1+2\cdot k_2+3\cdot k_3=0\\-k_2-2k_3=0\end{cases}.$$

$\{k_1,k_2,k_3\}$ 可以取得很多非零解，所以 $\boldsymbol{a}$、$\boldsymbol{b}$、$\boldsymbol{c}$ 不是相互独立的，不能作为 $\mathbf{R}^3$ 中的坐标系.

用求解方程组的办法去判断 3 个非零向量是否相关，很麻烦，以后采用“矩阵的秩”的概

念，判断过程会变得很简单.

例 1.5.4 问

$$\boldsymbol{\eta}_1=(0,\frac{4}{3\sqrt{2}},\frac{1}{3}),\quad \boldsymbol{\eta}_2=(\frac{1}{\sqrt{2}},\frac{1}{3\sqrt{2}},\frac{-2}{3}),\quad \boldsymbol{\eta}_3=(\frac{1}{\sqrt{2}},\frac{-1}{3\sqrt{2}},\frac{2}{3})$$

是 $\mathbf{R}^3$ 中的一组坐标系吗？是正交坐标系吗？

解 首先要判断这3个非零向量是否相互独立，这就需要求解

$$k_1\boldsymbol{\eta}_1+k_2\boldsymbol{\eta}_2+k_3\boldsymbol{\eta}_3=\mathbf{0},$$

即

$$\begin{cases} 0\cdot k_1+\dfrac{1}{\sqrt{2}}k_2+\dfrac{1}{\sqrt{2}}k_3=0 \\ \dfrac{4}{3\sqrt{2}}k_1+\dfrac{1}{3\sqrt{2}}k_2+\dfrac{-1}{3\sqrt{2}}k_3=0 \\ \dfrac{1}{3}k_1+\dfrac{-2}{3}k_2+\dfrac{2}{3}k_3=0 \end{cases}.$$

解得 k_1、k_2、k_3 全为零，所以 $\boldsymbol{\eta}_1$、$\boldsymbol{\eta}_2$、$\boldsymbol{\eta}_3$ 是相互独立的，它们能作为 $\mathbf{R}^3$ 中的坐标系. 其次，再考察它们是否是相互正交的. 因为

$$\boldsymbol{\eta}_1\cdot\boldsymbol{\eta}_2=0,\quad \boldsymbol{\eta}_1\cdot\boldsymbol{\eta}_3=0,\quad \boldsymbol{\eta}_2\cdot\boldsymbol{\eta}_3=0,\text{且}\ \|\boldsymbol{\eta}_1\|=\|\boldsymbol{\eta}_2\|=\|\boldsymbol{\eta}_3\|=1,$$

所以它是一组标准正交的坐标系.

作为本章结束，我们说明以下几点：

(1) 3维向量的基本运算，包括数量积运算，是以后学习 n 维向量线性运算的基础，读者应熟练掌握.

(2) 向量积在几何方面和科技计算方面非常重要. 文科类学生只需要掌握其概念就可以了.

(3) 3阶行列式是以后学习 n 阶行列式的基础，读者应熟练掌握.

(4) 3维向量空间 $\mathbf{R}^3$ 中，什么是坐标系，什么是向量的坐标，什么是向量在某个方向上的投影向量，这些概念是以后学习的基础，读者应熟练掌握.

(5) 凡是具有3个变元的对象都可以用3维向量表示，读者应熟悉和学会运用这种表示方式，其中的很多问题可以抽象为向量问题去解决.

习 题 一

1. 在空间直角坐标系中，已知点 $(1,2,3)$，写出它关于 x、y、z 轴对称的点的坐标.
2. 已知向量 $\boldsymbol{a}=(1,2,3)$，试写出(1) $\|\boldsymbol{a}\|$；(2) $\boldsymbol{a}^0$；(3) $\boldsymbol{a}$ 在三个坐标轴上的投影向量.
3. 若向量 $\boldsymbol{a}=(1,\lambda,2)$，$\boldsymbol{b}=(2,-1,2)$，且 $\cos(\boldsymbol{a},\boldsymbol{b})=\dfrac{8}{9}$，求 λ 的值.

4. 已知点 $A(1,0,2)$ 和 $B(1,-3,1)$，在 y 轴上求一点 M，使得 M 到 A 与 B 的距离相等.

5. 已知向量 $\boldsymbol{a}=(a_1,a_2,a_3)$，$\boldsymbol{b}=(b_1,b_2,b_3)$，试写出 $\boldsymbol{a}/\!/\boldsymbol{b}$，$\boldsymbol{a}\perp\boldsymbol{b}$ 的条件.

6. 已知 $\boldsymbol{a}=2\boldsymbol{i}+\boldsymbol{j}-\boldsymbol{k}$，$\boldsymbol{b}=3\boldsymbol{i}+7\boldsymbol{j}+13\boldsymbol{k}$，$\boldsymbol{c}=20\boldsymbol{i}-29\boldsymbol{j}+11\boldsymbol{k}$，证明这 3 个向量互相垂直.

7. 证明向量 $\boldsymbol{c}$ 与向量 $(\boldsymbol{a}\cdot\boldsymbol{c})\boldsymbol{b}-(\boldsymbol{b}\cdot\boldsymbol{c})\boldsymbol{a}$ 垂直.

8. 求 $\boldsymbol{a}=(1,1,-4)$ 在 $\boldsymbol{b}=(1,-2,2)$ 上的投影向量. 提示：注意投影向量和投影长度的区别.

9. 设 $\boldsymbol{a}^0$、$\boldsymbol{b}^0$、$\boldsymbol{c}^0$ 是单位向量，且满足 $\boldsymbol{a}^0+\boldsymbol{b}^0+\boldsymbol{c}^0=\boldsymbol{0}$，求 $\boldsymbol{a}^0\cdot\boldsymbol{b}^0+\boldsymbol{b}^0\cdot\boldsymbol{c}^0+\boldsymbol{c}^0\cdot\boldsymbol{a}^0$. 提示：利用 $(\boldsymbol{a}^0+\boldsymbol{b}^0+\boldsymbol{c}^0)^2=0$.

10. 求同时垂直于向量 $\boldsymbol{a}=(3,-2,4)$ 和 $\boldsymbol{b}=(1,1,-2)$ 的单位向量 $\boldsymbol{c}^0$.

11. 已知△ABC 的顶点坐标是 $A=(1,2,3)$，$B=(3,4,5)$，$C=(2,4,7)$，求△ABC 的面积.

12. 证明 $\|\boldsymbol{a}\times\boldsymbol{b}\|^2+(\boldsymbol{a}\cdot\boldsymbol{b})^2=\|\boldsymbol{a}\boldsymbol{b}\|^2$. 提示：利用数量积和向量积的定义.

13. 设 $\boldsymbol{a}$、$\boldsymbol{b}$、$\boldsymbol{c}$ 在同一平面内，其中非零向量 $\boldsymbol{a}$、$\boldsymbol{b}$ 不平行，且 $\boldsymbol{a}\cdot\boldsymbol{b}=\boldsymbol{b}\cdot\boldsymbol{c}=\boldsymbol{c}\cdot\boldsymbol{a}=0$，证明 $\boldsymbol{c}=\boldsymbol{0}$. 提示：向量 $\boldsymbol{c}$ 可以用 $\boldsymbol{a}$ 和 $\boldsymbol{b}$ 表示.

14. 设向量 $\boldsymbol{a}$、$\boldsymbol{b}$、$\boldsymbol{c}$ 满足 $\boldsymbol{a}+\boldsymbol{b}+\boldsymbol{c}=\boldsymbol{0}$，证明 $\boldsymbol{a}\times\boldsymbol{b}=\boldsymbol{b}\times\boldsymbol{c}=\boldsymbol{c}\times\boldsymbol{a}$.

15. 求过点 $(3,0,1)$ 且与平面 $3x-7y+5z-12=0$ 平行的平面方程.

16. 求经过两点 $(1,2,1)$ 和 $(4,5,6)$ 的直线方程.

17. 已知直线

$$\begin{cases}x-5y+2z-1=0\\5y-z+2=0\end{cases},$$

写出该直线的方向向量和点向式方程.

18. 求下列直线和平面的交点，已知直线方程为 $\dfrac{x+3}{3}=\dfrac{y+2}{-2}=z$，平面方程为 $x+2y+2z=6$.

19. 求某一平面方程，要求该平面过点 $(1,-1,-1)$ 和 $(2,2,4)$，该平面还与平面 $x+y-z=0$ 垂直.

20. 求某一直线方程，要求该直线平行于平面 $x+y-2z=1$ 和 $x+2y-z=-1$，而且过点 $(-1,2,1)$.

第2章　n维向量及其线性运算

大家已经熟知，一个2维向量$\boldsymbol{\xi}=(\xi_1,\xi_2)$是用2个有序数表示的，它有2个分量；一个3维向量$\boldsymbol{\eta}=(\eta_1,\eta_2,\eta_3)$是用3个有序数表示的，它有3个分量.如果用$n$个有序数表示一个向量$\boldsymbol{a}=(a_1,a_2,\cdots,a_n)$，它有$n$个分量，人们自然地称其为"$n$维向量".

读者可能会有疑惑，扩展并讨论n维向量有用吗？当然不能再从几何角度形象地去理解n维向量，此时需要扩展思维并抽象地去理解.

一个3维向量$\boldsymbol{\eta}=(\eta_1,\eta_2,\eta_3)$，其3个分量是有先后顺序的，每个分量都有各自独特的含义.同样地，一个n维向量$\boldsymbol{a}=(a_1,a_2,\cdots,a_n)$的$n$个分量也是有先后顺序的，每个分量都有各自独特的含义.

例如，确定飞机的空间位置，通常只需3维向量$\boldsymbol{a}=(x,y,z)$.可是，要确定飞机在空中的状态，还需要如下的变量：机身的水平转角$\theta(0\leqslant\theta\leqslant 2\pi)$；机身的滚转角$\psi(-\pi\leqslant\psi\leqslant\pi)$；机身的仰角$\phi\left(-\frac{\pi}{2}\leqslant\phi\leqslant\frac{\pi}{2}\right)$.所以确定飞机在空中的状态需要6个变量，需要使用6维向量

$$\boldsymbol{a}=(x,y,z,\theta,\psi,\phi).$$

例如，某数据库中每一条记录都可以表示为具有下面含义的向量：

$$\boldsymbol{Y}_1=(y_1,y_2,y_3,y_4,y_5,y_6,y_7,y_8)$$

=(总销量，总利润，A省销量，A省利润，B省销量，B省利润，C省销量，C省利润)，

则$\boldsymbol{Y}$可看作关于产品1的8维向量，它的8个分量是有先后顺序的，是有各自含义的.

例如，某个班上有30位学生，每位学生有5门课程的成绩，可以列出一张30行、5列的表格.就每一门课程的成绩而言，可以写出一个"30维的向量"，它表明了30位学生关于这门课程的成绩的具体表现；就每位学生而言，可以写出一个"5维的向量"，它表明的是这位学生的5门课程的成绩的具体情况.

例如，记录某人浏览过的新闻和视频，利用这些"大数据"，可以分析内容比较集中的类别，推断出此人比较喜欢的内容，在此基础上网络将自动把这些内容向此人推荐.同理，记录某人浏览的和已购的网购物品，分析内容集中的类别，网络将自动把这些物品向此人推荐.

例如，对于一本书，人们可以用10个关键词表征并写成向量形式$\boldsymbol{G}=(g_1,g_2,\cdots,g_{10})$，人们可以用关键词检索，它与哪些书籍的关键词相关度较大，应该归纳为哪一类书籍，其内容与哪几本书最接近，等等.具体例子参见第10章.

例如，对成百上千份文档分类，文档比较要有可比性，只利用关键词是不行的，要把文档中每一个"实词"都挑选出来，并按照"字典顺序"，重复的实词只保留一次，但是要记住它的重复程度.再把不重复的实词构成"实词向量"$\{c_i\}_{i=1}^{n}$，n可以成千上万.再对每一个"实词c_i"对应一个"具有比较意义的数字d_i"，例如对"第i个实词c_i"计算

$$d_i = \frac{c_i\text{在该文档中出现的频率}}{c_i\text{在全部文档中出现的频率}};$$

其中

$$c_i\text{在该文档中出现的频率} = \frac{c_i\text{在该文档中出现的总次数}}{\text{该文档全部实词总数}},$$

$$c_i\text{在全部文档中出现的频率} = \frac{c_i\text{在多少文档中出现过的次数}}{\text{要分类的全部文档数}}.$$

这样,对第一篇文档构建了特征向量 $\{d_i\}_{i=1}^{n_1}$,由此可以对每一篇文档都构建特征向量.

这样,凡是与特征向量 $\{d_i\}_{i=1}^{n_1}$ 相近的文档就归为一类.通过不断比较,就可以把全部文档归类了,反正计算机不怕累.具体例子参见第 10 章.

这里以人脸识别问题为例叙述一个简单的原理.

第一步,对所有人脸采集固定顺序点的坐标数据.假设人脸图像在一个平面内.采集数据时以鼻尖为坐标原点,参见图 2-1,假设共采集 18 个特定点的位置数据并给予一定的顺序:

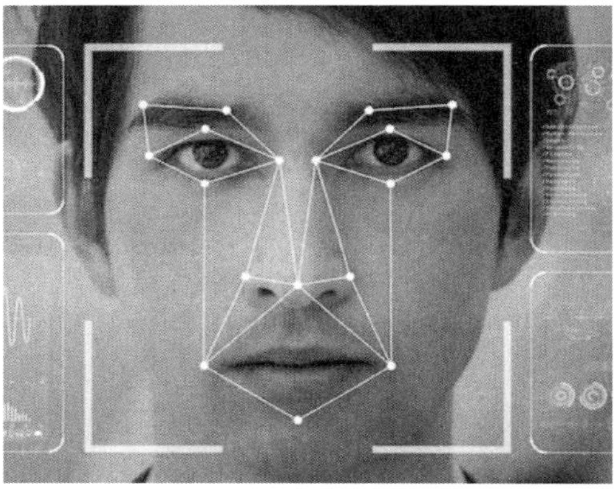

图 2-1　简单的人脸数据采集点

①右眉内点,②右眉外点,③左眉内点,④左眉外点;

⑤右眼内点,⑥右眼上点,⑦右眼外点,⑧右眼下点;

⑨左眼内点,⑩左眼上点,⑪左眼外点,⑫左眼下点;

⑬鼻右侧点,⑭鼻中间点,⑮鼻左侧点;

⑯口右角点,⑰口中下点,⑱口左角点.

于是,把这个有序数组构成一个 18 维向量存储起来.每个人都有一个点数据向量,把收集到的关于 n 个人的点数据向量用数据库存储起来.

第二步,根据点数据向量计算人脸特征:左右眉长、左右眉间距、左右眼长和张开的程度、鼻子的长度和宽度、嘴巴的宽度等共 10 个特征数据,每个人都构建一个 10 维的特征向量,把 n 个人的特征向量用数据库存储起来.

第三步,实时识别.按照固定的顺序,实时采集某个人的人脸数据得到实时数据向量,按照固定的程序构建实时特征向量.再将实时特征向量与数据库中的特征向量比对,就可以识别此人是不是数据库中的某一个. 这就达到了人脸识别的目的.

当然,这里只是最简单地叙述人脸识别的原理,在实际的识别中,还要考虑到其他的种种因素:增加数据点并采用激光测距,可以识别人脸的立体表现;采用红外光照射可以克服光线不足的问题;采用"快速算法"才能解决识别速度问题;等等.

人脸识别技术已经在非常多的领域得到了有效的应用. 例如,图书馆中图书的检索问题. 这里仅就某一类图书而论,假设这类图书共有 n 本,做好以下工作就可以达到检索目的.

第一步,规定这类图书的关键词,按"字典顺序"假设 8 个关键词.

第二步,对每一本书构建"关键词特征向量",如果某本书中含有某个指定的关键词,就用数字 1 表示,如果不含有那个指定的关键词,就用数字 0 表示,每本书的关键词特征向量是 8 维向量;用数据库存储 n 本书的关键词特征向量.

第三步,实时识别. 读者按照规定的搜索关键词输入,计算机自动生成一个按照"固定顺序关键词"的 8 维的"搜索特征向量";再用搜索特征向量和数据库中的关键词特征向量比对,比对效果好的就是值得向读者推荐的图书.

n 维向量还可以有效地表现多元函数. 例如有 4 个变量的线性函数

$$f = a_1x_1 + \cdots + a_4x_4,$$

记

$$\boldsymbol{a} = (1,2,3,4), \quad \boldsymbol{X} = (x_1,x_2,x_3,x_4),$$

即将 4 个有先后顺序的系数看作 4 维向量 $\boldsymbol{a}$,将 4 个有先后顺序的变量也看作一个 4 维向量 $\boldsymbol{X}$;如果这两个 4 维向量的数量积也像 3 维向量那样,

$$\boldsymbol{a} \cdot \boldsymbol{X} = a_1x_1 + \cdots + a_4x_4,$$

那么上述函数就可以简单表述为 $f = \boldsymbol{a} \cdot \boldsymbol{X}$.

n 维向量还可以有效地表示线性方程组,例如:

$$\begin{cases} x_1 + 2x_2 + 3x_3 + 4x_4 = 1 \\ 5x_1 + 4x_2 + 3x_3 + 2x_4 = 2 \\ 4x_1 + 3x_2 + 2x_3 + x_4 = 3 \\ x_1 + 2x_2 + 3x_3 + x_4 = 4 \end{cases}, \quad \text{可改写为} \quad \begin{cases} \boldsymbol{aX} = 1 \\ \boldsymbol{bX} = 2 \\ \boldsymbol{cX} = 3 \\ \boldsymbol{dX} = 4 \end{cases},$$

其中

$$\boldsymbol{a} = (1,2,3,4), \boldsymbol{b} = (5,4,3,2), \boldsymbol{c} = (4,3,2,1), \boldsymbol{d} = (1,2,3,1), \boldsymbol{X} = (x_1,x_2,x_3,x_4).$$

不难明白,n 维向量能够极大地扩展 3 维向量所表述的内容. 人们希望把关于 3 维向量的表述、运算规则、需要讨论的问题等,都扩展到 n 维向量中去.

§ 2.1　n 维向量的常见运算规则

用 n 个有序数构成的向量 $\boldsymbol{a} = (a_1,a_2,\cdots,a_n)$,称为 n 维向量. 人们希望利用熟知的 3 维向量的运算规则,类似地去确定 n 维向量的运算规则.

1. 向量的模

设 n 维向量 $\boldsymbol{a}=(a_1,a_2,\cdots,a_n)$，其“模”的记号和定义为：

$$\|\boldsymbol{a}\|=(a_1^2+a_2^2+\cdots+a_n^2)^{\frac{1}{2}}.$$

2. 单位向量

$$\boldsymbol{a}^0=\frac{\boldsymbol{a}}{\|\boldsymbol{a}\|}=\frac{1}{\sqrt{a_1^2+a_2^2+\cdots+a_n^2}}(a_1,a_2,\cdots,a_n).$$

3. 向量相等

记 $\boldsymbol{a}=(a_1,a_2,\cdots,a_n)$，$\boldsymbol{b}=(b_1,b_2,\cdots,b_n)$，它们都是 n 维向量，规定 $\boldsymbol{a}=\boldsymbol{b}$ 的规则是：

$$(a_1,a_2,\cdots,a_n)=(b_1,b_2,\cdots,b_n)\Leftrightarrow a_i=b_i,\quad i=1,2,\cdots,n.$$

4. 向量的加法运算规则

两个 n 维向量的加法规定为：

$$(a_1,a_2,\cdots,a_n)+(b_1,b_2,\cdots,b_n)=(a_1+b_1,a_2+b_2,\cdots,a_n+b_n).$$

5. 向量数乘的运算规则

向量的数乘运算规定为：

$$\lambda\cdot(a_1,a_2,\cdots,a_n)=(\lambda a_1,\lambda a_2,\cdots,\lambda a_n),\quad \lambda\text{ 是实数}.$$

6. 向量的内积运算规则

设 $\boldsymbol{a}=(a_1,a_2,\cdots,a_n)$，$\boldsymbol{b}=(b_1,b_2,\cdots,b_n)$，其内积运算的记号和规则为：

$$\langle\boldsymbol{a},\boldsymbol{b}\rangle=a_1b_1+a_2b_2+\cdots+a_nb_n=\sum_{i=1}^{n}a_ib_i.$$

内积就是数量积，内积 $\langle\boldsymbol{a},\boldsymbol{b}\rangle$ 的结果是数值. 内积 $\langle\boldsymbol{a},\boldsymbol{b}\rangle$ 从物理角度可以理解为“$\boldsymbol{a}$ 向量在 $\boldsymbol{b}$ 向量方向上做功”，也可理解为“$\boldsymbol{b}$ 向量在 $\boldsymbol{a}$ 向量方向上做功”；从向量角度理解，可用于判断向量 $\boldsymbol{a}$ 和 $\boldsymbol{b}$ 的关系：

$$\langle\boldsymbol{a},\boldsymbol{a}\rangle=\|\boldsymbol{a}\|^2,$$

$$\cos(\boldsymbol{a}\wedge\boldsymbol{b})=\frac{\boldsymbol{a}\cdot\boldsymbol{b}}{\|\boldsymbol{a}\|\cdot\|\boldsymbol{b}\|},$$

$$\langle\boldsymbol{a},\boldsymbol{b}\rangle=0\quad\Leftrightarrow\quad\boldsymbol{a}\perp\boldsymbol{b},$$

$$\boldsymbol{a} \parallel \boldsymbol{b} \Leftrightarrow \frac{a_i}{b_i} = \lambda \neq 0\,, \quad i = 1,2,\cdots,n.$$

n 维向量的内积和 3 维向量的数量积类似,满足如下的运算规则:

交换律:$\boldsymbol{a}\cdot\boldsymbol{b} = \boldsymbol{b}\cdot\boldsymbol{a}$;

数乘结合律:$(\lambda\boldsymbol{a})\cdot\boldsymbol{b} = \boldsymbol{a}\cdot(\lambda\boldsymbol{b}) = \lambda(\boldsymbol{a}\cdot\boldsymbol{b})$;

分配率:$\boldsymbol{c}\cdot(\boldsymbol{a}+\boldsymbol{b}) = \boldsymbol{c}\cdot\boldsymbol{a}+\boldsymbol{c}\cdot\boldsymbol{b}$;

综合规则:$\boldsymbol{c}\cdot(\alpha\boldsymbol{a}+\beta\boldsymbol{b}) = \alpha(\boldsymbol{c}\cdot\boldsymbol{a})+\beta(\boldsymbol{c}\cdot\boldsymbol{b})$

$$= \alpha(\boldsymbol{a}\cdot\boldsymbol{c})+\beta(\boldsymbol{b}\cdot\boldsymbol{c}).$$

7. 基本单位向量

2 维的基本单位轴向量是:$\boldsymbol{i} = (1,0)$,$\boldsymbol{j} = (0,1)$;

3 维的基本单位轴向量是:$\boldsymbol{i} = (1,0,0)$,$\boldsymbol{j} = (0,1,0)$,$\boldsymbol{k} = (0,0,1)$;

4 维的基本单位向量是:

$$\boldsymbol{e}_1 = (1,0,0,0),\quad \boldsymbol{e}_2 = (0,1,0,0),\quad \boldsymbol{e}_3 = (0,0,1,0),\quad \boldsymbol{e}_4 = (0,0,0,1)\ ;$$

n 维的基本单位向量是:

$$\boldsymbol{e}_1 = (1,0,0,\cdots,0)\,,\quad \boldsymbol{e}_2 = (0,1,0,\cdots,0)\,,\quad \boldsymbol{e}_3 = (0,0,1,\cdots,0),\quad \cdots,\quad \boldsymbol{e}_n = (0,0,\cdots,0,1)\,.$$

任意的 n 维向量 $\boldsymbol{a} = (a_1,a_2,\cdots,a_n)$ 都可以用基本单位向量表示出来:

$$(a_1,a_2,\cdots,a_n) = a_1\boldsymbol{e}_1 + a_2\boldsymbol{e}_2 + \cdots + a_n\boldsymbol{e}_n.$$

8. 向量的线性组合与线性运算

设 $\boldsymbol{a}$ 和 $\boldsymbol{b}$ 都是 n 维向量,α 和 β 是实数,形如($\alpha\cdot\boldsymbol{a}+\beta\cdot\boldsymbol{b}$)的运算称为向量的“线性组合”,因为这种运算是由“加法”和“数乘”组合而成的. 这种运算又称为向量的“线性运算”,因为都是一次方的向量之间的运算. 向量的线性运算一定满足交换律和分配律,即

$$\alpha\boldsymbol{a}+\beta\boldsymbol{b} = \beta\boldsymbol{b}+\alpha\boldsymbol{a},\quad \alpha\boldsymbol{a}+\beta(\boldsymbol{b}+\boldsymbol{c}) = \alpha\boldsymbol{a}+\beta\boldsymbol{b}+\beta\boldsymbol{c}.$$

向量的内积运算是一种线性运算,因为

$$\langle\boldsymbol{a},\boldsymbol{b}\rangle = \langle\boldsymbol{b},\boldsymbol{a}\rangle,\quad \langle\boldsymbol{a},(\boldsymbol{b}+\boldsymbol{c})\rangle = \langle\boldsymbol{a},\boldsymbol{b}\rangle+\langle\boldsymbol{a},\boldsymbol{c}\rangle.$$

使向量产生旋转、放缩的运算是线性运算. 使向量产生投影的运算也是线性运算.

读者所学习过的其他运算中,还有哪些是线性运算?

向量积运算不是线性运算,因为三维向量 $\boldsymbol{a}\times\boldsymbol{b} = -\boldsymbol{b}\times\boldsymbol{a}$,不满足交换律;

函数的微分运算是线性运算,因为

$$[\alpha\cdot f(x)+\beta\cdot g(x)]' = \alpha\cdot f'(x)+\beta\cdot g'(x)\ ;$$

函数的积分运算是线性运算,因为

$$\int[\alpha\cdot f(x)+\beta\cdot g(x)]\mathrm{d}x = \alpha\int f(x)\mathrm{d}x+\beta\int g(x)\mathrm{d}x.$$

例 2.1.1 试将 $\boldsymbol{a}=(1,2,2,1)$用基本单位向量 $\boldsymbol{e}_1,\boldsymbol{e}_2,\boldsymbol{e}_3,\boldsymbol{e}_4$ 表示,写出 $\boldsymbol{a}^0$.

解 $\boldsymbol{a} = \boldsymbol{e}_1+2\boldsymbol{e}_2+2\boldsymbol{e}_3+\boldsymbol{e}_4$, $\|\boldsymbol{a}\| = (1^2+2^2+2^2+1^2)^{\frac{1}{2}} = \sqrt{10}$,

$$\boldsymbol{a}^0=\frac{1}{\sqrt{10}}(1,2,2,1)=\frac{1}{\sqrt{10}}\boldsymbol{e}_1+\frac{2}{\sqrt{10}}\boldsymbol{e}_2+\frac{2}{\sqrt{10}}\boldsymbol{e}_3+\frac{1}{\sqrt{10}}\boldsymbol{e}_4.$$

例 2.1.2　已知 $\boldsymbol{a}_1+2\boldsymbol{a}_2+3\boldsymbol{a}_3+4\boldsymbol{\beta}=\boldsymbol{0}$，其中 $\boldsymbol{a}_1=(5,-8,-1,2)$，$\boldsymbol{a}_2=(2,-1,4,-3)$，$\boldsymbol{a}_3=(-3,2,-5,4)$，求 $\boldsymbol{\beta}$.

解　$4\boldsymbol{\beta}=-\boldsymbol{a}_1-2\boldsymbol{a}_2-3\boldsymbol{a}_3=(0,4,8,-8)$，所以 $\boldsymbol{\beta}=(0,1,2,-2)$.

例 2.1.3　已知 $\boldsymbol{c}$ 垂直于 $\boldsymbol{a}$ 和 $\boldsymbol{b}$，$\boldsymbol{d}=\mu\boldsymbol{a}+\lambda\boldsymbol{b}$，$\mu$、$\lambda\neq0$，问 $\boldsymbol{c}$ 和 $\boldsymbol{d}$ 的关系.

解　因为 $\boldsymbol{c}\cdot\boldsymbol{a}=0$，$\boldsymbol{c}\cdot\boldsymbol{b}=0$，所以 $\boldsymbol{c}\cdot\boldsymbol{d}=\mu(\boldsymbol{c}\cdot\boldsymbol{a})+\lambda(\boldsymbol{c}\cdot\boldsymbol{b})=0$，$\boldsymbol{c}$ 垂直于 $\boldsymbol{d}$.

例 2.1.4　已知 $\|\boldsymbol{a}\|=1$，$\|\boldsymbol{b}\|=2$，$\|\boldsymbol{a}-\boldsymbol{b}\|=2$，求 $\|\boldsymbol{a}+\boldsymbol{b}\|$.

解　因为 $\|\boldsymbol{a}-\boldsymbol{b}\|^2=(\boldsymbol{a}-\boldsymbol{b})\cdot(\boldsymbol{a}-\boldsymbol{b})=\|\boldsymbol{a}\|^2+\|\boldsymbol{b}\|^2-2(\boldsymbol{a}\cdot\boldsymbol{b})=4$，由此可得 $\boldsymbol{a}\cdot\boldsymbol{b}=\frac{1}{2}$，所以 $\|\boldsymbol{a}+\boldsymbol{b}\|^2=\|\boldsymbol{a}\|^2+\|\boldsymbol{b}\|^2+2(\boldsymbol{a}\cdot\boldsymbol{b})=1+4+1=6$，$\|\boldsymbol{a}+\boldsymbol{b}\|=\sqrt{6}$.

§2.2　n 维向量的线性相关性

本节讨论多个 n 维向量之间的关系，即讨论这些向量是否可以互相表示的问题.

为了加强理解，先对 3 维向量组 $\{\boldsymbol{a}_1,\boldsymbol{a}_2,\cdots,\boldsymbol{a}_m\}$ 从定性和定量的角度去讨论向量之间的相互关系.

前面曾经讨论过，如果这 m 个向量之间是可以相互表示的，是“相关”的，其定量表示式是

$$k_1\boldsymbol{a}_1+k_2\boldsymbol{a}_2+\cdots+k_m\boldsymbol{a}_m=\boldsymbol{0},\quad k_1,\cdots,k_m\text{ 不全为零},$$

因为这种表示式是线性组合形式，是线性运算关系，所以又称这 m 个向量是“线性相关”的；

如果这 m 个向量之间是相互独立的，是“无关”的，其定量表示式是

$$k_1\boldsymbol{a}_1+k_2\boldsymbol{a}_2+\cdots+k_m\boldsymbol{a}_m=\boldsymbol{0},\quad k_1,\cdots,k_m\text{ 全为零},$$

此时称这 m 个向量是“线性无关”的.

这里所谓“线性表示”“线性运算”“线性组合”，都是一个意思，是指仅采用加减与数乘所构成的运算关系. 对于向量组来说，如果一个向量能够被组内其他向量线性表示，则称这些向量是线性相关的；否则，如果多个向量之间不能相互线性表示，则称它们是线性无关的.

扩展思维，考虑 m 个 n 维向量所构成的向量组，模仿前面关于 3 维向量组的讨论，可以用线性组合的概念去讨论它们之间的线性相关性.

n 维向量组的线性相关性的定义如下：

对于 m 个 n 维非零向量组 $\{\boldsymbol{a}_1,\boldsymbol{a}_2,\cdots,\boldsymbol{a}_m\}$，若

$$k_1\boldsymbol{a}_1+k_2\boldsymbol{a}_2+\cdots+k_m\boldsymbol{a}_m=\boldsymbol{0},\quad k_1,\cdots,k_m\text{ 不全为零},$$

则称 $\boldsymbol{a}_1,\boldsymbol{a}_2,\cdots,\boldsymbol{a}_m$ 是线性相关的；若

$$k_1\boldsymbol{a}_1+k_2\boldsymbol{a}_2+\cdots+k_m\boldsymbol{a}_m=\boldsymbol{0},\quad k_1,\cdots,k_m\text{ 全为零},$$

则称它们是线性无关的.

非零向量组线性相关的含义，是就整体而言的，意味着组中的向量之间是有关联的，不全都是独立的，是可以相互线性表示的.

再具体解释一下. 如果非零向量组 $\boldsymbol{a}_1, \boldsymbol{a}_2, \cdots, \boldsymbol{a}_m$ 是线性相关的，根据定义，至少有 2 个系数不为零，可假设 $k_1 \neq 0$ 和 $k_j \neq 0$，于是 $\boldsymbol{a}_1$ 可以用其他向量的线性组合表示出来，即 $\boldsymbol{a}_1 = \frac{-1}{k_1}(k_2\boldsymbol{a}_2 + \cdots + k_j\boldsymbol{a}_j + \cdots + k_m\boldsymbol{a}_m)$，至少 $\boldsymbol{a}_1$ 相对于其他向量不是独立的. 就向量组整体而言，是线性相关的.

非零向量组线性无关的含义，是指组中的向量之间是各自独立的，是不能相互线性表示的.

由此很容易推知：

2 维向量组中，最多不超过 2 个向量是线性无关的，多于 2 个的 2 维向量组一定是线性相关的；

3 维向量组中，最多不超过 3 个向量是线性无关的，多于 3 个的 3 维向量组一定是线性相关的；

n 维向量组中，最多不超过 n 个向量是线性无关的，多于 n 个的 n 维向量组一定是线性相关的.

例 2.2.1 已知 $\boldsymbol{\alpha}_1 = (1,0,1), \boldsymbol{\alpha}_2 = (1,1,1), \boldsymbol{\alpha}_3 = (0,-1,-1)$ 是线性无关的，试将 $\boldsymbol{\beta} = (3,5,-6)$ 表示为这 3 个向量的线性组合.

解 设 $\boldsymbol{\beta} = k_1\boldsymbol{\alpha}_1 + k_2\boldsymbol{\alpha}_2 + k_3\boldsymbol{\alpha}_3$，根据向量相等的规则，有

$$\begin{cases} 1k_1 + 1k_2 + 0k_3 = 3 \\ 0k_1 + 1k_2 - 1k_3 = 5 \\ 1k_1 + 1k_2 - 1k_3 = -6 \end{cases}, \quad \text{解得} \begin{cases} k_1 = -11 \\ k_2 = 14 \\ k_3 = 9 \end{cases}.$$

此例中，向量组 $\{\boldsymbol{\beta}, \boldsymbol{\alpha}_1, \boldsymbol{\alpha}_2, \boldsymbol{\alpha}_3\}$ 中的 4 个向量是线性相关的.

例 2.2.2 给定向量组

$$\boldsymbol{\xi}_1 = (1,3,-2), \quad \boldsymbol{\xi}_2 = (3,2,-5), \quad \boldsymbol{\xi}_3 = (1,4,-3),$$

试问，这 3 个向量线性相关吗？是互相独立的吗？

解 根据线性相关的定义，要观察

$$k_1\boldsymbol{\xi}_1 + k_2\boldsymbol{\xi}_2 + k_3\boldsymbol{\xi}_3 = \boldsymbol{0},$$

看系数 k_1、k_2、k_3 是否不全为零. 为此，将 3 个向量代入上式并写出分量形式，有线性方程组

$$\begin{cases} 1k_1 + 3k_2 + 1k_3 = 0 \\ 3k_1 + 2k_2 + 4k_3 = 0 \\ -2k_1 - 5k_2 - 3k_3 = 0 \end{cases},$$

求解这个方程组，得 $k_1 = k_2 = k_3 = 0$. 按照定义可知，$\boldsymbol{\xi}_1$、$\boldsymbol{\xi}_2$、$\boldsymbol{\xi}_3$ 是线性无关的.

例 2.2.3 给定向量组

$$\boldsymbol{\xi}_1 = (1,2,3,4), \quad \boldsymbol{\xi}_2 = (0,1,2,3), \quad \boldsymbol{\xi}_3 = (0,0,1,2), \quad \boldsymbol{\xi}_4 = (0,0,0,1),$$

试问这 4 个向量线性相关吗？

解 根据线性相关的定义，需考察

$$k_1\boldsymbol{\xi}_1 + k_2\boldsymbol{\xi}_2 + k_3\boldsymbol{\xi}_3 + k_4\boldsymbol{\xi}_4 = \boldsymbol{0},$$

也就是考察线性方程组

$$\begin{cases}1k_1+0k_2+0k_3+0k_4=0\\2k_1+1k_2+0k_3+0k_4=0\\3k_1+2k_2+1k_3+0k_4=0\\4k_1+3k_2+2k_3+1k_4=0\end{cases},$$

由考察结果可知，k_1、k_2、k_3、k_4 有非零解，所以题中的 4 个向量是线性相关的.

例 2.2.4 扩展思考，如果要判断 m 个 n 维向量

$$\boldsymbol{\xi}_1=(a_{11},a_{12},\cdots,a_{1n}),\quad \boldsymbol{\xi}_2=(a_{21},a_{22},\cdots,a_{2n}),\quad \cdots,\quad \boldsymbol{\xi}_m=(a_{m1},a_{m2},\cdots,a_{mn})$$

是否线性相关，根据定义，需要考察

$$k_1\boldsymbol{\xi}_1+k_2\boldsymbol{\xi}_2+\cdots+k_m\boldsymbol{\xi}_m=\mathbf{0},$$

即考察线性方程组

$$\begin{cases}a_{11}k_1+a_{21}k_2+\cdots+a_{m1}k_m=0\\a_{12}k_1+a_{22}k_2+\cdots+a_{m2}k_m=0\\\qquad\qquad\vdots\\a_{1n}k_1+a_{2n}k_2+\cdots+a_{mn}k_m=0\end{cases},$$

如果该线性方程组只有零解，说明 $\boldsymbol{\xi}_1,\boldsymbol{\xi}_2,\cdots,\boldsymbol{\xi}_m$ 是线性无关的；如果有非零解，则说明 $\boldsymbol{\xi}_1,\boldsymbol{\xi}_2,\cdots,\boldsymbol{\xi}_m$ 是线性相关的.

由此可见，用定义去验证若干个向量是否线性相关，太麻烦了. 至于如何简单判断 m 个向量是否线性相关，这些留在后续“矩阵求秩”的章节中讲述.

例 2.2.5 设向量组 $\boldsymbol{\alpha}_1,\boldsymbol{\alpha}_2,\cdots,\boldsymbol{\alpha}_{m-1}(m\geqslant 3)$ 线性相关，向量组 $\boldsymbol{\alpha}_2,\boldsymbol{\alpha}_3,\cdots,\boldsymbol{\alpha}_{m-1},\boldsymbol{\alpha}_m$ 线性无关，讨论：

(1) $\boldsymbol{\alpha}_1$ 能不能由 $\boldsymbol{\alpha}_2,\cdots,\boldsymbol{\alpha}_{m-1}$ 线性表示？

(2) $\boldsymbol{\alpha}_m$ 能不能由 $\boldsymbol{\alpha}_1,\boldsymbol{\alpha}_2,\cdots,\boldsymbol{\alpha}_{m-1}$ 线性表示？

解 (1) 因为 $\boldsymbol{\alpha}_1,\boldsymbol{\alpha}_2,\cdots,\boldsymbol{\alpha}_{m-1}$ 线性相关，$\boldsymbol{\alpha}_1$ 可以线性表示为：

$$\boldsymbol{\alpha}_1=k_2\boldsymbol{\alpha}_2+\cdots+k_{m-1}\boldsymbol{\alpha}_{m-1},\quad k_2,\cdots,k_{m-1}\ \text{不全为零}.$$

(2) 先用推理方法说明. 在向量组中是把 $\boldsymbol{\alpha}_1$ 换成 $\boldsymbol{\alpha}_m$. 由题意知道 $\boldsymbol{\alpha}_1$ 能够由 $\boldsymbol{\alpha}_2,\cdots,\boldsymbol{\alpha}_{m-1}$ 线性表示，$\boldsymbol{\alpha}_m$ 不能够由 $\boldsymbol{\alpha}_2,\cdots,\boldsymbol{\alpha}_{m-1}$ 线性表示，所以 $\boldsymbol{\alpha}_m$ 不能由 $\boldsymbol{\alpha}_1,\boldsymbol{\alpha}_2,\cdots,\boldsymbol{\alpha}_{m-1}$ 线性表示.

再用反证法证明. 假设 $\boldsymbol{\alpha}_m$ 能够由 $\boldsymbol{\alpha}_1,\boldsymbol{\alpha}_2,\cdots,\boldsymbol{\alpha}_{m-1}$ 线性表示，又因为 $\boldsymbol{\alpha}_1$ 能够由 $\boldsymbol{\alpha}_2,\cdots,\boldsymbol{\alpha}_{m-1}$ 线性表示，也就是说，$\boldsymbol{\alpha}_m$ 能够由 $\boldsymbol{\alpha}_2,\cdots,\boldsymbol{\alpha}_{m-1}$ 线性表示，于是 $\boldsymbol{\alpha}_2,\boldsymbol{\alpha}_3,\cdots,\boldsymbol{\alpha}_{m-1},\boldsymbol{\alpha}_m$ 就线性相关，与题意矛盾，所以 $\boldsymbol{\alpha}_m$ 不能由 $\boldsymbol{\alpha}_1,\boldsymbol{\alpha}_2,\cdots,\boldsymbol{\alpha}_{m-1}$ 线性表示.

用向量线性无关的定义去判断向量组内部是否存在关联性，判断过程需要求解方程组，太麻烦了；不仅如此，这种过程还不能判断有多少个向量是线性无关的. 所以有必要寻求简单的办法. 读者在后面将会看到，如果把向量组和矩阵联系起来，把向量的线性运算和矩阵的初等行(列)变换联系起来，这些问题就容易解决了. 具体可参见后边章节关于“矩阵的秩”的叙述.

§2.3　n 维向量线性空间

如果把多个 n 维向量归为一组，人们可以考虑向量之间的关联性；如果把无穷个 n 维向量归类为一个集合，那么这个集合中又有什么规律性？

1. 向量线性空间、维数、基坐标的定义

满足一定运算规则的无穷个 3 维向量的集合（记为 $\mathbf{R}^3$），为什么习惯地称之为 3 维向量"空间"？这是因为，集合中的向量经过线性组合运算（$\alpha\boldsymbol{a}+\beta\boldsymbol{b}$）的结果仍然在这个集合中，这个集合对线性运算是"自封闭"的.

类似地，现在把无穷多个 n 维向量看作一个集合，这些向量之间也可以做线性组合运算，该集合对这种线性运算也具有自封闭性，人们用记号 $\mathbf{R}^n$ 表示这个集合.

(1) n 维向量的线性空间定义

设 $\boldsymbol{a}\in\mathbf{R}^n$，$\boldsymbol{b}\in\mathbf{R}^n$，若对于任意实数 α、β，有 $(\alpha\boldsymbol{a}+\beta\boldsymbol{b})\in\mathbf{R}^n$，则称 $\mathbf{R}^n$ 是 n 维向量的线性空间.

n 维向量的线性空间的构造使用了一种归类方法，它有三个特点：一是仅按"同是 n 维的向量"归类，二是按"线性运算"归类，三是这种归类具有"空间(space)"的自封闭性.

(2) 向量线性空间维数的定义

$\mathbf{R}^n$ 中最大的线性无关向量的个数（一定是 n 个），称为这个向量空间的"维数".

显然

$$\mathbf{R}^n\supset\mathbf{R}^{n-1}\supset\cdots\supset\mathbf{R}^4\supset\mathbf{R}^3\supset\mathbf{R}^2\supset\boldsymbol{R}\supset\mathbf{0},$$

其中，$\mathbf{0}$ 是仅含有零向量的空间，称为"零向量空间".

任何一个 $\mathbf{R}^n$ 中一定含有低维的线性空间，也一定含有"$\mathbf{0}$"元素. 最简单直观的例子，就是在 $\mathbf{R}^3$（立体）中一定含有 $\mathbf{R}^2$（平面），$\mathbf{R}^2$ 中一定含有 $\mathbf{R}^1$（直线）.

(3) 向量线性空间基的定义

$\mathbf{R}^n$ 中任意 n 个线性无关向量，称为 $\mathbf{R}^n$ 的一组"基"；如果 n 个基向量两两正交，则称其为"正交基"；如果正交基的每个向量都是单位长度的，则称其为"标准正交基".

显然，$\mathbf{R}^n$ 中基的概念类同于 $\mathbf{R}^3$ 中坐标系的概念. $\mathbf{R}^n$ 中会有很多组基，也会有很多组正交基. $\boldsymbol{e}_1,\boldsymbol{e}_2,\boldsymbol{e}_3,\cdots,\boldsymbol{e}_n$ 仅是其中的一组标准正交基.

(4) 向量坐标的定义

设 $\boldsymbol{\xi}_1,\boldsymbol{\xi}_2,\cdots,\boldsymbol{\xi}_n$ 是 $\mathbf{R}^n$ 的一组基，如果向量 $\boldsymbol{a}$ 可由这组基表示为

$$\boldsymbol{a}=a_1\boldsymbol{\xi}_1+a_2\boldsymbol{\xi}_2+\cdots+a_n\boldsymbol{\xi}_n,$$

则称 $\{a_1,a_2,\cdots,a_n\}$ 是 $\boldsymbol{a}$ 关于基 $\boldsymbol{\xi}_1,\boldsymbol{\xi}_2,\cdots,\boldsymbol{\xi}_n$ 的坐标，其中 a_i 是向量 $\boldsymbol{a}$ 在基向量 $\boldsymbol{\xi}_i$ 上的投影"长度"， $a_i=\|\boldsymbol{a}\|\cos(\boldsymbol{a}\wedge\boldsymbol{\xi}_i)=\dfrac{\langle\boldsymbol{a},\boldsymbol{\xi}_i\rangle}{\|\boldsymbol{\xi}_i\|}$，　$i=1,2,\cdots,n.$

显然，$\mathbf{R}^n$ 中关于坐标的概念，类似于 $\mathbf{R}^3$ 中的坐标概念.

在 $\mathbf{R}^n$ 中，对于同一个向量，用不同的基去表示就会有不同的坐标.人们往往喜欢使用正交基，因为采用正交基后的坐标容易表示.

事实上，如果向量 $\boldsymbol{a}$ 用正交基 $\boldsymbol{\eta}_1,\boldsymbol{\eta}_2,\cdots,\boldsymbol{\eta}_n$ 的表示形式为

$$\boldsymbol{a}=a_1\boldsymbol{\eta}_1+a_2\boldsymbol{\eta}_2+\cdots+a_n\boldsymbol{\eta}_n,$$

为了获得其坐标，只要在上式两边用 $\boldsymbol{\eta}_i$ 做内积，即可简单求出坐标

$$a_i=\frac{\langle\boldsymbol{a},\boldsymbol{\eta}_i\rangle}{\langle\boldsymbol{\eta}_i,\boldsymbol{\eta}_i\rangle},\quad i=1,2,\cdots,n.$$

向量 $\boldsymbol{a}$ 用基本正交基 $\boldsymbol{e}_1,\boldsymbol{e}_2,\cdots,\boldsymbol{e}_n$ 的表示形式为

$$\boldsymbol{a}=\tilde{a}_1\boldsymbol{e}_1+\tilde{a}_2\boldsymbol{e}_2+\cdots+\tilde{a}_n\boldsymbol{e}_n,$$

其坐标更容易写出，即 $\tilde{a}_i=\langle\boldsymbol{a},\boldsymbol{e}_i\rangle,i=1,2,\cdots,n.$

2. 向量线性空间中需要讨论的其他问题

如同 $\mathbf{R}^3$ 中考虑“基”“坐标”那样，在 $\mathbf{R}^n$ 中也存在以下几个问题：

(1) 已知 $\boldsymbol{\xi}_1,\boldsymbol{\xi}_2,\cdots,\boldsymbol{\xi}_n$ 和 $\boldsymbol{\eta}_1,\boldsymbol{\eta}_2,\cdots,\boldsymbol{\eta}_n$ 都是 $\mathbf{R}^n$ 的基，如何把一组基变换为另一组基?

(2) 已知 $\boldsymbol{\xi}_1,\boldsymbol{\xi}_2,\cdots,\boldsymbol{\xi}_n$ 是 $\mathbf{R}^n$ 的基，如何把它变换为基本正交基 $\boldsymbol{e}_1,\boldsymbol{e}_2,\cdots,\boldsymbol{e}_n$?

(3) 已知向量 $\boldsymbol{a}$ 在基 $\boldsymbol{\xi}_1,\boldsymbol{\xi}_2,\cdots,\boldsymbol{\xi}_n$ 下的坐标为 $(a_1,a_2,\cdots,a_n)$，如何求得 $\boldsymbol{a}$ 在基 $\boldsymbol{\eta}_1,\boldsymbol{\eta}_2,\cdots,\boldsymbol{\eta}_n$ 下的坐标?

(4) 已知 $\boldsymbol{\xi}_1,\boldsymbol{\xi}_2,\cdots,\boldsymbol{\xi}_n$ 是基但不是正交基，如何在保持 $\boldsymbol{\xi}_1$ 不动的前提下，把这组非正交基变换为正交基 $\boldsymbol{\eta}_1,\boldsymbol{\eta}_2,\cdots,\boldsymbol{\eta}_n$?

这些问题都是涉及向量组的整体变换问题，我们将在第 7 章中用矩阵形式解决.

作为本章结束，我们指出：

(1) 本章的主要目的是把通常的 3 维向量的有关知识顺利地扩展到 n 维向量，要求读者能够熟练掌握 n 维向量的基本运算规则.

(2) 本章要求读者把 n 维向量空间与 3 维向量空间进行对比理解，理解向量空间中的基本问题，掌握“向量线性相关和线性无关”“基”“坐标”“坐标变换”这些概念的含义.

(3) 至于如何定量解决几何变换、坐标变换的具体问题，读者在第 7 章将会看到，解决这些问题的最简洁的形式工具是矩阵.

习 题 二

1. 已知 $\boldsymbol{a}=(a_1,a_2,\cdots,a_n)$，试写出其 $\|\boldsymbol{a}\|$ 和 $\boldsymbol{a}^0$.

2. 已知 $\boldsymbol{a}=(a_1,a_2,\cdots,a_n),\boldsymbol{b}=(b_1,b_2,\cdots,b_n)$，试写出下面运算的表示式：

$\|3\boldsymbol{a}+4\boldsymbol{b}\|-\langle\boldsymbol{a},\boldsymbol{a}\rangle+\|\boldsymbol{b}\|+\langle\boldsymbol{a},\boldsymbol{b}\rangle$.

3. 计算$\langle\boldsymbol{\gamma},\boldsymbol{\alpha}+\boldsymbol{\beta}\rangle$，其中$\boldsymbol{\gamma}=(1,1,1,1)$,$\boldsymbol{\alpha}=(1,2,2,1)$,$\boldsymbol{\beta}=(2,1,1,2)$.

4. 计算$\langle\boldsymbol{\alpha}+\boldsymbol{\beta},\boldsymbol{\alpha}+\boldsymbol{\beta}\rangle$和$\langle\boldsymbol{\alpha}+\boldsymbol{\beta},\boldsymbol{\alpha}-\boldsymbol{\beta}\rangle$，其中$\boldsymbol{\alpha}=(1,0,2,2)$,$\boldsymbol{\beta}=(-2,1,0,2)$.

5. 若$\boldsymbol{\alpha}$、$\boldsymbol{\beta}$正交，证明$\|\boldsymbol{\alpha}+\boldsymbol{\beta}\|^2=\|\boldsymbol{\alpha}\|^2+\|\boldsymbol{\beta}\|^2$.提示：利用模和内积的关系.

6. 已知$3\boldsymbol{\alpha}+2\boldsymbol{\beta}-4\boldsymbol{\gamma}=\boldsymbol{0}$,其中$\boldsymbol{\alpha}=(1,0,-2,3)$,$\boldsymbol{\beta}=(-1,3,4,2)$,求$\boldsymbol{\gamma}$.

7. 把向量$\boldsymbol{\beta}=(3,5,-6)$表示为$\boldsymbol{\alpha}_1=(1,1,1)$,$\boldsymbol{\alpha}_2=(1,1,0)$,$\boldsymbol{\alpha}_3=(0,-1,-1)$的线性组合.$\boldsymbol{\alpha}_1$、$\boldsymbol{\alpha}_2$、$\boldsymbol{\alpha}_3$是一组基吗？

8. 把向量$\boldsymbol{\beta}=(6,5,11)$表示为

$$\boldsymbol{\alpha}_1=(2,-3,-1),\quad \boldsymbol{\alpha}_2=(-3,1,-2),\quad \boldsymbol{\alpha}_3=(1,2,3),\quad \boldsymbol{\alpha}_4=(5,-4,1)$$

的线性组合,写出求解组合系数的线性方程组.

9. 判定下列向量组是线性相关还是线性无关？

(1) $\boldsymbol{\alpha}_1=(2,-3,1)$,$\boldsymbol{\alpha}_2=(3,-1,5)$,$\boldsymbol{\alpha}_3=(1,-4,3)$;

(2) $\boldsymbol{\alpha}_1=(1,3,-2,4)$,$\boldsymbol{\alpha}_2=(2,-1,2,3)$,$\boldsymbol{\alpha}_3=(0,2,4,-3)$,$\boldsymbol{\alpha}_4=(1,10,-8,9)$.

10. 已知$\boldsymbol{\alpha}_1=(1,-1,1)$,$\boldsymbol{\alpha}_2=(1,1,-1)$,$\boldsymbol{\alpha}_3=(k,-k,0)$,$\boldsymbol{\beta}=(1,k^2,2)$，问：

(1) k取何值时，$\boldsymbol{\beta}$可由$\boldsymbol{\alpha}_1$、$\boldsymbol{\alpha}_2$、$\boldsymbol{\alpha}_3$线性表示？

(2) k取何值时，$\boldsymbol{\beta}$不能由$\boldsymbol{\alpha}_1$、$\boldsymbol{\alpha}_2$、$\boldsymbol{\alpha}_3$线性表示？

11. 设向量组$\boldsymbol{\alpha}_1$、$\boldsymbol{\alpha}_2$、$\boldsymbol{\alpha}_3$线性无关，问当常数a、b满足什么条件时，向量组$a\boldsymbol{\alpha}_2-\boldsymbol{\alpha}_1$,$b\boldsymbol{\alpha}_3-\boldsymbol{\alpha}_2$,$\boldsymbol{\alpha}_1-\boldsymbol{\alpha}_3$是线性无关的.

12. 用向量的相关性定义证明：若$\boldsymbol{\alpha}_1$、$\boldsymbol{\alpha}_2$、$\boldsymbol{\alpha}_3$线性无关，且

$$\boldsymbol{\beta}_1=\boldsymbol{\alpha}_1+\boldsymbol{\alpha}_2+\boldsymbol{\alpha}_3,\quad \boldsymbol{\beta}_2=\boldsymbol{\alpha}_1+\boldsymbol{\alpha}_2+2\boldsymbol{\alpha}_3,\quad \boldsymbol{\beta}_3=\boldsymbol{\alpha}_2+2\boldsymbol{\alpha}_2+3\boldsymbol{\alpha}_3,$$

则$\boldsymbol{\beta}_1$ $\boldsymbol{\beta}_2$ $\boldsymbol{\beta}_3$也线性无关.

13. 设有向量组$\boldsymbol{\alpha}_1=(1,1,1)$,$\boldsymbol{\alpha}_2=(0,1,1)$,$\boldsymbol{\alpha}_3=(0,0,1)$，问这个向量组可以作为3维向量空间的一组基吗？若向量$\boldsymbol{\beta}=(1,2,1)$在这组基下的坐标为$(\beta_1,\beta_2,\beta_3)$，试求出各个坐标的值,具体写出向量$\boldsymbol{\beta}$.

14. 设有向量组$\boldsymbol{\alpha}_1=(1,1,1,1)$,$\boldsymbol{\alpha}_2=(0,1,1,1)$,$\boldsymbol{\alpha}_3=(0,0,1,1)$,$\boldsymbol{\alpha}_4=(0,0,0,1)$，证明该向量组是4维向量空间的一组基.若向量$\boldsymbol{\beta}=(1,2,2,1)$在这组基下的坐标为$(\beta_1,\beta_2,\beta_3,\beta_4)$，试具体写出向量$\boldsymbol{\beta}$的各个坐标的值.

15. 已知$\boldsymbol{\alpha}_1,\boldsymbol{\alpha}_2,\cdots,\boldsymbol{\alpha}_n$是$n$维向量空间的一组基，向量$\boldsymbol{\beta}$在这组基下的坐标为$(\beta_1,\beta_2,\cdots,\beta_n)$，试具体写出向量$\boldsymbol{\beta}$的表达式.

第 3 章 矩阵运算规则和矩阵的秩

在讨论 n 维向量时，人们不仅需要对多个向量逐个地做线性运算，而且有时还需要在多个向量构成的向量组之间做线性运算.

单个向量的表示形式是"有序数组"，多个向量列在一起，其分量就形成"矩形数据块"，也就是"矩阵". 于是，向量组之间的运算就变为矩阵之间的运算了.

矩阵就是矩形数据块，矩阵运算实际上就是向量组之间的运算.

如果对向量给出具体含义，那么向量之间的运算就有了具体含义；同样地，向量组也就有了具体的含义，代表向量组的矩阵运算也就有了具体含义.

线性代数所讨论的内容，简言之，就是利用矩阵形式，简洁处理向量组之间的运算.

§3.1 矩阵的定义和一些常见矩阵

设有 m 个 n 维向量

$$\boldsymbol{a}_1=(a_{11},a_{12},\cdots,a_{1n}),\quad \boldsymbol{a}_2=(a_{21},a_{22},\cdots,a_{2n}),\quad \cdots\quad ,\boldsymbol{a}_m=(a_{m1},a_{m2},\cdots,a_{mn}),$$

把它们的所有分量排列在一起，构成 m 行、n 列的"数据块"，这种形式的数据块就称为矩阵，记为

$$\boldsymbol{A}_{m\times n}=\begin{pmatrix} a_{11} & a_{12} & \cdots & a_{1n} \\ a_{21} & a_{22} & \cdots & a_{2n} \\ \vdots & \vdots & & \vdots \\ a_{m1} & a_{m2} & \cdots & a_{mn} \end{pmatrix}.$$

其中，$\boldsymbol{A}$ 的下标 m 和 n 分别表示矩阵的行数和列数.

矩阵既可以看作"m 个 n 维行向量的纵向序排"，也可以看作"n 个 m 维列向量的横向序排"，还可以看作"由 $m\times n$ 个数字有序排列的数表".

例如，向量组有 3 个 2 维向量，做横向序排，或者纵向序排，可表示的矩阵形式如下：

$$\underbrace{(\boldsymbol{a}_1\quad \boldsymbol{a}_2\quad \boldsymbol{a}_3)}_{\substack{1\text{行}3\text{列矩阵}\\3\text{个向量横排}\\\text{元素是向量}}}=\underbrace{\begin{pmatrix} a_{11} & a_{21} & a_{31} \\ a_{12} & a_{22} & a_{32} \end{pmatrix}}_{\substack{2\text{行}3\text{列矩阵}\\\text{元素都是数值}}},\quad \underbrace{\begin{pmatrix} \boldsymbol{a}_1 \\ \boldsymbol{a}_2 \\ \boldsymbol{a}_3 \end{pmatrix}}_{\substack{3\text{行}1\text{列矩阵}\\3\text{个向量纵排}}}=\underbrace{\begin{pmatrix} a_{11} & a_{12} \\ a_{21} & a_{22} \\ a_{31} & a_{32} \end{pmatrix}}_{\substack{3\text{行}2\text{列矩阵}\\\text{元素都是数值}}}.$$

如果向量组有 4 个 3 维向量，做横向序排，或者纵向序排，其矩阵形式为：

$$(\boldsymbol{a}_1\quad \boldsymbol{a}_2\quad \boldsymbol{a}_3\quad \boldsymbol{a}_4)=\begin{pmatrix} a_{11} & a_{21} & a_{31} & a_{41} \\ a_{12} & a_{22} & a_{32} & a_{42} \\ a_{13} & a_{23} & a_{33} & a_{43} \end{pmatrix},\quad \begin{pmatrix} \boldsymbol{a}_1 \\ \boldsymbol{a}_2 \\ \boldsymbol{a}_3 \\ \boldsymbol{a}_4 \end{pmatrix}=\begin{pmatrix} a_{11} & a_{12} & a_{13} \\ a_{21} & a_{22} & a_{23} \\ a_{31} & a_{32} & a_{33} \\ a_{41} & a_{42} & a_{43} \end{pmatrix}.$$

由此可见，矩阵是用来描述向量组的，其规模可大可小，取决于向量组的大小.

矩阵可以看作向量组的整体表现，也可以看作有序数表的整体表现.

矩阵的行数和列数可以是不相等的，也可以是相等的；仅就数表的形式而言，矩阵的形式是多种多样的.

如果矩阵的行、列数目相等，就称其为“方阵”，$\boldsymbol{A}_{n\times n}$ 称为“n 阶方阵”. 方阵的左上角到右下角称为方阵的主对角线.

如果方阵在主对角线以下的部位全是零元素，在主对角线以上的部位有非零元素，就称这种形式的方阵为“上三角矩阵”.

如果方阵在主对角线以上的部位全是零元素，在主对角线以下的部位有非零元素，就称这种形式的方阵为“下三角矩阵”.

如果方阵仅仅在主对角线位置才有非零元素，主对角线以外全都是零，就称其为“对角形矩阵”，或简称为“对角阵”.

如果对角阵的对角元素都是1，就称其为“单位阵”，本书中的单位阵都用 $\boldsymbol{I}$ 表示.

例如，在下列形式的矩阵中，“$*$”表示非零元素，不同形式的矩阵的称谓如下：

$$\boldsymbol{A}=\begin{pmatrix} * & * & * & * \\ 0 & * & * & * \\ 0 & 0 & * & * \\ 0 & 0 & 0 & * \end{pmatrix},\quad \boldsymbol{B}=\begin{pmatrix} * & 0 & 0 & 0 \\ * & * & 0 & 0 \\ * & * & * & 0 \\ * & * & * & * \end{pmatrix},$$

上三角阵　　　　下三角阵

$$\boldsymbol{C}=\begin{pmatrix} * & * & 0 & 0 & 0 \\ * & * & * & 0 & 0 \\ 0 & * & * & * & 0 \\ 0 & 0 & * & * & * \\ 0 & 0 & 0 & * & * \end{pmatrix},\quad \boldsymbol{D}=\begin{pmatrix} 0 & 0 & 0 & * & 0 & 0 \\ 0 & 0 & 0 & 0 & 0 & 0 \\ * & 0 & 0 & 0 & 0 & * \\ 0 & 0 & 0 & 0 & 0 & 0 \\ 0 & 0 & * & 0 & 0 & 0 \end{pmatrix},$$

三对角阵　　　　大型稀疏矩阵

$$\boldsymbol{E}=\begin{pmatrix} * & * & 0 & * & * \\ 0 & * & 0 & * & * \\ * & * & 0 & 0 & * \\ * & * & 0 & * & * \end{pmatrix},\quad \boldsymbol{F}=\begin{pmatrix} * & * & 0 & * & * \\ * & * & * & * & * \\ 0 & 0 & 0 & 0 & 0 \\ * & * & * & * & * \end{pmatrix},$$

一列元素全为零的矩阵　　　　一行元素全为零的矩阵

$$G=\begin{pmatrix} * & 0 & 0 & 0 \\ 0 & * & 0 & 0 \\ 0 & 0 & * & 0 \\ 0 & 0 & 0 & * \end{pmatrix}, \quad H=\begin{pmatrix} 1 & 0 & 0 & 0 \\ 0 & 1 & 0 & 0 \\ 0 & 0 & 1 & 0 \\ 0 & 0 & 0 & 1 \end{pmatrix}.$$

对角阵　　　　　　　　单位阵

如果方阵的元素是实数且关于主对角线对称,就称其为"实对称矩阵".例如

$$A=\begin{pmatrix} 1 & 1 \\ 1 & 2 \end{pmatrix}, \quad B=\begin{pmatrix} 3 & 1 & 2 \\ 1 & 4 & 3 \\ 2 & 3 & 5 \end{pmatrix}, \quad C=\begin{pmatrix} 2 & 1 & 0 & 0 \\ 1 & 2 & 1 & 0 \\ 0 & 1 & 2 & 1 \\ 0 & 0 & 1 & 2 \end{pmatrix}.$$

无论矩阵的规模大小,只要所有的元素都是零,就称其为"零矩阵".

如果矩阵是 1 行多列的,就称其为"行矩阵".

如果矩阵是多行 1 列的,就称其为"列矩阵".

特别提醒读者:向量书写形式 $\boldsymbol{a}=(a_1,a_2,a_3,a_4)$,元素之间是用","隔开的;将其写成行矩阵形式 $(a_1 \quad a_2 \quad a_3 \quad a_4)$,元素之间没有用","隔开.

§3.2　矩阵的基本运算规则

矩阵是以向量组的整体形式出现的,为了让向量组与向量组进行代数运算,需要特别拟定一些规则.

1. 矩阵相等的规则

对于 $\boldsymbol{A}$ 和 $\boldsymbol{B}$ 两个矩阵,如果它们的行数相同,列数相同,所有对应元素都相等,就称这两个矩阵相等,记为 $\boldsymbol{A}=\boldsymbol{B}$.

因为矩阵 $\boldsymbol{A}$ 表示一个向量组,矩阵 $\boldsymbol{B}$ 表示另一个向量组,要求两个向量组相等,只有组中向量数目、每个向量的维数、向量元素都完全相等.

2. 矩阵数乘的规则

若某实数乘以矩阵,则该实数要乘以矩阵中的每一个元素.例如

$$k\begin{pmatrix} a_{11} & a_{12} & \cdots & a_{1n} \\ a_{21} & a_{22} & \cdots & a_{2n} \\ \vdots & \vdots & & \vdots \\ a_{m1} & a_{m2} & \cdots & a_{mn} \end{pmatrix}=\begin{pmatrix} ka_{11} & ka_{12} & \cdots & ka_{1n} \\ ka_{21} & ka_{22} & \cdots & ka_{2n} \\ \vdots & \vdots & & \vdots \\ ka_{m1} & ka_{m2} & \cdots & ka_{mn} \end{pmatrix},$$

因为矩阵表示一个向量组，常数 k 是作用于整个向量组的.

3. 矩阵相加的规则

两个矩阵相加时，其行、列对应的元素分别相加. 例如，$\boldsymbol{A}=(a_{ij})$ 和 $\boldsymbol{B}=(b_{ij})$ 都是 $m\times n$ 阶矩阵，有

$$\boldsymbol{A}+\boldsymbol{B}=\begin{pmatrix} a_{11}+b_{11} & a_{12}+b_{12} & \cdots & a_{1n}+b_{1n} \\ a_{21}+b_{21} & a_{22}+b_{22} & \cdots & a_{2n}+b_{2n} \\ \vdots & \vdots & & \vdots \\ a_{m1}+b_{m1} & a_{m2}+b_{m2} & \cdots & a_{mn}+b_{mn} \end{pmatrix}.$$

因为这是向量组与向量组的加法，所以规定：只有行、列都相同的矩阵才能相加，不同行、列的矩阵不能相加.

4. 矩阵与矩阵相乘的规则

在矩阵的基本运算中，值得留心注意的是矩阵的乘法运算，下面将先易后难地解释矩阵相乘的规则.

(1) 矩阵相乘的规则

两个向量 $\boldsymbol{a}_1=(a_{11},a_{12},a_{13})$，$\boldsymbol{X}=(x_1,x_2,x_3)$ 做数量积，把向量 $\boldsymbol{a}_1$ 写成 1 行 3 列矩阵，向量 $\boldsymbol{X}$ 写成 3 行 1 列矩阵，这两个向量的数量积用"矩阵相乘"形式表示为

$$\boldsymbol{a}_1\cdot\boldsymbol{X}=(a_{11}\quad a_{12}\quad a_{13})\begin{pmatrix} x_1 \\ x_2 \\ x_3 \end{pmatrix}=a_{11}x_1+a_{12}x_2+a_{13}x_3.$$

如果把三个向量 $\boldsymbol{a}_1=(a_{11},a_{12},a_{13})$，$\boldsymbol{a}_2=(a_{21},a_{22},a_{23})$，$\boldsymbol{a}_3=(a_{31},a_{32},a_{33})$ 的向量组与 $\boldsymbol{X}=(x_1,x_2,x_3)$ 做数量积，实际上是组中每个向量分别与 $\boldsymbol{X}$ 做数量积，再把 3 个数量积结果仍归为一组，其矩阵相乘形式为

$$\begin{pmatrix} a_{11} & a_{12} & a_{13} \\ a_{21} & a_{22} & a_{23} \\ a_{31} & a_{32} & a_{33} \end{pmatrix}\begin{pmatrix} x_1 \\ x_2 \\ x_3 \end{pmatrix}=\begin{pmatrix} \sum\limits_{j=1}^{3}a_{1j}x_j \\ \sum\limits_{j=1}^{3}a_{2j}x_j \\ \sum\limits_{j=1}^{3}a_{3j}x_j \end{pmatrix}.$$

其形式结果是 3 行 1 列矩阵. 按照这样的乘法规则，上面的矩阵相乘可以方便地表示为三元一次方程组：

$$\begin{pmatrix} a_{11} & a_{12} & a_{13} \\ a_{21} & a_{22} & a_{23} \\ a_{31} & a_{32} & a_{33} \end{pmatrix}\begin{pmatrix} x_1 \\ x_2 \\ x_3 \end{pmatrix}=\begin{pmatrix} b_1 \\ b_2 \\ b_3 \end{pmatrix}.$$

现在把这种想法加以推广.

具有 s 个分量的两个向量 $\boldsymbol{a}_1=(a_{11},a_{12},\cdots,a_{1s})$，$\boldsymbol{X}=(x_1,x_2,\cdots,x_s)$ 做数量积，可用矩阵相乘形式表示为

$$\boldsymbol{a}_1\cdot\boldsymbol{X}=(a_{11}\quad a_{12}\quad\cdots\quad a_{1s})\begin{pmatrix}x_1\\x_2\\\vdots\\x_s\end{pmatrix}=a_{11}x_1+a_{12}x_2+\cdots+a_{1s}x_s,$$

其结果是一个数值.

把 m 个 s 维的向量组

$$\{\boldsymbol{a}_1=(a_{11},a_{12},\cdots,a_{1s}),\boldsymbol{a}_2=(a_{21},a_{22},\cdots,a_{2s}),\cdots,\boldsymbol{a}_m=(a_{m1},a_{m2},\cdots,a_{ms})\}$$

和 $\boldsymbol{X}=(x_1,x_2,\cdots,x_s)$ 做数量积，结果仍归为一组，其矩阵相乘形式为

$$\begin{pmatrix}a_{11}&a_{12}&\cdots&a_{1s}\\a_{21}&a_{22}&\cdots&a_{2s}\\\vdots&\vdots&&\vdots\\a_{m1}&a_{m2}&\cdots&a_{ms}\end{pmatrix}\begin{pmatrix}x_1\\x_2\\\vdots\\x_s\end{pmatrix}=\begin{pmatrix}\sum_{j=1}^{s}a_{1j}x_j\\\sum_{j=1}^{s}a_{2j}x_j\\\vdots\\\sum_{j=1}^{s}a_{mj}x_j\end{pmatrix},$$

其运算结果是 m 行 1 列的矩阵. 按照这样的乘法规则，上面的矩阵相乘可以方便地表示 m 个具有 s 个变元的一次方程组：

$$\begin{pmatrix}a_{11}&a_{12}&\cdots&a_{1s}\\a_{21}&a_{22}&\cdots&a_{2s}\\\vdots&\vdots&&\vdots\\a_{m1}&a_{m2}&\cdots&a_{ms}\end{pmatrix}\begin{pmatrix}x_1\\x_2\\\vdots\\x_s\end{pmatrix}=\begin{pmatrix}b_1\\b_2\\\vdots\\b_m\end{pmatrix}.$$

把上面 $m\times s$ 阶矩阵乘 $s\times 1$ 阶矩阵的办法，再扩展为乘 $s\times 2$ 阶矩阵，就会有

$$\begin{pmatrix}a_{11}&a_{12}&\cdots&a_{1s}\\a_{21}&a_{22}&\cdots&a_{2s}\\\vdots&\vdots&&\vdots\\a_{m1}&a_{m2}&\cdots&a_{ms}\end{pmatrix}\begin{pmatrix}b_{11}&b_{12}\\b_{21}&b_{22}\\\vdots&\vdots\\b_{s1}&b_{s2}\end{pmatrix}=\begin{pmatrix}\sum_{j=1}^{s}a_{1j}b_{j1}&\sum_{j=1}^{s}a_{1j}b_{j2}\\\sum_{j=1}^{s}a_{2j}b_{j1}&\sum_{j=1}^{s}a_{2j}b_{j2}\\\vdots&\vdots\\\sum_{j=1}^{s}a_{mj}b_{j1}&\sum_{j=1}^{s}a_{mj}b_{j2}\end{pmatrix},$$

于是可定义矩阵相乘的一般规则：

$$\boldsymbol{A}_{m\times s}\boldsymbol{B}_{s\times n}=\boldsymbol{C}_{m\times n},$$

其中，

$$c_{ij}=\sum_{k=1}^{s}a_{ik}b_{kj}.\quad i=1,\cdots,m;\quad j=1,\cdots,n.$$

具体来说，可直观表示如下：

$$\begin{pmatrix} a_{11} & a_{12} & \cdots & a_{1s} \\ \vdots & \vdots & & \vdots \\ \boxed{a_{i1}} & a_{i2} & \cdots & a_{is} \\ \vdots & \vdots & & \vdots \\ a_{m1} & a_{m2} & \cdots & a_{ms} \end{pmatrix} \begin{pmatrix} b_{11} & \cdots & b_{1j} & \cdots & b_{1n} \\ b_{21} & \cdots & b_{2j} & \cdots & b_{2n} \\ \vdots & & \vdots & & \vdots \\ b_{s1} & \cdots & b_{sj} & \cdots & b_{sn} \end{pmatrix} = \begin{pmatrix} c_{11} & \cdots & c_{1j} & \cdots & c_{1n} \\ \vdots & & \vdots & & \vdots \\ c_{i1} & \cdots & \boxed{c_{ij}} & \cdots & c_{in} \\ \vdots & & \vdots & & \vdots \\ c_{m1} & \cdots & c_{mj} & \cdots & c_{mn} \end{pmatrix}.$$

即 $\boldsymbol{C}$ 矩阵第 i 行第 j 列的元素 c_{ij}，是由 $\boldsymbol{A}$ 矩阵的第 i 行和 $\boldsymbol{B}$ 矩阵的第 j 列做数量积运算的结果.

（2）矩阵相乘时的注意要点

①为了解决向量组之间做数量积的问题，这才定义了矩阵的乘法，所以矩阵相乘时，其形式是有要求的，其结果也是有特殊表现的.

②排在前面的矩阵 $\boldsymbol{A}$ 的列数和后面的矩阵 $\boldsymbol{B}$ 的行数一定要相等才能相乘，否则矩阵不能相乘. 例如，$\boldsymbol{A}_{3\times3}\boldsymbol{B}_{3\times1}=\boldsymbol{C}_{3\times1}$，$\boldsymbol{A}_{5\times3}\boldsymbol{B}_{3\times2}=\boldsymbol{C}_{5\times2}$，$\boldsymbol{A}_{1\times4}\boldsymbol{B}_{4\times1}=\boldsymbol{C}_{1\times1}$，然而 $\boldsymbol{A}_{3\times3}$ 和 $\boldsymbol{B}_{2\times2}$ 不能相乘.

③用矩阵 $\boldsymbol{B}$ 左乘 $\boldsymbol{A}$ 得 $\boldsymbol{BA}$，右乘 $\boldsymbol{A}$ 得 $\boldsymbol{AB}$，由于乘法规则的特殊约定，这两者是有区别的，矩阵相乘不满足交换律，一般情况下 $\boldsymbol{AB}\neq\boldsymbol{BA}$. 例如，下面的非零矩阵交换次序相乘，结果并不相同：

$$\boldsymbol{AB}=\begin{pmatrix} 1 & -2 & 1 \\ 1 & 1 & 1 \end{pmatrix}\begin{pmatrix} 1 & 2 \\ -1 & 1 \\ -2 & 3 \end{pmatrix}=\begin{pmatrix} 1 & 3 \\ -2 & 6 \end{pmatrix},$$

$$\boldsymbol{BA}=\begin{pmatrix} 1 & 2 \\ -1 & 1 \\ -2 & 3 \end{pmatrix}\begin{pmatrix} 1 & -2 & 1 \\ 1 & 1 & 1 \end{pmatrix}=\begin{pmatrix} 3 & 0 & 3 \\ 0 & 3 & 0 \\ 1 & 7 & 1 \end{pmatrix};$$

$$\boldsymbol{CD}=\begin{pmatrix} 1 & 1 \\ -1 & -1 \end{pmatrix}\begin{pmatrix} 1 & -1 \\ -1 & 1 \end{pmatrix}=\begin{pmatrix} 0 & 0 \\ 0 & 0 \end{pmatrix},$$

$$\boldsymbol{DC}=\begin{pmatrix} 1 & -1 \\ -1 & 1 \end{pmatrix}\begin{pmatrix} 1 & 1 \\ -1 & -1 \end{pmatrix}=\begin{pmatrix} 2 & 2 \\ -2 & -2 \end{pmatrix};$$

$$\underset{\sim}{\boldsymbol{A}}\underset{\sim}{\boldsymbol{B}}=\begin{pmatrix} a_1 \\ a_2 \\ \vdots \\ a_n \end{pmatrix}(b_1 \quad b_2 \quad \cdots \quad b_n)=\begin{pmatrix} a_1b_1 & a_1b_2 & \cdots & a_1b_n \\ a_2b_1 & a_2b_2 & \cdots & a_2b_n \\ \vdots & \vdots & & \vdots \\ a_nb_1 & a_nb_2 & \cdots & a_nb_n \end{pmatrix},$$

$$\underset{\sim}{\boldsymbol{B}}\underset{\sim}{\boldsymbol{A}}=(b_1 \quad b_2 \quad \cdots \quad b_n)\begin{pmatrix} a_1 \\ a_2 \\ \vdots \\ a_n \end{pmatrix}=(a_1b_1+a_2b_2+\cdots+a_nb_n).$$

一般情况下 $\boldsymbol{AB}\neq\boldsymbol{BA}$，只有在一定的条件下 $\boldsymbol{AB}=\boldsymbol{BA}$ 才有可能成立.

④两个非零矩阵的乘积可能是零矩阵，这在实数的乘法中是不可能出现的；还要注意，当 $\boldsymbol{AB}=\boldsymbol{0}$ 时，只有在一定条件下才能推出 $\boldsymbol{A}=\boldsymbol{0}$ 或 $\boldsymbol{B}=\boldsymbol{0}$，一般情况下是不能推出这种结论的.

⑤虽然已知 $\boldsymbol{AB}=\boldsymbol{AC},\boldsymbol{A}\neq\boldsymbol{0}$，不能简单地得到 $\boldsymbol{B}=\boldsymbol{C}$，例如

$$\boldsymbol{A}=\begin{pmatrix}1&2\\2&4\end{pmatrix},\quad \boldsymbol{B}=\begin{pmatrix}-1&3\\-2&1\end{pmatrix},\quad \boldsymbol{C}=\begin{pmatrix}-7&1\\1&2\end{pmatrix},$$

$$\boldsymbol{AB}=\boldsymbol{AC}=\begin{pmatrix}-5&5\\-10&10\end{pmatrix},$$

此时虽有 $\boldsymbol{AB}=\boldsymbol{AC}$，但是 $\boldsymbol{B}\neq\boldsymbol{C}$. 所以要注意，只有在一定条件下，才有可能在 $\boldsymbol{AB}=\boldsymbol{AC}$ 两边消去矩阵 $\boldsymbol{A}$.

在保证矩阵加法和乘法能够进行的情况下，矩阵左乘或者右乘都满足分配律和结合律，满足线性运算所要求的规律. 例如，当 m、n、k 都是实数时，下列运算是成立的：

$$\boldsymbol{A}(m\boldsymbol{B}+n\boldsymbol{C})=m\boldsymbol{AB}+n\boldsymbol{AC},$$

$$(m\boldsymbol{B}+n\boldsymbol{C})\boldsymbol{A}=m\boldsymbol{BA}+n\boldsymbol{CA},$$

$$(\boldsymbol{AB})\boldsymbol{C}=\boldsymbol{A}(\boldsymbol{BC}),$$

$$k(\boldsymbol{AB})=\boldsymbol{A}(k\boldsymbol{B}),$$

$$\boldsymbol{I}\cdot(k\boldsymbol{A})=(k\boldsymbol{A})\cdot\boldsymbol{I}=k\boldsymbol{A},$$

$$3\boldsymbol{A}+(-3\boldsymbol{A})=3\boldsymbol{A}-3\boldsymbol{A}=\boldsymbol{0},$$

$$2\boldsymbol{A}+\boldsymbol{0}=2\boldsymbol{A}.$$

⑥矩阵相乘的代数运算含义. 从向量的数量积角度去观察，$\boldsymbol{A}_{3\times3}\boldsymbol{B}_{3\times1}=\boldsymbol{C}_{3\times1}$ 可以理解为 $\boldsymbol{A}$ 的 3 个行向量分别与 $\boldsymbol{B}$ 做数量积，3 个数量积结果被记录在 $\boldsymbol{C}$ 中. 同样地，$\boldsymbol{A}_{m\times n}\boldsymbol{B}_{n\times s}=\boldsymbol{C}_{m\times s}$ 可理解为 m 个 n 维向量分别与 s 个 n 维向量点乘，结果得到 m 个 s 维向量.

⑦矩阵的几何变换含义. 从几何变换的角度理解 $\boldsymbol{A}_{3\times3}\boldsymbol{B}_{3\times1}=\boldsymbol{C}_{3\times1}$，即矩阵 $\boldsymbol{A}$ 把向量 $\boldsymbol{B}$ 变换为向量 $\boldsymbol{C}$，向量的方向和大小都可能发生变化，据此可以理解，矩阵 $\boldsymbol{A}$ 具有对向量的旋转和放缩功能. 同样地，对于 $\boldsymbol{A}_{3\times3}\boldsymbol{B}_{3\times5}=\boldsymbol{C}_{3\times5}$，也可以从几何变换的角度去理解，即矩阵 $\boldsymbol{A}$ 对向量组 $\boldsymbol{B}$ 做了变换，结果是向量组 $\boldsymbol{C}$. 矩阵的很多几何变换功能，具体参见第 7 章.

⑧矩阵的有序数表含义. 例如，数据库中记录了某企业在 3 个省的 4 种产品的销售量数据，用表格表示为：

省份	产品 1	产品 2	产品 3	产品 4
A 省	A1	A2	A3	A4
B 省	B1	B2	B3	B4
C 省	C1	C2	C3	C4

于是可以按照顺序"赋义"并构造销量矩阵

$$\boldsymbol{A}=\begin{bmatrix}a_{11}&a_{12}&a_{13}&a_{14}\\a_{21}&a_{22}&a_{23}&a_{24}\\a_{31}&a_{32}&a_{33}&a_{34}\end{bmatrix}.$$

矩阵可以看作"块状的有序的数表"，当然可以代表"各类有序对象".

5. 方阵的乘幂规则

方阵可以做幂运算，规定：

$$\boldsymbol{A}^0 = \boldsymbol{I}, \quad \text{当}\boldsymbol{A}\text{不是零矩阵时};$$

$$\boldsymbol{A}^1 = \boldsymbol{A}, \quad \boldsymbol{A}^2 = \boldsymbol{A}\boldsymbol{A}, \quad \cdots, \quad \boldsymbol{A}^{k+1} = \boldsymbol{A}\cdot(\boldsymbol{A}^k).$$

由此可知,

$$\boldsymbol{A}^k\boldsymbol{A}^l = \boldsymbol{A}^{k+l}, \quad (\boldsymbol{A}^k)^l = \boldsymbol{A}^{kl}.$$

由于方阵的幂是由矩阵的乘法定义的,矩阵的乘法一般不满足交换律,所以方阵的幂运算要注意如下几点.

(1) $\boldsymbol{A}^k = \boldsymbol{0}$,不一定能推导出 $\boldsymbol{A} = \boldsymbol{0}$. 一个简单的例子,$\boldsymbol{A} = \begin{pmatrix} 0 & 1 \\ 0 & 0 \end{pmatrix}$ 是非零矩阵,但是 $\boldsymbol{A}\boldsymbol{A} = \boldsymbol{0}$.

(2) 一般情况下 $\boldsymbol{AB} \neq \boldsymbol{BA}$;$(\boldsymbol{AB})^k$ 的运算顺序是先 $\boldsymbol{AB}$,再将其结果 k 次幂,所以,$(\boldsymbol{AB})^k \neq \boldsymbol{A}^k\boldsymbol{B}^k \neq \boldsymbol{B}^k\boldsymbol{A}^k$.

(3) 当 $\boldsymbol{A}$ 和 $\boldsymbol{B}$ 的乘法可交换,即 $\boldsymbol{AB} = \boldsymbol{BA}$ 时,有

$$(\boldsymbol{AB})^k = \boldsymbol{A}^k\boldsymbol{B}^k = \boldsymbol{B}^k\boldsymbol{A}^k,$$

$$(\boldsymbol{A}+\boldsymbol{B})^2 = \boldsymbol{A}^2 + 2\boldsymbol{AB} + \boldsymbol{B}^2,$$

$$(\boldsymbol{A}-\boldsymbol{B})(\boldsymbol{A}+\boldsymbol{B}) = \boldsymbol{A}^2 - \boldsymbol{B}^2.$$

由此产生一个问题,什么时候才会有 $\boldsymbol{AB} = \boldsymbol{BA}$ 呢? 参见后面的"转置矩阵的规则".

(4) 用 n 阶方阵 $\boldsymbol{A}$ 可以定义矩阵多项式. 设

$$f(x) = a_n x^n + a_{n-1}x^{n-1} + \cdots + a_1 x + a_0$$

是关于变量 x 的 n 次多项式,则称

$$f(\boldsymbol{A}) = a_n\boldsymbol{A}^n + a_{n-1}\boldsymbol{A}^{n-1} + \cdots + a_1\boldsymbol{A} + a_0\boldsymbol{I}$$

是关于方阵 $\boldsymbol{A}$ 的 n 次多项式,其中 $\boldsymbol{I}$ 和 $\boldsymbol{A}$ 是同阶方阵. 显然,$f(\boldsymbol{A})$ 也是与 $\boldsymbol{A}$ 同阶的方阵.

6. 转置矩阵的规则

矩阵 $\boldsymbol{A}$ 的转置矩阵记为 $\boldsymbol{A}^{\mathrm{T}}$,转置规则是,将 $\boldsymbol{A}$ 的行变为 $\boldsymbol{A}^{\mathrm{T}}$ 的列,或者说,将 $\boldsymbol{A}$ 的列变为 $\boldsymbol{A}^{\mathrm{T}}$ 的行,具体形式如下:

$$\boldsymbol{A} = \begin{pmatrix} a_{11} & a_{12} & \cdots & a_{1n} \\ a_{21} & a_{22} & \cdots & a_{2n} \\ \vdots & \vdots & & \vdots \\ a_{m1} & a_{m2} & \cdots & a_{mn} \end{pmatrix}, \quad \boldsymbol{A}^{\mathrm{T}} = \begin{pmatrix} a_{11} & a_{21} & \cdots & a_{m1} \\ a_{12} & a_{22} & \cdots & a_{m2} \\ \vdots & \vdots & & \vdots \\ a_{1n} & a_{2n} & \cdots & a_{mn} \end{pmatrix}.$$

例如,当 $m \neq n$ 时,$\boldsymbol{A}_{m\times n}\boldsymbol{A}_{m\times n}$ 是不能运算的,但是 $\boldsymbol{A}\boldsymbol{A}^{\mathrm{T}} = \boldsymbol{A}_{m\times n}\boldsymbol{A}_{n\times m}$ 可以,其结果是一个 $m \times m$ 阶矩阵.

行矩阵转置后成为列矩阵:

$$\boldsymbol{B} = (b_1 \quad b_2 \quad \cdots \quad b_n), \quad \boldsymbol{B}^{\mathrm{T}} = \begin{pmatrix} b_1 \\ b_2 \\ \vdots \\ b_n \end{pmatrix}, \quad (\boldsymbol{B}^{\mathrm{T}})^{\mathrm{T}} = \boldsymbol{B}.$$

列矩阵转置后成为行矩阵:

$$\boldsymbol{C}=\begin{pmatrix}c_1\\c_2\\\vdots\\c_m\end{pmatrix},\quad \boldsymbol{C}^{\mathrm{T}}=(c_1\quad c_2\quad\cdots\quad c_m),\quad (\boldsymbol{C}^{\mathrm{T}})^{\mathrm{T}}=\boldsymbol{C}.$$

矩阵转置的运算规律为：

$$(\boldsymbol{A}+\boldsymbol{B})^{\mathrm{T}}=\boldsymbol{A}^{\mathrm{T}}+\boldsymbol{B}^{\mathrm{T}},$$
$$(\boldsymbol{AB})^{\mathrm{T}}=\boldsymbol{B}^{\mathrm{T}}\boldsymbol{A}^{\mathrm{T}},$$
$$(\lambda\boldsymbol{A})^{\mathrm{T}}=\lambda\boldsymbol{A}^{\mathrm{T}}.$$

例如,对于线性方程组

$$\begin{cases}1\cdot x_1+2\cdot x_2+3\cdot x_3=14\\1\cdot x_1+3\cdot x_2+5\cdot x_3=22,\\1\cdot x_1+3\cdot x_2+6\cdot x_3=25\end{cases}$$

记

$$\boldsymbol{A}=\begin{pmatrix}1&2&3\\1&3&5\\1&3&6\end{pmatrix},\quad \boldsymbol{X}=\begin{pmatrix}x_1\\x_2\\x_3\end{pmatrix},\quad \boldsymbol{B}=\begin{pmatrix}14\\22\\25\end{pmatrix},$$

用矩阵表示的具体形式为

$$\begin{pmatrix}1&2&3\\1&3&5\\1&3&6\end{pmatrix}\begin{pmatrix}x_1\\x_2\\x_3\end{pmatrix}=\begin{pmatrix}14\\22\\25\end{pmatrix},$$

用矩阵表示的简洁形式为

$$\boldsymbol{AX}=\boldsymbol{B}.$$

如果形式需要,在方程两边做“转置”运算,$(\boldsymbol{AX})^{\mathrm{T}}=\boldsymbol{B}^{\mathrm{T}}$,就有

$$(x_1\quad x_2\quad x_3)\begin{pmatrix}1&1&1\\2&3&3\\3&5&6\end{pmatrix}=(14\quad 22\quad 25).$$

关于矩阵转置,有几个经常出现的情况说明如下.

(1) 当 $\boldsymbol{A}$ 和 $\boldsymbol{B}$ 都是对称矩阵时,$\boldsymbol{AB}$ 不一定是对称矩阵,例如

$$\boldsymbol{A}=\begin{pmatrix}0&1&0\\1&0&0\\0&0&1\end{pmatrix},\quad \boldsymbol{B}=\begin{pmatrix}1&1&1\\1&2&1\\1&1&3\end{pmatrix},\quad \boldsymbol{AB}=\begin{pmatrix}1&2&1\\1&1&1\\1&1&3\end{pmatrix}.$$

(2) 当 $\boldsymbol{A}$ 和 $\boldsymbol{B}$ 都是对称矩阵,且 $\boldsymbol{AB}$ 也是对称矩阵时,$\boldsymbol{A}$ 和 $\boldsymbol{B}$ 是乘法可交换的.即当 $\boldsymbol{A}=\boldsymbol{A}^{\mathrm{T}}$,$\boldsymbol{B}=\boldsymbol{B}^{\mathrm{T}}$,且$(\boldsymbol{AB})=(\boldsymbol{AB})^{\mathrm{T}}$ 时,一定会有 $\boldsymbol{AB}=\boldsymbol{BA}$.

其证明是简单的,因为一方面,由已知条件知 $(\boldsymbol{AB})=(\boldsymbol{AB})^{\mathrm{T}}$;另一方面,利用转置规则知道 $(\boldsymbol{AB})^{\mathrm{T}}=\boldsymbol{B}^{\mathrm{T}}\boldsymbol{A}^{\mathrm{T}}=\boldsymbol{BA}$;所以有 $\boldsymbol{AB}=\boldsymbol{BA}$.

(3) 设 $\boldsymbol{A}$ 是 $m\times n$ 阶矩阵,那么 $\boldsymbol{A}^{\mathrm{T}}\boldsymbol{A}$ 和 $\boldsymbol{A}\boldsymbol{A}^{\mathrm{T}}$ 都是对称矩阵.

矩阵为什么要转置?什么时候需要转置?因为矩阵可以看作“向量组”,是“有序的数据块”,所以,“向量组和向量组相乘”,“有序的数据块之间相乘”,一定要注意运算形式的需要.

6. 矩阵的初等行变换规则

矩阵的初等行变换和初等列变换是经常要使用的.

矩阵行与行之间可以做多种运算，**下面三种运算统称为"矩阵的初等行变换"**，有时就简称为"矩阵行变换"：

(1) 矩阵行与行互换；

(2) 矩阵某行乘以某个非零数；

(3) 矩阵某行乘以某个数之后再加到另一行上.

显然，把矩阵的行看作行向量，那么，**矩阵的初等行变换相当于向量的线性组合运算.**

另外，类似于矩阵的初等行变换，也可以做矩阵的初等列变换，这相当于在列向量之间做线性组合运算.

例如，

$$\boldsymbol{A}=\begin{pmatrix}\boldsymbol{a}\\\boldsymbol{b}\\\boldsymbol{c}\end{pmatrix}\xrightarrow[\text{一起加到第 3 行}]{\substack{\text{第 1 行的 3 倍}\\\text{第 2 行的 4 倍}}}\boldsymbol{B}=\begin{pmatrix}\boldsymbol{a}\\\boldsymbol{b}\\3\boldsymbol{a}+4\boldsymbol{b}+\boldsymbol{c}\end{pmatrix}.$$

例如，下面的矩阵 $\boldsymbol{A}$ 可以看作 4 个 3 维向量的纵向列排，$\boldsymbol{A}$ 是这个向量组的整体表现. 矩阵的初等行变换，对应着行向量的运算，有

$$\boldsymbol{A}=\begin{pmatrix}1&2&1\\2&1&3\\1&1&2\\1&1&1\end{pmatrix}\xrightarrow[\text{一起加到第 3 行}]{\substack{1\text{ 行}\times 2\\2\text{ 行}\times 3}}\widetilde{\boldsymbol{A}}=\begin{pmatrix}1&2&1\\2&1&3\\9&8&13\\1&1&1\end{pmatrix}.$$

例如，有线性方程组

$$\begin{cases}x+2y+3z=4\\2x+3y+4z=20,\\3x+y+z=8\end{cases}$$

其矩阵形式为 $\boldsymbol{AX}=\boldsymbol{B}$，其中

$$\boldsymbol{A}=\begin{pmatrix}1&2&3\\2&3&4\\3&1&1\end{pmatrix},\quad \boldsymbol{X}=\begin{pmatrix}x\\y\\z\end{pmatrix},\quad \boldsymbol{B}=\begin{pmatrix}4\\20\\8\end{pmatrix},$$

对方程的消元过程相当于对矩阵 $(\boldsymbol{A}\vdots\boldsymbol{B})$ 做初等行变换，有

$$(\boldsymbol{A}\vdots\boldsymbol{B})=\begin{pmatrix}1&2&3&4\\2&3&4&20\\3&1&1&8\end{pmatrix}\xrightarrow[\substack{\text{相当于}\\\text{第一个方程}\times(-2)\\\text{加到第二个方程}}]{\substack{1\text{ 行}\times(-2)\\\text{加到第 2 行}}}\begin{pmatrix}1&2&3&4\\0&-1&-2&12\\3&1&1&8\end{pmatrix}$$

$$\xrightarrow{\substack{1\text{ 行}\times(-3)\\\text{加到第 3 行}}}\begin{pmatrix}1&2&3&4\\0&-1&-2&12\\0&-5&-8&-4\end{pmatrix}\xrightarrow{2\text{ 行}\times(-5)\text{ 加到第 3 行}}\begin{pmatrix}1&2&3&4\\0&-1&-2&12\\0&0&2&-64\end{pmatrix}.$$

于是，通过消元法得到了简化的线性方程组：

$$\begin{cases} x_1 + 2x_2 + 3x_3 = 4 \\ -x_2 - 2x_3 = 12 \\ 2x_3 = -64 \end{cases}.$$

读者不难发现,使用消元法求解线性方程组的过程,完全可以用矩阵的初等行变换完成.更具体的内容将在第 6 章中讲述.

例 3.2.1 已知矩阵

$$\boldsymbol{A} = \begin{pmatrix} 3 & -1 & 2 \\ 1 & 5 & 7 \\ 5 & 4 & -3 \end{pmatrix}, \quad \boldsymbol{B} = \begin{pmatrix} 7 & 5 & -4 \\ 5 & 1 & 9 \\ 3 & -2 & 1 \end{pmatrix}$$

满足 $\boldsymbol{A} + 2\boldsymbol{X} = \boldsymbol{B}$,求矩阵 $\boldsymbol{X}$.

解 在等式两端减去 $\boldsymbol{A}$,并乘以 $\frac{1}{2}$ 就有

$$\boldsymbol{X} = \frac{1}{2}(\boldsymbol{B} - \boldsymbol{A}) = \frac{1}{2}\begin{pmatrix} 4 & 6 & -6 \\ 4 & -4 & 2 \\ -2 & -6 & 4 \end{pmatrix} = \begin{pmatrix} 2 & 3 & -3 \\ 2 & -2 & 1 \\ -1 & -3 & 2 \end{pmatrix}.$$

§3.3 矩阵的秩

本节要讨论的问题是:把矩阵看作向量组,这些向量组有几个向量是独立的?或者说,向量组整体是线性相关还是线性无关的?组中最多有几个向量是线性无关的?

为什么要提出这个问题?因为它涉及线性代数中的很多问题,例如给出的 3 维向量组是否可以作为 3 维向量空间的坐标系,给出的 n 维向量组是否可以作为 n 维向量空间的坐标系,方阵是否可以做逆运算,方阵的行列式是否为零,线性方程组是否有解,等等.

本节关于"矩阵的秩"的概念就是解决这一系列问题的,所以关于"矩阵的秩""求矩阵秩的方法"在学习线性代数过程中非常重要.

1. 矩阵行向量或列向量中,最多有几个向量是线性无关的?

例 3.3.1 把矩阵 $\boldsymbol{A}_1$ 看作 4 个行向量的向量组,即

$$\boldsymbol{A}_1 = \begin{pmatrix} \xi_1 \\ \xi_2 \\ \xi_3 \\ \xi_4 \end{pmatrix} = \begin{pmatrix} 1 & 2 & 3 & 2 & 3 \\ 0 & 1 & 2 & 2 & 3 \\ 0 & 0 & 1 & 2 & 3 \\ 0 & 0 & 2 & 4 & 6 \end{pmatrix},$$

试用矩阵初等行变换，分析组内 4 个行向量的相关性，并分析最多有几个行向量是线性无关的.

解 把 $\boldsymbol{A}_1$ 看作 4 个行向量的矩阵，现用初等行变换，将其向上三角阵形式转化，有

$$\boldsymbol{A}_1=\begin{pmatrix}1&2&3&2&3\\0&1&2&2&3\\0&0&1&2&3\\0&0&2&4&6\end{pmatrix}\xrightarrow[\text{加到第 4 行}]{\text{第 3 行}\times(-2)}\boldsymbol{A}_{1a}=\begin{pmatrix}1&2&3&2&3\\0&1&2&2&3\\0&0&1&2&3\\0&0&0&0&0\end{pmatrix},$$

对上述矩阵的初等行变换操作，也就是在行向量之间施行了线性运算：$(-2)\cdot\boldsymbol{\xi}_3+\boldsymbol{\xi}_4=\boldsymbol{0}$.

如果用向量线性相关的定义去衡量，组内全部行向量的一个线性组合关系是

$$0\cdot\boldsymbol{\xi}_1+0\cdot\boldsymbol{\xi}_2+(-2)\cdot\boldsymbol{\xi}_3+\boldsymbol{\xi}_4=\boldsymbol{0},$$

这说明组内 4 个向量是线性相关的.

如果直接观察 $\boldsymbol{A}_{1a}$，可以看出前 3 个行向量再也不能相互表示了，于是可知，$\boldsymbol{A}_1$ 中最多有 3 个向量是线性无关的.

在这个例子中，人们发现了以下有价值的东西：

(1)向量组可以排成矩阵，矩阵的初等行变换就相当于在行向量之间进行线性运算；

(2)如果矩阵初等行变换能够把某行元素全变为零，则说明这个行向量是能够用其他行向量线性表示的，整体向量组是线性相关的；

(3)通过矩阵初等行变换，不仅可以看出组内向量是否整体线性相关，还能看出组内向量最多有几个是线性无关的.

例 3.3.2 把上例中的矩阵 $\boldsymbol{A}_1$ 看作 5 个列向量的向量组，即

$$\boldsymbol{A}_1=(\boldsymbol{\eta}_1,\boldsymbol{\eta}_2,\boldsymbol{\eta}_3,\boldsymbol{\eta}_4,\boldsymbol{\eta}_5)=\begin{pmatrix}1&2&3&2&3\\0&1&2&2&3\\0&0&1&2&3\\0&0&2&4&6\end{pmatrix},$$

试用矩阵初等列变换分析组内 5 个列向量的线性相关性，分析最多有几个列向量是线性无关的.

解 列向量之间的线性运算，就是对 $\boldsymbol{A}_1$ 做初等列变换，有，

$$\boldsymbol{A}_1=\begin{pmatrix}1&2&3&2&3\\0&1&2&2&3\\0&0&1&2&3\\0&0&2&4&6\end{pmatrix}\xrightarrow[\text{加到第 5 列}]{\text{第 4 列}\times\left(\frac{-3}{2}\right)}\boldsymbol{A}_{1b}=\begin{pmatrix}1&2&3&2&0\\0&1&2&2&0\\0&0&1&2&0\\0&0&2&4&0\end{pmatrix},$$

这种操作相当于 $\boldsymbol{\eta}_4\times\left(\frac{-3}{2}\right)+\boldsymbol{\eta}_5=\boldsymbol{0}$，可以用组内 5 个列向量整体表示为

$$0\cdot\boldsymbol{\eta}_1+0\cdot\boldsymbol{\eta}_2+0\cdot\boldsymbol{\eta}_3+\left(\frac{-3}{2}\right)\cdot\boldsymbol{\eta}_4+1\cdot\boldsymbol{\eta}_5=\boldsymbol{0}.$$

这已经说明 $\boldsymbol{\eta}_1$、$\boldsymbol{\eta}_2$、$\boldsymbol{\eta}_3$、$\boldsymbol{\eta}_4$、$\boldsymbol{\eta}_5$ 是线性相关的了.

$\boldsymbol{A}_1$ 中究竟有几个列向量是线性无关的呢？为此对 $\boldsymbol{A}_{1b}$ 继续做初等列变换，

$$\boldsymbol{A}_{1b}=\begin{pmatrix}1&2&3&2&0\\0&1&2&2&0\\0&0&1&2&0\\0&0&2&4&0\end{pmatrix}\xrightarrow[\text{加到第 4 列}]{\text{第 3 列}\times(-2)}\begin{pmatrix}1&2&3&-4&0\\0&1&2&-2&0\\0&0&1&0&0\\0&0&2&0&0\end{pmatrix}$$

$$\xrightarrow[\text{加到第 4 列}]{\text{第 2 列}\times 2}\begin{pmatrix}1&2&3&0&0\\0&1&2&0&0\\0&0&1&0&0\\0&0&2&0&0\end{pmatrix},$$

再也不能把某列全部变为零了. 于是可以看出 $\boldsymbol{A}_1$ 中最多有 3 个列向量是线性无关的.

从例 3.3.1 和例 3.3.2 中还看到，对于同一个矩阵 $\boldsymbol{A}_1$，其“最大的无关行向量的个数”=“最大的无关列向量的个数”=3. 具体证明这里从略.

例 3.3.3 对于矩阵

$$\boldsymbol{A}_2=\begin{pmatrix}1&2&3&4&1\\0&1&2&3&4\\0&0&1&1&1\\1&3&6&8&6\end{pmatrix},$$

求“最大的无关行向量的个数”，以及“最大的无关列向量的个数”.

解 把矩阵 $\boldsymbol{A}_2$ 看作 4 个 5 维的行向量，对 $\boldsymbol{A}_2$ 做初等行变换，目标是把矩阵左下角位置的元素变为零，有

$$\boldsymbol{A}_2=\begin{pmatrix}1&2&3&4&1\\0&1&2&3&4\\0&0&1&1&1\\1&3&6&8&6\end{pmatrix}\xrightarrow[\text{加到第 4 行}]{\text{第 1 行}\times(-1)}\begin{pmatrix}1&2&3&4&1\\0&1&2&3&4\\0&0&1&1&1\\0&1&3&4&5\end{pmatrix}\xrightarrow[\text{全部变为零}]{\text{把主对角线以下元素}}\begin{pmatrix}1&2&3&4&1\\0&1&2&3&4\\0&0&1&1&1\\0&0&0&0&0\end{pmatrix}.$$

此时，再也没有可能把矩阵其他行的元素全变为零了，所以 $\boldsymbol{A}_2$ 的“最大的无关行向量的个数”等于 3.

同样可知(证明略)，对于矩阵 $\boldsymbol{A}_2$ 来说，“最大的无关行向量的个数”=“最大的无关列向量的个数”=3.

例 3.3.4 对于矩阵

$$\boldsymbol{A}_3=\begin{pmatrix}1&2&3&4\\0&1&2&3\\0&0&1&2\\0&0&0&1\end{pmatrix},\quad \boldsymbol{A}_4=\begin{pmatrix}1&2&3&4&5\\0&1&2&3&4\\0&0&1&1&1\\0&0&0&0&0\end{pmatrix},$$

求“最大的无关行向量的个数”和“最大的无关列向量的个数”.

解 观察 $\boldsymbol{A}_3$，可知其为方阵，按行向量观察，$\boldsymbol{A}_3$ 中的 4 个行向量一定不能互相线性表示，所以其“最大的无关行向量的个数”=“最大的无关列向量的个数”=4. $\boldsymbol{A}_3$ 中的 4 个行向量是线性无关的.

观察 $\boldsymbol{A}_4$，可知其不是方阵，如果按行向量观察就很清楚了，其“最大的无关行向量的个数” = “最大的无关列向量的个数” = 3.

2. 矩阵秩的定义及其性质

矩阵 $\boldsymbol{A}$ 的“最大的线性无关行向量的个数”（或者，矩阵 $\boldsymbol{A}$ 的“最大的线性无关列向量的个数”，它们是相等的），称为矩阵 $\boldsymbol{A}$ 的秩，记为 $r(\boldsymbol{A})$.

计算矩阵的秩，其习惯办法是，对矩阵做初等行变换，目标是把矩阵左下角位置的元素变为零，行变换一直做到不能再把某行变为零向量为止. 剩下的有非零元素的行，是线性无关的，并由此得知矩阵“最大的线性无关行向量的个数”，也就是矩阵的秩.

如果矩阵的初等行变换能把某一行变为零，就说明此行和其他行是线性相关的，矩阵所集合在一起的向量组在整体上是线性相关的.

例 3.3.5　求矩阵 $\boldsymbol{A}_5$ 的秩，其中 $\boldsymbol{A}_5=\begin{pmatrix}1&0&-1\\-2&2&0\\3&3&2\end{pmatrix}$.

解　对 $\boldsymbol{A}_5$ 做初等行变换，目标是把下三角位置的元素变为零，有

$$\boldsymbol{A}_5=\begin{pmatrix}1&0&-1\\-2&2&0\\3&3&2\end{pmatrix}\to\begin{pmatrix}1&0&-1\\0&2&-2\\0&3&5\end{pmatrix}\to\begin{pmatrix}1&0&-1\\0&1&-1\\0&0&8\end{pmatrix},$$

所以 $r(\boldsymbol{A}_5)=3$.

例 3.3.6　求矩阵 $\boldsymbol{A}_6$ 的秩，其中

$$\boldsymbol{A}_6=\begin{pmatrix}1&2&-1&0\\4&5&2&2\\1&-1&5&2\\0&-3&6&-1\\2&2&2&0\end{pmatrix}.$$

解　可把 $\boldsymbol{A}_6$ 看作 5 个 4 维行向量的向量组，做初等行变换，目标是把下三角位置的元素变为零，有

$$\boldsymbol{A}_6=\begin{pmatrix}1&2&-1&0\\4&5&2&2\\1&-1&5&2\\0&-3&6&-1\\2&2&2&0\end{pmatrix}\to\begin{pmatrix}1&2&-1&0\\0&-1&2&0\\0&0&0&2\\0&0&0&0\\0&0&0&0\end{pmatrix},$$

这个结果说明，$\boldsymbol{A}_6$ 中的 5 个行向量是线性相关的，前面 3 个行向量可以线性表示后面 2 个行向量；这 5 个行向量中最多有 3 个行向量是线性无关的，所以 $r(\boldsymbol{A}_6)=3$.

例 3.3.7　试计算矩阵 $\boldsymbol{A}_7$ 和 $\boldsymbol{A}_7^{\mathrm{T}}$ 的秩，其中

$$A_7 = \begin{pmatrix} 1 & 2 & 3 & 0 & 5 & 6 \\ 0 & 2 & 3 & 4 & 0 & 6 \\ 0 & 0 & 0 & 1 & 8 & 9 \\ 0 & 0 & 0 & 0 & 3 & 2 \\ 0 & 0 & 0 & 0 & 0 & 5 \end{pmatrix}, \quad A_7^{\mathrm{T}} = \begin{pmatrix} 1 & 0 & 0 & 0 & 0 \\ 2 & 2 & 0 & 0 & 0 \\ 3 & 3 & 0 & 0 & 0 \\ 0 & 4 & 1 & 0 & 0 \\ 5 & 0 & 8 & 3 & 0 \\ 6 & 6 & 9 & 2 & 5 \end{pmatrix}.$$

解　A_7 中共有 5 个行向量，它们都是线性无关的，所以 $r(A_7) = 5$.

A_7 的行向量就是 A_7^{T} 的列向量，根据矩阵秩的定义，一定有 $r(A_7) = r(A_7^{\mathrm{T}}) = 5$. 看来，矩阵转置后，不会改变矩阵的秩.

例 3.3.5　试问下列 4 个 5 维向量是否线性相关，最多有几个是线性无关的，其中 $a_1 = (1,0,2,1,0)$，$a_2 = (7,1,14,7,1)$，$a_3 = (0,5,1,4,6)$，$a_4 = (2,1,1,-10,-2)$.

解　如果用线性相关的定义列出方程组去判断，那是比较麻烦的，为此用矩阵求秩的方法. 先把这 4 个向量作为行向量组排列为矩阵 A_8，再对 A_8 做初等行变换（以把下三角元素变为零为目标），有

$$A_8 = \begin{pmatrix} 1 & 0 & 2 & 1 & 0 \\ 7 & 1 & 14 & 7 & 1 \\ 0 & 5 & 1 & 4 & 6 \\ 2 & 1 & 1 & -10 & -2 \end{pmatrix} \to \begin{pmatrix} 1 & 0 & 2 & 1 & 0 \\ 0 & 1 & 0 & 0 & 1 \\ 0 & 0 & 1 & 4 & 1 \\ 0 & 0 & 0 & 0 & 0 \end{pmatrix},$$

所以，a_4 可以由 a_1、a_2、a_3 线性表示，这 4 个向量是线性相关的，而且这 4 个行向量中最多有 3 个行向量是线性无关的.

矩阵的秩是线性代数中的一个重要的概念，利用矩阵初等行变换求矩阵的秩是行之有效的方法. 只有知道了矩阵的秩，才可以解决线性代数中的很多其他问题. 为了快捷求得矩阵的秩，下面列出关于矩阵的秩的几个性质，这些性质都是可以直观理解的.

秩的性质 1　$r(A) = r(A^{\mathrm{T}})$.

这是因为 A 的行向量就是 A^{T} 的列向量.

秩的性质 2　对于 $m \times n$ 阶矩阵 A，$r(A) \leqslant \min\{m,n\}$.

这是因为，“最大的线性无关行向量的个数”等于“最大的线性无关列向量的个数”，且等于 $r(A)$.

秩的性质 3　$r(kA) = r(A)$.

这是因为，kA 是把 A 的全部行向量的“长度”放大为 k 倍，这不会改变行向量之间的线性相关性.

秩的性质 4　设 A 和 B 都是 $m \times n$ 阶矩阵，则 $r(A + B) \leqslant r(A) + r(B)$.

从形式上简单理解，若设

$$A = \begin{pmatrix} 1 & 0 & 0 & 0 \\ 0 & 0 & 0 & 0 \\ 0 & 0 & 0 & 0 \end{pmatrix}, \quad B = \begin{pmatrix} 0 & 0 & 0 & 0 \\ 0 & 1 & 0 & 0 \\ 0 & 0 & 1 & 0 \end{pmatrix},$$

可知 $r(A) = 1$，$r(B) = 2$，$r(A + B) = 3$.

在形式上也可以这样理解，设把 A 看作列向量组：

$$\boldsymbol{A}=(\boldsymbol{a}_1,\boldsymbol{a}_2,\cdots,\boldsymbol{a}_n),\quad 极大无关组为\{\boldsymbol{a}_1,\boldsymbol{a}_2,\cdots,\boldsymbol{a}_{r(\boldsymbol{A})}\},\quad r(\boldsymbol{A})\leqslant n,$$

于是，$\boldsymbol{A}$ 中的全部向量可由 $\{\boldsymbol{a}_1,\boldsymbol{a}_2,\cdots,\boldsymbol{a}_{r(\boldsymbol{A})}\}$ 的线性组合表示出来；

设把 $\boldsymbol{B}$ 看作列向量组：

$$\boldsymbol{B}=(\boldsymbol{b}_1,\boldsymbol{b}_2,\cdots,\boldsymbol{b}_n),\quad 极大无关组为\{\boldsymbol{b}_1,\boldsymbol{b}_2,\cdots,\boldsymbol{b}_{r(\boldsymbol{B})}\},\quad r(\boldsymbol{B})\leqslant n,$$

于是，$\boldsymbol{B}$ 中的全部向量可由 $\{\boldsymbol{b}_1,\boldsymbol{b}_2,\cdots,\boldsymbol{b}_{r(\boldsymbol{B})}\}$ 的线性组合表示出来；

这样，$(\boldsymbol{A}+\boldsymbol{B})$ 中的全部向量就可以由 $\{\boldsymbol{a}_1,\boldsymbol{a}_2,\cdots,\boldsymbol{a}_{r(\boldsymbol{A})}\}$ 和 $\{\boldsymbol{b}_1,\boldsymbol{b}_2,\cdots,\boldsymbol{b}_{r(\boldsymbol{B})}\}$ 的线性组合表示出来，所以 $r(\boldsymbol{A}+\boldsymbol{B})\leqslant r(\boldsymbol{A})+r(\boldsymbol{B})$.

秩的性质 5 对于 $\boldsymbol{A}_{m\times n},\boldsymbol{B}_{n\times s}$，有 $r(\boldsymbol{AB})\leqslant\min\{r(\boldsymbol{A}),r(\boldsymbol{B})\}$.

事实上，设把 $\boldsymbol{A}$ 看作列向量组 $\boldsymbol{A}=(\boldsymbol{a}_1,\boldsymbol{a}_2,\cdots,\boldsymbol{a}_n)$，把 $\boldsymbol{AB}$ 的具体形式写为

$$\boldsymbol{AB}=(\boldsymbol{a}_1\quad\boldsymbol{a}_2\quad\cdots\quad\boldsymbol{a}_n)\begin{pmatrix}b_{11}&b_{12}&\cdots&b_{1s}\\b_{21}&b_{22}&\cdots&b_{2s}\\\vdots&\vdots&&\vdots\\b_{n1}&b_{n2}&\cdots&b_{ns}\end{pmatrix}$$

$$=\left(\sum_{j=1}^{n}b_{j1}\boldsymbol{a}_j\quad\sum_{j=1}^{n}b_{j2}\boldsymbol{a}_j\quad\cdots\quad\sum_{j=1}^{n}b_{js}\boldsymbol{a}_j\right),$$

于是可知，$\boldsymbol{AB}$ 是 $\{\boldsymbol{a}_1,\boldsymbol{a}_2,\cdots,\boldsymbol{a}_n\}$ 的线性组合，所以有 $r(\boldsymbol{AB})\leqslant r(\boldsymbol{A})$；同理可知 $r(\boldsymbol{AB})\leqslant r(\boldsymbol{B})$. 所以，$r(\boldsymbol{AB})\leqslant\min\{r(\boldsymbol{A}),r(\boldsymbol{B})\}$.

秩的性质 6 设 $\boldsymbol{A}_{m\times n}$，若 $\boldsymbol{P}$ 是 m 阶方阵且 $r(\boldsymbol{P})=m$，则 $r(\boldsymbol{PA})=r(\boldsymbol{A})$.

也就是说，满秩方阵乘某个矩阵，不会改变该矩阵的秩.

作为本章结束，我们说明以下几点.

(1) 矩阵的基本运算规则，特别是矩阵乘法的规则有它自身的特殊性，读者应该多做练习并熟练掌握.

(2) 矩阵的初等行变换是与向量的线性运算相对应的，以后经常被用到.

(3) 秩是矩阵的基本概念，它能表明矩阵向量组中最多有几个向量是线性无关的. 如果 n 个 n 维向量是线性无关的，那么这个向量组就可以作为 $\mathbf{R}^n$ 的基. 矩阵秩的概念在以后章节的许多问题中经常要用到.

(4) 读者一定会问，为什么要对矩阵制定出那么多运算规则呢？简单地说，为了保证向量组之间的代数运算和矩阵之间的代数运算对应起来，就需要在形式上做出对应的要求. 因此，矩阵的运算规则可以分为两大类：一类是代数运算所要求的，例如矩阵的加法规则、矩阵的乘法规则、矩阵与实数相乘规则、矩阵的行(列)变换规则；另一类是形式上所要求的，目的是保证这些代数运算能够顺利进行，例如矩阵相等、相加、转置、相乘的形式要求.

随着研究的深入，人们发现用矩阵表示向量的运算特别方便，越来越多的内容都可以用向量和矩阵形式表现，凡是数组与数组之间存在线性运算关系的，用矩阵表示和运算就特别方便. 特别是计算机出现后，用矩阵形式存储和运算带来极大的方便，从而进一步促进了矩阵应用和线性代数理论的发展. 现在，线性代数和计算机结合已经成为解决各类数学问题和实际问题的强有力的工具.

习 题 三

1. 已知 $\boldsymbol{A}=\begin{bmatrix}1&2&1&2\\2&1&2&1\\1&3&4&1\end{bmatrix}$， $\boldsymbol{B}=\begin{bmatrix}4&1&2&4\\3&0&3&0\\0&3&0&3\end{bmatrix}$，

(1) 求 $2\boldsymbol{A}+3\boldsymbol{B}$；

(2) 若 $2\boldsymbol{A}+\boldsymbol{X}=3\boldsymbol{B}$，求 $\boldsymbol{X}$；

(3) 若 $(2\boldsymbol{A}-\boldsymbol{Y})+2(\boldsymbol{B}+\boldsymbol{Y})=\boldsymbol{0}$，求 $\boldsymbol{Y}$.

2. 设 $\boldsymbol{A}=\begin{pmatrix}x&0\\7&y\end{pmatrix}$，$\boldsymbol{B}=\begin{pmatrix}u&v\\y&2\end{pmatrix}$，$\boldsymbol{C}=\begin{pmatrix}3&-4\\x&v\end{pmatrix}$，且 $\boldsymbol{A}+2\boldsymbol{B}-\boldsymbol{C}=\boldsymbol{0}$，求 x,y,u,v.

3. 计算：

(1) $\begin{pmatrix}1&0&1\\2&1&3\end{pmatrix}\begin{bmatrix}6&2&1\\0&2&0\\1&1&1\end{bmatrix}$；　　(2) $\begin{bmatrix}x\\y\\z\end{bmatrix}(x\quad y\quad z)$；

(3) $(a_1\quad a_2\quad a_3)\begin{bmatrix}a_1\\a_2\\a_3\end{bmatrix}$；　　(4) $(x\quad y\quad z)\begin{bmatrix}1&0&1\\0&2&3\\1&3&1\end{bmatrix}\begin{bmatrix}x\\y\\z\end{bmatrix}$.

4. 矩阵 $\boldsymbol{A}$ 和 $\boldsymbol{A}^{\mathrm{T}}$ 在元素排列方面有什么特点？去括号写出：$(\boldsymbol{A}^{\mathrm{T}}\boldsymbol{B})^{\mathrm{T}}$，$(\boldsymbol{ABC})^{\mathrm{T}}$，$[(\boldsymbol{AB})^{\mathrm{T}}]^{\mathrm{T}}$.

5. 设 $\boldsymbol{A}_1=\begin{bmatrix}1\\2\\2\end{bmatrix}$，$\boldsymbol{A}_2=\begin{bmatrix}2\\3\\4\end{bmatrix}$，$\boldsymbol{A}_3=\begin{bmatrix}2\\1\\1\end{bmatrix}$，$\boldsymbol{A}_4=\begin{bmatrix}4\\3\\2\end{bmatrix}$，写出 $\boldsymbol{A}_1\boldsymbol{A}_2^{\mathrm{T}}+\boldsymbol{A}_3^{\mathrm{T}}\boldsymbol{A}_4$.

6. 写出 $\boldsymbol{A}^{\mathrm{T}}$，再写出 $\boldsymbol{A}^{\mathrm{T}}\boldsymbol{A}$，说明其形式特点，其中

$$\boldsymbol{A}=\begin{bmatrix}1&2&3&1&0\\2&3&2&1&2\\3&4&1&2&1\end{bmatrix}.$$

7. (1)设 $\boldsymbol{A}$ 是 n 阶方阵，$\boldsymbol{D}$ 是 n 阶对角矩阵，问 $\boldsymbol{AD}$ 和 $\boldsymbol{DA}$ 各有什么特点？

(2)如果 $\boldsymbol{A}$ 和 $\boldsymbol{B}$ 是 n 阶实对称的方阵，$\boldsymbol{D}$ 是 n 阶对角矩阵，问 $\boldsymbol{AB}$、$\boldsymbol{BA}$、$\boldsymbol{AD}$ 和 $\boldsymbol{DA}$ 是对称矩阵吗？

8. 写出下列线性方程组系数矩阵的秩：

(1) $\begin{cases}x_1-4x_2+5x_3+3x_4=0\\3x_1-6x_2+4x_3+2x_4=0\\4x_1-8x_2+x_3-x_4=0\end{cases}$；　(2) $\begin{cases}x_1+2x_2+3x_3-x_4=1\\3x_1+2x_2+x_3-x_4=1\\2x_1+2x_2+2x_3-x_4=1\\2x_1+3x_2+x_3+x_4=1\end{cases}$.

9. 已知用矩阵表示的线性方程组为

$$\begin{pmatrix}1&0&0&0\\2&1&0&0\\3&2&1&0\\4&3&2&1\end{pmatrix}\begin{pmatrix}1&2&3&4\\0&2&1&1\\0&0&3&1\\0&0&0&4\end{pmatrix}\begin{pmatrix}x_1\\x_2\\x_3\\x_4\end{pmatrix}=\begin{pmatrix}1\\2\\3\\4\end{pmatrix},$$

试用简便的回代方法求出此方程组的解.

10. 用矩阵初等行变换确定向量组

$$\boldsymbol{\alpha}_1=(1,1,1,-2),\quad \boldsymbol{\alpha}_2=(1,1,-2,1),\quad \boldsymbol{\alpha}_3=(-2,1,1,1),$$
$$\boldsymbol{\alpha}_4=(1,2,3,4),\quad \boldsymbol{\alpha}_5=(1,-2,1,1)$$

的线性相关性,并指出其中线性无关向量的最多数目.

11. 设 $\boldsymbol{\alpha}_1=(1,1,k)$,$\boldsymbol{\alpha}_2=(1,k,1)$,$\boldsymbol{\alpha}_3=(k,1,1)$ 是 $\mathbf{R}^3$ 的一组基,求 k.

12. 设向量 $\boldsymbol{\alpha}_1=(1,2,1,3)$,$\boldsymbol{\alpha}_2=(2,3,1,5)$,$\boldsymbol{\alpha}_3=(3,2,p,5)$,$\boldsymbol{\beta}=(4,-1,-5,q)$,求参数 p、q 的值,使得

(1) $\boldsymbol{\beta}$ 不能表示为 $\boldsymbol{\alpha}_1$、$\boldsymbol{\alpha}_2$、$\boldsymbol{\alpha}_3$ 的线性组合;

(2) $\boldsymbol{\beta}$ 能够表示为 $\boldsymbol{\alpha}_1$、$\boldsymbol{\alpha}_2$、$\boldsymbol{\alpha}_3$ 的线性组合.

13. 已知 $\boldsymbol{\alpha}_1$、$\boldsymbol{\alpha}_2$、$\boldsymbol{\alpha}_3$、$\boldsymbol{\alpha}_4$、$\boldsymbol{\alpha}_5$ 是 $\mathbf{R}^5$ 中的一组基,已知 $\boldsymbol{\beta}=(1,2,3,4,5)$,求:

(1) 向量组 $\boldsymbol{\alpha}_1$、$\boldsymbol{\alpha}_2$、$\boldsymbol{\alpha}_3$、$\boldsymbol{\alpha}_4$、$\boldsymbol{\alpha}_5$ 的秩.

(2) 向量组 $\boldsymbol{\alpha}_1$、$\boldsymbol{\alpha}_2$、$\boldsymbol{\alpha}_3$、$\boldsymbol{\alpha}_4$、$\boldsymbol{\alpha}_5$、$\boldsymbol{\beta}$ 的秩.

14. 设矩阵

$$\boldsymbol{A}=\begin{pmatrix}3&1&0\\1&2&1\\0&1&2\end{pmatrix},\quad \boldsymbol{B}=\begin{pmatrix}1&-1&0\\2&-2&5\\3&4&1\end{pmatrix},\quad \boldsymbol{C}=\begin{pmatrix}1&2&3\\2&1&4\\3&4&1\end{pmatrix},$$

(1) 计算 $\boldsymbol{A}^2-\boldsymbol{B}^2$;

(2) 计算 $(\boldsymbol{A}+\boldsymbol{B})\cdot(\boldsymbol{A}-\boldsymbol{B})$,验证 $(\boldsymbol{A}+\boldsymbol{B})\cdot(\boldsymbol{A}-\boldsymbol{B})\neq\boldsymbol{A}^2-\boldsymbol{B}^2$;

(3) 计算 $(\boldsymbol{A}+\boldsymbol{C})^2$,验证 $(\boldsymbol{A}+\boldsymbol{C})^2$ 是否等于$\boldsymbol{A}^2+2\boldsymbol{AC}+\boldsymbol{C}^2$;

(4) 计算 $\boldsymbol{A}^2-\boldsymbol{C}^2$,验证 $\boldsymbol{A}^2-\boldsymbol{C}^2$ 是否等于$(\boldsymbol{A}+\boldsymbol{C})(\boldsymbol{A}-\boldsymbol{C})$.

15. (1)已知方阵 $\boldsymbol{A}$ 的矩阵多项式 $f(\boldsymbol{A})=\boldsymbol{A}^2+2\boldsymbol{A}+\boldsymbol{I}$,试写出与之相应的关于变量 x 的函数多项式;

(2) 若已知 $\varphi(x)=3x^2+2x-1$,$\boldsymbol{B}$ 是方阵,试写出对应的矩阵多项式 $\varphi(\boldsymbol{B})$,并且做矩阵多项式的因式分解.

第 4 章　方阵的行列式

经过前面知识的学习，读者会感觉到向量概念可以由 2 维向 n 维推广，两个 2 维向量的分量可以构成 2 阶方阵和 2 阶行列式，三个 3 维向量的分量可以构成 3 阶方阵和 3 阶行列式，那么 n 个 n 维向量的分量可以构成 n 阶方阵和 n 阶行列式吗？n 阶行列式又有什么用处？

其实，读者只要对比 2 阶方阵和 2 阶行列式，对比 3 阶方阵和 3 阶行列式，就会对 n 阶方阵和 n 阶行列式产生一些形象直观的认识，这些认识将会在“行列式的性质”一节中介绍.

在线性代数中，行列式是基本的、重要的概念，它与方阵、方阵所表示的向量组、方阵的秩联系在一起，与方阵是否可以做可逆运算联系在一起.

本节先统一介绍 1 阶、2 阶、3 阶、n 阶行列式的定义和计算办法，再形象直观地介绍行列式的有关性质，最后介绍 n 阶行列式的实用计算方法，还简单介绍一些 n 阶行列式的应用内容.

§ 4.1　行列式的定义

所谓行列式，是对“方阵 $\boldsymbol{A}$ 的元素数表”施加特定的“行列式运算”，方阵 $\boldsymbol{A}$ 的行列式记为 $|\boldsymbol{A}|$.

要注意，行列式的运算记号“ $|\cdot|$ ”是施加在方阵上的，它不是绝对值运算记号. 行列式运算规则是特别规定的，行列式的结果是一个数值.

下面通过例子具体说明行列式按行(列)展开计算的办法.

1 阶行列式 $|a|$，是对 1 阶方阵施加行列式运算记号构成的，规定一阶行列式 $|a|=a$，仍然保持 a 的“正、负”属性，注意这里不是绝对值.

2 阶行列式 $\begin{vmatrix} a_{11} & a_{12} \\ a_{21} & a_{22} \end{vmatrix}$，是对 2 阶方阵施加行列式运算记号构成的，它有固定的运算规则，结果是一个数值. 求 2 阶行列式的值有两种方法：

第一种，按第一行元素展开的计算规则，这在第 1 章已经讲过，即

$$\begin{vmatrix} a_{11} & a_{12} \\ a_{21} & a_{22} \end{vmatrix} = (-1)^{1+1}a_{11}\cdot \underbrace{|a_{22}|}_{\text{一阶行列式}} + (-1)^{1+2}a_{12}\cdot \underbrace{|a_{21}|}_{\text{一阶行列式}} = a_{11}a_{22}-a_{12}a_{21}\ ;$$

第二种，简便的计算规则，即

$$\begin{vmatrix} a_{11} & a_{12} \\ a_{21} & a_{22} \end{vmatrix} = a_{11}\cdot a_{22}-a_{12}\cdot a_{21},$$

其中的“+”项是从左上到右下方向的主对角线元素乘积，“−”项是从右上到左下方向的副

对角线元素乘积.

3 阶行列式，它是对 3 阶方阵施加行列式运算记号“$|\cdot|$”构成的，结果是一个数值，它也有两种计算规则.

第一种，按某行(这里选第一行)元素展开的计算规则，类似于 2 阶行列式的按行展开规则，即有

$$\begin{vmatrix} a_{11} & a_{12} & a_{13} \\ a_{21} & a_{22} & a_{23} \\ a_{31} & a_{32} & a_{33} \end{vmatrix} = (-1)^{1+1}a_{11}\cdot\begin{vmatrix} a_{22} & a_{23} \\ a_{32} & a_{33} \end{vmatrix} + (-1)^{1+2}a_{12}\cdot\begin{vmatrix} a_{21} & a_{23} \\ a_{31} & a_{33} \end{vmatrix} + (-1)^{1+3}a_{13}\cdot\begin{vmatrix} a_{21} & a_{22} \\ a_{31} & a_{32} \end{vmatrix}.$$

在按行元素展开时，要注意关于每一项的“＋”“－”号的规律.

3 阶行列式可以按任意一行的元素展开计算，或者按任意一列的元素展开计算，展开办法和各项的符号规则是一样的.

第二种，简便计算规则，如图 4-1 所示，它有 3 个“＋”值项(按从左上到右下方向实施)和 3 个“－”值项(按从右上到左下方向实施)，即

$$\begin{vmatrix} a_{11} & a_{12} & a_{13} \\ a_{21} & a_{22} & a_{23} \\ a_{31} & a_{32} & a_{33} \end{vmatrix} = +a_{11}a_{22}a_{33} + a_{12}a_{23}a_{31} + a_{13}a_{21}a_{32} - a_{13}a_{22}a_{31} - a_{12}a_{21}a_{33} - a_{11}a_{23}a_{32}.$$

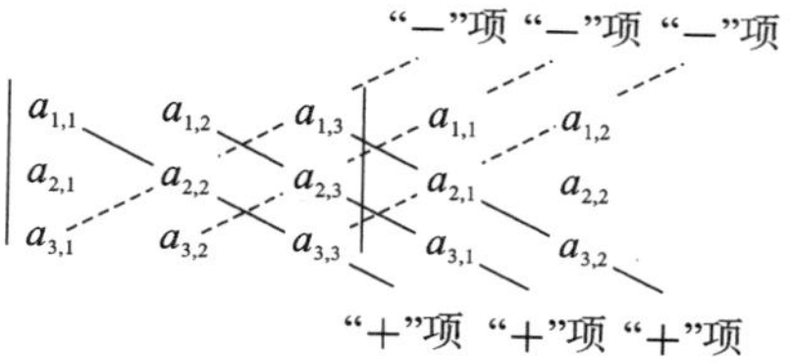

图 4-1　3 阶行列式有 3 个“＋”值项和 3 个“－”值项

下面计算一个具体的行列式，以便对 3 阶行列式的计算方法有直观的认识. 先用按第一行元素展开的规则计算这个行列式的值，有

$$\begin{vmatrix} 3 & 2 & 1 \\ 1 & -1 & 2 \\ 2 & -1 & 1 \end{vmatrix} = 3^{(1+1)}\begin{vmatrix} -1 & 2 \\ -1 & 1 \end{vmatrix} + 2^{(1+2)}\begin{vmatrix} 1 & 2 \\ 2 & 1 \end{vmatrix} + 1^{(1+3)}\begin{vmatrix} 1 & -1 \\ 2 & -1 \end{vmatrix} = 8,$$

再用简便规则计算：

$$\begin{vmatrix} 3 & 2 & -1 \\ 1 & -1 & 2 \\ 2 & -1 & 1 \end{vmatrix} = 3\cdot(-1)\cdot 1 + 2\cdot 2\cdot 2 + (-1)\cdot 1\cdot(-1) - (-1)\cdot(-1)\cdot 2 - 2\cdot 1\cdot 1 - 3\cdot 2\cdot(-1) = 8.$$

n 阶行列式 $|\mathbf{A}|$，是对 n 阶方阵 $\mathbf{A}$ 施加行列式运算记号“$|\cdot|$”构成的，n 阶行列式是一个数值，可以使用按任意一行(列)元素展开的办法去计算行列式 $|\mathbf{A}|$ 的值.

例如，下面按照第 i 行元素展开的办法，可得：

$$|\boldsymbol{A}| = \begin{vmatrix} a_{11} & \cdots & a_{1j} & \cdots & a_{1n} \\ \vdots & & \vdots & & \vdots \\ a_{i1} & \cdots & a_{ij} & \cdots & a_{in} \\ \vdots & & \vdots & & \vdots \\ a_{n1} & \cdots & a_{nj} & \cdots & a_{nn} \end{vmatrix}$$

$$= (-1)^{i+1}a_{i1}|\boldsymbol{A}_{i1}| + (-1)^{i+2}a_{i2}|\boldsymbol{A}_{i2}| + \cdots + (-1)^{i+j}a_{ij}|\boldsymbol{A}_{ij}| + \cdots$$
$$+ (-1)^{i+(n-1)}a_{i,n-1}|\boldsymbol{A}_{i,n-1}| + (-1)^{i+n}a_{in}|\boldsymbol{A}_{in}|.$$

在这个按行展开的计算过程中要注意三点.

一是要注意,式中的 $|\boldsymbol{A}_{i1}|$ 是 $|\boldsymbol{A}|$ 中划去 a_{i1} 所在的行和列之后所得的 $n-1$ 阶行列式;$|\boldsymbol{A}_{i2}|$ 是 $|\boldsymbol{A}|$ 中划去 a_{i2} 所在的行和列之后所得的 $n-1$ 阶行列式;同样地,$|\boldsymbol{A}_{ij}|$ 是 $|\boldsymbol{A}|$ 中划去 a_{ij} 所在的行和列之后所得的 $n-1$ 阶行列式;$|\boldsymbol{A}_{in}|$ 是 $|\boldsymbol{A}|$ 中划去第 i 行还划去第 n 列后所得的 $n-1$ 阶行列式. 所以,上面展开式中共有 n 个 $n-1$ 阶行列式.

二是注意展开式中各项的符号,展开时若划去 a_{ij} 所在的行和列,其下标($i+j$)决定了该项的正负号.

三是要注意,n 阶行列式按行展开的办法仅在理论分析方面有用,实际计算高阶行列式的值时另有"实用方法".

§4.2 行列式的性质

采用按某行(列)展开的办法去计算行列式的值,在理论推导方面是有价值的,但是当行列式的阶数比较大的时候,用这种方法去计算行列式的值是不现实的,因为计算量太大了.

计算量究竟有多大? 对于 n 阶的行列式,如果按某一行展开,只考虑乘法的计算量时,需要 n 次乘法和 n 个 $n-1$ 阶行列式的计算量;每个 $n-1$ 阶行列式按行展开又需要 $n-1$ 次乘法和 $n-1$ 个 $n-2$ 阶行列式的计算量;所以,共需要多于 $2n!$ 次乘法运算. 在计算机中一次乘法相当于 5~7 次加法,再加上其他的加法运算,总共算起来,需要多于 $10n!$ 次加法运算. 取 $n=30$, $30!=2.65\times10^{32}$,用主频是 560 MHz 的计算机去计算,每秒可计算 5.6×10^8 次加法,于是,计算 30 阶行列式约需要 10^{24} 秒,即约需 10^{16} 年,太可怕了.

为了简便计算行列式的值,必须先研究行列式的性质,再从中找出快速的计算办法.

1. 行列式和方阵的关系以及行列式的几何解释

行列式和方阵既有联系又有区别. 对于 2 阶、3 阶和 n 阶方阵

$$\begin{pmatrix} a_{11} & a_{12} \\ a_{21} & a_{22} \end{pmatrix}, \quad \begin{pmatrix} a_{11} & a_{12} & a_{13} \\ a_{21} & a_{22} & a_{23} \\ a_{31} & a_{32} & a_{33} \end{pmatrix}, \quad \begin{pmatrix} a_{11} & a_{12} & \cdots & a_{1n} \\ a_{21} & a_{22} & \cdots & a_{2n} \\ \vdots & \vdots & & \vdots \\ a_{n1} & a_{n2} & \cdots & a_{nn} \end{pmatrix},$$

对其有序数表施加特定的行列式运算，就是相应的行列式了，即

$$\begin{vmatrix} a_{11} & a_{12} \\ a_{21} & a_{22} \end{vmatrix},\quad \begin{vmatrix} a_{11} & a_{12} & a_{13} \\ a_{21} & a_{22} & a_{23} \\ a_{31} & a_{32} & a_{33} \end{vmatrix},\quad \begin{vmatrix} a_{11} & a_{12} & \cdots & a_{1n} \\ a_{21} & a_{22} & \cdots & a_{2n} \\ \vdots & \vdots & & \vdots \\ a_{n1} & a_{n2} & \cdots & a_{nn} \end{vmatrix}.$$

行列式中的行，就是矩阵中的行向量. 行列式表示的是数值，矩阵表示的是向量组.

行列式是具有几何含义的. 正如第 1 章所论述的，对于上述的 2 阶行列式，其几何意义是以 (a_{11}, a_{12}) 和 (a_{21}, a_{22}) 为邻边向量的平行四边形的代数面积；对于上述的 3 阶行列式，其几何意义是以 (a_{11}, a_{12}, a_{13})、(a_{21}, a_{22}, a_{23}) 和 (a_{31}, a_{32}, a_{33}) 为邻边向量的平行六面体的代数体积.

对于 4 阶及更高阶的行列式，不能简单地进行几何表示，在此基础上，人们有理由设想并认为，n 阶行列式的几何意义是以 $(a_{11}, a_{12}, \cdots, a_{1n})$，$(a_{21}, a_{22}, \cdots, a_{2n})$，$\cdots$，$(a_{n1}, a_{n2}, \cdots, a_{nn})$ 为邻边向量的"超平行多面体"的代数体积.

下面用行列式的几何含义去简单理解行列式的性质.

2. 行列式的性质

行列式性质 1　若行列式中的两行(列)成比例，则行列式的值为零.

例如 $\begin{vmatrix} 1 & 2 \\ 2 & 4 \end{vmatrix} = 0$，$\begin{vmatrix} 1 & 1 & 3 \\ 2 & 2 & 8 \\ 3 & 3 & 9 \end{vmatrix} = 0$，$\begin{vmatrix} 1 & 0 & 2 & 1 \\ 2 & 0 & 4 & 2 \\ 2 & 1 & -5 & 5 \\ 0 & 2 & -7 & 1 \end{vmatrix} = 0$.

用 2 阶行列式的几何含义来理解这个性质就可以了. 如果"平行四边形"的 2 条边虽长短不一致，但共线或平行，它们所构成的"平行四边形"的"面积"当然为零. 同样地，在构成"平行多面体"的同一顶点的多条邻边向量中，如果有 2 条邻边向量平行，则其"体积"为零.

行列式性质 2　若行列式中某行(列)的元素全是零元素，则行列式的值为零.

例如，简单示意如下：

$$\begin{vmatrix} 1 & 2 \\ 0 & 0 \end{vmatrix} = 0,\quad \begin{vmatrix} 6 & 2 & 2 & 6 \\ 1 & 0 & 2 & 1 \\ 0 & 0 & 0 & 0 \\ 0 & 2 & 7 & 0 \end{vmatrix} = 0,\quad \begin{vmatrix} 6 & 0 & 2 & 6 \\ 1 & 0 & 2 & 1 \\ 2 & 0 & -5 & 5 \\ 0 & 0 & 7 & 1 \end{vmatrix} = 0.$$

用 2 阶行列式来理解这个性质就可以了."平行四边形"有一条邻边向量的长度为零，当然其"面积"为零. 同样地，构成"平行多面体"的同一顶点的多条邻边向量中，如果有 1 条邻边向量的长度为零，则其"体积"为零.

行列式性质 3　若行列式某行(列)的每个元素都可以分为 2 个元素之和，则这个行列式可以分解为 2 个行列式之和.

例如，简单示意如下：

$$\begin{vmatrix} 2+0 & 4+6 \\ 0 & 2 \end{vmatrix} = \begin{vmatrix} 2 & 4 \\ 0 & 2 \end{vmatrix} + \begin{vmatrix} 0 & 6 \\ 0 & 2 \end{vmatrix}, \quad \begin{vmatrix} 1+2 & 2+3 & 3+4 \\ 1 & 1 & 1 \\ 1 & 0 & 1 \end{vmatrix} = \begin{vmatrix} 1 & 2 & 3 \\ 1 & 1 & 1 \\ 1 & 0 & 1 \end{vmatrix} + \begin{vmatrix} 2 & 3 & 4 \\ 1 & 1 & 1 \\ 1 & 0 & 1 \end{vmatrix}.$$

这个性质也可以叙述为：若两个行列式仅仅是某行（列）的元素不同，其他元素都相同，那么这两个行列式可以合并为一个行列式，即

$$\begin{vmatrix} 2 & 4 \\ 0 & 2 \end{vmatrix} + \begin{vmatrix} 0 & 6 \\ 0 & 2 \end{vmatrix} = \begin{vmatrix} 2+0 & 4+6 \\ 0 & 2 \end{vmatrix}, \quad \begin{vmatrix} 1 & 2 & 3 \\ 1 & 1 & 1 \\ 1 & 0 & 1 \end{vmatrix} + \begin{vmatrix} 2 & 3 & 4 \\ 1 & 1 & 1 \\ 1 & 0 & 1 \end{vmatrix} = \begin{vmatrix} 1+2 & 2+3 & 3+4 \\ 1 & 1 & 1 \\ 1 & 0 & 1 \end{vmatrix}.$$

仍然可以从几何角度理解此时的情形，“平行多面体”中有一条邻边向量，是两个向量之和.

行列式性质 4　若行列式某行（列）有公因数，则可把它提到行列式外边.

例如：

$$|\boldsymbol{A}| = \begin{vmatrix} 2 & 4 \\ 0 & 2 \end{vmatrix} = 2\begin{vmatrix} 1 & 2 \\ 0 & 2 \end{vmatrix}, \quad |\boldsymbol{B}| = \begin{vmatrix} 3k & k & k & 6k \\ 1 & 0 & 2 & 1 \\ 2 & 1 & -5 & 5 \\ 0 & 2 & -7 & 1 \end{vmatrix} = k\begin{vmatrix} 3 & 1 & 1 & 6 \\ 1 & 0 & 2 & 1 \\ 2 & 1 & -5 & 5 \\ 0 & 2 & -7 & 1 \end{vmatrix}.$$

用“平行多面体”来理解这个性质，如果把一条邻边向量的长度放大 k 倍后，“平行多面体”的“体积”是原“体积”的 k 倍.

读者要注意，“常数乘行列式”和“常数乘矩阵”的结果是有区别的，例如：

$$k\boldsymbol{A} = k\begin{pmatrix} a_{11} & \cdots & a_{1j} & \cdots & a_{1n} \\ \vdots & & \vdots & & \vdots \\ a_{i1} & \cdots & a_{ij} & \cdots & a_{in} \\ \vdots & & \vdots & & \vdots \\ a_{n1} & \cdots & a_{nj} & \cdots & a_{nn} \end{pmatrix} \overset{\text{矩阵全部元素乘以}k}{=} \begin{pmatrix} k\cdot a_{11} & \cdots & k\cdot a_{1j} & \cdots & k\cdot a_{1n} \\ \vdots & & \vdots & & \vdots \\ k\cdot a_{i1} & \cdots & k\cdot a_{ij} & \cdots & k\cdot a_{in} \\ \vdots & & \vdots & & \vdots \\ k\cdot a_{n1} & \cdots & k\cdot a_{nj} & \cdots & k\cdot a_{nn} \end{pmatrix},$$

$$k|\boldsymbol{A}| = k\begin{vmatrix} a_{11} & \cdots & a_{1j} & \cdots & a_{1n} \\ \vdots & & \vdots & & \vdots \\ a_{i1} & \cdots & a_{ij} & \cdots & a_{in} \\ \vdots & & \vdots & & \vdots \\ a_{n1} & \cdots & a_{nj} & \cdots & a_{nn} \end{vmatrix} \overset{\text{行列式仅某一行乘以}k}{=} \begin{vmatrix} a_{11} & \cdots & a_{1j} & \cdots & a_{1n} \\ \vdots & & \vdots & & \vdots \\ k\cdot a_{i1} & \cdots & k\cdot a_{ij} & \cdots & k\cdot a_{in} \\ \vdots & & \vdots & & \vdots \\ a_{n1} & \cdots & a_{nj} & \cdots & a_{nn} \end{vmatrix},$$

$$|k\boldsymbol{A}| = \begin{vmatrix} k\cdot a_{11} & \cdots & k\cdot a_{1j} & \cdots & k\cdot a_{1n} \\ \vdots & & \vdots & & \vdots \\ k\cdot a_{i1} & \cdots & k\cdot a_{ij} & \cdots & k\cdot a_{in} \\ \vdots & & \vdots & & \vdots \\ k\cdot a_{n1} & \cdots & k\cdot a_{nj} & \cdots & k\cdot a_{nn} \end{vmatrix} = k^n|\boldsymbol{A}|.$$

行列式性质 5　若行列式中的两行（或两列）对调，则行列式的值要变号.

例如，简单示意如下：

$$\begin{vmatrix}0&2\\1&2\end{vmatrix}=-\begin{vmatrix}1&2\\0&2\end{vmatrix},\quad \begin{vmatrix}1&0&2&1\\3&1&1&3\\2&1&-5&5\\0&2&-7&1\end{vmatrix}=-\begin{vmatrix}3&1&1&3\\1&0&2&1\\2&1&-5&5\\0&2&-7&1\end{vmatrix}.$$

用 2 阶行列式的几何含义来理解这个性质就可以了. 当"平行四边形"的两条"邻边"调换后，按右手法则，其"面积"要变号. 同样地，对调两条边，"平行多面体"的"体积"要变号.

读者要注意，行列式的两行对调和矩阵的两行对调是有区别的.

行列式性质 6　行列式某行的 k 倍加到另一行，行列式的值不变.

这个性质可以利用性质 1 和性质 3 得到. 具体看下面的例子.

$$|\boldsymbol{A}|=\begin{vmatrix}2&4\\0&2\end{vmatrix}\overset{\substack{\text{第2行}\times 3\\ \text{加到第1行}}}{=}\begin{vmatrix}2+0&4+6\\0&2\end{vmatrix}=\begin{vmatrix}2&10\\0&2\end{vmatrix}=\begin{vmatrix}2&4\\0&2\end{vmatrix}+\begin{vmatrix}0&6\\0&2\end{vmatrix}=\begin{vmatrix}2&4\\0&2\end{vmatrix}.$$

$$|\boldsymbol{B}|=\begin{vmatrix}1&0&2&1\\6&1&2&6\\2&1&-5&5\\0&2&-7&1\end{vmatrix}\overset{\substack{\text{第1行}\times(-6)\\ \text{加到第2行}}}{=}\begin{vmatrix}1&0&2&1\\0&1&-10&0\\2&1&-5&5\\0&2&-7&1\end{vmatrix}\overset{\substack{\text{第1行}\times(-2)\\ \text{加到第3行}}}{=}\begin{vmatrix}1&0&2&1\\0&1&-10&0\\0&1&-9&3\\0&2&-7&1\end{vmatrix}$$

$$\overset{\substack{\text{第2行}\times(-1)\\ \text{加到第3行}}}{=}\begin{vmatrix}1&0&2&1\\0&1&-10&0\\0&0&1&3\\0&2&-7&1\end{vmatrix}\overset{\substack{\text{第2行}\times(-2)\\ \text{加到第4行}}}{=}\begin{vmatrix}1&0&2&1\\0&1&-10&0\\0&0&1&3\\0&0&13&1\end{vmatrix}\overset{\substack{\text{第3行}\times(-13)\\ \text{加到第4行}}}{=}\begin{vmatrix}1&0&2&1\\0&1&-10&0\\0&0&1&3\\0&0&0&-38\end{vmatrix}.$$

读者只要从"平行多面体"的体积角度去理解，就有

$$\boldsymbol{C}=\begin{vmatrix}a_{11}&\cdots&a_{1n}\\a_{21}&\cdots&a_{2n}\\\vdots&&\vdots\\a_{n1}&\cdots&a_{nn}\end{vmatrix}\overset{\substack{\text{第1行的}k\text{倍}\\ \text{加到第2行}}}{=}\begin{vmatrix}a_{11}&\cdots&a_{1n}\\a_{21}+ka_{11}&\cdots&a_{2n}+ka_{1n}\\\vdots&&\vdots\\a_{n1}&\cdots&a_{nn}\end{vmatrix}$$

$$=\begin{vmatrix}a_{11}&\cdots&a_{1n}\\a_{21}&\cdots&a_{2n}\\\vdots&&\vdots\\a_{n1}&\cdots&a_{nn}\end{vmatrix}+\begin{vmatrix}a_{11}&\cdots&a_{1n}\\ka_{21}&\cdots&ka_{1n}\\\vdots&&\vdots\\a_{n1}&\cdots&a_{nn}\end{vmatrix}=\begin{vmatrix}a_{11}&\cdots&a_{1n}\\a_{21}&\cdots&a_{2n}\\\vdots&&\vdots\\a_{n1}&\cdots&a_{nn}\end{vmatrix}.$$

上面的性质 4、5、6 **统称为"行列式的行变换"**. 利用行列式的行变换可以把任意行列式变形为三角阵形式的行列式，用这种形式去计算行列式的值就显得很方便了.

读者一定要时刻注意，行列式的行变换和矩阵的初等行变换在本质上是有所区别的，读者应该据此去理解和记忆两者的变换形式在哪些方面是相同的，在哪些方面是不同的.

行列式性质 7　若 $\boldsymbol{A}$ 是上三角阵(或下三角阵)，则 $|\boldsymbol{A}|$ 等于对角线元素的乘积.

例如：

$$|\boldsymbol{A}|=\begin{vmatrix}1&2&3&4\\0&2&3&4\\0&0&3&4\\0&0&0&4\end{vmatrix}\xlongequal[\text{展开}]{\text{按第1列}}1\cdot2\cdot3\cdot4,\quad|\boldsymbol{B}|=\begin{vmatrix}2&0&0&0\\3&5&0&0\\4&4&1&0\\5&3&2&8\end{vmatrix}\xlongequal[\text{展开}]{\text{按第1行}}2\cdot5\cdot1\cdot8.$$

行列式性质 8　若方阵转置后取行列式，则行列式的值不变，即 $|\boldsymbol{A}|=|\boldsymbol{A}^{\mathrm{T}}|$.

事实上，$\boldsymbol{A}$ 的第 i 行就是 $\boldsymbol{A}^{\mathrm{T}}$ 的第 i 列，$|\boldsymbol{A}|$ 按第 i 行展开等同于 $|\boldsymbol{A}^{\mathrm{T}}|$ 按第 i 列展开.

行列式性质 9　对于 n 阶方阵 $\boldsymbol{A}$，

$$|\boldsymbol{A}|\neq0\iff r(\boldsymbol{A})=n,\quad |\boldsymbol{A}|=0\iff r(\boldsymbol{A})<n.$$

这是因为，如果 $r(\boldsymbol{A})=n$，一定对应着 $\boldsymbol{A}$ 的 n 个行向量线性无关，$|\boldsymbol{A}|$ 经行变换后可以变形为上三角元素非零的上三角阵，所以 $|\boldsymbol{A}|\neq0$；如果 $r(\boldsymbol{A})<n$，一定对应着 $\boldsymbol{A}$ 的 n 个行向量线性相关，行列式的行变换就会把某行变为零，所以 $|\boldsymbol{A}|=0$.

行列式性质 10　设 $\boldsymbol{A}$、$\boldsymbol{B}$ 都是 n 阶方阵，则 $|\boldsymbol{AB}|=|\boldsymbol{A}||\boldsymbol{B}|$.

证明略去.

§4.3　行列式的实用计算方法

行列式性质 7 启发人们，要计算 n 阶行列式的值，简便的计算办法是，对行列式做行变换（不是对矩阵做初等行变换），把行列式元素变为上三角形态，那么，对角元素乘积就是行列式的值；如果在行列式的行变换过程中出现两行元素成比例，或者某行元素全是零，则行列式的值就是零.

例 4.3.1　用行列式的行变换求矩阵 $\boldsymbol{A}$ 的行列式的值，其中

$$\boldsymbol{A}=\begin{pmatrix}3&1&2&5\\0&1&3&2\\5&-3&2&4\\1&-1&0&1\end{pmatrix}.$$

解

$$|\boldsymbol{A}|=\begin{vmatrix}3&1&2&5\\0&1&3&2\\5&-3&2&4\\1&-1&0&1\end{vmatrix}\xlongequal[\text{调换}]{\text{第1行和第4行}}(-1)\cdot\begin{vmatrix}1&-1&0&1\\0&1&3&2\\5&-3&2&4\\3&1&2&5\end{vmatrix}$$

$$\xlongequal{\text{行列式的行变换把第1列主对角线以下元素全部变为零}}(-1)\cdot\begin{vmatrix}1&-1&0&1\\0&1&3&2\\0&2&2&-1\\0&4&2&2\end{vmatrix}\xlongequal{\text{行列式的行变换把第2列主对角线以下元素全部变为零}}(-1)\cdot\begin{vmatrix}1&-1&0&1\\0&1&3&2\\0&0&-4&-5\\0&0&-10&-6\end{vmatrix}$$

$$\overset{\text{把主对角线以下元素全部变为零}}{=} (-1)\cdot\begin{vmatrix}1 & -1 & 0 & 1\\0 & 1 & 3 & 2\\0 & 0 & 4 & 5\\0 & 0 & 0 & -\frac{13}{2}\end{vmatrix}=26.$$

例 4.3.2 用行列式的行变换求矩阵 $\boldsymbol{P}$ 的行列式的值，其中

$$\boldsymbol{P}=\begin{pmatrix}1 & 2 & 3 & 4\\2 & 3 & 4 & 5\\3 & 4 & 5 & 6\\4 & 5 & 6 & 7\end{pmatrix}.$$

解

$$|\boldsymbol{P}|=\begin{vmatrix}1 & 2 & 3 & 4\\2 & 3 & 4 & 5\\3 & 4 & 5 & 6\\4 & 5 & 6 & 7\end{vmatrix}\overset{\substack{\text{第1行}\times(-2)\text{加到第2行}\\ \text{第1行}\times(-3)\text{加到第3行}}}{=}\begin{vmatrix}1 & 2 & 3 & 4\\0 & -1 & -2 & -3\\0 & -2 & -4 & -6\\4 & 5 & 6 & 7\end{vmatrix}\overset{\substack{\text{第2行和第3行}\\ \text{成比例}}}{=}0.$$

手工计算行列式的值在实际应用中很少见. 见对于实际应用中常出现的大规模的行列式求值问题，只能用已经很成熟、很实用的计算机程序.

在学习、解题和实际应用中经常用到的是，判断 $|\boldsymbol{A}|\neq 0$ 是否成立，这在判断方阵是否存在逆矩阵时会经常用到，此时可以利用行列式性质 9，对 n 阶方阵 $\boldsymbol{A}$ 求秩. 如果 $r(\boldsymbol{A})<n$，则 $|\boldsymbol{A}|=0$；如果 $r(\boldsymbol{A})=n$，则 $|\boldsymbol{A}|\neq 0$.

§ 4.4 用行列式解线性方程组（Cramer 法则）

这里的三元一次方程组 $\boldsymbol{AX}=\boldsymbol{B}$ 有唯一解，例如

$$\begin{pmatrix}3 & 2 & -1\\1 & -1 & 2\\2 & -1 & 1\end{pmatrix}\begin{pmatrix}x_1\\x_2\\x_3\end{pmatrix}=\begin{pmatrix}4\\5\\3\end{pmatrix},$$

其中

$$\boldsymbol{A}=\begin{pmatrix}3 & 2 & -1\\1 & -1 & 2\\2 & -1 & 1\end{pmatrix},\quad \boldsymbol{X}=\begin{pmatrix}x_1\\x_2\\x_3\end{pmatrix},\quad \boldsymbol{B}=\begin{pmatrix}4\\5\\3\end{pmatrix}.$$

有一种采用行列式求解的方法，称之为“Cramer 法则”，该法则的操作如下.

先写出用于求解方程组的“置换矩阵”：

$$\boldsymbol{D}_1=\begin{pmatrix}4 & 2 & -1\\5 & -1 & 2\\3 & -1 & 1\end{pmatrix},\quad \boldsymbol{D}_2=\begin{pmatrix}3 & 4 & -1\\1 & 5 & 2\\2 & 3 & 1\end{pmatrix},\quad \boldsymbol{D}_3=\begin{pmatrix}3 & 2 & 4\\1 & -1 & 5\\2 & -1 & 3\end{pmatrix}.$$

其中，$\boldsymbol{D}_1$ 是 $\boldsymbol{B}$ 的列置换了 $\boldsymbol{A}$ 的第 1 列得到的，$\boldsymbol{D}_2$ 是 $\boldsymbol{B}$ 的列置换了 $\boldsymbol{A}$ 的第 2 列得到的，$\boldsymbol{D}_3$ 是 $\boldsymbol{B}$ 的列置换了 $\boldsymbol{A}$ 的第 3 列得到的.

再计算出相应的行列式的值：

$$|\boldsymbol{A}|=8,\quad |\boldsymbol{D}_1|=8,\quad |\boldsymbol{D}_2|=16,\quad |\boldsymbol{D}_3|=24,$$

用 Cramer 法则求解的结果是：

$$x_1=\frac{|\boldsymbol{D}_1|}{|\boldsymbol{A}|}=1,\quad x_2=\frac{|\boldsymbol{D}_2|}{|\boldsymbol{A}|}=2,\quad x_3=\frac{|\boldsymbol{D}_3|}{|\boldsymbol{A}|}=3.$$

当 n 个变元的线性方程组 $\boldsymbol{AX}=\boldsymbol{B}$ 有唯一解时（$|\boldsymbol{A}|\neq 0$），Cramer 法则在理论上也可用于求解. 其过程是，先将 $\boldsymbol{B}$ 的列置换 $\boldsymbol{A}$ 中第 j 列，得出矩阵 $\boldsymbol{D}_j$，$j=1,2,\cdots,n$，再直接表示求解结果，有

$$x_j=\frac{|\boldsymbol{D}_j|}{|\boldsymbol{A}|},\ j=1,2,\cdots,n.$$

虽然 Cramer 法则求解的形式很简洁，有时在理论推导方面也是有用的，但是用它求线性方程组的解不实用. 原因很简单，该法则要计算 $n+1$ 个 n 阶行列式的值，还要做 n 次除法运算，工作量太大了. 用消去法求解方程组的计算量却是很小的.

作为本章结束，我们指出以下几点：

（1）行列式的概念和性质，无论在理论分析方面、矩阵方程简化方面，还是实际应用方面都是常用的，也是非常重要的. 在学习线性代数知识的过程中，判断行列式的值是否非零显得特别重要，所以读者要掌握行列式的性质.

（2）行列式在几何上表示平行多面体的体积，利用这一点去理解行列式的性质，直观形象.

（3）要注意行列式的行变换和矩阵的行变换在形式上的区别，避免混淆.

（4）对于计算行列式的值，如果使用按行（列）展开的方法，对于低阶行列式是手工可行的，但对于大规模的行列式是不实用的；采用行列式的行变换方法，把它化为上三角阵行列式的形式，再去计算行列式的值，这种方法无论行列式的规模大小都是实用的. 求行列式的值有应用程序.

（5）用行列式求解线性方程组的 Cramer 法则仅在理论分析方面有用，在实际求解中并不实用.

习 题 四

1. 矩阵的初等行变换和行列式的行变换相比较，有什么不同？
2. 设 $\boldsymbol{A}$ 是 n 阶方阵，$|k\boldsymbol{A}|=$ ________ $|\boldsymbol{A}|$，$|-\boldsymbol{A}|=$ ________ $|\boldsymbol{A}|$.
3. 已知 $\boldsymbol{A}=\boldsymbol{B}+\boldsymbol{C}$，问 $|\boldsymbol{A}|$ 和（$|\boldsymbol{B}|+|\boldsymbol{C}|$）相等吗？试举例说明.
4. 回答下列问题：

(1) 对角阵的行列式＝________；

(2) 上三角阵的行列式＝________；

(3) 下三角阵的行列式＝________；

(4) 有两行元素成比例的行列式＝________；

(5) 设 $\boldsymbol{A}$ 是 $m\times n$ 阶矩阵，不是方阵，问 $|\boldsymbol{A}^{\mathrm{T}}\boldsymbol{A}|$ 有意义吗？

5. 在哪些情况下，方阵的行列式的值为零？$|\boldsymbol{A}|$ 和 $r(\boldsymbol{A})$ 有什么关系？

6. 若已知 $|\boldsymbol{A}|$、$|\boldsymbol{B}|$、$|\boldsymbol{P}|$ 的值，它们都不为零，利用行列式的性质，求下列行列式的值：

(1) $|\boldsymbol{A}\cdot\boldsymbol{B}|$；(2) $|\boldsymbol{A}^{\mathrm{T}}|$；(3) $|\boldsymbol{A}|^{-1}$；(4) $|\boldsymbol{P}^{\mathrm{T}}\boldsymbol{A}\boldsymbol{P}|$.

7. 用行列式的行变换方法，先将行列式元素化为上三角形状，再求行列式的值：

(1) $\begin{vmatrix}2&1&4&1\\3&-1&2&1\\1&2&3&2\\5&0&6&2\end{vmatrix}$；　(2) $\begin{vmatrix}1&4&1&1\\2&0&-1&3\\4&0&1&-1\\-3&1&0&1\end{vmatrix}$.

8. 当行列式元素存在某个变量时，行列式是这个变量的函数. 试展开下列几个低阶行列式：

(1) $\begin{vmatrix}\sin\theta&\cos\theta\\-\cos\theta&\sin\theta\end{vmatrix}$；　(2) $\begin{vmatrix}\sin\theta&0&\cos\theta\\0&1&0\\-\cos\theta&0&\sin\theta\end{vmatrix}$；　(3) $\begin{vmatrix}2-\lambda&3\\-1&1-\lambda\end{vmatrix}$；　(4) $\begin{vmatrix}a&1&2\\0&b&3\\0&0&c\end{vmatrix}$.

9. 把下列行列式展开为关于 λ 的多项式：

(1) $\begin{vmatrix}\lambda-1&0&0\\0&\lambda-2&0\\0&0&\lambda-3\end{vmatrix}$；　(2) $\begin{vmatrix}\lambda-1&1&2\\0&\lambda-2&3\\0&0&\lambda-3\end{vmatrix}$；　(3) $\begin{vmatrix}\lambda-1&1&2\\1&\lambda-2&3\\2&3&\lambda-3\end{vmatrix}$.

10. 下列行列式中含有元素 x，在行列式的展开式中，x 的系数是多少？

(1) $\begin{vmatrix}1&1&x&1\\1&2&3&4\\4&3&2&1\\1&1&1&1\end{vmatrix}$；　(2) $\begin{vmatrix}1&1&4&1\\1&2&3&4\\4&3&3&1\\1&1&1&x\end{vmatrix}$.

11. 已知 $|\boldsymbol{A}|=\begin{vmatrix}1&2\\x&4\end{vmatrix}\neq0$，求 x 的取值范围.

12. 若 $\begin{vmatrix}k-1&2\\2&k-1\end{vmatrix}\neq0$，试确定 k 的取值范围.

13. 设 $\boldsymbol{A}$ 和 $\boldsymbol{B}$ 都是 n 阶方阵，判断下列说法哪些是正确的：

(1) $|\boldsymbol{A}+\boldsymbol{B}|=|\boldsymbol{A}|+|\boldsymbol{B}|$；(2) $\boldsymbol{AB}=\boldsymbol{BA}$；(3) $|\boldsymbol{AB}|=|\boldsymbol{BA}|$.

14. 设 $\boldsymbol{A}$ 和 $\boldsymbol{B}$ 都是 3 阶方阵，$|\boldsymbol{A}|=2$，$|\boldsymbol{B}|=-3$，试计算 $|2\boldsymbol{AB}|$ 的值.

15. 已知三个点 $A(1,1,1)$，$B(2,3,-1)$，$C(3,-1,-1)$，用向量积的行列式方法，计算 $\triangle ABC$ 的面积.

第 5 章　方阵的逆矩阵

矩阵 $\boldsymbol{A}$ 点乘 $\boldsymbol{B}$ 不仅可以被看作向量组之间的“做功”关系，也可以被看作矩阵 $\boldsymbol{A}$ 对矩阵 $\boldsymbol{B}$ 施加了某种“运算”，于是人们希望能够找到它的“逆运算”，还希望能够弄清楚矩阵点乘运算究竟有哪些具体的应用.

逆矩阵是线性代数中的一个重要的概念. 可逆矩阵能够保证矩阵方程推演运算的顺利进行，因此关于“求逆矩阵的方法”“逆矩阵的性质”“判断矩阵可逆的方法”，都是重要的知识点.

§5.1　逆矩阵的定义

实数的乘法运算存在逆运算：

$$a\cdot a^{-1}=a^{-1}\cdot a=1,\quad a^{-1}=\frac{1}{a},\quad a\neq 0.$$

如果把矩阵 $\boldsymbol{A}$ 乘以另一个矩阵，矩阵 $\boldsymbol{A}$ 可以被看作一种运算，那么它的逆运算是什么?由于矩阵有左乘和右乘的区别，所以，人们希望它的逆运算能够表现为

$$\boldsymbol{A}\cdot\boldsymbol{A}_{逆}=\boldsymbol{A}_{逆}\cdot\boldsymbol{A}=\boldsymbol{I}.$$

如果矩阵 $\boldsymbol{A}$ 的逆运算 $\boldsymbol{A}_{逆}$ 存在，那么矩阵方程就可以变形和简化了. 例如线性方程组 $\boldsymbol{Ax}=\boldsymbol{b}$ 可以被看作用矩阵表示的等式方程，于是有

$$\boldsymbol{AX}=\boldsymbol{b}\xrightarrow{\text{左乘}\boldsymbol{A}\text{的逆}}\boldsymbol{A}_{逆}\ \boldsymbol{AX}=\boldsymbol{A}_{逆}\ \boldsymbol{b}\longrightarrow\boldsymbol{X}=\boldsymbol{A}_{逆}\ \boldsymbol{b};$$

矩阵方程就可以被简化：

$$\boldsymbol{BA}=\boldsymbol{CPA}\xrightarrow{\text{右乘}\boldsymbol{A}\text{的逆}}\boldsymbol{BA}\ \boldsymbol{A}_{逆}=\boldsymbol{CPA}\ \boldsymbol{A}_{逆}\longrightarrow\boldsymbol{B}=\boldsymbol{CP}.$$

如果矩阵 $\boldsymbol{A}$ 的逆运算 $\boldsymbol{A}_{逆}$ 存在，那么 $\boldsymbol{Ab}=\boldsymbol{c}$ 中的 $\boldsymbol{A}$ 将向量 $\boldsymbol{b}$ 几何变换为向量 $\boldsymbol{c}$，$\boldsymbol{A}_{逆}$ 又可以将向量 $\boldsymbol{c}$ 变回到向量 $\boldsymbol{b}$.

因此，定义 $\boldsymbol{A}$ 的逆矩阵是非常必要的. 下面初步思考 $\boldsymbol{A}_{逆}$ 的几个特征.

① 只有方阵才可能有逆矩阵，长方阵是不可能存在逆矩阵的，这是因为 $\boldsymbol{A}_{逆}$ 有时需要左乘、有时需要右乘的缘故. $\boldsymbol{A}$ 和 $\boldsymbol{A}_{逆}$ 是同阶方阵.

② 如果方阵 $\boldsymbol{A}$ 是可逆矩阵，其逆矩阵 $\boldsymbol{A}_{逆}$ 是唯一的. 事实上，假设 $\boldsymbol{B}$ 和 $\boldsymbol{C}$ 都是 $\boldsymbol{A}$ 的逆矩阵，则有

$$\boldsymbol{AB}=\boldsymbol{BA}=\boldsymbol{I},\quad \boldsymbol{AC}=\boldsymbol{CA}=\boldsymbol{I};$$

于是就会有

$$\boldsymbol{B}=\boldsymbol{BI}=\boldsymbol{B}(\boldsymbol{AC})=(\boldsymbol{BA})\boldsymbol{C}=\boldsymbol{IC}=\boldsymbol{C},$$

所以可逆方阵 $\boldsymbol{A}$ 的逆矩阵是唯一的.

③ 如果方阵 $\boldsymbol{A}$ 的逆矩阵存在,那么 $\boldsymbol{A}\cdot\boldsymbol{A}_{逆}$ 和 $\boldsymbol{A}_{逆}\cdot\boldsymbol{A}$ 是没有区别的. $\boldsymbol{A}$ 的逆矩阵是 $\boldsymbol{A}_{逆}$,$\boldsymbol{A}_{逆}$ 的逆矩阵是 $\boldsymbol{A}$,$\boldsymbol{A}$ 和 $\boldsymbol{A}_{逆}$ 是互为逆矩阵的.

④ 只有满足一定条件的方阵才可能存在逆矩阵. 如果从行列式角度考虑,因为由

$|\boldsymbol{A}\cdot\boldsymbol{A}_{逆}|=|\boldsymbol{A}_{逆}\cdot\boldsymbol{A}|=|\boldsymbol{A}|\cdot|\boldsymbol{A}_{逆}|=|\boldsymbol{I}|=1$,可知 $|\boldsymbol{A}|\neq0$,$|\boldsymbol{A}_{逆}|\neq0$,

所以,只有 $|\boldsymbol{A}|\neq0$ 的矩阵 $\boldsymbol{A}$ 才有 $\boldsymbol{A}_{逆}$ 存在.

⑤ 从行列式角度考虑,对于方阵 $\boldsymbol{A}$ 来说,只要式子 $\boldsymbol{AB}=\boldsymbol{I}$ 成立,必然会推知 $|\boldsymbol{A}|\neq0$,$|\boldsymbol{B}|\neq0$;$\boldsymbol{A}_{逆}$ 存在,也会推知 $\boldsymbol{BA}=\boldsymbol{I}$.

根据以上的讨论,下面给出逆矩阵的简单定义.

若 $\boldsymbol{A}$ 是方阵,且有 $\boldsymbol{AB}=\boldsymbol{I}$(或者 $\boldsymbol{BA}=\boldsymbol{I}$),则称 $\boldsymbol{B}$ 是 $\boldsymbol{A}$ 的逆矩阵,$\boldsymbol{A}$ 是可逆矩阵,$\boldsymbol{A}$ 的逆矩阵记为 $\boldsymbol{A}^{-1}$.

例 5.1.1　验证矩阵 $\boldsymbol{A}$ 和 $\widetilde{\boldsymbol{A}}$,$\boldsymbol{B}$ 和 $\widetilde{\boldsymbol{B}}$ 互为逆矩阵. 其中

(1) $\boldsymbol{A}=\begin{pmatrix}1&0&0\\0&\frac{1}{2}&0\\0&0&\frac{1}{3}\end{pmatrix}$, $\widetilde{\boldsymbol{A}}=\begin{pmatrix}1&0&0\\0&2&0\\0&0&3\end{pmatrix}$;

(2) $\boldsymbol{B}=\begin{pmatrix}1&0&1\\1&-1&0\\0&1&2\end{pmatrix}$, $\widetilde{\boldsymbol{B}}=\begin{pmatrix}2&-1&-1\\2&-2&-2\\-1&1&1\end{pmatrix}$.

解　(1) 按照逆矩阵的定义,因为

$$\boldsymbol{A}\widetilde{\boldsymbol{A}}=\begin{pmatrix}1&0&0\\0&\frac{1}{2}&0\\0&0&\frac{1}{3}\end{pmatrix}\begin{pmatrix}1&0&0\\0&2&0\\0&0&3\end{pmatrix}=\boldsymbol{I},$$

所以,$\boldsymbol{A}^{-1}=\widetilde{\boldsymbol{A}}$,$\boldsymbol{A}$ 和 $\widetilde{\boldsymbol{A}}$ 互为逆矩阵,$(\widetilde{\boldsymbol{A}})^{-1}=\boldsymbol{A}$.

(2) 因为

$$\widetilde{\boldsymbol{B}}\boldsymbol{B}=\begin{pmatrix}2&-1&-1\\2&-2&-2\\-1&1&1\end{pmatrix}\begin{pmatrix}1&0&1\\1&-1&0\\0&1&2\end{pmatrix}=\boldsymbol{I}.$$

所以,$\boldsymbol{B}^{-1}=\widetilde{\boldsymbol{B}}$,$\boldsymbol{B}$ 和 $\widetilde{\boldsymbol{B}}$ 互为逆矩阵,$(\widetilde{\boldsymbol{B}})^{-1}=\boldsymbol{B}$.

定义方阵的逆矩阵会带来运算上的方便.

例 5.1.2　对于线性方程组 $\boldsymbol{AX}=\boldsymbol{b}$,其中

$$\boldsymbol{A}=\begin{pmatrix}1&2&3\\2&1&2\\1&3&3\end{pmatrix},\quad \boldsymbol{b}=\begin{pmatrix}4\\1\\2\end{pmatrix},$$

若已知

$$A^{-1}=\frac{1}{4}\begin{pmatrix}-3 & 3 & 1\\ -4 & 0 & 4\\ 5 & -1 & -3\end{pmatrix},$$

试具体计算出方程组的解.

解 在 $AX=b$ 两边左乘 A^{-1}，就能求出线性方程组的解：

$$X=A^{-1}b=\frac{1}{4}\begin{pmatrix}-3 & 3 & 1\\ -4 & 0 & 4\\ 5 & -1 & -3\end{pmatrix}\begin{pmatrix}4\\ 1\\ 2\end{pmatrix}=\frac{1}{4}\begin{pmatrix}-7\\ -8\\ 13\end{pmatrix}.$$

例 5.1.3 设 P、A、B 都是方阵，已知 $P^{-1}AP=B$，试写出 A 的表达式.

解 由已知条件可知 P 是可逆矩阵. 在已知式两边左乘矩阵 P，有

$$P\cdot(P^{-1}AP)=P\cdot B \quad\Rightarrow\quad AP=PB,$$

再在上式两边右乘矩阵 P^{-1}，就得到矩阵 A 的表达式：

$$A=PBP^{-1}.$$

如果给定方阵 A，它可能是可逆矩阵，也可能是不可逆矩阵. 读者自然会想到，还需要进一步考虑三个方面的问题：

(1) 如何判断某个方阵 A 是不是可逆矩阵？

(2) 如果方阵 A 是可逆矩阵，那么其逆矩阵 A^{-1} 怎么求得？

(3) 如果 A 是可逆矩阵，逆矩阵 A^{-1} 有哪些性质，如何在矩阵方程的演算中运用这些性质？

从下一节开始，我们先讨论第(2) 和第(3) 个问题，之后读者会发现解决问题(1) 是简单的，有较多简单的手段去判断方阵是否可逆.

§5.2 求逆矩阵的方法

若已知方阵 A 是可逆矩阵，它的逆矩阵 A^{-1} 怎么得到呢？

可以设想，如果用“若干次矩阵初等行变换”把可逆矩阵 A 变成单位阵，那么这一系列的矩阵初等行变换就“综合起到了 A^{-1} 的作用”；再设想，这个“综合起到了 A^{-1} 作用”的“若干次矩阵初等行变换”如果作用到单位阵上，那么单位阵就会演变为 A^{-1}.

下面把这种设想变为可操作的过程，表示如下：

$$(A \vdots I)\xrightarrow[\text{同样的行变换把 } I \text{ 变为} A^{-1}]{\text{用行变换把 } A \text{ 变为 } I}(I \vdots A^{-1}).$$

当然，在上述向单位阵演变的过程中，如果某行元素全为零，则说明 A 不可逆.

例 5.2.1 用初等行变换判断 A 是否为可逆矩阵，如果是，就求出 A^{-1}，其中

$$A=\begin{pmatrix}1 & 1 & -1\\ 2 & 1 & 0\\ 1 & -1 & 0\end{pmatrix}.$$

解 先写出用于矩阵求逆的增广矩阵：

$$(\boldsymbol{A} \vdots \boldsymbol{I})=\begin{pmatrix}1 & 1 & -1 & 1 & 0 & 0\\ 2 & 1 & 0 & 0 & 1 & 0\\ 1 & -1 & 0 & 0 & 0 & 1\end{pmatrix},$$

对其做初等行变换，总目标是先将左边的 $\boldsymbol{A}$ 变为上三角阵，再变为单位阵. 于是有

$$(\boldsymbol{A} \vdots \boldsymbol{I})\to\begin{pmatrix}1 & 1 & -1 & 1 & 0 & 0\\ 0 & 1 & -2 & -2 & 1 & 0\\ 0 & 0 & 3 & -3 & 2 & -1\end{pmatrix}.$$

到此处，可以看出增广矩阵左半部分一定能够化为单位阵，于是现在就可以断定 $\boldsymbol{A}$ 是可逆矩阵了.

为了进一步求出逆矩阵，继续做矩阵初等行变换，有

$$(\boldsymbol{A} \vdots \boldsymbol{I})\to(\boldsymbol{I} \vdots \boldsymbol{A}^{-1})=\begin{pmatrix}1 & 0 & 0 & 0 & 1/3 & 1/3\\ 0 & 1 & 0 & 0 & 1/3 & -2/3\\ 0 & 0 & 1 & -1 & 2/3 & -1/3\end{pmatrix},$$

于是就得到

$$\boldsymbol{A}^{-1}=\begin{pmatrix}0 & 1/3 & 1/3\\ 0 & 1/3 & -2/3\\ -1 & 2/3 & -1/3\end{pmatrix}=\frac{1}{3}\begin{pmatrix}0 & 1 & 1\\ 0 & 1 & -2\\ -3 & 2 & -1\end{pmatrix}.$$

读者可以自行验证，$\boldsymbol{A}^{-1}\boldsymbol{A}=\boldsymbol{I}$，$\boldsymbol{A}\boldsymbol{A}^{-1}=\boldsymbol{I}$.

例 5.2.2 用初等行变换判断下面的矩阵 $\boldsymbol{A}$ 是否为可逆矩阵，如果是，就求出 $\boldsymbol{A}^{-1}$.

$$\boldsymbol{A}=\begin{pmatrix}1 & 2 & 3 & 4\\ 2 & 4 & 6 & 8\\ 1 & 3 & 5 & 7\\ 2 & 4 & 6 & 8\end{pmatrix}.$$

解 先写出用于矩阵求逆的增广矩阵：

$$(\boldsymbol{A} \vdots \boldsymbol{I})=\begin{pmatrix}1 & 2 & 3 & 4 & 1 & 0 & 0 & 0\\ 2 & 4 & 6 & 8 & 0 & 1 & 0 & 0\\ 1 & 3 & 5 & 7 & 0 & 0 & 1 & 0\\ 2 & 4 & 6 & 8 & 0 & 0 & 0 & 1\end{pmatrix},$$

利用矩阵的初等行变换，将第一行的 -2 倍加到第二行，立刻看到，增广阵左半部分不可能演变为单位阵，由此可以断定 $\boldsymbol{A}$ 没有逆矩阵.

例 5.2.3 已知矩阵 $\boldsymbol{A}$ 和 $\boldsymbol{B}$ 是同阶方阵且满足 $\boldsymbol{AB}=2\boldsymbol{B}+\boldsymbol{A}$，其中

$$\boldsymbol{A}=\begin{pmatrix}3 & 0 & 1\\ 1 & 1 & 0\\ 0 & 1 & 4\end{pmatrix},$$

求矩阵 $\boldsymbol{B}$.

解 由 $\boldsymbol{AB}=2\boldsymbol{B}+\boldsymbol{A}$，有 $(\boldsymbol{A}-2\boldsymbol{I})\boldsymbol{B}=\boldsymbol{A}$，如果 $(\boldsymbol{A}-2\boldsymbol{I})$ 是可逆矩阵，则有 $\boldsymbol{B}=(\boldsymbol{A}-2\boldsymbol{I})^{-1}\boldsymbol{A}$.

为此，先用矩阵初等行变换方法，判断 $(\boldsymbol{A}-2\boldsymbol{I})$ 是否可逆，如果可逆就求出 $(\boldsymbol{A}-2\boldsymbol{I})^{-1}$，于是有

$$(\boldsymbol{A}-2\boldsymbol{I} \vdots \boldsymbol{I})=\begin{pmatrix}1&0&1&1&0&0\\1&-1&0&0&1&0\\0&1&2&0&0&1\end{pmatrix}\xrightarrow{\text{初等行变换}}\begin{pmatrix}1&0&0&2&-1&-1\\0&1&0&2&-2&-1\\0&0&1&-1&1&1\end{pmatrix},$$

这说明 $(\boldsymbol{A}-2\boldsymbol{I})^{-1}$ 是存在的，而且

$$(\boldsymbol{A}-2\boldsymbol{I})^{-1}=\begin{pmatrix}2&-1&-1\\2&-2&-1\\-1&1&1\end{pmatrix},$$

于是可计算出题目中所需要的结果：

$$\boldsymbol{B}=(\boldsymbol{A}-2\boldsymbol{I})^{-1}\boldsymbol{A}=\begin{pmatrix}2&-1&-1\\2&-2&-1\\-1&1&1\end{pmatrix}\begin{pmatrix}3&0&1\\1&1&0\\0&1&4\end{pmatrix}=\begin{pmatrix}5&-2&-2\\4&-3&-2\\-2&2&3\end{pmatrix}.$$

说明：

(1) 用矩阵初等行变换求逆矩阵的方法，可以用于判断方阵 $\boldsymbol{A}$ 是否可逆.

(2) 用矩阵初等行变换求逆矩阵的方法，对于小规模方阵来说，便于手工操作，大规模方阵则必须依靠计算机操作. 无论如何，该方法是实用方便的.

§5.3 逆矩阵的性质

逆矩阵在矩阵表达式的推演方面起着重要的作用，下面介绍它的几个常用的性质. 这些性质在判断方阵是否可逆时会给我们带来方便.

逆矩阵性质 1 对矩阵 $\boldsymbol{A}$ 做一次初等行变换，等同于用一个可逆的“初等行变换矩阵”$\boldsymbol{P}$ 左乘 $\boldsymbol{A}$；换句话说，初等行变换是可逆的，初等行变换矩阵是可逆矩阵.

这是线性代数中的一个基本知识点，由于某种初等行变换所对应的初等行变换矩阵 $\boldsymbol{P}$ 的形式复杂，没有必要过多关注，所以理解和记住这个结论才是有用的.

下面简单解释这个 $\boldsymbol{P}^{-1}$ 存在的理由. 假设 $\boldsymbol{A}$ 经一次初等行变换后写为 $\boldsymbol{PA}=\boldsymbol{B}$，因为一定还可以用初等行变换把 $\boldsymbol{B}$ 变回 $\boldsymbol{A}$，由此可知这个初等行变换是可逆的，$\boldsymbol{P}$ 是可逆矩阵，$\boldsymbol{P}^{-1}$ 存在.

逆矩阵性质 2 对矩阵 $\boldsymbol{A}$ 做一次初等列变换，等同于用一个可逆矩阵 $\boldsymbol{S}$ 右乘 $\boldsymbol{A}$，该矩阵 $\boldsymbol{S}$ 称为“初等列变换矩阵”. 换句话说，初等列变换是可逆的，初等列变换矩阵是可逆矩阵.

理由同于性质 1.

逆矩阵性质 3 $\boldsymbol{I}^{-1}=\boldsymbol{I}$.

逆矩阵性质 4 $(\boldsymbol{A}^{-1})^{-1}=\boldsymbol{A}$.

事实上，等式左边表示的是 $\boldsymbol{A}^{-1}$ 的逆，于是等式两边同时左乘或右乘 $\boldsymbol{A}^{-1}$，就得知等式是成立的.

逆矩阵性质 5　$(k\boldsymbol{A})^{-1}=\frac{1}{k}\boldsymbol{A}^{-1}$.

事实上，在等式两边左乘或者右乘 $k\boldsymbol{A}$，就验证了等式是成立的. 读者要注意，$k\boldsymbol{A}$ 是 k 乘 $\boldsymbol{A}$ 的所有元素，$\frac{1}{k}\boldsymbol{A}^{-1}$ 是 $\frac{1}{k}$ 乘 $\boldsymbol{A}^{-1}$ 的所有元素.

逆矩阵性质 6　$(\boldsymbol{A}^{-1})^{\mathrm{T}}=(\boldsymbol{A}^{\mathrm{T}})^{-1}$.

事实上，等式左边表示矩阵 $\boldsymbol{A}^{-1}$ 的转置，右边表示 $\boldsymbol{A}^{\mathrm{T}}$ 的逆. 在等式两边右乘 $\boldsymbol{A}^{\mathrm{T}}$，有

$$(\boldsymbol{A}^{-1})^{\mathrm{T}}\boldsymbol{A}^{\mathrm{T}}=(\boldsymbol{A}\boldsymbol{A}^{-1})^{\mathrm{T}}=\boldsymbol{I},$$
$$(\boldsymbol{A}^{\mathrm{T}})^{-1}\boldsymbol{A}^{\mathrm{T}}=\boldsymbol{I},$$

性质 6 成立.

逆矩阵性质 7　若 $\boldsymbol{A}$ 和 $\boldsymbol{B}$ 都可逆，则 $\boldsymbol{AB}$ 也是可逆矩阵，且 $(\boldsymbol{AB})^{-1}=\boldsymbol{B}^{-1}\boldsymbol{A}^{-1}$.

注意，等式左边表示的是 $\boldsymbol{AB}$ 的逆. 于是在等式两边左乘 $\boldsymbol{AB}$，有

$$(\boldsymbol{AB})(\boldsymbol{B}^{-1}\boldsymbol{A}^{-1})=\boldsymbol{A}(\boldsymbol{B}\boldsymbol{B}^{-1})\boldsymbol{A}^{-1}=\boldsymbol{A}\boldsymbol{A}^{-1}=\boldsymbol{I}.$$

所以性质 7 成立. 同样地，在等式两边右乘 $\boldsymbol{AB}$，性质 7 也是成立的.

逆矩阵性质 8　设 $\boldsymbol{A}$ 是 n 阶方阵，则有：

$$n\text{ 阶方阵 }\boldsymbol{A}\text{ 可逆}\quad\Leftrightarrow\quad r(\boldsymbol{A})=n\quad\Leftrightarrow\quad|\boldsymbol{A}|\neq0,$$
$$n\text{ 阶方阵 }\boldsymbol{A}\text{ 不可逆}\quad\Leftrightarrow\quad r(\boldsymbol{A})<n\quad\Leftrightarrow\quad|\boldsymbol{A}|=0.$$

特别地，矩阵初等行变换如果能够把 $\boldsymbol{A}$ 变为三角阵，则 $\boldsymbol{A}$ 是可逆矩阵.

逆矩阵性质 9　设 $\boldsymbol{A}$ 和 $\boldsymbol{B}$ 是同阶方阵，若 $\boldsymbol{A}$ 是可逆矩阵，且 $\boldsymbol{AB}=\boldsymbol{0}$（零矩阵），则有 $\boldsymbol{B}=\boldsymbol{0}$.

注意：这个性质中的前提条件"$\boldsymbol{A}$ 是可逆矩阵"是不能缺少的. 例如，不加前提就说"$\boldsymbol{A}^2=\boldsymbol{0}\Rightarrow\boldsymbol{A}=\boldsymbol{0}$"是错误的.

逆矩阵性质 10　设 $\boldsymbol{A}$、$\boldsymbol{B}$、$\boldsymbol{C}$ 是同阶方阵，若 $\boldsymbol{A}$ 是可逆矩阵，且有 $\boldsymbol{AB}=\boldsymbol{AC}$，则有 $\boldsymbol{B}=\boldsymbol{C}$.

注意：在这个性质中，前提条件"$\boldsymbol{A}$ 是可逆矩阵"是不能缺少的. 例如，在不加说明的情况下，"由 $\boldsymbol{A}(\boldsymbol{A}-\boldsymbol{I})=\boldsymbol{0}$ 推出 $\boldsymbol{A}=\boldsymbol{0}$ 或 $\boldsymbol{A}=\boldsymbol{I}$"是错误的. 又例如，"由 $\boldsymbol{AX}=\boldsymbol{AY}$，且 $\boldsymbol{A}\neq\boldsymbol{0}\Rightarrow\boldsymbol{X}=\boldsymbol{Y}$"是错误的，读者可以用 $\boldsymbol{A}=\begin{pmatrix}1&0\\0&0\end{pmatrix}$，$\boldsymbol{X}=\begin{pmatrix}1&1\\-1&1\end{pmatrix}$，$\boldsymbol{Y}=\begin{pmatrix}1&1\\0&1\end{pmatrix}$ 验证之.

逆矩阵性质 11　设 $\boldsymbol{A}$ 和 $\boldsymbol{B}$ 是同阶方阵，且 $\boldsymbol{AB}=\boldsymbol{I}$，则 $\boldsymbol{A}$ 和 $\boldsymbol{B}$ 互为逆矩阵且 $\boldsymbol{BA}=\boldsymbol{I}$.

对于这个性质，我们在讨论逆矩阵定义时，已经做过理解性说明，其严谨的证明只要利用"行列式性质 10"即可完成. 事实上，由 $\boldsymbol{AB}=\boldsymbol{I}$，有 $|\boldsymbol{AB}|=|\boldsymbol{A}|\cdot|\boldsymbol{B}|=1$，可推知 $|\boldsymbol{A}|\neq0$，$|\boldsymbol{B}|\neq0$，所以 $\boldsymbol{A}$ 和 $\boldsymbol{B}$ 都可逆，且互为逆矩阵.

逆矩阵性质 12　若 $\boldsymbol{A}$ 是可逆矩阵，则 $|\boldsymbol{A}^{-1}|=\frac{1}{|\boldsymbol{A}|}$.

事实上，因为 $\boldsymbol{A}^{-1}\boldsymbol{A}=\boldsymbol{I}$，$\boldsymbol{A}$ 和 $\boldsymbol{A}^{-1}$ 都是可逆矩阵，就有 $|\boldsymbol{A}^{-1}\boldsymbol{A}|=|\boldsymbol{A}^{-1}||\boldsymbol{A}|=|\boldsymbol{I}|=1$，所以该结论是正确的.

§5.4 判断方阵可逆的方法

可逆方阵，又称为"非奇异矩阵"；不可逆矩阵，又称为"奇异矩阵". 在线性代数中，判断方阵 $\boldsymbol{A}$ 是否可逆是非常重要的. 本节介绍在不同情况下判断方阵可逆的方法.

1. 用矩阵的秩或行列式去判断方阵是否可逆

根据"逆矩阵性质 8"，利用矩阵行列式或矩阵的秩，很容易判断某方阵是否可逆.

例 5.4.1 用行列式的性质判断方阵

$$\boldsymbol{A}=\begin{pmatrix}1 & 0 & 2\\ 0 & 3 & 2\\ 1 & -2 & 0\end{pmatrix}$$

是否为可逆矩阵.

解 该行列式阶次低，可直接计算出行列式的值. 因为 $|\boldsymbol{A}|=10\neq 0$，所以 $\boldsymbol{A}$ 是可逆矩阵.

例 5.4.2 判断方阵

$$\boldsymbol{A}=\begin{pmatrix}2 & -1 & 1 & -1\\ 0 & 0 & 4 & -1\\ 0 & 2 & 4 & 1\\ -2 & 0 & 3 & 2\end{pmatrix}$$

是否可逆.

解 该方阵的阶次较高，采用"计算行列式的办法"太麻烦，采用"矩阵求秩的办法"比较简单.

$$\boldsymbol{A}=\begin{pmatrix}2 & -1 & 1 & -1\\ 0 & 0 & 4 & -1\\ 0 & 2 & 4 & 1\\ -2 & 0 & 3 & 2\end{pmatrix}\to\begin{pmatrix}2 & -1 & 1 & -1\\ 0 & 0 & 4 & -1\\ 0 & 2 & 4 & 1\\ 0 & -1 & 4 & 1\end{pmatrix}\to\begin{pmatrix}2 & -1 & 1 & -1\\ 0 & -1 & 4 & 1\\ 0 & 2 & 4 & 1\\ 0 & 0 & 4 & -1\end{pmatrix}$$

$$\to\begin{pmatrix}2 & -1 & 1 & -1\\ 0 & -1 & 4 & 1\\ 0 & 2 & 4 & 1\\ 0 & 0 & 4 & -1\end{pmatrix}\to\begin{pmatrix}2 & -1 & 1 & -1\\ 0 & -1 & 4 & 1\\ 0 & 0 & 12 & 3\\ 0 & 0 & 4 & -1\end{pmatrix}\to\begin{pmatrix}2 & -1 & 1 & -1\\ 0 & -1 & 4 & 1\\ 0 & 0 & 12 & 3\\ 0 & 0 & 0 & -2\end{pmatrix},$$

$r(\boldsymbol{A})=4$，由此可以断定矩阵 $\boldsymbol{A}$ 可逆.

例 5.4.3 判断方阵

$$A=\begin{pmatrix}1&2&2&4\\5&6&7&8\\9&10&11&12\\13&14&15&16\end{pmatrix}$$

是否是可逆矩阵.

解　此矩阵规模较大,采用矩阵求秩的办法.

$$A=\begin{pmatrix}1&2&2&4\\5&6&7&8\\9&10&11&12\\13&14&15&16\end{pmatrix}\xrightarrow[\text{第 3 行}\times(-1)+\text{第 4 行}]{\text{第 1 行}\times(-1)+\text{第 2 行}}\begin{pmatrix}1&2&2&4\\4&4&4&4\\9&10&11&12\\4&4&4&4\end{pmatrix},$$

$r(A)=3<4$,所以 A 是不可逆矩阵.

2. 在矩阵方程中利用行列式性质判断矩阵可逆

如果已知某个矩阵方程,要判断其中某个矩阵是否可逆,那么就需要综合利用矩阵方程变形和逆矩阵的性质.

例 5.4.4　已知 n 阶方阵满足 $A^2+3A-2I=0$. 证明:

(1) 方阵 A 可逆;

(2) $A+2I$ 可逆,并求 $(A+2I)^{-1}$.

解　(1) 因为由已知条件有

$$A(A+3I)=2I,\quad A\left(\frac{A+3I}{2}\right)=I,$$

所以据"逆矩阵性质 11",可知方阵 A 可逆,$\dfrac{A+3I}{2}$ 可逆.

(2) 因为由已知条件有

$$A^2+3A-2I=(A+2I)(A+I)-4I=0,\quad (A+2I)\left(\frac{A+I}{4}\right)=I,$$

所以据"逆矩阵性质 11"可知方阵 $(A+2I)$ 可逆,且 $(A+2I)^{-1}=\dfrac{1}{4}(A+I)$.

例 5.4.5　若 n 阶方阵满足 $A^2+2A-10I=0$,则 $A+4I$ 可逆,并求 $(A+4I)^{-1}$.

解　因为由已知条件有

$$(A+4I)(A-2I)-2I=0,\quad (A+4I)\left(\frac{A-2I}{2}\right)=I,$$

所以据"逆矩阵性质 11",可知$(A+4I)$可逆,且 $(A+4I)^{-1}=\dfrac{A-2I}{2}$.

例 5.4.6　设 n 阶方阵满足矩阵方程

$$A^3+A^2-3A+I=0,$$

且 $|A-I|\neq 0$,试证明 A 是可逆矩阵.

证明　由已知关系式得到

$$(A^2+2A-I)(A-I)=0,$$

因为 $|\boldsymbol{A}-\boldsymbol{I}|\neq 0$，所以 $(\boldsymbol{A}-\boldsymbol{I})$ 可逆. 在上式两边右乘 $(\boldsymbol{A}-\boldsymbol{I})^{-1}$，有

$$\boldsymbol{A}^2+2\boldsymbol{A}-\boldsymbol{I}=\boldsymbol{0},$$

从而有

$$\boldsymbol{A}(\boldsymbol{A}+2\boldsymbol{I})=\boldsymbol{I},$$

所以，据"逆矩阵性质 11"，可知 $\boldsymbol{A}$ 可逆.

例 5.4.7　设有矩阵方程 $\boldsymbol{AB}=2\boldsymbol{B}+\boldsymbol{A}$，且

$$\boldsymbol{A}=\begin{pmatrix}3&0&1\\1&1&0\\0&1&4\end{pmatrix},$$

求矩阵 $\boldsymbol{B}$.

解　由 $\boldsymbol{AB}=2\boldsymbol{B}+\boldsymbol{A}$，有 $(\boldsymbol{A}-2\boldsymbol{I})\boldsymbol{B}=\boldsymbol{A}$，因为

$$|\boldsymbol{A}-2\boldsymbol{I}|=\begin{vmatrix}1&0&1\\1&-1&0\\0&1&2\end{vmatrix}=-1\neq 0,$$

所以 $(\boldsymbol{A}-2\boldsymbol{I})$ 可逆，于是先求出

$$(\boldsymbol{A}-2\boldsymbol{I})^{-1}=\begin{pmatrix}2&-1&-1\\2&-2&-1\\-1&1&1\end{pmatrix},$$

从而得到

$$\boldsymbol{B}=(\boldsymbol{A}-2\boldsymbol{I})^{-1}\boldsymbol{A}=\begin{pmatrix}2&-1&-1\\2&-2&-1\\-1&1&1\end{pmatrix}\begin{pmatrix}3&0&1\\1&1&0\\0&1&4\end{pmatrix}=\begin{pmatrix}5&-2&-2\\4&-3&-2\\-2&2&3\end{pmatrix}.$$

在使用逆矩阵做简化运算时，要特别提醒读者注意以下几点.

(1) 在不确定 $\boldsymbol{A}$ 是否为可逆矩阵的前提下，不能随便使用 $\boldsymbol{A}^{-1}$ 记号，此时的写法"$(\boldsymbol{A}^{-1})\cdot\boldsymbol{AB}=\boldsymbol{I}\cdot\boldsymbol{B}$"是错误的；同样，在不确定 $\boldsymbol{B}$ 是否为可逆矩阵的前提下，也不能随便使用 $\boldsymbol{B}^{-1}$ 记号，写法"$\boldsymbol{AB}\cdot(\boldsymbol{B}^{-1})=\boldsymbol{A}\cdot\boldsymbol{I}$"是错误的. 因此，只有确定 $\boldsymbol{A}$ 是可逆矩阵的前提下才能够使用 $\boldsymbol{A}^{-1}$ 记号.

(2) 矩阵 $\boldsymbol{A}$ 可以看作一种"组合体"，也可以将其整体看作某种运算，那么 $\boldsymbol{A}^{-1}$ 是对这个组合体而言的逆运算；同样地，$(\boldsymbol{A}+\boldsymbol{B})$ 是一个组合体，如果其逆运算存在，则应该标记为 $(\boldsymbol{A}+\boldsymbol{B})^{-1}$，于是有

$$(\boldsymbol{A}+\boldsymbol{B})\cdot(\boldsymbol{A}+\boldsymbol{B})^{-1}=(\boldsymbol{A}+\boldsymbol{B})^{-1}(\boldsymbol{A}+\boldsymbol{B})=\boldsymbol{I},$$

$$(\boldsymbol{A}+\boldsymbol{B})\boldsymbol{X}=\boldsymbol{C}\ \Rightarrow\ (\boldsymbol{A}+\boldsymbol{B})^{-1}(\boldsymbol{A}+\boldsymbol{B})\boldsymbol{X}=(\boldsymbol{A}+\boldsymbol{B})^{-1}\boldsymbol{C}\ \Rightarrow\ \boldsymbol{X}=(\boldsymbol{A}+\boldsymbol{B})^{-1}\boldsymbol{C}.$$

还需注意，逆矩阵没有去括号的规律，

$$(\boldsymbol{A}+\boldsymbol{B})^{-1}\neq\boldsymbol{A}^{-1}+\boldsymbol{B}^{-1},$$

$$(\boldsymbol{A}+\boldsymbol{B})\cdot(\boldsymbol{A}+\boldsymbol{B})^{-1}\neq(\boldsymbol{A}+\boldsymbol{B})(\boldsymbol{A}^{-1}+\boldsymbol{B}^{-1}).$$

例 5.4.8　已知 $\boldsymbol{A}$ 和 $\boldsymbol{B}$ 都是可逆矩阵，且 $(\boldsymbol{P}^{\mathrm{T}}\boldsymbol{BP})^{-1}=(\boldsymbol{P}^{-1}\boldsymbol{AP})^{\mathrm{T}}$，试写出 $\boldsymbol{A}$ 的表达式.

解　在已知式两边右乘可逆矩阵 $(\boldsymbol{P}^{\mathrm{T}}\boldsymbol{BP})$，有

$$\boldsymbol{I}=(\boldsymbol{P}^{-1}\boldsymbol{AP})^{\mathrm{T}}\boldsymbol{P}^{\mathrm{T}}\boldsymbol{BP}=\boldsymbol{P}^{\mathrm{T}}\boldsymbol{A}^{\mathrm{T}}(\boldsymbol{P}^{-1})^{\mathrm{T}}\boldsymbol{P}^{\mathrm{T}}\boldsymbol{BP}$$

$$=P^{T}A^{T}(PP^{-1})^{T}BP=P^{T}A^{T}BP.$$

进一步变形，可求出 A 的表达式：

$$I=P^{T}A^{T}BP \Rightarrow (P^{T})^{-1}(BP)^{-1}=A^{T} \Rightarrow (P^{T})^{-1}(P^{-1})(B^{-1})=A^{T}$$

$$\Rightarrow (BPP^{T})^{-1}=A^{T} \Rightarrow [(BPP^{T})^{-1}]^{T}=A$$

$$\Rightarrow [(BPP^{T})^{T}]^{-1}=A \Rightarrow A=(PP^{T}B^{T})^{-1}.$$

作为本章结束，我们指出以下几点：

(1) 逆矩阵是线性代数中的一个重要概念，它的主要作用是让 A 和 A^{-1} 互为逆运算，这在矩阵表达式的变形和推导中非常重要，逆矩阵的性质是重要的知识点.

(2) 判断方阵 A 是否可逆很重要，只有已知 A 是可逆矩阵时，才可以使用记号 A^{-1} 参与运算. 读者可以综合利用“方阵秩的性质”“行列式性质”“逆矩阵性质”判断某矩阵是否可逆.

(3) 本章介绍的使用增广阵 $(A \vdots I) \xrightarrow{\text{初等行变换}} (I \vdots A^{-1})$ 求 A^{-1} 的方法是实用的. 大型方阵求逆的应用程序也是采用了这种方法.

习　题　五

1. 验证下面的矩阵对互为逆矩阵：

$$\begin{pmatrix}1&2&4\\1&3&9\\1&4&16\end{pmatrix} \text{ 和 } \begin{pmatrix}6&-8&-3\\ \frac{-7}{2}&6&\frac{5}{2}\\ \frac{1}{2}&-1&\frac{-1}{2}\end{pmatrix};$$

$$\begin{pmatrix}1&4&16\\1&5&25\\1&6&36\end{pmatrix} \text{ 和 } \begin{pmatrix}15&-24&10\\ \frac{-11}{2}&10&\frac{-9}{2}\\ \frac{1}{2}&-1&\frac{1}{2}\end{pmatrix}.$$

2. 用矩阵初等行变换方法求下列矩阵的逆矩阵：

$$A=\begin{pmatrix}1&0&3\\0&1&0\\3&0&1\end{pmatrix};\quad B=\begin{pmatrix}2&2&3\\1&-1&0\\-1&2&1\end{pmatrix};\quad C=\begin{pmatrix}1&-4&-3\\1&-5&-3\\-1&6&4\end{pmatrix}.$$

3. 用矩阵初等行变换，可以把 $(A \vdots I) \to (I \vdots A^{-1})$，试问是否可以用矩阵行变换实现下述变形？

$$(A \vdots B) \xrightarrow{?} (I \vdots A^{-1}B).$$

4. 已知 $A^{-1}=\begin{pmatrix}1&1\\1&2\end{pmatrix}$，求 A. 提示：方法 1，利用 $A^{-1}A=I$，设 $A=\begin{pmatrix}A&b\\c&d\end{pmatrix}$；方法 2，利

用 $\boldsymbol{A}=(\boldsymbol{A}^{-1})^{-1}$，对 $\boldsymbol{A}^{-1}$ 进行初等行变换求逆就得到 $\boldsymbol{A}$.

5. 先求线性方程组系数矩阵的逆矩阵，再利用逆矩阵求解下面的线性方程组：

$$\begin{cases} x_1+3x_2-2x_3=5 \\ 3x_1+2x_2-5x_3=14. \\ x_1+4x_2-3x_3=6 \end{cases}$$

6. 为了求解线性方程组 $\boldsymbol{AX}=\boldsymbol{B}$，对其增广矩阵 $(\boldsymbol{A}\vdots\boldsymbol{B})$ 使用矩阵行消去法，出现了如下表现：

$$(\boldsymbol{A}\vdots\boldsymbol{B})\xrightarrow[\text{矩阵行消去}]{\text{经过}}\begin{pmatrix}1&2&3&4&1\\0&3&4&5&2\\0&0&0&0&0\\0&0&2&5&3\end{pmatrix},$$

试问，原方程组中的系数矩阵 $\boldsymbol{A}$ 是可逆矩阵吗？

7. 用矩阵初等行变换的方法求出下面的上三角矩阵和下三角矩阵的逆矩阵，其中

$$\boldsymbol{A}=\begin{pmatrix}1&2&3\\0&1&2\\0&0&1\end{pmatrix},\quad \boldsymbol{A}^{\mathrm{T}}=\begin{pmatrix}1&0&0\\2&1&0\\3&2&1\end{pmatrix}.$$

(1) 上三角矩阵、下三角矩阵的逆矩阵有什么形式特点？

(2) 对角阵 $\boldsymbol{D}$ 的逆矩阵有什么特点？

(3) $(\boldsymbol{A}^{\mathrm{T}})^{-1}$ 和 $\boldsymbol{A}^{-1}$ 有什么关系？

8. 设 $\boldsymbol{A}$、$\boldsymbol{B}$、$\boldsymbol{C}$、$\boldsymbol{P}$ 都是同阶可逆方阵，按照逆矩阵的规则去括号，改写下面的运算形式：

(1) $(\boldsymbol{ABC})^{-1}$；　(2) $(\boldsymbol{P}^{-1}\boldsymbol{AP})^{-1}$；　(3) $(\boldsymbol{P}^{\mathrm{T}}\boldsymbol{AP})^{-1}$；

(4) $(\boldsymbol{A}^{-1}\boldsymbol{A})^{-1}$；　(5) $[(\boldsymbol{AB})^{-1}]^{\mathrm{T}}$；　(6) $(\boldsymbol{A}+\boldsymbol{B})^{-1}(\boldsymbol{A}+\boldsymbol{B})(\boldsymbol{C}-\boldsymbol{D})$.

9. 用逆矩阵求解下面的矩阵方程：

(1) $\begin{pmatrix}1&2&3\\2&5&1\\3&1&4\end{pmatrix}\boldsymbol{X}=\begin{pmatrix}2&1\\-1&0\\3&1\end{pmatrix}$；

(2) $\begin{pmatrix}3&1\\1&2\end{pmatrix}\boldsymbol{X}\begin{pmatrix}1&0\\1&1\end{pmatrix}=\begin{pmatrix}0&1\\1&2\end{pmatrix}$.

10. 已知 $\boldsymbol{A}=\begin{pmatrix}\frac{1}{3}&0&0\\0&\frac{1}{4}&0\\0&0&\frac{1}{7}\end{pmatrix}$，$\boldsymbol{A}^{-1}\boldsymbol{BA}=6\boldsymbol{A}+\boldsymbol{BA}$，求矩阵 $\boldsymbol{B}$.

11. 已知 $\boldsymbol{A}=\begin{pmatrix}3&-4&-3\\1&-3&-3\\-1&6&6\end{pmatrix}$，$\boldsymbol{A}+2\boldsymbol{B}=\boldsymbol{BA}$，求矩阵 $\boldsymbol{B}$.

12. 判定下列说法的正确性：

(1) 若 $\boldsymbol{A}$ 是可逆矩阵，则 $\boldsymbol{A}+\boldsymbol{I}$，$\boldsymbol{A}-\boldsymbol{I}$ 是可逆矩阵；

(2) 若 $\boldsymbol{A}$ 是可逆矩阵，则在等式 $\boldsymbol{P}+\boldsymbol{B}=\boldsymbol{C}$ 两边可以用 $\boldsymbol{A}^{-1}$ 左乘或右乘；

(3) 若 $\boldsymbol{A}$ 和 $\boldsymbol{P}$ 是同阶方阵，只要 $\boldsymbol{P}$ 可逆，则 $\boldsymbol{P}^{-1}\boldsymbol{A}\boldsymbol{P}$ 就有意义；

(4) 若 $\boldsymbol{A}$ 和 $\boldsymbol{P}$ 是同阶方阵，只要 $\boldsymbol{A}$ 可逆，则 $\boldsymbol{P}^{-1}\boldsymbol{A}\boldsymbol{P}$ 就有意义；

(5) 若 $\boldsymbol{A}+\boldsymbol{I}=(\boldsymbol{A}+\boldsymbol{I})^{-1}$，则 $\boldsymbol{A}$ 是可逆矩阵；

(6) 若 $\boldsymbol{A}+\boldsymbol{I}=4\boldsymbol{I}-\boldsymbol{A}$，则 $\boldsymbol{A}$ 是可逆矩阵；

(7) 若 $\boldsymbol{A}$ 和 $\boldsymbol{B}$ 都是可逆矩阵，则 $\boldsymbol{A}+\boldsymbol{B}$ 也是可逆矩阵.

13. 已知矩阵方程 $\boldsymbol{P}^{-1}\boldsymbol{A}\boldsymbol{P}=\boldsymbol{P}^{-1}\boldsymbol{B}+\boldsymbol{P}^{-1}\boldsymbol{C}$，试写出 $\boldsymbol{A}$ 的表达式.

14. 证明：$(\boldsymbol{A}^{-1}+\boldsymbol{B}^{-1})^{-1}=\boldsymbol{B}(\boldsymbol{A}+\boldsymbol{B})^{-1}\boldsymbol{A}$. 提示：等式两边左乘 $(\boldsymbol{A}^{-1}+\boldsymbol{B}^{-1})$.

15. 若 $\boldsymbol{A}^2+2\boldsymbol{A}-4\boldsymbol{I}=\boldsymbol{0}$，证明 $\boldsymbol{A}+3\boldsymbol{I}$ 可逆，$\boldsymbol{A}$ 可逆. 提示：利用“逆矩阵性质 10”.

第 6 章 矩阵用于求解线性方程组

前面第 1 章到第 5 章的内容介绍了线性代数中矩阵的基本概念、矩阵的线性运算、矩阵的秩、方阵的行列式、方阵的逆矩阵，有了这些基础知识就可以进一步讨论矩阵方程的实际应用问题了.

本章讨论矩阵在求解 n 个变元的线性方程组方面的应用. n 个变元的线性方程组在数据处理和科技计算中是频繁出现的，在应用问题中，方程组的变元数目可能成千上万，方程组可能只有唯一解，可能有无穷组非零解，也可能没有解，人们有必要弄清楚其求解的规律. 读者将会看到，用矩阵可以简洁判断出线性方程组解的状况，详细表现出解的内在规律.

对于文科专业的学生来说，关于齐次线性方程组和非齐次线性方程组的知识，只需学习如何用矩阵表述方程组及其解，学习解有多种表现的判断方法，学习用初等行变换求解线性方程组. 对于理工科专业的学生，除了学习上述内容外，还必须学习关于基础解系的内容.

§6.1 关于齐次线性方程组解状况的判断方法

关于 3 个变元的齐次线性方程组，其解可能有两种表现：一是只有唯一的零解组，二是有无穷多组非零解. 对于 n 个变元的齐次方程组，n 特别大，用什么方法可以判断出解的表现是哪一种呢？

下面先看一个简单的例子.

例 6.1.1 解齐次方程组

$$\begin{cases} x_1+2x_2+4x_3=0 \\ x_1+(t+2)x_2+4x_3=0 \\ x_1+(t+2)x_2+(k+4)x_3=0 \end{cases},$$

当 t 和 k 取何值时，方程组有唯一的零解，有无穷多组非零解？

解 把齐次方程组用增广阵 $(\mathbf{A}\vdots\mathbf{0})$ 形式表示，对原方程组的消元过程，相当于在各方程之间做线性组合，又相当于对增广阵做初等行变换，这样的过程不会改变齐次线性方程组的解，于是有

$$(\mathbf{A}\vdots\mathbf{0})=\begin{pmatrix}1&2&4&0\\1&t+2&4&0\\1&t+2&k+4&0\end{pmatrix}\xrightarrow[\text{全变为零元素}]{\substack{\text{把 }\mathbf{A}\text{ 的}\\\text{对角以下位置}}}\begin{pmatrix}1&2&4&0\\0&t&0&0\\0&0&k&0\end{pmatrix}.$$

由此可知：

(1) 如果对 t、k 适当取值，保证消元前后有 3 个方程是独立的，此时 $r(\boldsymbol{A})=3$，那么原方程组只有唯一的零解，$(x_1,x_2,x_3)=(0,0,0)$.

(2) 如果对 t、k 适当取值，比如 $k=0,t=1$，于是消元前后只有 2 个方程是独立的，此时 $r(\boldsymbol{A})=2$，原方程为

$$\begin{cases}x_1+2x_2+4x_3=0\\x_1+3x_2+4x_3=0\end{cases},$$

把其中的一个变量的有关项移到等式右边，有

$$\begin{cases}x_1+2x_2=-4x_3\\x_1+3x_2=-4x_3\end{cases},$$

于是，对 x_3 任意取值，齐次方程组就会出现无穷多组非零解.

(3) 如果对 t、k 适当取值，比如 $k=0,t=0$，于是消元前后只有 1 个方程是独立的，此时 $r(\boldsymbol{A})=1$，原方程为

$$x_1+2x_2+4x_3=0,$$

于是，对 x_2、x_3 任意取值，齐次方程组也会出现无穷多组非零解.

总之，对于齐次三元一次方程组 $\boldsymbol{AX}=\boldsymbol{0}$，如果 $r(\boldsymbol{A})=3$，则有唯一的零解；如果 $r(\boldsymbol{A})<3$，则有无穷多组非零解.

上述简单问题的讨论，可以推广到 n 个变元的齐次线性方程组：

$$\boldsymbol{AX}=\boldsymbol{0},\quad 即\quad \begin{pmatrix}a_{11}&a_{12}&\cdots&a_{1n}\\a_{21}&a_{22}&\cdots&a_{2n}\\\vdots&\vdots&&\vdots\\a_{n1}&a_{n2}&\cdots&a_{nn}\end{pmatrix}\begin{pmatrix}x_1\\x_2\\\vdots\\x_n\end{pmatrix}=\begin{pmatrix}0\\0\\\vdots\\0\end{pmatrix}.$$

关于 n 个变元的齐次线性方程组 $\boldsymbol{AX}=\boldsymbol{0}$，其解可能有两种表现，一是只有唯一的零解，二是有无穷多组非零解. 可以用 $r(\boldsymbol{A})$ 的表现去判断解的状况.

关于 n 元齐次线性方程组 $\boldsymbol{AX}=\boldsymbol{0}$ 解的状况，有如下结论：

结论 1. 齐次线性方程组只有零解 $\Leftrightarrow$ $r(\boldsymbol{A})=n$ 或 $|\boldsymbol{A}|\neq 0$；

齐次线性方程组有无穷组非零解 $\Leftrightarrow$ $r(\boldsymbol{A})<n$ 或 $|\boldsymbol{A}|=0$.

结论 2. 若 $\boldsymbol{\eta}_1$ 和 $\boldsymbol{\eta}_2$ 是齐次线性方程组的解，则其线性组合 $k_1\boldsymbol{\eta}_1+k_2\boldsymbol{\eta}_2$ 也是齐次线性方程组的解.

例 6.1.2 判断下面的线性方程组有没有非零解.

$$\begin{cases}x_1+x_2+x_3-x_4=0\\x_1-x_2+x_3-3x_4=0\\x_1+3x_2+x_3+x_4=0\\3x_1+x_2+3x_3-5x_4=0\end{cases}.$$

解 要判断方程组有没有非零解，只要判断方程组有几个方程是独立的就知道了. 为此先求出系数矩阵的秩，采用矩阵初等行变换的办法，有

$$A=\begin{pmatrix}1&1&1&-1\\1&-1&1&-3\\1&3&1&1\\3&1&3&-5\end{pmatrix}\to\begin{pmatrix}1&1&1&-1\\0&-2&0&-2\\0&2&0&2\\0&-2&0&-2\end{pmatrix}\to\begin{pmatrix}1&1&1&-1\\0&1&0&1\\0&0&0&0\\0&0&0&0\end{pmatrix}\to\begin{pmatrix}1&0&1&-2\\0&1&0&1\\0&0&0&0\\0&0&0&0\end{pmatrix}.$$

由此可知 $r(A)=2$，齐次线性方程组只有 2 个方程是独立的，它有无穷多组非零解.

§6.2 关于非齐次线性方程组解状况的判断方法

大家知道，对于三元一次的非齐次线性方程组来说，其解可能有三种表现：一是只有唯一解；二是没有解，因为存在相互矛盾的方程；三是有无穷多非零解. 如果是 n 个变元的非齐次方程组，n 特别大，用什么简便方法可以判断出解的表现是哪一种呢？

先用一个实例去观察非齐次线性方程组的解的不同情况.

例 6.2.1 试分析下面的非齐次线性方程组解的状况：

$$\begin{cases}x_1+2x_2+4x_3=-1\\x_1+(t+2)x_2+6x_3=2\\x_1+(t+2)x_2+(k+6)x_3=1\end{cases}.$$

当 t 和 k 取何值时，方程组有唯一解，有无穷多非零解，或没有解？

解 原方程组记为 $AX=b$，对其使用消元过程，相当于在各方程之间做线性组合，又相当于对增广阵 $(A\vdots b)$ 做初等行变换，这样的过程不会改变非齐次线性方程组的解，于是有

$$(A\vdots b)=\begin{pmatrix}1&2&4&-1\\1&t+2&6&2\\1&t+2&k+6&1\end{pmatrix}\xrightarrow[\text{全变为零元素}]{\text{把 }A\text{ 的对角以下位置}}\begin{pmatrix}1&2&4&-1\\0&t&2&3\\0&0&k&-1\end{pmatrix}.$$

由消元后的方程组形式可知：

(1) 当 $t\neq0,k\neq0$ 时，$r(A)=r(A\vdots b)=3$，有 3 个方程是独立的，原非齐次方程组有唯一解.

(2) 当 $k=0,t\neq0$ 时，$r(A)=r(A\vdots b)=2$，有 2 个方程是独立的，原非齐次方程组有无穷多解.

(3) 当 $k\neq-\dfrac{3}{2},t=0$ 时，$r(A)=2,r(A\vdots b)=3$，有矛盾方程，所以原非齐次方程组无解.

通过此例的启发可知，关于 n 个变元的非齐次线性方程组

$$AX=b,\quad 即\quad \begin{pmatrix}a_{11}&a_{12}&\cdots&a_{1n}\\a_{21}&a_{22}&\cdots&a_{2n}\\\vdots&\vdots&&\vdots\\a_{n1}&a_{n2}&\cdots&a_{nn}\end{pmatrix}\begin{pmatrix}x_1\\x_2\\\vdots\\x_n\end{pmatrix}=\begin{pmatrix}b_1\\b_2\\\vdots\\b_n\end{pmatrix},$$

其解也有三种表现：其一是有唯一解；其二是有无穷多非零解；其三是没有解. 这些解的状况

可以用 $r(\boldsymbol{A})$ 和 $r(\boldsymbol{A}\vdots\boldsymbol{b})$ 的表现去判断.

关于 n 个变元的非齐次线性方程组 $\boldsymbol{AX}=\boldsymbol{b}$ 解的状况，有如下结论：

当 $r(\boldsymbol{A})=r(\boldsymbol{A}\vdots\boldsymbol{b})=r=n$ 时，非齐次方程组有唯一解，此时，n 个方程是相互独立的；

当 $r(\boldsymbol{A})=r(\boldsymbol{A}\vdots\boldsymbol{b})=r<n$ 时，非齐次方程组有无穷多组非零解，此时方程组中仅有 r 个方程是独立的，存在 $n-r$ 个同解方程；

当 $r(\boldsymbol{A})<r(\boldsymbol{A}\vdots\boldsymbol{b})$ 时，非齐次线性方程组无解，此时，方程组中存在着矛盾方程.

例 6.2.2　判断下面的非齐次方程组解的状况：

$$\begin{cases}x_1+5x_2-x_3+x_4=-1\\ x_1-x_2+x_3+4x_4=3\\ 3x_1+9x_2-x_3+6x_4=1\\ x_1-7x_2+3x_3+7x_4=7\end{cases}.$$

解　记方程组为 $\boldsymbol{AX}=\boldsymbol{b}$，对方程组的系数矩阵及其增广阵求秩，用初等行变换，有

$$(\boldsymbol{A}\vdots\boldsymbol{b})=\begin{pmatrix}1&5&-1&1&-1\\1&-1&1&4&3\\3&9&-1&6&1\\1&-7&3&7&7\end{pmatrix}\rightarrow\begin{pmatrix}1&5&-1&1&-1\\0&-1&1&4&4\\0&9&-1&6&4\\0&-12&4&6&8\end{pmatrix}$$

$$\rightarrow\begin{pmatrix}1&0&2/3&7/2&7/3\\0&1&-1/3&-1/2&-2/3\\0&0&0&0&0\\0&0&0&0&0\end{pmatrix},$$

由此可知，$r(\boldsymbol{A})=r(\boldsymbol{A}\vdots\boldsymbol{b})=2$，说明原方程组中有 2 个同解方程，原非齐次方程组等同于

$$\begin{cases}x_1=\dfrac{7}{3}-\dfrac{2}{3}x_3-\dfrac{7}{2}x_4,\\ x_2=\dfrac{-2}{3}+\dfrac{1}{3}x_3+\dfrac{1}{2}x_4.\end{cases}$$

所以，当 x_3 和 x_4 任意取值时，原方程组有无穷多组非零解.

例 6.2.3　讨论下面的线性方程组解的状况：

$$\begin{cases}x+ay+a^2z=1\\ x+ay+abz=a\\ bx+a^2y+a^2bz=a^2b\end{cases}.$$

解　记原方程组为 $\boldsymbol{AX}=\boldsymbol{b}$，观察系数矩阵及其增广阵的秩，用矩阵的初等行变换，有

$$(\boldsymbol{A}\vdots\boldsymbol{b})=\begin{pmatrix}1&a&a^2&1\\1&a&ab&a\\b&a^2&a^2b&a^2b\end{pmatrix}\rightarrow\begin{pmatrix}1&a&a^2&1\\0&0&a(b-a)&a-1\\0&a(a-b)&0&b(a^2-1)\end{pmatrix},$$

(1) 当 $a(a-b)\neq0$ 时，$r(\boldsymbol{A})=r(\boldsymbol{A}\vdots\boldsymbol{b})=3$，方程组有唯一解.

(2) 当 $a(a-b)=0$ 时，$r(\boldsymbol{A})=1$，$r(\boldsymbol{A}\vdots\boldsymbol{b})=3$，方程组无解.

(3) 当 $a=1$ 时，原方程组仅有一个方程是独立的，即 $x+y+z=1$，原方程组有无穷多非零解.

例 6.2.4　(1) 对于齐次线性方程组 $\boldsymbol{AX}=\boldsymbol{0}$，若 $\boldsymbol{x}_1$ 和 $\boldsymbol{x}_2$ 是其解，问 $\boldsymbol{x}_1+\boldsymbol{x}_2$ 还是齐次方

程组的解吗？

(2) 对于非齐次线性方程组 $\boldsymbol{AX}=\boldsymbol{b}$，若 ξ_1 和 ξ_2 是其解，问 $\xi_1+\xi_2$ 还是非齐次方程组的解吗？

解 (1) 对于齐次线性方程组 $\boldsymbol{AX}=\boldsymbol{0}$，因为 $\boldsymbol{x}_1$ 和 $\boldsymbol{x}_2$ 是其解，所以有 $\boldsymbol{Ax}_1=\boldsymbol{0}$，$\boldsymbol{Ax}_2=\boldsymbol{0}$，从而有 $\boldsymbol{A}(\boldsymbol{x}_1+\boldsymbol{x}_2)=\boldsymbol{0}$，因此，$\boldsymbol{x}_1+\boldsymbol{x}_2$ 仍然是原齐次方程组的解.

(2)对于非齐次线性方程组 $\boldsymbol{AX}=\boldsymbol{b}$，因为 ξ_1 和 ξ_2 是其解，所以有 $\boldsymbol{A}\xi_1=\boldsymbol{b}$，$\boldsymbol{A}\xi_2=\boldsymbol{b}$，从而有 $\boldsymbol{A}(\xi_1+\xi_2)\neq\boldsymbol{b}$，因此，$\xi_1+\xi_2$ 不是原非齐次方程组的解.

§6.3 线性方程组解状况的几何解释

为了说明问题，下面仅分析三元一次线性方程组在几何方面的表现.

1. 单个三元一次方程的几何解释

在 3 维向量空间中，单个三元一次方程

$$a_1x_1+a_2x_2+a_3x_3=b$$

在几何上表示平面. 如果 $b=0$，表示平面过原点；如果 $b\neq0$，表示平面不过原点.

在 3 维向量空间中，只有两个变元的一次方程 $a_1x_1+a_2x_2=b$，或者只有一个变元的一次方程 $a_1x_1=b$，在几何上都表示某种平面.

2. 两个三元一次方程联立的几何解释

对于两个三元一次方程联立而成的方程组：

$$\begin{cases}a_{11}x_1+a_{12}x_2+a_{13}x_3=b_1\\a_{21}x_1+a_{22}x_2+a_{23}x_3=b_2\end{cases},$$

其中的系数全都非零，其系数矩阵及其增广阵为

$$\boldsymbol{A}=\begin{pmatrix}a_{11}&a_{12}&a_{13}\\a_{21}&a_{22}&a_{23}\end{pmatrix},\quad(\boldsymbol{A}\vdots\boldsymbol{b})=\begin{pmatrix}a_{11}&a_{12}&a_{13}&b_1\\a_{21}&a_{22}&a_{23}&b_2\end{pmatrix}.$$

该方程组要么有无穷多解，要么没有解.

(1) 当 $r(\boldsymbol{A})=r(\boldsymbol{A}\vdots\boldsymbol{b})=2$ 时，方程组有无穷多解.

从代数角度看，该方程组有三个变元、两个独立方程，方程组有无穷多解.

从几何角度看，两个独立的三元一次方程代表不平行的两个平面，它们相交为一条直线，交线上有无穷多个点同时满足这两个方程.

(2) 当 $r(\boldsymbol{A})=r(\boldsymbol{A}\vdots\boldsymbol{b})=1$ 时，方程组有无穷多解.

从代数角度看，原方程组实际上只有一个方程是独立的，方程有无穷多解.

从几何角度看，两个平面重合，有无穷多个点在这个平面上.

(3) 当 $r(\boldsymbol{A})=1, r(\boldsymbol{A} \vdots \boldsymbol{b})=2$ 时，方程组无解.

从代数角度看，两个方程是矛盾的，方程组无解.

从几何角度看，两个平面平行而不相交.

3. 三个三元一次方程联立的几何解释

对于三元一次方程组

$$\begin{cases} a_{11}x_1+a_{12}x_2+a_{13}x_3=b_1 \\ a_{21}x_1+a_{22}x_2+a_{23}x_3=b_2, \\ a_{31}x_1+a_{32}x_2+a_{33}x_3=b_3 \end{cases}$$

其系数矩阵记为 $\boldsymbol{A}$，其增广矩阵记为 $(\boldsymbol{A} \vdots \boldsymbol{b})$.

(1) 当 $r(\boldsymbol{A})=3, r(\boldsymbol{A} \vdots \boldsymbol{b})=3$ 时，从代数角度看，方程组有唯一解；从几何角度看，三个平面存在一个共同的交点.

(2) 当 $r(\boldsymbol{A})=2, r(\boldsymbol{A} \vdots \boldsymbol{b})=3$ 时，从代数角度看，存在一个矛盾方程，方程组无解；从几何角度看，有两个平面是平行的，三个平面没有共同的交点.

(3) 当 $r(\boldsymbol{A})=1, r(\boldsymbol{A} \vdots \boldsymbol{b})=2$ 时，从代数角度看，存在一个矛盾方程，一个同解方程，方程组无解；从几何角度看，三个平面没有共同的交点.

4. n 个变元的线性方程组

对于 n 个变元的线性方程组，人们不能得到一个十分形象的解释，只能抽象地去理解：一个 n 元一次方程表示 n 维向量空间中的一个“超平面”；多个 n 元一次方程联立，表示多个“超平面”的“交集”.

§6.4　线性方程组无穷多非零解的构造方法

前面已经讨论过，n 元齐次线性方程组可能会出现无穷多组非零解的情形，人们把线性方程组的无穷多组非零解，称为“通解”.

问题是，n 元齐次线性方程组的通解怎么构造和表示？对于 n 元非齐次线性方程组来说，通解又应该怎么构造和表示？

1. 齐次方程组的通解的构造方法

先看三个具体例子.

例 6.4.1　已知四元一次齐次方程组

$$\begin{cases} x_1 = 2x_4 \\ x_2 = 3x_4 \\ x_3 = 5x_4 \end{cases}$$

有无穷多非零解，问应该如何构造出通解？

解　该方程组中 x_4 是可以自由选择的，先简单选择 $x_4 = 1$ 代入，就得到原齐次方程组的一组解 $\boldsymbol{\eta}_1 = (2,3,5,1)$，于是

$$\boldsymbol{X} = c\boldsymbol{\eta}, \quad c \text{ 是任意实数}$$

就是原齐次方程组的通解.

例 6.4.2　已知四元一次齐次方程组

$$\begin{cases} x_1 = x_3 + 2x_4 \\ x_2 = 3x_3 + 4x_4 \end{cases}$$

有无穷多组非零解，问应该如何构造出通解？

解　齐次方程组中 x_3 和 x_4 是可以自由选择的，读者会想到，要在 x_3 和 x_4 构成的 2 个自由度的二维空间中去任意构造非零向量，最具代表性的选择是令 $(x_3,x_4) = (1,0)$ 和 $(x_3,x_4) = (0,1)$ 这两个线性无关的形式.

将 $(x_3,x_4) = (1,0)$ 代入原方程，有 $x_1 = 1, x_2 = 3$，于是得到原齐次方程组的一组非零解 $\boldsymbol{\eta}_1 = (1,3,1,0)$；

将 $(x_3,x_4) = (0,1)$ 代入原方程，有 $x_1 = 2, x_2 = 4$，于是又得到原齐次方程组的另一组非零解 $\boldsymbol{\eta}_2 = (2,4,0,1)$.

可以验证 $\boldsymbol{\eta}_1$ 和 $\boldsymbol{\eta}_2$ 是线性无关的. 于是，由 $\boldsymbol{\eta}_1$ 和 $\boldsymbol{\eta}_2$ 的线性组合就可以构造出无穷多个非零向量

$$\boldsymbol{X} = c_1\boldsymbol{\eta}_1 + c_2\boldsymbol{\eta}_2, \quad c_1、c_2 \text{ 是任意实数},$$

这些非零向量一定满足原齐次线性方程组，所以 $\boldsymbol{X} = c_1\boldsymbol{\eta}_1 + c_2\boldsymbol{\eta}_2$ 是原齐次线性方程组的通解.

例 6.4.3　已知四元一次齐次方程

$$x_1 = x_2 + 2x_3 + 3x_4$$

有无穷多解，如何构造出通解呢？

解　在这个齐次线性方程中，x_2、x_3 和 x_4 是可以自由选择的，在这 3 个自由度的空间中，只要令 $(x_2,x_3,x_4) = (1,0,0)$，$(x_2,x_3,x_4) = (0,1,0)$，$(x_2,x_3,x_4) = (0,0,1)$，由此就可以构造出无穷多的非零向量.

将 $(x_2,x_3,x_4) = (1,0,0)$ 代入原方程，有 $x_1 = 1$，于是得到原方程的一组非零解 $\boldsymbol{\eta}_1 = (x_1,x_2,x_3,x_4) = (1,1,0,0)$；

将 $(x_2,x_3,x_4) = (0,1,0)$ 代入原方程，有 $x_1 = 2$，于是得到原方程的另一组非零解 $\boldsymbol{\eta}_2 = (x_1,x_2,x_3,x_4) = (2,0,1,0)$；

将 $(x_2,x_3,x_4) = (0,0,1)$ 代入原方程，有 $x_1 = 3$，于是得到原方程的又一组非零解 $\boldsymbol{\eta}_3 = (x_1,x_2,x_3,x_4) = (3,0,0,1)$.

可以证明，$\boldsymbol{\eta}_1$、$\boldsymbol{\eta}_2$、$\boldsymbol{\eta}_3$ 是线性无关的，其线性组合就可以构造出无穷多个非零向量

$$X = c_1 \boldsymbol{\eta}_1 + c_2 \boldsymbol{\eta}_2 + c_3 \boldsymbol{\eta}_3\,,\quad c_1、c_2、c_3 \text{ 是任意实数},$$

这些非零向量一定满足原齐次线性方程，所以 $X = c_1 \boldsymbol{\eta}_1 + c_2 \boldsymbol{\eta}_2 + c_3 \boldsymbol{\eta}_3$ 是原齐次线性方程的通解.

从上面的例子可以看到，要构造齐次线性方程组的通解，就需要确定可以任意选择的变量的个数，可称其为自由度. 假设有 s 个自由度，于是就可以得到 s 个原齐次方程组的解 $\boldsymbol{\eta}_1$，$\boldsymbol{\eta}_2$，…，$\boldsymbol{\eta}_s$，其线性组合 $k_1 \boldsymbol{\eta}_1 + k_2 \boldsymbol{\eta}_2 + \cdots + k_s \boldsymbol{\eta}_s$ 就是原齐次方程组的通解. 由于通解是以 $\boldsymbol{\eta}_1$，$\boldsymbol{\eta}_2$，…，$\boldsymbol{\eta}_s$ 为基础构造出来的，所以称 $\boldsymbol{\eta}_1$，$\boldsymbol{\eta}_2$，…，$\boldsymbol{\eta}_s$ 为"基础解系".

下面，针对 n 个变元的齐次方程组，介绍如何求得基础解系，如何构造齐次线性方程组的通解.

设 n 元齐次线性方程组 $\boldsymbol{AX} = \boldsymbol{0}$：

$$\begin{pmatrix} a_{11} & a_{12} & \cdots & a_{1r} & \cdots & a_{1n} \\ a_{21} & a_{22} & \cdots & a_{2r} & \cdots & a_{2n} \\ \vdots & \vdots & & \vdots & & \vdots \\ a_{r1} & a_{r2} & & a_{rr} & & a_{rn} \\ \vdots & \vdots & & \vdots & & \vdots \\ a_{n1} & a_{n2} & \cdots & a_{nr} & \cdots & a_{nn} \end{pmatrix} \begin{pmatrix} x_1 \\ x_2 \\ \vdots \\ x_r \\ \vdots \\ x_n \end{pmatrix} = \begin{pmatrix} 0 \\ 0 \\ \vdots \\ 0 \\ \vdots \\ 0 \end{pmatrix}.$$

它的前 r 个方程是独立的，$r(\boldsymbol{A}) = r < n$，此方程组一定可以改写为

$$\begin{pmatrix} a_{11} & a_{12} & \cdots & a_{1r} \\ a_{21} & a_{22} & \cdots & a_{2r} \\ \vdots & \vdots & & \vdots \\ a_{r1} & a_{r2} & \cdots & a_{rr} \end{pmatrix} \begin{pmatrix} x_1 \\ x_2 \\ \vdots \\ x_r \end{pmatrix} = - \begin{pmatrix} a_{1,r+1} & a_{1,r+2} & \cdots & a_{1n} \\ a_{2,r+1} & a_{2,r+2} & \cdots & a_{2n} \\ \vdots & \vdots & & \vdots \\ a_{r,r+1} & a_{r,r+2} & \cdots & a_{rn} \end{pmatrix} \begin{pmatrix} x_1 \\ x_2 \\ \vdots \\ x_n \end{pmatrix}.$$

这里有 $n-r$ 个自由选择的变量，这些自由选择的变量构成 $n-r$ 维向量空间，只要选择

$$\begin{pmatrix} x_{r+1} \\ x_{r+2} \\ \vdots \\ x_{n-1} \\ x_n \end{pmatrix} = \begin{pmatrix} 1 \\ 0 \\ \vdots \\ 0 \\ 0 \end{pmatrix},\quad \begin{pmatrix} x_{r+1} \\ x_{r+2} \\ \vdots \\ x_{n-1} \\ x_n \end{pmatrix} = \begin{pmatrix} 0 \\ 1 \\ \vdots \\ 0 \\ 0 \end{pmatrix},\quad \cdots,\quad \begin{pmatrix} x_{r+1} \\ x_{r+2} \\ \vdots \\ x_{n-1} \\ x_n \end{pmatrix} = \begin{pmatrix} 0 \\ 0 \\ \vdots \\ 0 \\ 1 \end{pmatrix},$$

它们简单的线性组合就可以保证 x_{r+1}，…，x_n 的全部的非零选择. 于是，当

$$\begin{pmatrix} x_{r+1} \\ x_{r+2} \\ \vdots \\ x_n \end{pmatrix} = \begin{pmatrix} 1 \\ 0 \\ \vdots \\ 0 \end{pmatrix} \text{时}，\begin{pmatrix} a_{11} & a_{12} & \cdots & a_{1r} \\ a_{21} & a_{22} & \cdots & a_{2r} \\ \vdots & \vdots & & \vdots \\ a_{r1} & a_{r2} & \cdots & a_{rr} \end{pmatrix} \begin{pmatrix} x_1 \\ x_2 \\ \vdots \\ x_r \end{pmatrix} = - \begin{pmatrix} a_{1,r+1} \\ a_{2,r+1} \\ \vdots \\ a_{r,r+1} \end{pmatrix}，\text{可解得} \begin{pmatrix} x_1 \\ x_2 \\ \vdots \\ x_r \end{pmatrix} = \begin{pmatrix} c_{11} \\ c_{21} \\ \vdots \\ c_{r1} \end{pmatrix},$$

这样就获得齐次方程组的一个解：

$$\boldsymbol{\eta}_1 = (x_1, \cdots, x_r, x_{r+1}, \cdots, x_n)^{\mathrm{T}} = (c_{11}, c_{21}, \cdots, c_{r1}, 1, 0, \cdots, 0)^{\mathrm{T}};$$

当 $\begin{pmatrix} x_{r+1} \\ x_{r+2} \\ \vdots \\ x_n \end{pmatrix} = \begin{pmatrix} 0 \\ 1 \\ \vdots \\ 0 \end{pmatrix}$ 时，$\begin{pmatrix} a_{11} & a_{12} & \cdots & a_{1r} \\ a_{21} & a_{22} & \cdots & a_{2r} \\ \vdots & \vdots & & \vdots \\ a_{r1} & a_{r2} & \cdots & a_{rr} \end{pmatrix} \begin{pmatrix} x_1 \\ x_2 \\ \vdots \\ x_r \end{pmatrix} = - \begin{pmatrix} a_{1,r+2} \\ a_{2,r+2} \\ \vdots \\ a_{r,r+2} \end{pmatrix}$，可解得 $\begin{pmatrix} x_1 \\ x_2 \\ \vdots \\ x_r \end{pmatrix} = \begin{pmatrix} c_{12} \\ c_{22} \\ \vdots \\ c_{r2} \end{pmatrix}$，这样

就获得齐次方程组的第二个解：

$$\boldsymbol{\eta}_2=(x_1,\cdots,x_r,x_{r+1},\cdots,x_n)^{\mathrm T}=(c_{12},c_{22},\cdots,c_{r2},0,1,\cdots,0)^{\mathrm T};$$

依此类推，当 $\begin{pmatrix}x_{r+1}\\x_{r+2}\\\vdots\\x_n\end{pmatrix}=\begin{pmatrix}0\\0\\\vdots\\1\end{pmatrix}$ 时，$\begin{pmatrix}a_{11}&a_{12}&\cdots&a_{1r}\\a_{21}&a_{22}&\cdots&a_{2r}\\\vdots&\vdots&&\vdots\\a_{r1}&a_{r2}&\cdots&a_{rr}\end{pmatrix}\begin{pmatrix}x_1\\x_2\\\vdots\\x_r\end{pmatrix}=-\begin{pmatrix}a_{1n}\\a_{2n}\\\vdots\\a_{rn}\end{pmatrix}$，可解得 $\begin{pmatrix}x_1\\x_2\\\vdots\\x_r\end{pmatrix}=\begin{pmatrix}c_{1,n-r}\\c_{2,n-r}\\\vdots\\c_{r,n-r}\end{pmatrix}$，

这样就获得齐次方程组的第 $n-r$ 个解：

$$\boldsymbol{\eta}_{n-r}=(x_1,\cdots,x_r,x_{r+1},\cdots,x_n)^{\mathrm T}=(c_{1,n-r},c_{2,n-r},\cdots,c_{r,n-r},0,0,\cdots,1)^{\mathrm T}.$$

其中，$\{\boldsymbol{\eta}_1,\boldsymbol{\eta}_2,\cdots,\boldsymbol{\eta}_{n-r}\}$ 就是基础解系，它是线性无关的，它的线性组合

$$\boldsymbol{X}=k_1\boldsymbol{\eta}_1+k_2\boldsymbol{\eta}_2+\cdots+k_{n-r}\boldsymbol{\eta}_{n-r},\quad k_1,k_2,\cdots,k_{n-r}\text{ 是任意实数}$$

就是原齐次方程组的通解.

下面给出齐次方程组基础解系的定义.

对于 n 元齐次线性方程组 $\boldsymbol{AX}=\boldsymbol{0}$，$r(\boldsymbol{A})=r<n$，如果 $\{\boldsymbol{\eta}_1,\boldsymbol{\eta}_2,\cdots,\boldsymbol{\eta}_{n-r}\}$ 满足下面两个条件，则 $\{\boldsymbol{\eta}_1,\boldsymbol{\eta}_2,\cdots,\boldsymbol{\eta}_{n-r}\}$ 称为齐次线性方程组的“基础解系”：

(1) $\boldsymbol{\eta}_1,\boldsymbol{\eta}_2,\cdots,\boldsymbol{\eta}_{n-r}$ 是齐次线性方程组的解，且线性无关；

(2) 齐次线性方程组的任意一个非零解，都是由 $\boldsymbol{\eta}_1,\boldsymbol{\eta}_2,\cdots,\boldsymbol{\eta}_{n-r}$ 的线性组合构成的；或者说，$\boldsymbol{\eta}_1,\boldsymbol{\eta}_2,\cdots,\boldsymbol{\eta}_{n-r}$ 的线性组合构成了齐次线性方程组的通解.

综上所述，对于 n 元齐次线性方程组，当系数矩阵 $r(\boldsymbol{A})=r<n$ 时，其基础解系共有 $n-r$ 个线性无关的解向量. 求得了基础解系，就掌握了齐次线性方程组的全部非零解(通解). 所以，线性方程组的基础解系是一个重要的知识点.

例 6.4.4　求下面的齐次线性方程组的基础解系，并写出通解.

$$\begin{cases}x_1+x_2+x_3-x_4=0\\x_1-x_2+x_3-3x_4=0\\x_1+3x_2+x_3+x_4=0\\3x_1+x_2+3x_3-5x_4=0\end{cases}.$$

解　步骤(1)：判断方程组有几个方程是独立的. 为此先求出系数矩阵的秩，采用矩阵初等行变换的办法，有

$$\boldsymbol{A}=\begin{pmatrix}1&1&1&-1\\1&-1&1&-3\\1&3&1&1\\3&1&3&-5\end{pmatrix}\to\begin{pmatrix}1&1&1&-1\\0&-2&0&-2\\0&2&0&2\\0&-2&0&-2\end{pmatrix}$$

$$\to\begin{pmatrix}1&1&1&-1\\0&1&0&1\\0&0&0&0\\0&0&0&0\end{pmatrix}\to\begin{pmatrix}1&0&1&-2\\0&1&0&1\\0&0&0&0\\0&0&0&0\end{pmatrix}.$$

上述初等行变换过程也就是对原方程组的消元过程. 由此可知 $r(\boldsymbol{A})=2$，齐次线性方程组只有 2 个方程是独立的，它有无穷多非零解.

步骤(2)：求出基础解系. 按照基础解系的构造办法，把 x_3 和 x_4 当作自由变量放在等号

右边,有

$$\begin{pmatrix}1 & 0\\0 & 1\end{pmatrix}\begin{bmatrix}x_1\\x_2\end{bmatrix}=\begin{bmatrix}-x_3+2x_4\\0\cdot x_3-x_4\end{bmatrix},$$

令 $\begin{bmatrix}x_3\\x_4\end{bmatrix}=\begin{pmatrix}1\\0\end{pmatrix}$,解得 $\begin{bmatrix}x_1\\x_2\end{bmatrix}=\begin{pmatrix}-1\\0\end{pmatrix}$,于是就获得基础解系的一个解向量

$$\boldsymbol{\eta}_1=(x_1,x_2,x_3,x_4)^{\mathrm{T}}=(-1,0,1,0)^{\mathrm{T}};$$

令 $\begin{bmatrix}x_3\\x_4\end{bmatrix}=\begin{pmatrix}0\\1\end{pmatrix}$,解得 $\begin{bmatrix}x_1\\x_2\end{bmatrix}=\begin{pmatrix}2\\-1\end{pmatrix}$,于是就获得基础解系的另一个解向量

$$\boldsymbol{\eta}_2=(x_1,x_2,x_3,x_4)^{\mathrm{T}}=(2,-1,0,1)^{\mathrm{T}}.$$

步骤(3):写出齐次方程组的通解.由这两个基础解系的解向量做线性组合,就可以构造出齐次线性方程组的通解(全部非零解)为:

$$\begin{bmatrix}x_1\\x_2\\x_3\\x_4\end{bmatrix}=k_1\boldsymbol{\eta}_1+k_2\boldsymbol{\eta}_2=k_1\cdot\begin{bmatrix}-1\\0\\1\\0\end{bmatrix}+k_2\cdot\begin{bmatrix}2\\-1\\0\\1\end{bmatrix},\quad k_1、k_2\text{ 是实常数.}$$

例 6.4.5　λ 为何值时,下面的齐次线性方程组仅有零解、有非零解?求出全部非零解.

$$\begin{cases}\lambda x_1+x_2+x_3=0\\x_1+\lambda x_2+x_3=0.\\x_1+x_2+\lambda x_3=0\end{cases}$$

解　根据题意,关键是看系数矩阵的秩的表现.因为

$$|\boldsymbol{A}|=\begin{vmatrix}\lambda & 1 & 1\\1 & \lambda & 1\\1 & 1 & \lambda\end{vmatrix}=(\lambda-1)^2(\lambda+2).$$

所以要分三种情形讨论.

(1) 当 $\lambda\neq1$ 且 $\lambda\neq-2$ 时, $|\boldsymbol{A}|\neq0$, $r(\boldsymbol{A})=3$,三个方程是独立的,此时齐次方程组只有零解.

(2) 当 $\lambda=1$ 时, $|\boldsymbol{A}|=0$,齐次方程组有非零解.为了求出全部非零解,先列出系数矩阵,用初等行变换求秩,有

$$\begin{bmatrix}1 & 1 & 1\\1 & 1 & 1\\1 & 1 & 1\end{bmatrix}\rightarrow\begin{bmatrix}1 & 1 & 1\\0 & 0 & 0\\0 & 0 & 0\end{bmatrix},$$

这表明此时齐次方程组只有一个方程是独立的,列出这个方程:

$$x_1=-x_2-x_3,$$

分别令 $(x_2,x_3)=(1,0)$ 和 $(0,1)$,就获得基础解系的 2 个解:

$$(x_1,x_2,x_3)=(-1,1,0)\text{ 和 }(-1,0,1).$$

于是,当 $\lambda=1$ 时,齐次方程组的通解为: $\begin{bmatrix}x_1\\x_2\\x_3\end{bmatrix}=k_1\cdot\begin{bmatrix}-1\\1\\0\end{bmatrix}+k_2\cdot\begin{bmatrix}-1\\0\\1\end{bmatrix}.$

(3) 当 $\lambda=-2$ 时，$|\boldsymbol{A}|=0$，齐次方程组有非零解. 为了求得全部非零解，先写出系数矩阵，用行变换求秩，有

$$\begin{pmatrix} -2 & 1 & 1 \\ 1 & -2 & 1 \\ 1 & 1 & -2 \end{pmatrix} \to \begin{pmatrix} 1 & 1 & -2 \\ 0 & 1 & -1 \\ 0 & 0 & 0 \end{pmatrix},$$

这表明此时齐次方程组有 2 个方程是独立的，把 x_3 作为自由变量并写出方程组：

$$\begin{pmatrix} 1 & 1 \\ 0 & 1 \end{pmatrix}\begin{pmatrix} x_1 \\ x_2 \end{pmatrix} = \begin{pmatrix} 2 \\ 1 \end{pmatrix} x_3.$$

取 $x_3=1$，解得 $x_2=1, x_1=1$，相应的基础解系为 $(1,1,1)$，所以，当 $\lambda=-2$ 时，齐次方程组的通解为：$(x_1,x_2,x_3)^{\mathrm{T}}=k\cdot(1,1,1)^{\mathrm{T}}$.

2. 非齐次线性方程组通解的构造方法

对于 n 元非齐次线性方程组 $\boldsymbol{Ax}=\boldsymbol{b}$，有三种解状况，一是有唯一解，二是有无穷多个解，三是无解.

如果 $r(\boldsymbol{A})=r(\boldsymbol{A}\vdots\boldsymbol{b})=n$，这说明方程组中的 n 个方程都是独立的，可以用消去法求得唯一解，这等同于对增广阵 $(\boldsymbol{A}\vdots\boldsymbol{b})$ 做初等行变换，求解过程是简单的.

如果 $r(\boldsymbol{A})=r(\boldsymbol{A}\vdots\boldsymbol{b})=r<n$，这说明方程组中有 r 个方程是独立的，有 $n-r$ 个同解方程，方程组出现无穷多组非零解. 如何构造出 n 元非齐次线性方程组的通解呢？

这里要用到非齐次线性方程组的一个重要性质：

“非齐次方程组的通解 $\boldsymbol{X}$”=“相应齐次方程组的通解 $\boldsymbol{X}_c$”+“非齐次方程组的任意一个特解 $\boldsymbol{X}^*$”.

这个性质是很容易证明的. 设非齐次方程组 $\boldsymbol{AX}=\boldsymbol{b}$，与之相应的齐次方程组为 $\boldsymbol{AX}=\boldsymbol{0}$. 因为一方面有 $\boldsymbol{AX}_c=\boldsymbol{0}$，另一方面有 $\boldsymbol{AX}^*=\boldsymbol{b}$，所以有 $\boldsymbol{A}(\boldsymbol{X}_c+\boldsymbol{X}^*)=\boldsymbol{b}$，这就是说 $\boldsymbol{X}_c+\boldsymbol{X}^*$ 一定是非齐次方程组的解，而且是所有可能的非零解，是非齐次方程组的通解.

由此可知，求非齐次线性方程组的通解的步骤如下：

步骤(1)：对增广阵 $(\boldsymbol{A}\vdots\boldsymbol{b})$ 求秩，确定 $r(\boldsymbol{A})=r(\boldsymbol{A}\vdots\boldsymbol{b})=r<n$.

步骤(2)：具体构造出相应齐次线性方程组的通解 $\boldsymbol{X}_c$.

这个问题在前面已经讨论过，求出 $\boldsymbol{AX}=\boldsymbol{0}$ 的基础解系，记为 $\boldsymbol{\eta}_1,\boldsymbol{\eta}_2,\cdots,\boldsymbol{\eta}_{n-r}$，齐次方程组的通解为

$$\boldsymbol{X}_c=k_1\boldsymbol{\eta}_1+k_2\boldsymbol{\eta}_2+\cdots+k_{n-r}\boldsymbol{\eta}_{n-r},\quad k_1,k_2,\cdots,k_{n-r}\text{ 是任意实数.}$$

步骤(3)：具体写出非齐次线性方程组的一个特解 $\boldsymbol{X}^*$.

这个问题很简单，因为 $r(\boldsymbol{A})=r$，原非齐次方程组可以改写为

$$\begin{pmatrix} a_{11} & a_{12} & \cdots & a_{1r} \\ a_{21} & a_{22} & \cdots & a_{2r} \\ \vdots & \vdots & & \vdots \\ a_{r1} & a_{r2} & \cdots & a_{rr} \end{pmatrix}\begin{pmatrix} x_1 \\ x_2 \\ \vdots \\ x_r \end{pmatrix} = \begin{pmatrix} b_1 \\ b_2 \\ \vdots \\ b_n \end{pmatrix} - \begin{pmatrix} a_{1,r+1} & a_{1,r+2} & \cdots & a_{1n} \\ a_{2,r+1} & a_{2,r+2} & \cdots & a_{2n} \\ \vdots & \vdots & & \vdots \\ a_{r,r+1} & a_{r,r+2} & \cdots & a_{rn} \end{pmatrix}\begin{pmatrix} x_{r+1} \\ x_{r+2} \\ \vdots \\ x_n \end{pmatrix},$$

只要令 $(x_{r+1},x_{r+2},\cdots,x_n)=(0,0,\cdots,0)$，就有

$$\begin{pmatrix} a_{11} & a_{12} & \cdots & a_{1r} \\ a_{21} & a_{22} & \cdots & a_{2r} \\ \vdots & \vdots & & \vdots \\ a_{r1} & a_{r2} & \cdots & a_{rr} \end{pmatrix}\begin{pmatrix} x_1 \\ x_2 \\ \vdots \\ x_r \end{pmatrix} = \begin{pmatrix} b_1 \\ b_2 \\ \vdots \\ b_r \end{pmatrix}, \quad 解得 \begin{pmatrix} x_1 \\ x_2 \\ \vdots \\ x_r \end{pmatrix} = \begin{pmatrix} q_1 \\ q_2 \\ \vdots \\ q_r \end{pmatrix}.$$

于是就得到了一个特解：

$$\boldsymbol{X}^* = (x_1, x_2, \cdots, x_r, x_{r+1}, x_{r+2}, \cdots, x_n)^{\mathrm{T}} = (q_1, q_2, \cdots, q_r, 0, 0, \cdots 0)^{\mathrm{T}}.$$

步骤(4)：具体写出非齐次方程组的通解：

$$\boldsymbol{X} = \boldsymbol{X}_c + \boldsymbol{X}^*.$$

例 6.2.2　求下面的非齐次方程组的通解.

$$\begin{cases} x_1 + 5x_2 - x_3 + x_4 = -1 \\ x_1 - x_2 + x_3 + 4x_4 = 3 \\ 3x_1 + 9x_2 - x_3 + 6x_4 = 1 \\ x_1 - 7x_2 + 3x_3 + 7x_4 = 7 \end{cases}.$$

解　(1) 先看增广矩阵的秩，用初等行变换，有

$$\begin{pmatrix} 1 & 5 & -1 & 1 & -1 \\ 1 & -1 & 1 & 4 & 3 \\ 3 & 9 & -1 & 6 & 1 \\ 1 & -7 & 3 & 7 & 7 \end{pmatrix} \to \begin{pmatrix} 1 & 5 & -1 & 1 & -1 \\ 0 & -1 & 1 & 4 & 4 \\ 0 & 9 & -1 & 6 & 4 \\ 0 & -12 & 4 & 6 & 8 \end{pmatrix}$$

$$\to \begin{pmatrix} 1 & 0 & 2/3 & 7/2 & 7/3 \\ 0 & 1 & -1/3 & -1/2 & -2/3 \\ 0 & 0 & 0 & 0 & 0 \\ 0 & 0 & 0 & 0 & 0 \end{pmatrix}.$$

由此可知，非齐次方程组有无穷组非零解. 原非齐次方程组等同于

$$\begin{cases} x_1 = \dfrac{7}{3} - \dfrac{2}{3}x_3 - \dfrac{7}{2}x_4 \\ x_2 = \dfrac{-2}{3} + \dfrac{1}{3}x_3 + \dfrac{1}{2}x_4 \end{cases}.$$

(2) 求相应齐次方程组的通解，注意这里是对相应的齐次方程组求基础解系.

$$\begin{cases} x_1 = -\dfrac{2}{3}x_3 - \dfrac{7}{2}x_4 \\ x_2 = \dfrac{1}{3}x_3 + \dfrac{1}{2}x_4 \end{cases}.$$

为此，令 $\begin{pmatrix} x_3 \\ x_4 \end{pmatrix} = \begin{pmatrix} 3 \\ 0 \end{pmatrix}$，解得 $\begin{pmatrix} x_1 \\ x_2 \end{pmatrix} = \begin{pmatrix} -2 \\ 1 \end{pmatrix}$；令 $\begin{pmatrix} x_3 \\ x_4 \end{pmatrix} = \begin{pmatrix} 0 \\ 2 \end{pmatrix}$，解得 $\begin{pmatrix} x_1 \\ x_2 \end{pmatrix} = \begin{pmatrix} -7 \\ 1 \end{pmatrix}$.

就得到基础解系的 2 个解：

$$\boldsymbol{\eta}_1 = (-2, 1, 3, 0)^{\mathrm{T}}, \quad \boldsymbol{\eta}_2 = (-7, 1, 0, 2)^{\mathrm{T}}.$$

于是齐次方程的通解为 $\boldsymbol{X}_c = k_1 \cdot \boldsymbol{\eta}_1 + k_2 \cdot \boldsymbol{\eta}_2$.

(3) 求非齐次方程组的一个特解，为此令 $x_3 = x_4 = 0$，得到特解

$$\boldsymbol{X}^* = \left(\frac{7}{3}, \frac{-2}{3}, 0, 0\right)^{\mathrm{T}}.$$

(4) 最后，写出非齐次方程组的通解为

$$\boldsymbol{X}=\boldsymbol{X}^{*}+\boldsymbol{X}_{c}\text{，即}\begin{pmatrix}x_1\\x_2\\x_3\\x_4\end{pmatrix}=\begin{pmatrix}7/3\\-2/3\\0\\0\end{pmatrix}+k_1\cdot\begin{pmatrix}-2\\1\\3\\0\end{pmatrix}+k_2\cdot\begin{pmatrix}-7\\1\\0\\2\end{pmatrix}.$$

作为本章结束，我们指出以下几点：

(1) 对于 n 元齐次线性方程组，根据秩 $r(\boldsymbol{A})$ 就可以判断其解的状况．如果 $r(\boldsymbol{A})=r<n$，说明齐次方程组有无穷组非零解，非零解是由基础解系的线性组合构成的，其基础解系中有 $n-r$ 个向量．基础解系的概念和求解方法是比较重要的知识点，在以后章节的学习中还要经常被用到．

(2) 对于 n 元非齐次线性方程组，利用 $r(\boldsymbol{A}\,\vdots\,\boldsymbol{b})$ 就可以判断其解的状况．如果有唯一解，对增广矩阵做初等行变换，用消去法求解，实用方便．如果有无穷多解，其通解等于相应齐次方程组的通解加上非齐次方程组的一个特解．

(3) 齐次和非齐次线性方程组关于解结构的结论是一种常识性的哲理知识，有一定的普遍价值，例如线性齐次、非齐次常系数微分方程(组)的解的结构就具有同样的规律性．

习　题　六

1. 试回答下列几个问题：

(1) 对于齐次线性方程组 $\boldsymbol{AX}=\boldsymbol{0}$，已知 $\boldsymbol{X}_1$ 和 $\boldsymbol{X}_2$ 是它的解，问 $\boldsymbol{X}_1+\boldsymbol{X}_2$ 也是它的解吗？$c_1\boldsymbol{X}_1+c_2\boldsymbol{X}_2$ 是通解吗？

(2) 对于非齐次线性方程组 $\boldsymbol{AX}=\boldsymbol{b}$，已知 $\boldsymbol{X}_1$ 和 $\boldsymbol{X}_2$ 是它的解，问 $\boldsymbol{X}_1+\boldsymbol{X}_2$ 也是它的解吗？$c_1\boldsymbol{X}_1+c_2\boldsymbol{X}_2$ 是通解吗？

(3) 已知 $\boldsymbol{X}_1$ 是 $\boldsymbol{AX}=\boldsymbol{0}$ 的解，$\boldsymbol{X}_2$ 是 $\boldsymbol{AX}=\boldsymbol{b}$ 的解，问 $\boldsymbol{X}_1+\boldsymbol{X}_2$ 是非齐次方程组的解吗？是非齐次方程组的通解吗？

2. 对于 n 阶线性方程组 $\boldsymbol{AX}=\boldsymbol{0}$，如果 $r(\boldsymbol{A})=n-3$，其基础解系是由几个解向量构成的？它有什么作用？

3. 设 n 阶线性方程组 $\boldsymbol{AX}=\boldsymbol{0}$ 有无穷多解，其基础解系中会有多少个解向量？

4. 求下列齐次方程组的基础解系，并写出它的通解．

(1) $\begin{cases}x_1+x_2+2x_3-x_4=0\\2x_1+x_2+x_3-x_4=0\\2x_1+2x_2+x_3+2x_4=0\end{cases}$；　(2) $\begin{cases}2x_1+3x_2+7x_3+5x_4=0\\3x_1+x_2+2x_3+4x_4=0\\4x_1-x_2-3x_3+6x_4=0\\x_1-2x_2-4x_3-x_4=0\end{cases}$．

5. 求解下列非齐次线性方程组，若有无穷组解则写出其通解．

(1) $\begin{cases} x_1 - x_2 + 2x_3 = 1 \\ x_1 - 2x_2 - x_3 = 2 \\ 3x_1 - x_2 + 5x_3 = 3 \\ 2x_1 - 2x_2 - 3x_3 = 4 \end{cases}$； (2) $\begin{cases} x_1 + 3x_2 + x_3 + 2x_4 = 4 \\ 3x_1 + 10x_2 + 2x_3 + 4x_4 = 6 \\ 2x_1 + 7x_2 + x_3 + 6x_4 = 6 \\ 2x_1 + 5x_2 + 3x_3 + 2x_4 = 10 \end{cases}$.

6. 用空间解析几何知识解释下面的方程组解的多种表现：

$$\begin{cases} a_1x_1 + a_2x_2 + a_3x_3 = d_1 \\ b_1x_1 + b_2x_2 + b_3x_3 = d_2 \end{cases}.$$

式中所有的系数全不为零.

7. 当 λ 为何值时，线性方程组

$$\begin{cases} \lambda x_1 + x_2 + x_3 = 1 \\ x_1 + \lambda x_2 + x_3 = \lambda \\ x_1 + x_2 + \lambda x_3 = \lambda^2 \end{cases}$$

有唯一解，有无穷多组解，无解？

8. 设有齐次线性方程组 $\boldsymbol{AX} = \mathbf{0}$ 和非齐次线性方程组 $\boldsymbol{AX} = \boldsymbol{b}$，其中 $\boldsymbol{A}$ 是 3 阶方阵. $r(\boldsymbol{A}) = 1$，$r(\boldsymbol{A} \vdots \boldsymbol{b}) = 1$，已知 $\boldsymbol{\xi}_1$、$\boldsymbol{\xi}_2$、$\boldsymbol{\xi}_3$ 是 $\boldsymbol{AX} = \boldsymbol{b}$ 的 3 个线性无关的特解，问：

(1) 向量($\boldsymbol{\xi}_1 - \boldsymbol{\xi}_2$)是 $\boldsymbol{AX} = \mathbf{0}$ 的解吗？($\boldsymbol{\xi}_1 - \boldsymbol{\xi}_3$)是 $\boldsymbol{AX} = \mathbf{0}$ 的解吗？

(2) 向量($\boldsymbol{\xi}_1 - \boldsymbol{\xi}_2$)和($\boldsymbol{\xi}_1 - \boldsymbol{\xi}_3$)线性无关吗？

(3) $\boldsymbol{AX} = \mathbf{0}$ 的通解可以用 $\boldsymbol{\xi}_1$、$\boldsymbol{\xi}_2$、$\boldsymbol{\xi}_3$ 构造出来吗？

(4) $\boldsymbol{AX} = \boldsymbol{b}$ 的通解可以用 $\boldsymbol{\xi}_1$、$\boldsymbol{\xi}_2$、$\boldsymbol{\xi}_3$ 构造出来吗？

9. 设有非齐次方程组

$$\begin{cases} x_1 - x_2 = b_1 \\ x_2 - x_3 = b_2 \\ x_3 - x_4 = b_3 \\ x_4 - x_1 = b_4 \end{cases}.$$

(1) 写出该方程组的矩阵形式.

(2) 求出系数矩阵的秩.

(3) 该方程组什么时候有唯一解？什么时候有无穷多解？

10. 已知线性方程组 $\boldsymbol{AX} = 3\boldsymbol{X}$，$\boldsymbol{A}$ 是 8 阶方阵，问齐次线性方程组 $(3\boldsymbol{I} - \boldsymbol{A})\boldsymbol{X} = \mathbf{0}$ 在什么情况下有非零解？

11. 设 $\boldsymbol{A}$ 是 $m \times n$ 阶矩阵，$m > n$，问：

(1) $\boldsymbol{A}_{m\times n}\boldsymbol{X}_{n\times 1} = \boldsymbol{B}_{m\times 1}$ 解的状况有几种？

(2) $\boldsymbol{A}^{\mathrm{T}}\boldsymbol{A}$ 是对称矩阵吗？

(3) 若要求非齐次方程组 $\boldsymbol{A}^{\mathrm{T}}\boldsymbol{AX} = \boldsymbol{A}^{\mathrm{T}}\boldsymbol{B}$ 有唯一解，需要什么条件？

12. 已知 $r(\boldsymbol{A}) = 2$，$\boldsymbol{A} = \begin{pmatrix} 1 & -1 & 1 & 2 \\ 3 & \lambda & -1 & 2 \\ 5 & 3 & \mu & 6 \end{pmatrix}$，求 λ 和 μ 的值.

13. 对于线性方程组

$$\begin{cases}2x_1+\lambda x_2-x_3=1\\ \lambda x_1-x_2+x_3=2\\ 4x_1+5x_2-5x_3=-1\end{cases},$$

问 λ 取何值时，方程组有唯一解，无解，无穷多解？并写出有无穷多解时的通解.

14. 设 n 阶方阵 $\boldsymbol{A}$ 满足 $\boldsymbol{A}^2=2\boldsymbol{I}$，证明 $r(\boldsymbol{A}-\boldsymbol{I})=r(\boldsymbol{A}+\boldsymbol{I})=n$. 提示：先将 $(\boldsymbol{A}^2-\boldsymbol{I})$ 因式分解，再利用矩阵行列式和矩阵秩的性质.

15. 对于矩阵方程 $\boldsymbol{AX}=\lambda\boldsymbol{X}$，要求 $\boldsymbol{X}$ 是非零向量时应满足什么条件？

＊基本概念复习题

第 1 章到第 6 章主要是介绍线性代数中最基本的概念，有了这些，读者就可以利用“向量”和“矩阵”解决一些简单问题了，也可以在第 7—10 章中进一步学习线性代数的其他知识和应用了. 为了再次总结和巩固这些基本知识点，下面采用帮助思考的形式做概要总结.

1. 关于 n 维向量的问题

(1)已知一个 n 维向量 $\boldsymbol{a}=(a_1,a_2,\cdots,a_n)$，其单位向量 $\boldsymbol{a}^0$ 应如何表述？

(2)已知 $\boldsymbol{a}=(a_1,a_2,\cdots,a_n)$ 和 $\boldsymbol{b}=(b_1,b_2,\cdots,b_n)$，试具体表示下面几个量：$\boldsymbol{a}\cdot\boldsymbol{b}$(标量)，$\boldsymbol{a}$ 在 $\boldsymbol{b}$ 上的投影长度(标量)，$\boldsymbol{a}$ 在 $\boldsymbol{b}$ 上的投影向量.

(3)判断向量 $\boldsymbol{a}$ 和 $\boldsymbol{b}$ 是否正交，应该使用什么方法？

(4)判断 8 个 n 维向量是否线性无关，最多有几个线性无关，应该使用什么方法？

(5)无穷多个 n 维向量构成向量空间 $\mathbf{R}^n$，构成 $\mathbf{R}^n$ 的基的条件是什么？$\mathbf{R}^n$ 中共有多少组基？一组基中有多少个向量？

(6)向量 $\boldsymbol{a}$ 在某组基 $\{\boldsymbol{\eta}_1,\boldsymbol{\eta}_2\cdots,\boldsymbol{\eta}_n\}$ 下的坐标是什么意思？坐标应该怎么表示？

2. 关于矩阵的代数运算规则的问题

(1)关于矩阵的乘法运算规则

① $\boldsymbol{A}_{1\times n}\boldsymbol{B}_{n\times m}$ 和 $\boldsymbol{A}_{m\times 1}\boldsymbol{B}_{1\times m}$ 是几阶矩阵？

②在什么情况下 $\boldsymbol{AB}=\boldsymbol{BA}$ 成立？

③$(\boldsymbol{A}+\boldsymbol{B})(\boldsymbol{A}-\boldsymbol{B})=\boldsymbol{A}^2-\boldsymbol{B}^2$ 是否成立？等式成立的条件是什么？

④什么条件使得$(\boldsymbol{A}+\boldsymbol{B})^2=\boldsymbol{A}^2+2\boldsymbol{AB}+\boldsymbol{B}^2$ 成立？

⑤什么条件使得$(\boldsymbol{AB})^k=\boldsymbol{A}^k\boldsymbol{B}^k$ 成立？

⑥$(\boldsymbol{A}-\boldsymbol{I})(\boldsymbol{A}^{k-1}+\boldsymbol{A}^{k-2}+\cdots+\boldsymbol{A}+\boldsymbol{I})=$？

(2)关于矩阵的转置运算规则

①$(\boldsymbol{A}+\boldsymbol{B}+\boldsymbol{AB})^{\mathrm{T}}=\boldsymbol{A}+\boldsymbol{B}+\boldsymbol{AB}^{\mathrm{T}}$正确吗?

②$[(\boldsymbol{AB}+\boldsymbol{BC})\boldsymbol{B}^{-1}]^{\mathrm{T}}=?$

③若$\boldsymbol{A}$和$\boldsymbol{B}$都是对称矩阵,$\boldsymbol{AB}$一定是对称矩阵吗?

④若$\boldsymbol{A}$是$m\times n$矩阵,$\boldsymbol{AA}^{\mathrm{T}}$有什么形式特点?

⑤若$\boldsymbol{A}$是对称矩阵,$\boldsymbol{AI}$和$\boldsymbol{IA}$还是对称矩阵吗?

⑥对称矩阵的逆矩阵是否还是对称矩阵?

(3)关于逆矩阵的运算规则

①$(\boldsymbol{ABC})^{-1}=?$　　$(\boldsymbol{P}^{\mathrm{T}}\boldsymbol{AP})^{-1}=?$　　$[(\boldsymbol{AB}+(\boldsymbol{B}^{\mathrm{T}}\boldsymbol{C})^{\mathrm{T}}]^{\mathrm{T}}\boldsymbol{B}^{-1}=?$

②设$\boldsymbol{A}=\boldsymbol{A}^{-1}$,这样的方阵存在吗?

③$(\boldsymbol{A}+\boldsymbol{B})^{-1}=\boldsymbol{A}^{-1}+\boldsymbol{B}^{-1}$正确吗?

④若$\boldsymbol{AB}=\boldsymbol{0}$,则有$\boldsymbol{A}=\boldsymbol{0}$或$\boldsymbol{B}=\boldsymbol{0}$. 这一表述对吗?

⑤将等式$(\boldsymbol{A}^{-1}+\boldsymbol{B}^{-1})^{-1}=\boldsymbol{B}(\boldsymbol{A}+\boldsymbol{B})^{-1}\boldsymbol{A}$变形为较简洁的形式.

⑥为了从$(\boldsymbol{A}+\boldsymbol{B})\boldsymbol{A}=(\boldsymbol{A}+\boldsymbol{B})\boldsymbol{P}$推演得到$\boldsymbol{A}=\boldsymbol{P}$,需要什么条件?

3. 关于矩阵秩及其作用的问题

(1)就一个实例,用矩阵初等行变换求矩阵的秩.

(2)要判断$\{\boldsymbol{a}_1,\boldsymbol{a}_2,\cdots,\boldsymbol{a}_{10}\}$的整体线性相关性,判断其中最多有几个向量线性无关,用什么方法处理最有效?

(3)若说"矩阵的初等行变换等效于行向量的线性组合运算",这种说法对吗?

(4)方阵的秩和它的行列式有什么关系?方阵的秩和它的逆矩阵有什么关系?

(5)对于$\boldsymbol{A}_{5\times 3}$,如果$r(\boldsymbol{A})=3$,在5个行向量中能够确定出$\mathbf{R}^3$的一组基吗?

(6)已知R^3中的一组基$\{\boldsymbol{\eta}_1,\boldsymbol{\eta}_2,\boldsymbol{\eta}_3\}$,这组基能够解决什么问题?$\{\boldsymbol{\eta}_1,\boldsymbol{\eta}_2\}$能构造出哪些向量?

4. 关于方阵行列式求值和方阵逆矩阵的问题

(1)方阵的行列式

①用一个实例演算,对行列式做行变换,将其化为上三角形状,再求行列式的值.

②上三角阵、下三角阵、对角阵的行列式值怎么计算?

③行列式的几何含义是什么?行列式的行变换与矩阵的行变换有什么不同?

④若$r(\boldsymbol{A})=n-1$,则$|\boldsymbol{A}|=?$

⑤行列式的概念有哪些用处?

⑥设$\boldsymbol{A}$和$\boldsymbol{B}$都是方阵,试问下列等式是否成立?

$|\boldsymbol{AB}|=|\boldsymbol{BA}|$; $|\boldsymbol{A}+\boldsymbol{B}|=|\boldsymbol{A}|+|\boldsymbol{B}|$;

$|(\boldsymbol{A}+\boldsymbol{B})^{-1}|=|(\boldsymbol{A}+\boldsymbol{B})|^{-1}$; $|(\boldsymbol{A}+\boldsymbol{B})^{\mathrm{T}}|=|\boldsymbol{A}^{\mathrm{T}}+\boldsymbol{B}^{\mathrm{T}}|$;

$|\boldsymbol{A}\boldsymbol{A}^{\mathrm{T}}|=|\boldsymbol{A}|^2$.

⑦设 $\boldsymbol{A}$ 和 $\boldsymbol{B}$ 都是方阵，$\boldsymbol{AB}=\boldsymbol{I}\Rightarrow|\boldsymbol{A}|\neq 0$ 且 $|\boldsymbol{B}|\neq 0$. 这一推导是否成立？

(2)方阵的逆矩阵

①就一个具体方阵 $\boldsymbol{A}$ 而言，用初等行变换实施 $(\boldsymbol{A}\,\vdots\,\boldsymbol{I})\rightarrow(\boldsymbol{I}\,\vdots\,\boldsymbol{A}^{-1})$，在求逆矩阵的过程中，什么表现说明 $\boldsymbol{A}$ 存在 $\boldsymbol{A}^{-1}$，什么表现说明矩阵 $\boldsymbol{A}$ 不可逆？

②判断 n 阶方阵 $\boldsymbol{A}$ 是否可逆有哪些办法？具体来说，可以利用行列式，利用秩，利用矩阵方程.

③$(k\boldsymbol{A})^{\mathrm{T}}$、$(k\boldsymbol{A})^{-1}$、$|k\boldsymbol{A}|$ 有什么区别？

④$(\boldsymbol{A}+\boldsymbol{B})^{-1}=\boldsymbol{A}^{-1}+\boldsymbol{B}^{-1}$，$|(\boldsymbol{A}+\boldsymbol{B})^{-1}|\cdot|\boldsymbol{A}+\boldsymbol{B}|=1$ 成立吗？

⑤设 $\boldsymbol{A}$、$\boldsymbol{B}$ 都是 n 阶可逆方阵，且 $\boldsymbol{A}=\frac{1}{2}(\boldsymbol{B}+\boldsymbol{I})$，$\boldsymbol{A}^2=\boldsymbol{A}$，求 $\boldsymbol{B}^2-\boldsymbol{I}$.

⑥设 $\boldsymbol{AB}=3\boldsymbol{B}+\boldsymbol{A}$，且 $\boldsymbol{A}=\begin{pmatrix}4&1&0\\1&4&1\\0&1&4\end{pmatrix}$，求方阵 $\boldsymbol{B}$ 和 $\boldsymbol{B}^{-1}$.

5. 关于矩阵化简判断的问题

(1)已知 $\boldsymbol{A}$、$\boldsymbol{B}$、$\boldsymbol{C}$ 是同阶方阵，且 $|\boldsymbol{C}|\neq 0$，满足 $\boldsymbol{C}^{-1}\boldsymbol{AC}=\boldsymbol{B}$，求 $\boldsymbol{B}^m$. 若 $\boldsymbol{A}^k=\boldsymbol{0}$，证明 $(\boldsymbol{I}-\boldsymbol{A})^{-1}=\boldsymbol{I}+\boldsymbol{A}+\boldsymbol{A}^2+\cdots+\boldsymbol{A}^{k-1}$.

(2)去掉下式中的括号：

$((\boldsymbol{AB})^{-1})^{\mathrm{T}}$； $(\boldsymbol{P}^{-1}\boldsymbol{AP})^{-1}$； $(\boldsymbol{P}^{\mathrm{T}}\boldsymbol{AP})^{-1}$； $(\boldsymbol{A}+\boldsymbol{B})^{-1}(\boldsymbol{A}+\boldsymbol{B})(\boldsymbol{C}-\boldsymbol{D})$.

(3)设 $\boldsymbol{\alpha}_1=\begin{pmatrix}1\\0\\2\\3\end{pmatrix}$，$\boldsymbol{\alpha}_2=\begin{pmatrix}1\\-1\\b+2\\1\end{pmatrix}$，$\boldsymbol{\alpha}_3=\begin{pmatrix}1\\2\\4\\b+8\end{pmatrix}$，$\boldsymbol{\alpha}_4=\begin{pmatrix}1\\1\\3\\5\end{pmatrix}$，$\boldsymbol{\beta}=\begin{pmatrix}1\\1\\c+3\\5\end{pmatrix}$. 试问，当 b、c 满足什么条件时，$\boldsymbol{\beta}$ 可以由 $\boldsymbol{\alpha}_1$、$\boldsymbol{\alpha}_2$、$\boldsymbol{\alpha}_3$、$\boldsymbol{\alpha}_4$ 线性表示？当 b、c 满足什么条件时，$\boldsymbol{\beta}$ 不能由 $\boldsymbol{\alpha}_1$、$\boldsymbol{\alpha}_2$、$\boldsymbol{\alpha}_3$、$\boldsymbol{\alpha}_4$ 线性表示？

(4)已知向量

$$\boldsymbol{a}_1=\begin{pmatrix}\frac{1}{\sqrt{2}}\\ \frac{-1}{\sqrt{2}}\\0\end{pmatrix},\quad \boldsymbol{a}_2=\begin{pmatrix}0\\0\\1\end{pmatrix},\quad \boldsymbol{a}_3=\begin{pmatrix}\frac{1}{\sqrt{2}}\\ \frac{1}{\sqrt{2}}\\0\end{pmatrix},$$

判断 $\boldsymbol{a}_1$、$\boldsymbol{a}_2$、$\boldsymbol{a}_3$ 是否线性无关？是否正交？另外，正交向量是否一定线性无关？

(5)已知 $\boldsymbol{\eta}_1,\boldsymbol{\eta}_2,\cdots,\boldsymbol{\eta}_n$ 是两两正交的，且有

$$\boldsymbol{b}=a_1\boldsymbol{\eta}_1+a_2\boldsymbol{\eta}_2+\cdots+a_n\boldsymbol{\eta}_n,$$

试利用内积(即数量积)表示式中的系数 $\{a_1,a_2,\cdots,a_n\}$.

(6)设方阵 $(\boldsymbol{A}-\boldsymbol{I})$ 可逆，$\boldsymbol{A}^2+2\boldsymbol{A}-4\boldsymbol{I}=\boldsymbol{0}$，试判断 $(\boldsymbol{A}+3\boldsymbol{I})$ 是否可逆.

6. 关于使用矩阵判断齐次线性方程组解状况的问题

(1)齐次线性方程组有唯一组解、无穷多组解的判断依据是什么？

(2)齐次线性方程组的解的结构有哪些性质？

(3)基础解系中有多少个向量？如何确定？

(4)求下面的齐次线性方程组的通解：

$$\begin{cases}x_1+3x_2-4x_3+2x_4=0\\x_1-3x_2+2x_4=0\\x_1+3x_2-2x_3+3x_4=0\end{cases}.$$

(5)当 α 和 β 取何值时，线性方程组

$$\begin{cases}x_1+x_2-x_3=1\\2x_1+(\alpha+2)x_2-(\beta+2)x_3=3\\3\alpha x_2-(\alpha+2\beta)x_3=3\end{cases}$$

有唯一解、无解、无穷多组解？求出它的解.

(6)当 λ、μ 取何值时，线性方程组

$$\begin{cases}x_1+x_2+x_3+x_4=1\\x_1+x_2+\lambda x_3+x_4=1\\x_1+\lambda x_2+x_3+x_4=1\\\lambda x_1+x_2+x_3+x_4=\mu\end{cases}$$

有唯一解、无解、无穷多组解？求出它的解.

7. 关于使用矩阵判断非齐次线性方程组解状况的问题

(1)非齐次方程组有唯一解、无解、无穷多解，依据什么去判断？

(2)如果非齐次方程组有唯一解，用什么方法求得？

(3)如果非齐次方程组有无穷多解，如何求得？

(4)非齐次方程组 $\boldsymbol{AX}=\boldsymbol{B}$ 的通解是怎么构造的？

(5)已知线性方程组

$$\begin{cases}kx_1+x_2+x_3=1\\x_1+kx_2+x_3=k\\x_1+x_2+kx_3=k^2\end{cases}.$$

当 k 取何值时，有唯一解、无解、无穷多解？求出它的解.

(6)设$\boldsymbol{\alpha}_1=\begin{pmatrix}1\\0\\0\end{pmatrix}$，$\boldsymbol{\alpha}_2=\begin{pmatrix}1\\1\\0\end{pmatrix}$，$\boldsymbol{\alpha}_3=\begin{pmatrix}1\\1\\1\end{pmatrix}$是 $\boldsymbol{AX}=\boldsymbol{B}$ 的 3 个特解，且 $\boldsymbol{A}\neq\boldsymbol{0}$，试写出 $\boldsymbol{AX}=\boldsymbol{0}$ 和 $\boldsymbol{AX}=\boldsymbol{B}$的通解.

8. 关于矩阵用途扩展的问题

(1)向量有哪些用途？向量可以表示有方向、有大小的量，例如力、力矩、速度、加速度、线速度、角速度等. 向量还可以表示“有序数”，这些有序数可以是“人为赋义”的事物，例如数据库，用向量运算规则可以去解释和处理“事物之间的某些关系”.

(2)矩阵有哪些用途？矩阵可以表示向量组，矩阵运算可以表示向量组之间的线性运算关系；矩阵可以表示“数据表”，矩阵运算可表示“数据表”之间的线性运算关系；矩阵可以表示某种“运算”或某种“变换”，例如，可以将 $\boldsymbol{AX}=\boldsymbol{B}$ 看作矩阵 $\boldsymbol{A}$ 把向量 $\boldsymbol{X}$“变换”为向量 $\boldsymbol{B}$，此时，不同的向量含义就可以表现不同的变换结果. 还可以将 $\boldsymbol{AX}=\boldsymbol{B}$ 看作矩阵 $\boldsymbol{A}$ 把矩阵 $\boldsymbol{X}$“变换”为另一个矩阵 $\boldsymbol{B}$，此时，不同的矩阵含义就可以表现不同的变换结果.

第 7 章　矩阵用于几何变换与坐标变换

在第 2 章关于线性向量空间的初步认识中，大家已经熟知，$\mathbf{R}^2$ 是 2 维向量的线性空间，2 个无关的 2 维向量都可以作为 $\mathbf{R}^2$ 的一组基，用基向量可以表示全部 2 维向量；通常，人们以 2 个相互正交的基本单位基向量 $\boldsymbol{e}_1$、$\boldsymbol{e}_2$ 构成平面直角坐标系. $\mathbf{R}^3$ 是 3 维向量空间，3 个无关的 3 维向量就可以作为 $\mathbf{R}^3$ 的一组基，用它可以表示全部 3 维向量；通常，人们以 3 个相互正交的基本单位基向量 $\boldsymbol{e}_1$、$\boldsymbol{e}_2$、$\boldsymbol{e}_3$ 构成空间直角坐标系.

本章先在 $\mathbf{R}^3$ 中考虑：在确定的坐标系（也就是基）下，向量及图形是如何利用矩阵做几何变换的；这种矩阵线性变换有哪些几何特点；一种坐标系是如何利用矩阵变换为另一种坐标系的，也就是一组基如何变换为另一组基的；同一个向量在不同基下的坐标有什么关系，等等. 这些问题只有用矩阵才能简洁地定量解决. 当读者在 $\mathbf{R}^3$ 中对上述问题理解得比较清楚时，就可以顺利地在 $\mathbf{R}^n$ 中解决相应的问题了.

文科生只需学习 § 7.1 中“二维几何变换及其性质”的有关内容就可以了.

§ 7.1　矩阵用于几何变换

在各行各业的实际应用中，常需要把向量、图形或者多面体做平移、旋转、放缩的几何变换，用矩阵可以简单实现这些目的.

1. 二维几何变换及其性质

观察二维直角坐标系中的矩阵和列向量相乘：

$$\begin{pmatrix} \tilde{x}_1 \\ \tilde{x}_2 \end{pmatrix} = \begin{pmatrix} a_{11} & a_{12} \\ a_{21} & a_{22} \end{pmatrix} \begin{pmatrix} x_1 \\ x_2 \end{pmatrix}, \quad \text{简记为 } \widetilde{\boldsymbol{X}} = \boldsymbol{A}\boldsymbol{X}.$$

可以认为，$\widetilde{\boldsymbol{X}}$ 是 $\boldsymbol{A}$ 对 $\boldsymbol{X}$“线性变换”的结果. 也就是说，$\boldsymbol{A}$ 对 $\boldsymbol{X}$ 起到了变换的作用，而且这样的变换是线性的.

如果把 $\boldsymbol{X} = (x_1, x_2)$ 理解为某个坐标系下的一个点的坐标，那么 $\widetilde{\boldsymbol{X}} = \boldsymbol{A}\boldsymbol{X}$ 可理解为坐标系不变，点坐标 $\boldsymbol{X}$ 被线性变换为另一个点的坐标 $\widetilde{\boldsymbol{X}}$.

如果把 $\boldsymbol{X}$ 理解为径向量 $\overrightarrow{OX}$，$\widetilde{\boldsymbol{X}} = \boldsymbol{A}\boldsymbol{X}$ 可理解为，坐标系不变，矩阵 $\boldsymbol{A}$ 作用于其上后得到

另一个径向量 $\overrightarrow{OX}$，矩阵 $\boldsymbol{A}$ 起到了旋转和放缩的作用. 因此，用矩阵做变换是一种线性变换.

用 2 阶方阵做线性变换有如下的几何表现：

(1) 过原点的直线，经矩阵线性变换后，仍然是过原点的另一条直线，方向可能会发生变化；

(2) 原直线上按比例分布的 3 个点，经矩阵线性变换后，变为新的直线上的 3 个点，且仍然保持原来的比例分布不变；

(3) 矩阵线性变换把两条相交直线仍变为相交直线，且变换前后的交角不变；

(4) 矩阵线性变换把平行直线仍变为平行直线；

(5) 矩阵线性变换把平行四边形仍变为平行四边形，同一个线性变换作用在多个平面图形上，每个图形都会产生同样的旋转和放缩效果；

(6) 用矩阵对平面图形做线性变换，新、旧图形面积的代数放缩比等于变换矩阵的行列式的值.

由上述表现(1)—(4)可知，线性变换 $\boldsymbol{A}$ 作用在向量和直线上的几何表现是，只旋转和放缩但不平移，固定了线性变换 $\boldsymbol{A}$ 就固定了变换的旋转角和放缩比，同一个线性变换 $\boldsymbol{A}$ 作用到不同的对象(向量或直线)上，会产生同样的旋转角和同样的放缩比. 在此基础上，就不难理解线性变换对图形作用的效果了.

首先理解一种最直观、最简单的情形：

$$\begin{pmatrix} \boldsymbol{d}_1 \\ \boldsymbol{d}_2 \end{pmatrix} = \begin{pmatrix} 2 & 0 \\ 0 & 3 \end{pmatrix} \begin{pmatrix} \boldsymbol{c}_1 \\ \boldsymbol{c}_2 \end{pmatrix}, \quad \boldsymbol{A} = \begin{pmatrix} 2 & 0 \\ 0 & 3 \end{pmatrix} \quad, |\boldsymbol{A}| = 6,$$

其中，$\boldsymbol{c}_1$、$\boldsymbol{c}_2$ 是构成矩形或平行四边形的 2 个邻边向量；矩阵 $\boldsymbol{A}$ 线性变换的结果是把 $\boldsymbol{c}_1$ 拉长了 2 倍，把 $\boldsymbol{c}_2$ 拉长了 3 倍，所以由 $\boldsymbol{d}_1$、$\boldsymbol{d}_2$ 所构成的新的矩形或平行四边形面积是原图形面积的 6 倍，这个放大倍数正好是行列式的值，$|\boldsymbol{A}| = 6$.

一般地，对于二维图形的线性变换 $\boldsymbol{D} = \boldsymbol{AC}$，行列式 $|\boldsymbol{A}|$ 是面积放缩比. 参见图 7-1.

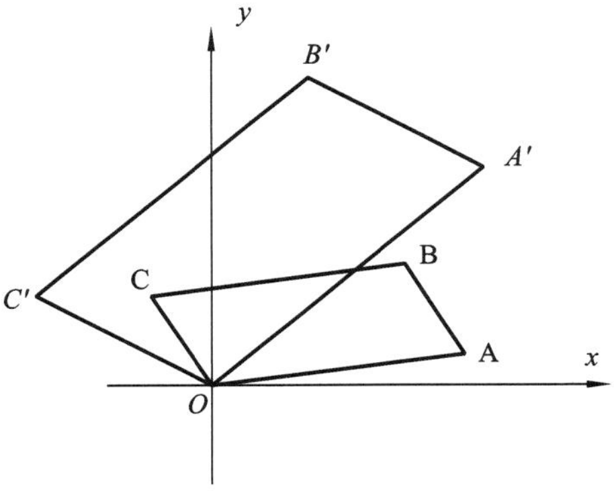

图 7-1 矩阵线性变换的几何特点示意图

例 7.1.1 讨论线性变换式 $\widetilde{\boldsymbol{X}} = \boldsymbol{AX}$，即

$$\begin{pmatrix} \tilde{x}_1 \\ \tilde{x}_2 \end{pmatrix} = \begin{pmatrix} \cos\theta & \sin\theta \\ -\sin\theta & \cos\theta \end{pmatrix} \begin{pmatrix} x_1 \\ x_2 \end{pmatrix}$$

的几何功能.

解 线性变换矩阵 $\boldsymbol{A}$ 能够把过原点的向量 (x_1, x_2) 旋转 θ 角. 因为 $|\boldsymbol{A}| = 1$，所以 $\boldsymbol{A}$ 只有旋转功能，没有放缩功能.

换句话说，该线性变换能够将直线段绕原点旋转 θ 角但不伸缩，能够把平行四边形绕原点旋转 θ 角也不伸缩变形，面积不变.

例 7.1.2 讨论线性变换式 $\widetilde{\boldsymbol{X}} = \boldsymbol{BX}$ 的几何功能，其中，

$$\begin{pmatrix} \tilde{x}_1 \\ \tilde{x}_2 \end{pmatrix} = k \begin{pmatrix} \cos\theta & \sin\theta \\ -\sin\theta & \cos\theta \end{pmatrix} \begin{pmatrix} x_1 \\ x_2 \end{pmatrix}, \quad \boldsymbol{B} = k \begin{pmatrix} \cos\theta & \sin\theta \\ -\sin\theta & \cos\theta \end{pmatrix}.$$

解 因为

$$\begin{pmatrix}\tilde{x}_1\\ \tilde{x}_2\end{pmatrix}=k\begin{pmatrix}\cos\theta & \sin\theta\\ -\sin\theta & \cos\theta\end{pmatrix}\begin{pmatrix}x_1\\ x_2\end{pmatrix}=\begin{pmatrix}\cos\theta & \sin\theta\\ -\sin\theta & \cos\theta\end{pmatrix}\cdot k\cdot\begin{pmatrix}x_1\\ x_2\end{pmatrix},$$

如果把 $\boldsymbol{X}=(x_1,x_2)^{\mathrm{T}}$ 看作一个向量，那么可以理解为，线性变换矩阵 $\boldsymbol{B}$ 先把向量长度放大为 k 倍，再将此向量旋转 θ 角. 如果把 $\boldsymbol{X}=(\boldsymbol{a}_1,\boldsymbol{a}_2)^{\mathrm{T}}$ 看作顶点在原点的平行四边形的两条邻边，$\widetilde{\boldsymbol{X}}=\boldsymbol{BX}$，那么线性变换 $\boldsymbol{B}$ 能够将原图形绕原点旋转 θ 角，每条边都放大 k 倍，面积是原矩形的 k^2 倍，因为 $|\boldsymbol{B}|=k^2$.

前面已经对 2 维向量说明了关于线性变换 $\widetilde{\boldsymbol{X}}=\boldsymbol{AX}$ 的几何效果，对于矩阵表示式 $\widetilde{\boldsymbol{X}}=\boldsymbol{BAX}$，应该怎么理解？应该按照运算关系去理解，$\boldsymbol{X}$ 经 $\boldsymbol{A}$ 线性变换后又经 $\boldsymbol{B}$ 线性变换才得到 $\widetilde{\boldsymbol{X}}$.

这里附带说明一下，关于行列式的含义，有两种情形不能混淆：一是关于单个 2 阶行列式 $|\boldsymbol{A}|$ 的含义，它表示平行四边形的代数面积；二是关于矩阵线性变换 $\widetilde{\boldsymbol{X}}=\boldsymbol{AX}$ 中行列式 $|\boldsymbol{A}|$ 的含义，应该明白，$|\boldsymbol{A}|$ 仅表示线性变换的放缩比.

在 2 维的几何变换中，还有一种“仿射变换”，其表示式为 $\widetilde{\boldsymbol{X}}=\boldsymbol{AX}+\boldsymbol{D}$. 从运算角度理解，这是先旋转放缩后平移.

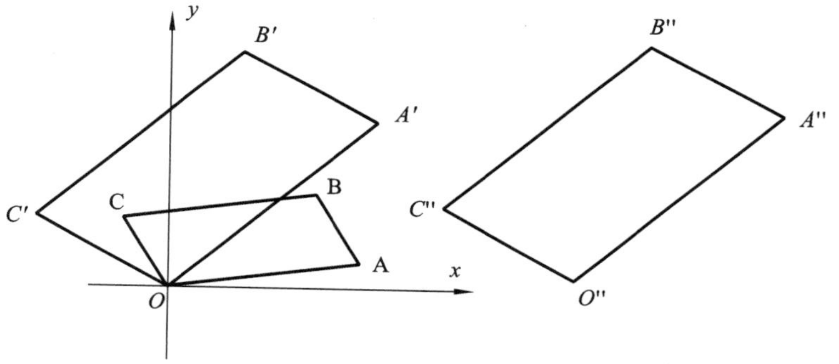

图 7-2 线性变换和仿射变换示意图

从几何角度理解线性变换和仿射变换比较直观. 在图 7-2 中，把 $\boldsymbol{X}$ 看作顶点在原点的平行四边形的邻边向量，线性变换 $\widetilde{\boldsymbol{X}}=\boldsymbol{AX}$ 的结果是把 $\square OABC$ 变为 $\square O'A'B'C'$；仿射变换 $\widetilde{\boldsymbol{X}}=\boldsymbol{AX}+\boldsymbol{D}$ 的结果是把 $\square OABC$ 变为 $\square O''A''B''C''$.

例 7.1.3 在平面直角坐标系中，已知矩形的四个顶点是 $(0,0)$，$(0,x_1)$，$(0,x_2)$，(x_1,x_2)，试构造仿射变换，将矩形平移，顶点 $(0,0)$ 移动到 (a,b)，还将原矩形旋转 θ 角，要求写出相应的变换矩阵.

解 坐标系不变，设原图形的点坐标 (x_1,x_2) 经变换后为 $(\tilde{x}_1,\tilde{x}_2)$，根据前面对矩阵线性变换和仿射变换的理解可知，要构造的仿射变换为

$$\begin{bmatrix}\tilde{x}_1\\ \tilde{x}_2\end{bmatrix}=\begin{pmatrix}\cos\theta & \sin\theta\\ -\sin\theta & \cos\theta\end{pmatrix}\begin{bmatrix}x_1\\ x_2\end{bmatrix}+\begin{pmatrix}a\\ b\end{pmatrix}.$$

如果要将点向量 (x,y) 仿射变换为 $(\tilde{x},\tilde{y})$，其变换公式为：

$$\tilde{x}=ax+s,\quad \tilde{y}=by+t.$$

用矩阵表示为：

$$\begin{bmatrix}\tilde{x}\\ \tilde{y}\\ 1\end{bmatrix}=\begin{bmatrix}a & 0 & s\\ 0 & b & t\\ 0 & 0 & 1\end{bmatrix}\begin{bmatrix}x\\ y\\ 1\end{bmatrix}.$$

例 7.1.4　有一个二维封闭图形，其顶点坐标按顺序列表为：

x	0	4	6	10	8	5	3.5	6.1	6.5	3.2	2	0
y	0	14	14	0	0	11	6	6	4.5	4.5	0	0

说明：顶点坐标首尾相同是为了表示闭合图形.

要求：(1) 将图形向上移动 15，向左移动 30，再逆时针转动 $\frac{\pi}{3}$；

(2) 将图形先逆时针旋转 $\frac{3\pi}{4}$，再向上移动 30，向左平移 20.

解　构造闭合图形关于边缘顶点的矩阵、平移矩阵、旋转矩阵如下：

闭合图形顶点矩阵 $$\boldsymbol{X}=\begin{bmatrix}0 & 4 & 6 & 10 & 8 & 5 & 3.5 & 6.1 & 6.5 & 3.2 & 2 & 0\\ 0 & 14 & 14 & 0 & 0 & 11 & 6 & 6 & 4.5 & 4.5 & 0 & 0\\ 1 & 1 & 1 & 1 & 1 & 1 & 1 & 1 & 1 & 1 & 1 & 1\end{bmatrix},$$

上平移 15 左平移 30 $$\boldsymbol{M}_1=\begin{bmatrix}1 & 0 & -30\\ 0 & 1 & 15\\ 0 & 0 & 1\end{bmatrix},$$ 逆时针转动 $\frac{\pi}{3}$ $$\boldsymbol{R}_1=\begin{bmatrix}\cos\frac{\pi}{3} & -\sin\frac{\pi}{3} & 0\\ \sin\frac{\pi}{3} & \cos\frac{\pi}{3} & 0\\ 0 & 0 & 1\end{bmatrix},$$

上平移 30 左平移 20 $$\boldsymbol{M}_2=\begin{bmatrix}1 & 0 & -20\\ 0 & 1 & 30\\ 0 & 0 & 1\end{bmatrix},$$ 逆时针转动 $\frac{3\pi}{4}$ $$\boldsymbol{R}_2=\begin{bmatrix}\cos\frac{3\pi}{4} & -\sin\frac{3\pi}{4} & 0\\ \sin\frac{3\pi}{4} & \cos\frac{3\pi}{4} & 0\\ 0 & 0 & 1\end{bmatrix}.$$

于是，关于(1)的要求，所采用的线性变换式为 $\widetilde{\boldsymbol{X}}=\boldsymbol{R}_1\boldsymbol{M}_1\boldsymbol{X}$；关于(2)的要求，所采用的线性变换式为 $\widetilde{\boldsymbol{X}}=\boldsymbol{M}_2\boldsymbol{R}_2\boldsymbol{X}$. 最后，人们得到的是 $\widetilde{\boldsymbol{X}}$，即闭合图形施行变换后的顶点坐标.

经过对二维情形的线性变换和仿射变换的性质的学习，读者也会容易理解三维情形时的线性变换和仿射变换，例如三维的线性变换也具有旋转和放缩功能，能把平行六面体变换为另一个平行六面体，其体积放缩比就是 3 阶变换方阵的行列式的值.

2. 三维的几个简单几何变换的矩阵

(1) 向量的放缩变换

设点 $P(x,y,z)$ 变换为 $P'(x',y',z')$，变换要求在三个轴正向的放缩比为 (s_x,s_y,s_z)，放缩变换的方程组和矩阵形式如下：

$$\begin{cases} x' = s_x x \\ y' = s_y y, \\ z' = s_z z \end{cases} \quad (x' \quad y' \quad z' \quad 1) = (x \quad y \quad z \quad 1)\begin{pmatrix} s_x & 0 & 0 & 0 \\ 0 & s_y & 0 & 0 \\ 0 & 0 & s_z & 0 \\ 0 & 0 & 0 & 1 \end{pmatrix}.$$

点向量的放缩、多面体的放缩都采用同样的矩阵变换，此变换矩阵是可逆矩阵.

(2) 绕 x 轴正向旋转 α 角

所谓“正向”是按照正向“右手法则”，x 轴 → y 轴 → z 轴 → x 轴，此时，相应的方程和矩阵形式如下：

$$\begin{cases} y' = y\cos\alpha - z\sin\alpha \\ z' = y\sin\alpha + z\cos\alpha, \\ x' = x \end{cases} \quad (x' \quad y' \quad z' \quad 1) = (x \quad y \quad z \quad 1)\begin{pmatrix} 1 & 0 & 0 & 0 \\ 0 & \cos\alpha & \sin\alpha & 0 \\ 0 & -\sin\alpha & \cos\alpha & 0 \\ 0 & 0 & 0 & 1 \end{pmatrix}.$$

(3) 绕 y 轴正向旋转 β 角

相应的方程和矩阵形式如下：

$$\begin{cases} z' = z\cos\beta - x\sin\beta \\ x' = z\sin\beta + x\cos\beta, \\ y' = y \end{cases} \quad (x' \quad y' \quad z' \quad 1) = (x \quad y \quad z \quad 1)\begin{pmatrix} \cos\beta & 0 & \sin\beta & 0 \\ 0 & 1 & 0 & 0 \\ -\sin\beta & 0 & \cos\beta & 0 \\ 0 & 0 & 0 & 1 \end{pmatrix}.$$

(4) 绕 z 轴正向旋转 γ 角

相应的方程组和矩阵形式如下：

$$\begin{cases} x' = x\cos\gamma - y\sin\gamma \\ y' = x\sin\gamma + y\cos\gamma, \\ z' = z \end{cases} \quad (x' \quad y' \quad z' \quad 1) = (x \quad y \quad z \quad 1)\begin{pmatrix} \cos\gamma & \sin\gamma & 0 & 0 \\ -\sin\gamma & \cos\gamma & 0 & 0 \\ 0 & 0 & 1 & 0 \\ 0 & 0 & 0 & 1 \end{pmatrix}.$$

(5) 向量的平移变换

设有点 $P(x,y,z)$，需要平移变换到点 $P'(x',y',z')$，在三个轴正向的平移量为 (t_x,t_y,t_z)，平移变换的方程组形式和矩阵形式如下：

$$\begin{cases} x' = x + t_x \\ y' = x + t_y, \\ z' = x + t_z \end{cases} \quad (x' \quad y' \quad z' \quad 1) = (x \quad y \quad z \quad 1)\begin{pmatrix} 1 & 0 & 0 & 0 \\ 0 & 1 & 0 & 0 \\ 0 & 0 & 1 & 0 \\ t_x & t_y & t_z & 1 \end{pmatrix}.$$

点向量的平移、多面体的平移都采用同样的矩阵变换，此变换矩阵是可逆矩阵.

(6) 向量关于 xOy 面对称的变换

相应的方程和矩阵形式为：

$$\begin{cases} x' = x \\ y' = y \\ z' = -z \end{cases}, \quad (x' \quad y' \quad z' \quad 1) = (x \quad y \quad z \quad 1)\begin{pmatrix} 1 & 0 & 0 & 0 \\ 0 & 1 & 0 & 0 \\ 0 & 0 & -1 & 0 \\ 0 & 0 & 0 & 1 \end{pmatrix}.$$

类似地，可以写出“向量关于 yOz 面对称的变换矩阵”和“向量关于 xOz 面对称的变换矩阵”.

(7) 向量的错切变换

向量分量 x,y,z 经变换后在不同坐标轴方向上产生了不同程度的放缩，其具体方程和矩阵形式为：

$$\begin{cases} x' = x + dy + gz \\ y' = bx + y + hz \\ z' = cx + fy + z \end{cases}, \quad (x' \quad y' \quad z' \quad 1) = (x \quad y \quad z \quad 1)\begin{pmatrix} 1 & b & c & 0 \\ d & 1 & f & 0 \\ g & h & 1 & 0 \\ 0 & 0 & 0 & 1 \end{pmatrix}.$$

人们可以根据实际需要去调整在不同方向的错切量.

(8) 复杂几何变化

复杂几何变换是简单几何变换连续作用的结果. 在三维直角坐标系中，有些复杂的几何变形要用到上面几种基本的几何变换的组合作用.

3. 多维向量的“几何变换”

在 2 维、3 维向量的几何变换启发下，人们不难理解多维向量几何变换 $\boldsymbol{X}' = \boldsymbol{A}\boldsymbol{X}$ 的含义.

如果变换形式是

$$\begin{pmatrix} x_1' \\ x_2' \\ \vdots \\ x_n' \end{pmatrix} = \begin{pmatrix} a_{11} & a_{12} & \cdots & a_{1n} \\ a_{21} & a_{22} & \cdots & a_{2n} \\ \vdots & \vdots & & \vdots \\ a_{n1} & a_{n2} & \cdots & a_{nn} \end{pmatrix}\begin{pmatrix} x_1 \\ x_2 \\ \vdots \\ x_n \end{pmatrix},$$

矩阵 $\boldsymbol{A}$ 表示了一种 $\mathbf{R}^n \to \mathbf{R}^n$ 的变换，它是围绕“坐标原点”的旋转和放缩变换.

如果变换形式是

$$\begin{pmatrix} x_1' \\ x_2' \\ \vdots \\ x_m' \end{pmatrix} = \begin{pmatrix} a_{11} & a_{12} & \cdots & a_{1n} \\ a_{21} & a_{22} & \cdots & a_{2n} \\ \vdots & \vdots & & \vdots \\ a_{m1} & a_{m2} & \cdots & a_{mn} \end{pmatrix}\begin{pmatrix} x_1 \\ x_2 \\ \vdots \\ x_n \end{pmatrix},$$

此处的矩阵 $\boldsymbol{A}$ 表示了一种 $\mathbf{R}^n \to \mathbf{R}^m$ 的变换，它也是围绕“坐标原点”的旋转和放缩变换. 为了看清楚这种“降维”的变换，不妨看一个具体情形：

$$\begin{pmatrix} x'_1 \\ x'_2 \\ 0 \\ \vdots \\ 0 \end{pmatrix} = \begin{pmatrix} a_{11} & a_{12} & \cdots & a_{1n} \\ a_{21} & a_{22} & \cdots & a_{2n} \end{pmatrix} \begin{pmatrix} x_1 \\ x_2 \\ \vdots \\ x_n \end{pmatrix},$$

此处的变换矩阵 $\mathbf{A}$ 表示了一种 $\mathbf{R}^n \to \mathbf{R}^2$ 的变换，它能把“n 维的径向量”“映射”为“2 维的径向量”，能把“顶点在原点的 n 维平行多面体”“映射”为“顶点在原点的、在 x_1Ox_2 平面内的平行四边形”.

§7.2 矩阵用于坐标变换

三维坐标系是直观的，在某一个坐标系下，向量（或物体位置）可以用坐标表示，向量之间的关系可以用坐标的代数运算去表示.

三维坐标系可能是正交或不正交的. 同一个向量，在不同坐标系下会有不同的坐标.

就坐标系而言，如何把一个坐标系变为另一个坐标系？特别地，如何把不正交的坐标系变换为正交的坐标系？

图 7-3 表示了正交坐标系 $xOyz$ 和非正交坐标系 $x_vOy_vz_v$，人们可以利用平移变换让两种坐标系“共原点”，利用旋转变换把非正交的坐标系变为正交坐标系.

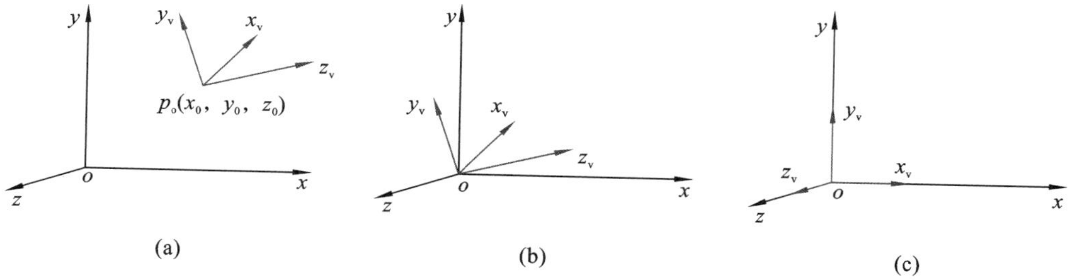

图 7-3 两个坐标系之间的位置关系

已知向量在一个坐标系下的坐标，它在另一个坐标系中的坐标如何求得？

上述问题在实际生产生活中是经常遇到的，在科技计算和智能等行业都有着广泛的应用. 用矩阵解决这类问题非常方便.

有不少问题是必须在多维坐标系中解决的，这当然变得抽象了. 但是，如果理解了三维中的有关问题，那么多维坐标系中的坐标表示问题、坐标变换问题就很容易解决了.

坐标变换问题 1 已知 $\mathbf{R}_n$ 的一组基 $\boldsymbol{X} = (\boldsymbol{\xi}_1, \boldsymbol{\xi}_2, \cdots, \boldsymbol{\xi}_n)^{\mathrm{T}}$，还已知另一组基 $\boldsymbol{Y} = (\boldsymbol{\eta}_1, \boldsymbol{\eta}_2, \cdots, \boldsymbol{\eta}_n)^{\mathrm{T}}$，这两组基“共原点”，怎么把基 $\boldsymbol{X}$ 变换为基 $\boldsymbol{Y}$？

答 因为这两组基是共原点的，所以用矩阵的旋转放缩变换就能把一组基变换为另一组基.变换矩阵怎么寻找?

因为基组 $\boldsymbol{Y}$ 中的每个向量 $\boldsymbol{\eta}_j \in \mathbf{R}_n$ 也是可以用基组 $\boldsymbol{X}=(\xi_1,\xi_2,\cdots,\xi_n)^{\mathrm{T}}$ 的线性组合表示的,于是

$$\begin{cases}\boldsymbol{\eta}_1 = p_{11}\xi_1 + p_{12}\xi_2 + \cdots + p_{1n}\xi_n \\ \boldsymbol{\eta}_2 = p_{21}\xi_1 + p_{22}\xi_2 + \cdots + p_{2n}\xi_n \\ \qquad\vdots \\ \boldsymbol{\eta}_n = p_{n1}\xi_1 + p_{n2}\xi_2 + \cdots + p_{nn}\xi_n\end{cases},$$

把基组的变换关系写成矩阵形式,有

$$\boldsymbol{Y}=\boldsymbol{P}\boldsymbol{X},$$

其中

$$\boldsymbol{Y}=\begin{pmatrix}\boldsymbol{\eta}_1\\ \boldsymbol{\eta}_2\\ \vdots\\ \boldsymbol{\eta}_n\end{pmatrix},\quad \boldsymbol{P}=\begin{pmatrix}p_{11} & p_{12} & \cdots & p_{1n}\\ p_{21} & p_{22} & \cdots & p_{2n}\\ \vdots & \vdots & & \vdots\\ p_{n1} & p_{n2} & \cdots & p_{nn}\end{pmatrix},\quad \boldsymbol{X}=\begin{pmatrix}\xi_1\\ \xi_2\\ \vdots\\ \xi_n\end{pmatrix}.$$

也就是说,基向量组 $\boldsymbol{X}$ 被矩阵 $\boldsymbol{P}$ 线性变换为基向量组 $\boldsymbol{Y}$. 这里,$\boldsymbol{P}$ 称为基变换矩阵.

基的变换就是通常所说的坐标系的变换,基变换矩阵 $\boldsymbol{P}$ 是一种线性变换矩阵,它具有旋转和放缩功能,可以把一组基 $\boldsymbol{X}$ 变换为另一组基 $\boldsymbol{Y}$.

坐标变换问题 2 如果已知两个基向量组 $\boldsymbol{X}$ 和 $\boldsymbol{Y}$"共原点",基变换矩阵 $\boldsymbol{P}$ 怎么求?

答 显然,由问题 7.2.1 可知,$\boldsymbol{Y}\boldsymbol{X}^{-1}=\boldsymbol{P}$.

在这里,基向量组是线性无关的,所以 $\boldsymbol{X}$ 是可逆的. 读者要注意坐标变换时矩阵的书写形式.

基向量纵向排列时坐标变换的表现为:

$$\boldsymbol{Y}=\begin{pmatrix}\boldsymbol{\eta}_1\\ \boldsymbol{\eta}_2\\ \vdots\\ \boldsymbol{\eta}_n\end{pmatrix},\quad \boldsymbol{X}=\begin{pmatrix}\xi_1\\ \xi_2\\ \vdots\\ \xi_n\end{pmatrix},\quad \boldsymbol{Y}=\boldsymbol{P}\boldsymbol{X},\quad \boldsymbol{P}=\boldsymbol{Y}\boldsymbol{X}^{-1};$$

基向量横向排列时坐标变换的表现为:

$$\boldsymbol{X}=(\xi_1\quad \xi_2\quad \cdots\quad \xi_n),\quad \boldsymbol{Y}=(\boldsymbol{\eta}_1\quad \boldsymbol{\eta}_2\quad \cdots\quad \boldsymbol{\eta}_n),$$

$$\boldsymbol{Y}=\boldsymbol{X}\boldsymbol{P}^{\mathrm{T}},\quad \boldsymbol{P}^{\mathrm{T}}=\boldsymbol{X}^{-1}\boldsymbol{Y}.$$

例 7.2.1 已知 $\mathbf{R}^3$ 中有两组基向量:

$$\xi_1=(1,1,1),\quad \xi_2=(1,1,0),\quad \xi_3=(1,0,0);$$

$$\boldsymbol{\eta}_1=(2,2,1),\quad \boldsymbol{\eta}_2=(1,2,0),\quad \boldsymbol{\eta}_3=(3,2,1).$$

要将基 $\{\xi_1,\xi_2,\xi_3\}$ 变换到另一组基 $\{\boldsymbol{\eta}_1,\boldsymbol{\eta}_2,\boldsymbol{\eta}_3\}$,求基变换矩阵 $\boldsymbol{P}$.

解 这里,把基向量组 $\{\xi_1,\xi_2,\xi_3\}$ 和 $\{\boldsymbol{\eta}_1,\boldsymbol{\eta}_2,\boldsymbol{\eta}_3\}$ 都做纵向排列,由基变换关系就有:

$$\begin{matrix}\text{第 1 行是 }\boldsymbol{\eta}_1\rightarrow\\ \text{第 2 行是 }\boldsymbol{\eta}_2\rightarrow\\ \text{第 3 行是 }\boldsymbol{\eta}_3\rightarrow\end{matrix}\begin{pmatrix}2 & 2 & 1\\ 1 & 2 & 0\\ 3 & 2 & 1\end{pmatrix}=\boldsymbol{P}\begin{pmatrix}1 & 1 & 1\\ 1 & 1 & 0\\ 1 & 0 & 0\end{pmatrix}\begin{matrix}\leftarrow \xi_1\text{ 是第 1 行}\\ \leftarrow \xi_2\text{ 是第 2 行}\\ \leftarrow \xi_3\text{ 是第 3 行}\end{matrix}$$

于是，

$$P=\begin{pmatrix}2&2&1\\1&2&0\\3&2&1\end{pmatrix}\cdot\begin{pmatrix}1&1&1\\1&1&0\\1&0&0\end{pmatrix}^{-1}=\begin{pmatrix}2&2&1\\1&2&0\\3&2&1\end{pmatrix}\begin{pmatrix}0&0&1\\0&1&-1\\1&-1&0\end{pmatrix}=\begin{pmatrix}1&1&0\\0&2&-1\\1&1&1\end{pmatrix}.$$

例 7.2.2　在 $\mathbf{R}^3$ 中，求基变换矩阵 $\boldsymbol{P}$，把基 $\{\boldsymbol{\xi}_1,\boldsymbol{\xi}_2,\boldsymbol{\xi}_3\}$ 变换为基 $\{\boldsymbol{\eta}_1,\boldsymbol{\eta}_2,\boldsymbol{\eta}_3\}$，其中

$$\boldsymbol{\xi}_1=(1,1,0),\quad \boldsymbol{\xi}_2=(2,3,1),\quad \boldsymbol{\xi}_3=(3,4,2);$$
$$\boldsymbol{\eta}_1=(1,0,0),\quad \boldsymbol{\eta}_2=(0,1,0),\quad \boldsymbol{\eta}_3=(0,0,1).$$

解　把基向量纵向排列，由基变换关系，有

$$\begin{pmatrix}\boldsymbol{\eta}_1\\\boldsymbol{\eta}_2\\\boldsymbol{\eta}_3\end{pmatrix}=\boldsymbol{P}\begin{pmatrix}\boldsymbol{\xi}_1\\\boldsymbol{\xi}_2\\\boldsymbol{\xi}_2\end{pmatrix},\quad \begin{pmatrix}1&0&0\\0&1&0\\0&0&1\end{pmatrix}=\boldsymbol{P}\begin{pmatrix}1&1&0\\2&3&1\\3&4&2\end{pmatrix}.$$

$$\boldsymbol{P}=\begin{pmatrix}1&0&0\\0&1&0\\0&0&1\end{pmatrix}\begin{pmatrix}1&1&0\\2&3&1\\3&4&2\end{pmatrix}^{-1}=\begin{pmatrix}1&0&0\\0&1&0\\0&0&1\end{pmatrix}\begin{pmatrix}2&-2&1\\-1&2&-1\\-1&-1&1\end{pmatrix}=\begin{pmatrix}2&-2&1\\-1&2&-1\\-1&-1&1\end{pmatrix}.$$

如果把基向量横向排列，则写成 $(\boldsymbol{\eta}_1\quad \boldsymbol{\eta}_2\quad \boldsymbol{\eta}_3)=(\boldsymbol{\xi}_1\quad \boldsymbol{\xi}_2\quad \boldsymbol{\xi}_3)\boldsymbol{P}^{\mathrm{T}}$，有

$$\begin{pmatrix}1&0&0\\0&1&0\\0&0&1\end{pmatrix}=\begin{pmatrix}1&2&3\\1&3&4\\0&1&2\end{pmatrix}\boldsymbol{P}^{\mathrm{T}}.$$

坐标变换问题 3　在 $\mathbf{R}^n$ 中有两组基“共原点”，已知在基 $\boldsymbol{X}=(\boldsymbol{\xi}_1,\boldsymbol{\xi}_2,\cdots,\boldsymbol{\xi}_n)^{\mathrm{T}}$ 下向量 $\boldsymbol{b}$ 的坐标为 $\boldsymbol{B}=(b_1,b_2,\cdots,b_n)$，求向量 $\boldsymbol{b}$ 在基 $\boldsymbol{Y}=(\boldsymbol{\eta}_1,\boldsymbol{\eta}_2,\cdots,\boldsymbol{\eta}_n)^{\mathrm{T}}$ 下的坐标 $\boldsymbol{B}'=(b_1',b_2',\cdots,b_n')$.

答　这里需要考虑的是，同一个向量 $\boldsymbol{b}$ 在不同的坐标系下应该如何表示.

第一种情况，如果两组基的转换矩阵 $\boldsymbol{P}$ 已知，此时，坐标系的关系为 $\boldsymbol{Y}=\boldsymbol{PX}$，$\boldsymbol{b}$ 在基 $\boldsymbol{X}$ 下表示为 $\boldsymbol{b}=\boldsymbol{BX}$，$\boldsymbol{b}$ 在基 $\boldsymbol{Y}$ 下表示为 $\boldsymbol{b}=\boldsymbol{B}'\boldsymbol{Y}$，所以有

$$\boldsymbol{b}=\boldsymbol{B}'\boldsymbol{Y}=\boldsymbol{B}'\boldsymbol{PX},\quad \boldsymbol{B}'\boldsymbol{P}=\boldsymbol{B},$$

于是有

$$\boldsymbol{B}'=\boldsymbol{B}\boldsymbol{P}^{-1},$$

其中 $\boldsymbol{B}'$ 是向量 $\boldsymbol{b}$ 在基 $\boldsymbol{Y}=(\boldsymbol{\eta}_1,\boldsymbol{\eta}_2,\cdots,\boldsymbol{\eta}_n)$ 下的坐标，$\boldsymbol{B}$ 是向量 $\boldsymbol{b}$ 在基 $\boldsymbol{X}=(\boldsymbol{\xi}_1,\boldsymbol{\xi}_2,\cdots,\boldsymbol{\xi}_n)$ 下的坐标.

第二种情况，如果两组基的转换矩阵 $\boldsymbol{P}$ 未知，可直接利用下式求出

$$\boldsymbol{b}=\boldsymbol{BX}=\boldsymbol{B}'\boldsymbol{Y},\quad \boldsymbol{B}'=\boldsymbol{BX}\boldsymbol{Y}^{-1},$$

其中，$\boldsymbol{B}$ 是向量 $\boldsymbol{b}$ 在 $\boldsymbol{X}$ 下的坐标，$\boldsymbol{X}$ 的基向量纵向排列，$\boldsymbol{Y}$ 的基向量纵向排列.

例 7.2.3　已知 $\mathbf{R}^3$ 中的两组基 $\boldsymbol{X}=(\boldsymbol{\xi}_1,\boldsymbol{\xi}_2,\boldsymbol{\xi}_3)^{\mathrm{T}}$ 和 $\boldsymbol{Y}=(\boldsymbol{\eta}_1,\boldsymbol{\eta}_2,\boldsymbol{\eta}_3)^{\mathrm{T}}$，其中

$$\boldsymbol{\xi}_1=(1,1,0),\quad \boldsymbol{\xi}_2=(2,3,1),\quad \boldsymbol{\xi}_3=(3,4,2);$$
$$\boldsymbol{\eta}_1=(1,0,0),\quad \boldsymbol{\eta}_2=(0,1,0),\quad \boldsymbol{\eta}_3=(0,0,1).$$

还已知向量 $\boldsymbol{b}$ 在基 $\boldsymbol{X}=(\xi_1,\xi_2,\xi_3)^{\mathrm{T}}$ 下的坐标为 $\boldsymbol{B}=(1,1,1)$，求向量 $\boldsymbol{b}$ 在正交基 $\boldsymbol{Y}=(\boldsymbol{\eta}_1,\boldsymbol{\eta}_2,\boldsymbol{\eta}_3)^{\mathrm{T}}$ 下的坐标 $\boldsymbol{B}'=(b_1',b_2',b_3')$.

解　由问题 7.2.6 的分析可知，向量 $\boldsymbol{b}$ 在基 $\boldsymbol{Y}=(\boldsymbol{\eta}_1,\boldsymbol{\eta}_2,\boldsymbol{\eta}_3)^{\mathrm{T}}$ 下的坐标

$$\boldsymbol{B}' = \boldsymbol{B}\boldsymbol{P}^{-1} = \boldsymbol{B}\boldsymbol{X}\boldsymbol{Y}^{-1} = (1\quad 1\quad 1)\begin{pmatrix}1 & 1 & 0\\ 2 & 3 & 1\\ 3 & 4 & 2\end{pmatrix}\begin{pmatrix}1 & 0 & 0\\ 0 & 1 & 0\\ 0 & 0 & 1\end{pmatrix}^{-1} = (6\quad 8\quad 3),$$

所以，在基 $\boldsymbol{Y}$ 下，$\boldsymbol{b} = 6\boldsymbol{\eta}_1 + 8\boldsymbol{\eta}_2 + 3\boldsymbol{\eta}_3$.

§ 7.3　正交基和基的正交化方法

大家熟悉的 $\mathbf{R}^2$ 平面直角坐标系是由 2 个相互正交的基向量构成的，旋转和平移变换可以把老的正交坐标系变为新的正交坐标系；$\mathbf{R}^3$ 空间直角坐标系是由 3 个相互正交的基向量构成的，通过旋转和平移变换会得到新的正交坐标系.

同样，$\mathbf{R}^n$ 中也有正交坐标系，它是由 n 个两两正交的基向量构成的. 在 $\mathbf{R}^n$ 中，人们可以采用正交基（每个基向量的长度没有限制），正交基是多种多样的；人们也可以采用标准正交基（每个基向量都是单位长度），标准正交基也是多种多样的.

特别地，标准正交基用 $\boldsymbol{e}_1, \boldsymbol{e}_2, \cdots, \boldsymbol{e}_n$ 表示，标准正交基的特性是：

$$\langle \boldsymbol{e}_i, \boldsymbol{e}_j \rangle = \boldsymbol{\delta}_{ij} = \begin{cases} 1, & \text{当 } i = j \text{ 时}; \\ 0, & \text{当 } i \neq j \text{ 时}. \end{cases}$$

为什么要使用标准正交基？就像 $\mathbf{R}^2$ 和 $\mathbf{R}^3$ 中的直角坐标系一样，在正交基或标准正交基下讨论问题，更符合人们的思考习惯，表示向量的坐标以及向量之间做内积都非常方便，也更加有利于描述有关的理论和应用问题.

正交基问题 1　举几个标准正交基的例子.

答　读者可以自行验证，下面的向量组 $\{\boldsymbol{\alpha}_1, \boldsymbol{\alpha}_2\}$ 是 $\mathbf{R}^2$ 的一组标准正交基：

$$\boldsymbol{\alpha}_1 = \begin{pmatrix}\cos\theta \\ -\sin\theta\end{pmatrix}, \quad \boldsymbol{\alpha}_2 = \begin{pmatrix}\sin\theta \\ \cos\theta\end{pmatrix};$$

下面的向量组 $\{\boldsymbol{\beta}_1, \boldsymbol{\beta}_2, \boldsymbol{\beta}_3\}$ 是 $\mathbf{R}^3$ 的一组标准正交基：

$$\boldsymbol{\beta}_1 = \begin{pmatrix}\frac{1}{\sqrt{2}} \\ \frac{-1}{\sqrt{2}} \\ 0\end{pmatrix}, \quad \boldsymbol{\beta}_2 = \begin{pmatrix}0 \\ 0 \\ 1\end{pmatrix}, \quad \boldsymbol{\beta}_3 = \begin{pmatrix}\frac{1}{\sqrt{2}} \\ \frac{1}{\sqrt{2}} \\ 0\end{pmatrix};$$

下面的向量组 $\{\boldsymbol{\gamma}_1, \boldsymbol{\gamma}_2, \boldsymbol{\gamma}_3, \boldsymbol{\gamma}_4\}$ 是 $\mathbf{R}^4$ 的一组标准正交基：

$$\gamma_1 = \begin{pmatrix}\frac{1}{\sqrt{2}} \\ \frac{1}{\sqrt{2}} \\ 0 \\ 0\end{pmatrix}, \quad \gamma_2 = \begin{pmatrix}\frac{1}{\sqrt{2}} \\ \frac{-1}{\sqrt{2}} \\ 0 \\ 0\end{pmatrix}, \quad \gamma_3 = \begin{pmatrix}0 \\ 0 \\ \frac{1}{\sqrt{2}} \\ \frac{1}{\sqrt{2}}\end{pmatrix}, \quad \gamma_4 = \begin{pmatrix}0 \\ 0 \\ \frac{1}{\sqrt{2}} \\ \frac{-1}{\sqrt{2}}\end{pmatrix};$$

下面的向量组 $\{\boldsymbol{e}_1,\boldsymbol{e}_2,\cdots,\boldsymbol{e}_n\}$ 是 $\mathbf{R}^n$ 的一组标准正交基：

$\boldsymbol{e}_1=(1,0,\cdots,0)$，　$\boldsymbol{e}_2=(0,1,0,\cdots0)$，　$\boldsymbol{e}_3=(0,0,1,0,\cdots,0)$，　$\boldsymbol{e}_n=(0,\cdots,0,1)$.

正交基问题 2　在正交基 $\boldsymbol{X}=(\boldsymbol{\xi}_1,\boldsymbol{\xi}_2,\cdots,\boldsymbol{\xi}_n)^{\mathrm{T}}$ 下如何表示 $\boldsymbol{b}$ 的坐标？

答　对于 $\boldsymbol{b}=b_1\boldsymbol{\xi}_1+b_2\boldsymbol{\xi}_2+\cdots+b_n\boldsymbol{\xi}_n$，等式两边分别用 $\boldsymbol{\xi}_i\ (i=1,\cdots,n)$ 做内积，就有

$$b_i=\langle\boldsymbol{b},\boldsymbol{\xi}_i\rangle,\quad i=1,\cdots,n.$$

正交基问题 3　已知向量 $\boldsymbol{b}$ 在正交基 $\boldsymbol{X}=(\boldsymbol{\xi}_1,\boldsymbol{\xi}_2,\cdots,\boldsymbol{\xi}_n)^{\mathrm{T}}$ 下的坐标是 $\boldsymbol{B}=(b_1,b_2,\cdots,b_n)$，怎么得到 $\boldsymbol{b}$ 在另一组正交基 $\boldsymbol{Y}=(\boldsymbol{\eta}_1,\boldsymbol{\eta}_2,\cdots,\boldsymbol{\eta}_n)^{\mathrm{T}}$ 下的坐标 $\boldsymbol{B}'=(b_1',b_2',\cdots,b_n')$？

答　这个问题是正交基之间的坐标变换问题，和一般的坐标变换一样.

因为 $\boldsymbol{b}=\boldsymbol{BX}$，$\boldsymbol{b}=\boldsymbol{B}'\boldsymbol{Y}$，两个正交基的转换关系为 $\boldsymbol{Y}=\boldsymbol{PX}$，基转换矩阵为 $\boldsymbol{P}=\boldsymbol{YX}^{-1}$，所以有

$$\underset{\text{在基}X\text{下的表示}}{\boldsymbol{BX}}=\boldsymbol{b}\quad\Rightarrow\quad\underset{\text{在基}Y\text{下的表示}}{\boldsymbol{B}'\boldsymbol{Y}}=\boldsymbol{B}'\boldsymbol{PX},$$

所以

$$\boldsymbol{B}=\boldsymbol{B}'\boldsymbol{P},$$
$$\boldsymbol{B}'=\boldsymbol{BP}^{-1}=\boldsymbol{B}[\boldsymbol{YX}^{-1}]^{-1}=\boldsymbol{BXY}^{-1}.$$

例 7.3.1　已知在正交基 $\boldsymbol{\xi}_1=(1,0,1)$，$\boldsymbol{\xi}_2=(\frac{1}{2},1,\frac{-1}{2})$，$\boldsymbol{\xi}_3=(\frac{-2}{3},\frac{2}{3},\frac{2}{3})$ 下，向量 $\boldsymbol{b}$ 表示为 $\boldsymbol{b}=(1,1,1)$，求在正交基 $\boldsymbol{e}_1=(1,0,0)$，$\boldsymbol{e}_2=(0,1,0)$，$\boldsymbol{e}_3=(0,0,1)$ 下，向量 $\boldsymbol{b}$ 的坐标.

解　把基向量写成列矩阵，坐标写成行矩阵，有

$$(b_1'\quad b_2'\quad b_3')=\boldsymbol{BP}^{-1}=(b_1\quad b_2\quad b_3)\begin{pmatrix}\boldsymbol{\xi}_1\\\boldsymbol{\xi}_2\\\boldsymbol{\xi}_3\end{pmatrix}\begin{pmatrix}\boldsymbol{e}_1\\\boldsymbol{e}_2\\\boldsymbol{e}_3\end{pmatrix}^{-1}$$

$$=(1\quad 1\quad 1)\begin{pmatrix}1&0&1\\\frac{1}{2}&1&-\frac{1}{2}\\-\frac{2}{3}&\frac{2}{3}&\frac{2}{3}\end{pmatrix}\begin{pmatrix}1&0&0\\0&1&0\\0&0&1\end{pmatrix}^{-1}=\left(\frac{7}{6}\quad\frac{8}{6}\quad\frac{5}{6}\right),$$

所以，$\boldsymbol{b}=\frac{7}{6}\boldsymbol{e}_1+\frac{8}{6}\boldsymbol{e}_2+\frac{5}{6}\boldsymbol{e}_3$.

正交基问题 4　已知一组不正交的基，怎样变换为正交基或标准正交基？

答　这里有两种情况需要区别开来讨论.

第一种情况，如果变换后的正交基确定，那么用基到基的变换就可以了. 变换结果是，已经确定的正交基和已知的不正交基之间，可能没有共同的向量.

第二种情况，如果变换后的正交基不清楚，但是强烈要求已知的不正交基和变换后的正交基之间有一个基向量是相同的. 这种情况需要使用施密特(Schmidt)正交化方法.

下面，先用一个简单的实例来引入施密特正交化方法的思想和具体的操作过程.

例 7.3.2　已知 3 个非零向量 $\boldsymbol{\alpha}_1=(1,0,1)$，$\boldsymbol{\alpha}_2=(1,1,0)$，$\boldsymbol{\alpha}_3=(0,1,1)$，它们不平行也不正交，它们是一组基，试保持 $\boldsymbol{\alpha}_1$ 不动，把 3 个不正交的基向量变化为 3 个相互正交的基向量 $\boldsymbol{\beta}_1$、$\boldsymbol{\beta}_2$、$\boldsymbol{\beta}_3$.

解 第一步，保持 $\boldsymbol{\alpha}_1$ 不动，令 $\boldsymbol{\beta}_1=\boldsymbol{\alpha}_1=(1,0,1)$；

第二步，构造 $\boldsymbol{\beta}_2$，使其和 $\boldsymbol{\beta}_1$ 正交：

$$\boldsymbol{\beta}_2=\boldsymbol{\alpha}_2-\underbrace{\frac{(\boldsymbol{\alpha}_2\cdot\boldsymbol{\beta}_1)}{(\boldsymbol{\beta}_1,\boldsymbol{\beta}_1)}\boldsymbol{\beta}_1}_{\boldsymbol{\alpha}_2\text{在}\boldsymbol{\beta}_1\text{上的投影向量}}=\underbrace{(\boldsymbol{\alpha}_2\cdot\boldsymbol{\beta}_1)}_{\boldsymbol{\alpha}_2\text{在}\boldsymbol{\beta}_1\text{上的投影长度}}\underbrace{\frac{\boldsymbol{\beta}_1}{(\boldsymbol{\beta}_1,\boldsymbol{\beta}_1)}}_{\boldsymbol{\beta}_1\text{的单位向量}}$$

$$=(1,1,0)-\frac{1}{2}(1,0,1)=(\frac{1}{2},1,-\frac{1}{2}).$$

读者从代数运算角度可以简单验证 $\boldsymbol{\beta}_2\cdot\boldsymbol{\beta}_1=0$，$\boldsymbol{\beta}_2$ 和 $\boldsymbol{\beta}_1$ 正交.

读者可以从几何角度理解，其中的 $\frac{(\boldsymbol{\alpha}_2\cdot\boldsymbol{\beta}_1)}{(\boldsymbol{\beta}_1\cdot\boldsymbol{\beta}_1)}\boldsymbol{\beta}_1$ 是投影向量（长度是投影值，方向是 $\boldsymbol{\beta}_1$），图 7-4 中的①就是 $\boldsymbol{\alpha}_2$ 在 $\boldsymbol{\alpha}_1$ 上的投影向量，所以 $\boldsymbol{\alpha}_2$ －①＝ $\boldsymbol{\beta}_2$，$\boldsymbol{\beta}_2$ 和 $\boldsymbol{\beta}_1$ 正交.

第三步，构造 $\boldsymbol{\beta}_3$，使其和 $\boldsymbol{\beta}_2$、$\boldsymbol{\beta}_1$ 都正交：

$$\boldsymbol{\beta}_3=\boldsymbol{\alpha}_3-\underbrace{\frac{(\boldsymbol{\alpha}_3\cdot\boldsymbol{\beta}_1)}{(\boldsymbol{\beta}_1\cdot\boldsymbol{\beta}_1)}\boldsymbol{\beta}_1}_{\boldsymbol{\alpha}_3\text{在}\boldsymbol{\beta}_1\text{上的投影向量}}-\underbrace{\frac{(\boldsymbol{\alpha}_3\cdot\boldsymbol{\beta}_2)}{(\boldsymbol{\beta}_2\cdot\boldsymbol{\beta}_2)}\boldsymbol{\beta}_2}_{\boldsymbol{\alpha}_3\text{在}\boldsymbol{\beta}_2\text{上的投影向量}}$$

$$=(0,1,1)-\frac{1}{2}(1,0,1)-\frac{1}{3}(\frac{1}{2},1,\frac{-1}{2})=(\frac{-2}{3},\frac{2}{3},\frac{2}{3}).$$

读者可以从代数角度简单验证 $\boldsymbol{\beta}_3\cdot\boldsymbol{\beta}_2=0$，$\boldsymbol{\beta}_3\cdot\boldsymbol{\beta}_1=0$，也可以从几何角度理解，参见图 7-5.

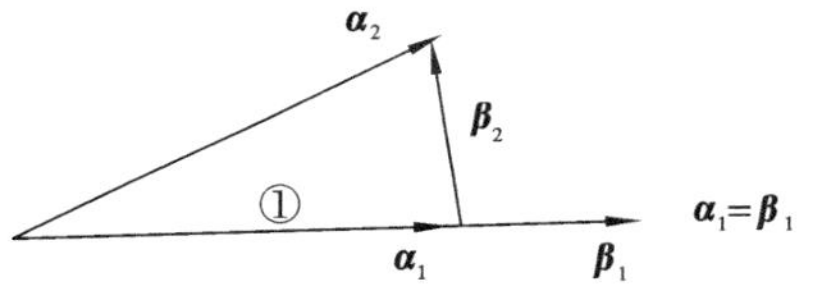

图 7-4　两个向量正交化的几何解释

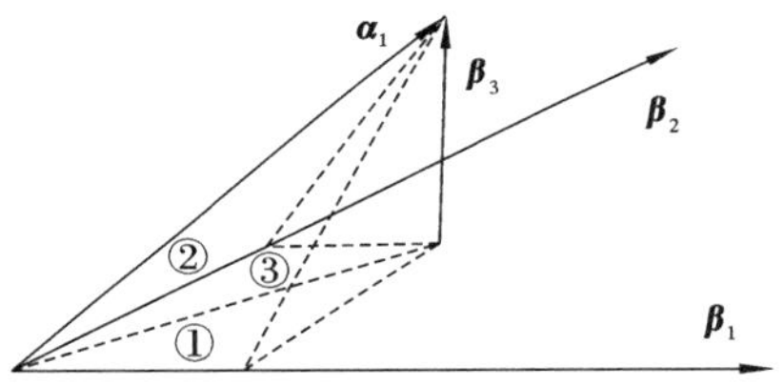

图 7-5　三个向量正交化的几何解释

$\frac{\langle\boldsymbol{\alpha}_3,\boldsymbol{\beta}_1\rangle}{\langle\boldsymbol{\beta}_1,\boldsymbol{\beta}_1\rangle}\boldsymbol{\beta}_1$ 是 $\boldsymbol{\alpha}_3$ 在 $\boldsymbol{\beta}_1$ 上的投影向量，见图 7-4 中的①；

$\frac{\langle\boldsymbol{\alpha}_3,\boldsymbol{\beta}_2\rangle}{\langle\boldsymbol{\beta}_2,\boldsymbol{\beta}_2\rangle}\boldsymbol{\beta}_2$ 是 $\boldsymbol{\alpha}_3$ 在 $\boldsymbol{\beta}_2$ 上的投影向量，见图 7-4 中的②；

投影向量①＋投影向量②＝对角线向量③，见图 7-5 中的③；

于是，$\boldsymbol{\alpha}_3$ －对角线向量③＝ $\boldsymbol{\beta}_3$，而且 $\boldsymbol{\beta}_3\perp\boldsymbol{\beta}_1$，$\boldsymbol{\beta}_3\perp\boldsymbol{\beta}_2$.

上面例子的示范过程，可以推广为 n 个无关向量标准正交化的过程.

下面一般性地介绍一下**施密特正交化方法**.

已知一组线性无关的向量 $\boldsymbol{\alpha}_1,\boldsymbol{\alpha}_2,\cdots,\boldsymbol{\alpha}_n$，要求将其转化为正交基 $\boldsymbol{\beta}_1,\boldsymbol{\beta}_2,\cdots,\boldsymbol{\beta}_n$，还要求将其转化为标准正交基 $e_1,e_2,\cdots,e_n$.

具体的操作过程如下：

第一步，令 $\boldsymbol{\beta}_1=\boldsymbol{\alpha}_1$；

第二步，求 $\boldsymbol{\beta}_2$，使其与 $\boldsymbol{\beta}_1$ 正交，令

$$\boldsymbol{\beta}_2=\boldsymbol{\alpha}_2-k_{21}\boldsymbol{\beta}_1\text{，其中 }k_{21}=\frac{\langle\boldsymbol{\alpha}_2,\boldsymbol{\beta}_1\rangle}{\langle\boldsymbol{\beta}_1,\boldsymbol{\beta}_1\rangle}；$$

第三步，求 $\boldsymbol{\beta}_3$，使其与 $\boldsymbol{\beta}_1$ 和$\boldsymbol{\beta}_2$ 正交，令

$$\boldsymbol{\beta}_3=\boldsymbol{\alpha}_3-k_{31}\boldsymbol{\beta}_1-k_{32}\boldsymbol{\beta}_2,\text{其中 } k_{31}=\frac{\langle\boldsymbol{\alpha}_3,\boldsymbol{\beta}_1\rangle}{\langle\boldsymbol{\beta}_1,\boldsymbol{\beta}_1\rangle},k_{32}=\frac{\langle\boldsymbol{\alpha}_3,\boldsymbol{\beta}_2\rangle}{\langle\boldsymbol{\beta}_2,\boldsymbol{\beta}_2\rangle};$$

第四步，求 $\boldsymbol{\beta}_j$，使 $\boldsymbol{\beta}_j$ 和$\boldsymbol{\beta}_1,\boldsymbol{\beta}_2,\cdots,\boldsymbol{\beta}_{j-1}$ 都正交，令

$$\boldsymbol{\beta}_j=\boldsymbol{\alpha}_j-k_{j1}\boldsymbol{\beta}_1-k_{j2}\boldsymbol{\beta}_2-\cdots-k_{j,j-1}\boldsymbol{\beta}_{j-1},\quad j=4,\cdots,n.$$

$$\text{其中},k_{j1}=\frac{\langle\boldsymbol{\alpha}_j,\boldsymbol{\beta}_1\rangle}{\langle\boldsymbol{\beta}_1,\boldsymbol{\beta}_1\rangle},k_{j2}=\frac{\langle\boldsymbol{\alpha}_j,\boldsymbol{\beta}_2\rangle}{\langle\boldsymbol{\beta}_2,\boldsymbol{\beta}_2\rangle},\cdots,k_{j,j-1}=\frac{\langle\boldsymbol{\alpha}_j,\boldsymbol{\beta}_{j-1}\rangle}{\langle\boldsymbol{\beta}_{j-1},\boldsymbol{\beta}_{j-1}\rangle};$$

第五步，把 $\boldsymbol{\beta}_1\ \boldsymbol{\beta}_2,\cdots,\boldsymbol{\beta}_n$ 单位化，即

$$\boldsymbol{e}_j=\boldsymbol{\beta}_j/|\boldsymbol{\beta}_j|,j=1,2,\cdots,n.$$

这样就得到标准正交基 $\boldsymbol{e}_1,\boldsymbol{e}_2,\cdots,\boldsymbol{e}_n$.

下面再用具体的实例，演示施密特正交化过程.

例 7.3.5　已知 $\mathbf{R}^3$ 中的一组非正交基

$$\boldsymbol{\alpha}_1=\begin{pmatrix}1\\1\\1\end{pmatrix},\quad\boldsymbol{\alpha}_2=\begin{pmatrix}0\\1\\1\end{pmatrix},\quad\boldsymbol{\alpha}_3=\begin{pmatrix}0\\0\\1\end{pmatrix}.$$

试用施密特正交化方法，将其化为标准正交基.

解　令

$$\boldsymbol{\beta}_1=\boldsymbol{\alpha}_1=\begin{pmatrix}1\\1\\1\end{pmatrix},$$

$$\boldsymbol{\beta}_2=\boldsymbol{\alpha}_2-\frac{\langle\boldsymbol{\alpha}_2,\boldsymbol{\beta}_1\rangle}{\langle\boldsymbol{\beta}_1,\boldsymbol{\beta}_1\rangle}\boldsymbol{\beta}_1=\begin{pmatrix}0\\1\\1\end{pmatrix}-\frac{2}{3}\begin{pmatrix}1\\1\\1\end{pmatrix}=\frac{1}{3}\begin{pmatrix}-2\\1\\1\end{pmatrix},$$

$$\boldsymbol{\beta}_3=\boldsymbol{\alpha}_3-\frac{\langle\boldsymbol{\alpha}_3,\boldsymbol{\beta}_1\rangle}{\langle\boldsymbol{\beta}_1,\boldsymbol{\beta}_1\rangle}\boldsymbol{\beta}_1-\frac{\langle\boldsymbol{\alpha}_3,\boldsymbol{\beta}_2\rangle}{\langle\boldsymbol{\beta}_2,\boldsymbol{\beta}_2\rangle}\boldsymbol{\beta}_2=\begin{pmatrix}0\\0\\1\end{pmatrix}-\frac{1}{3}\begin{pmatrix}1\\1\\1\end{pmatrix}-\frac{1}{6}\begin{pmatrix}-2\\1\\1\end{pmatrix}=\frac{1}{2}\begin{pmatrix}0\\-1\\1\end{pmatrix}.$$

再将 $\boldsymbol{\beta}_1,\boldsymbol{\beta}_2,\boldsymbol{\beta}_3$ 单位化，得

$$\boldsymbol{\gamma}_1=\frac{\boldsymbol{\beta}_1}{|\boldsymbol{\beta}_1|}=\frac{1}{\sqrt{3}}\begin{pmatrix}1\\1\\1\end{pmatrix},\quad\boldsymbol{\gamma}_2=\frac{\boldsymbol{\beta}_2}{|\boldsymbol{\beta}_2|}=\frac{1}{\sqrt{6}}\begin{pmatrix}-2\\1\\1\end{pmatrix},\quad\boldsymbol{\gamma}_3=\frac{\boldsymbol{\beta}_3}{|\boldsymbol{\beta}_3|}=\frac{\sqrt{2}}{2}\begin{pmatrix}0\\-1\\1\end{pmatrix},$$

$\boldsymbol{\gamma}_1,\boldsymbol{\gamma}_2,\boldsymbol{\gamma}_3$ 即为所求的标准正交基.

§7.4　正交矩阵

在 $\mathbf{R}^n$ 中，用 n 个标准正交向量排列在一起所构成的矩阵，称为“正交矩阵”.

记 $\boldsymbol{C}$ 是正交矩阵，它的形式为

$$\boldsymbol{C}=\begin{pmatrix} c_{11} & c_{12} & \cdots & c_{1n} \\ c_{21} & c_{22} & \cdots & c_{2n} \\ \vdots & \vdots & & \vdots \\ c_{n1} & c_{n2} & \cdots & c_{nn} \end{pmatrix}.$$

标准正交基分量可以按列向量排列，也可以按行向量排列.

显然，一组确定的标准正交基就可构成一个确定的正交矩阵.

对于通常的 3 维向量空间 $\mathbf{R}^3$，有多种标准正交基，例如，一组标准正交基是

$$\boldsymbol{\varepsilon}_1=(1,0,0)\ ,\quad \boldsymbol{\varepsilon}_2=(0,1,0)\ ,\quad \boldsymbol{\varepsilon}_3=(0,0,1);$$

另一组标准正交基是

$$\boldsymbol{\eta}_1=(0,\frac{4}{3\sqrt{2}},\frac{1}{3}),\quad \boldsymbol{\eta}_2=(\frac{1}{\sqrt{2}},\frac{1}{3\sqrt{2}},\frac{-2}{3}),\quad \boldsymbol{\eta}_3=(\frac{1}{\sqrt{2}},\frac{-1}{3\sqrt{2}},\frac{2}{3}),$$

它们对应的正交矩阵分别为

$$\boldsymbol{C}=\begin{pmatrix} 1 & 0 & 0 \\ 0 & 1 & 0 \\ 0 & 0 & 1 \end{pmatrix},\quad \tilde{\boldsymbol{C}}=\begin{pmatrix} 0 & \frac{4}{3\sqrt{2}} & \frac{1}{3} \\ \frac{1}{\sqrt{2}} & \frac{1}{3\sqrt{2}} & \frac{-2}{3} \\ \frac{1}{\sqrt{2}} & \frac{-1}{3\sqrt{2}} & \frac{2}{3} \end{pmatrix}.$$

1. 怎么理解正交矩阵的几何特点?

正交矩阵是一个矩阵，不是基.

(1) 正交矩阵对向量的作用特点

一般矩阵都有旋转和放缩功能，因为正交矩阵的行列式 $|\boldsymbol{C}|=\pm 1$，它是放缩比，所以正交矩阵只有旋转功能，没有放缩功能，也没有平移功能.

正交矩阵 $\boldsymbol{C}$ 作用于向量 $\boldsymbol{a}$，$\boldsymbol{Ca}=\boldsymbol{a}'$，其实际效果是 $\boldsymbol{a}$ 的空间位置被转动了一个角度后到达 $\boldsymbol{a}'$ 的位置，转动了多少角度并不知道.

正交矩阵 $\boldsymbol{C}$ 作用于两个向量，$\boldsymbol{Ca}=\boldsymbol{a}'$，$\boldsymbol{Cb}=\boldsymbol{b}'$，那么 $\boldsymbol{a}$ 和 $\boldsymbol{b}$ 的夹角等于 $\boldsymbol{a}'$ 和 $\boldsymbol{b}'$ 的夹角.

正是由于这些几何特点，正交矩阵发生作用后，原来的几何曲线、曲面、图形只会绕坐标原点转动，其形状不会改变.

(2) 正交矩阵对基的作用特点

设 $\boldsymbol{X}=(\boldsymbol{\varepsilon}_1,\boldsymbol{\varepsilon}_2,\cdots,\boldsymbol{\varepsilon}_n)^{\mathrm{T}}$ 和 $\boldsymbol{Y}=(\boldsymbol{\eta}_1,\boldsymbol{\eta}_2,\cdots,\boldsymbol{\eta}_n)^{\mathrm{T}}$ 都是 $\mathbf{R}^n$ 的基，$\boldsymbol{H}$ 是基变换矩阵，且基的变换形式为 $\boldsymbol{HX}=\boldsymbol{Y}$，那么不同类型的基变换会有什么效果?

如果 $\boldsymbol{H}$ 是正交矩阵，$\boldsymbol{X}$ 不是正交基，$\boldsymbol{HX}$ 得到的基 $\boldsymbol{Y}$ 还是非正交的；

如果 $\boldsymbol{H}$ 是正交矩阵，$\boldsymbol{X}$ 是(标准)正交基，$\boldsymbol{HX}$ 得到的基 $\boldsymbol{Y}$ 仍然是一组(标准)正交基.

(3) 正交矩阵在内积中的特点

$\langle\boldsymbol{a},\boldsymbol{Cb}\rangle$ 表示正交矩阵 $\boldsymbol{C}$ 先对向量 $\boldsymbol{b}$ 旋转，尔后再做内积. $\langle\boldsymbol{Ca},\boldsymbol{Cb}\rangle$ 表示正交矩阵 $\boldsymbol{C}$ 对 $\boldsymbol{a}$ 和 $\boldsymbol{b}$ 有相同的转角，尔后再做内积，所以有

$$\langle \boldsymbol{Ca}, \boldsymbol{Cb} \rangle = \langle \boldsymbol{a}, \boldsymbol{b} \rangle, \quad \langle \boldsymbol{Ca}, \boldsymbol{Ca} \rangle = \langle \boldsymbol{a}, \boldsymbol{a} \rangle = \|\boldsymbol{a}\|^2.$$

2. 正交矩阵还有那些性质?

正交矩阵性质 1　$\boldsymbol{C}^{\mathrm{T}}\boldsymbol{C} = \boldsymbol{C}\boldsymbol{C}^{\mathrm{T}} = \boldsymbol{I}, \boldsymbol{C}^{\mathrm{T}} = \boldsymbol{C}^{-1}$.

因为$\boldsymbol{C}^{\mathrm{T}}$就是 $\boldsymbol{C}^{-1}$,矩阵转置容易,求逆难,所以正交矩阵的这个性质对于求逆矩阵有实用之处.

正交矩阵性质 2　$|\boldsymbol{C}| = \pm 1$.

因为$|\boldsymbol{C}^{\mathrm{T}}\boldsymbol{C}| = |\boldsymbol{C}|^2 = 1$,所以$|\boldsymbol{C}| = \pm 1$.

正交矩阵性质 3　若 $\boldsymbol{C}$ 和 $\widetilde{\boldsymbol{C}}$ 都是正交矩阵,则 $\boldsymbol{C}\widetilde{\boldsymbol{C}}$ 也是正交矩阵.

正交矩阵性质 4　标准正交基之间的基变换矩阵是正交矩阵.

正交矩阵的这些性质在公式推演方面是有用的.

作为本章结束,我们指出以下几点:

(1) 向量空间是一个抽象的概念,它把具有线性运算特性的无穷个元素归类为一个集合;向量空间是由“基”(即坐标系)架构的,掌握了基就掌握了整个向量空间.所以,基(坐标系)是向量空间结构的核心,坐标是向量在基下的具体表示形式,这些概念都可以类比三维直角坐标系中的情形,从而得到形象的认知.

(2) 向量空间中允许有不同的基,一组基可以通过基变换矩阵变换为另一组基.所以,基的变换,也就是坐标变换,是常用的也是比较重要的知识点.这些内容可以类比二维或三维的直角坐标系变换去理解.

(3) 标准正交基是人们习惯使用的,所以,把非正交基变换为标准正交基的方法,即施密特正交化方法,在实际应用中是经常被使用的.

(4) 正交矩阵是一个重要的知识点,它最重要的特性是其逆矩阵就是自身的转置矩阵,它在公式推导和化简中经常被使用.

(5) 综观第 1 章到第 7 章,读者可以体会到,线性代数的内容似乎就是借助于矩阵,把三维的空间解析几何扩展为 n 维的空间解析几何,还在此基础上增加了矩阵线性变换的内容.所以,始终把三维空间解析几何的知识作为比照对象,对理解和掌握向量线性空间的知识是非常有帮助的.

习　题　七

1. 回答下面的问题:

(1) 在 $\mathbf{R}^n$ 中,向量空间的维数怎么决定?

(2) 在 $\mathbf{R}^n$ 中,向量空间的基底变换矩阵是唯一的吗?

(3) 在 $\mathbf{R}^n$ 中,基、正交基和标准正交基,这三种说法有什么区别?

(4) 在同一组基下,把一个行向量 $\boldsymbol{a}=(a_1,a_2,\cdots,a_n)$ 变换为另一个行向量 $\boldsymbol{b}=(b_1,b_2,\cdots,b_n)$,写出其矩阵变换式.

(5) 在同一组基下,把一个列向量组 $\boldsymbol{X}=(\boldsymbol{a}_1,\boldsymbol{a}_2,\cdots,\boldsymbol{a}_n)^{\mathrm{T}}$ 变换为另一个列向量组 $\boldsymbol{Y}=(\boldsymbol{b}_1,\boldsymbol{b}_2,\cdots,\boldsymbol{b}_n)^{\mathrm{T}}$,写出其矩阵变换式.

(6) 向量 $\boldsymbol{a}$ 在向量 $\boldsymbol{b}$ 上的投影(标量)和投影向量是怎么表示的?

(7) 设 $\{\boldsymbol{\eta}_1,\boldsymbol{\eta}_2,\cdots,\boldsymbol{\eta}_n\}$ 是一组标准正交基,向量 $\boldsymbol{a}$ 用这组标准正交基表示为

$$\boldsymbol{a}=c_1\boldsymbol{\eta}_1+c_2\boldsymbol{\eta}_2+\cdots+c_j\boldsymbol{\eta}_j+\cdots+c_n\boldsymbol{\eta}_n.$$

问:此式两边与 $\boldsymbol{\eta}_j$ 做内积会得到什么?此式中的组合系数 c_j 是 $\boldsymbol{a}$ 在什么向量上的投影?

(8) 把一组非正交基 $\{\boldsymbol{\eta}_1,\boldsymbol{\eta}_2,\cdots,\boldsymbol{\eta}_n\}$ 变换为标准正交基 $\{\boldsymbol{e}_1,\boldsymbol{e}_2,\cdots,\boldsymbol{e}_n\}$,写出其矩阵变换形式.

(9) 叙述施密特正交化方法的实施过程.

(10) 什么是正交矩阵?正交矩阵有什么性质?

2. 试问,由下面的 $\boldsymbol{\beta}_1,\boldsymbol{\beta}_2,\boldsymbol{\beta}_3$ 能生成向量空间 $\mathbf{R}^3$ 吗?其中

$$\boldsymbol{\beta}_1=\begin{pmatrix}1\\2\\0\end{pmatrix},\quad \boldsymbol{\beta}_2=\begin{pmatrix}0\\2\\3\end{pmatrix},\quad \boldsymbol{\beta}_3=\begin{pmatrix}2\\3\\1\end{pmatrix}.$$

3. 在向量空间 $\mathbf{R}^3$ 中,试将一组基

$$\boldsymbol{\xi}_1=\begin{pmatrix}2\\-1\\0\end{pmatrix},\quad \boldsymbol{\xi}_2=\begin{pmatrix}1\\2\\3\end{pmatrix},\quad \boldsymbol{\xi}_3=\begin{pmatrix}3\\-1\\2\end{pmatrix}$$

变换为另一组基

$$\boldsymbol{\eta}_1=\begin{pmatrix}8\\-3\\4\end{pmatrix},\quad \boldsymbol{\eta}_2=\begin{pmatrix}4\\6\\11\end{pmatrix},\quad \boldsymbol{\eta}_3=\begin{pmatrix}1\\0\\0\end{pmatrix}.$$

4. 在向量空间 $\mathbf{R}^3$ 中,试将一组基

$$\boldsymbol{\xi}_1=\begin{pmatrix}2\\-1\\0\end{pmatrix},\quad \boldsymbol{\xi}_2=\begin{pmatrix}1\\2\\3\end{pmatrix},\quad \boldsymbol{\xi}_3=\begin{pmatrix}3\\-1\\2\end{pmatrix}$$

变换为标准正交基

$$\boldsymbol{\eta}_1=\begin{pmatrix}1\\0\\0\end{pmatrix},\quad \boldsymbol{\eta}_2=\begin{pmatrix}0\\1\\0\end{pmatrix},\quad \boldsymbol{\eta}_3=\begin{pmatrix}0\\0\\1\end{pmatrix}.$$

5. 在 $\mathbf{R}^3$ 中,求向量 $\boldsymbol{a}$ 在基 $\boldsymbol{\eta}_1,\boldsymbol{\eta}_2,\boldsymbol{\eta}_3$ 下的坐标,其中

$$a=\begin{pmatrix}5\\13\\0\end{pmatrix},\quad \eta_1=\begin{pmatrix}2\\3\\0\end{pmatrix},\quad \eta_2=\begin{pmatrix}3\\-1\\2\end{pmatrix},\quad \eta_3=\begin{pmatrix}5\\2\\1\end{pmatrix}.$$

6. 已知向量 a 在基本的标准正交基 $\{e_1,e_2,e_3,e_4\}$ 下的坐标是$(1,2,2,1)$，写出向量 a 在基

$$\eta_1=\begin{pmatrix}1\\1\\1\\1\end{pmatrix},\quad \eta_2=\begin{pmatrix}1\\1\\1\\0\end{pmatrix},\quad \eta_3=\begin{pmatrix}1\\1\\0\\0\end{pmatrix},\quad \eta_4=\begin{pmatrix}1\\0\\0\\0\end{pmatrix}$$

下的坐标.

7. 用矩阵表示和计算下列向量的内积：

(1) $a=(-1,1,0,1)$ 和 $b=(-2,2,1,-3)$ 的内积；

(2) $a=(\frac{3}{4},\frac{1}{3},\frac{1}{2},1)$ 和 $b=(\frac{1}{2},2,\frac{1}{3},\frac{1}{4})$ 的内积；

(3) $a=a_1e_1+\cdots+a_je_j+\cdots+a_{10}e_{10}$ 和e_8 的内积，其中 $\{e_j\}_{j=1}^{10}$ 是标准正交基.

8. 已知 $a=(\frac{1}{3},\frac{1}{2},0,-1)$，$b=(1,2,3,4)$，求 a、b 的单位向量 a^0、b^0，以及向量 a 在向量 b 上的单位投影向量.

9. 已知 $\beta_1=(1,2,-1)$，$\beta_2=(-1,3,1)$，试将其正交化.

10. 用施密特正交化方法把下面的基 $\{\beta_1,\beta_2,\beta_3\}$ 化为标准正交基，其中

$$\beta_1=(1,2,-1),\quad \beta_2=(-1,3,1),\quad \beta_3=(4,-1,0).$$

11. 已知 $a=(1,1,1,1)$，$b=(1,0,1,1)$，求与 a 和 b 都正交的全部向量 $x=(x_1,x_2,x_3,x_4)$. 提示：$\langle a,x\rangle=0$，$\langle b,x\rangle=0$，列出方程组，求基础解系.

12. 验证下面的线性变换

$$\begin{cases}x_1=\dfrac{1}{\sqrt{3}}y_1+0\cdot y_2+\dfrac{-2}{\sqrt{6}}y_3\\[2mm] x_2=\dfrac{1}{\sqrt{3}}y_1+\dfrac{-1}{\sqrt{2}}y_2+\dfrac{1}{\sqrt{6}}y_3\\[2mm] x_3=\dfrac{1}{\sqrt{3}}y_1+\dfrac{1}{\sqrt{2}}y_2+\dfrac{1}{\sqrt{6}}y_3\end{cases}$$

是正交变换.

13. 判断下列矩阵哪些是正交矩阵：

$$A=\begin{pmatrix}1&0&0\\0&-1&0\\0&0&-1\end{pmatrix};\quad B=\frac{1}{\sqrt{2}}\begin{pmatrix}1&0&0\\1&1&0\\0&1&1\end{pmatrix};\quad C=\begin{pmatrix}\frac{\sqrt{2}}{2}&\frac{1}{6}&\frac{\sqrt{3}}{3}\\0&\frac{\sqrt{6}}{6}&\frac{-\sqrt{3}}{3}\\\frac{\sqrt{2}}{2}&\frac{\sqrt{10}}{6}&\frac{-\sqrt{3}}{3}\end{pmatrix}.$$

14. 设 T 是 $\mathbf{R}^2$ 中的一个线性变换，T 是一种运算，就像微分、积分是一种运算一样. 已知 $T\begin{pmatrix}2\\0\end{pmatrix}=\begin{pmatrix}1\\1\end{pmatrix}$，$T\begin{pmatrix}0\\1\end{pmatrix}=\begin{pmatrix}2\\2\end{pmatrix}$，求 $T\begin{pmatrix}1\\1\end{pmatrix}$. 提示：$\mathbf{R}^2$ 中的线性变换 T 对应着矩阵 $\begin{pmatrix}a & b\\c & d\end{pmatrix}$.

15. 证明：

(1) 对于正交矩阵 $\boldsymbol{C}$，有 $\boldsymbol{C}^{-1}=\boldsymbol{C}^{\mathrm{T}}$；

(2) 正交矩阵的转置矩阵和逆矩阵还是正交矩阵；

(3) 标准正交基之间的基底变换矩阵是正交矩阵.

第 8 章 矩阵的特征值与特征向量

本章介绍了矩阵特征值的基本概念、特征值和特征向量的计算方法，介绍了对角阵做相似变换的作用，还介绍了矩阵特征值在几何、物理等方面问题中的解释和应用.

特征值问题在众多学科中经常用到，从数学角度讨论矩阵特征值问题不仅从更深层次上揭示了矩阵的内在特性，而且还为实际应用准备了工具.

§8.1 矩阵特征值问题的引入

1. 矩阵线性变换出现特征值问题

在第 7 章中读者已经知道，矩阵乘向量会产生旋转和放缩的效果，但实际操作时，常常会出现只有放缩、没有旋转的效果，例如：

$\begin{pmatrix}1&2\\3&2\end{pmatrix}\begin{pmatrix}3\\1\end{pmatrix}=\begin{pmatrix}5\\11\end{pmatrix}$，此时有旋转和放缩效果；

$\begin{pmatrix}1&2\\3&2\end{pmatrix}\begin{pmatrix}1\\-1\end{pmatrix}=(-1)\cdot\begin{pmatrix}1\\-1\end{pmatrix}$，此时只有放缩效果；

$\begin{pmatrix}1&2\\3&2\end{pmatrix}\begin{pmatrix}2\\3\end{pmatrix}=(+4)\cdot\begin{pmatrix}2\\3\end{pmatrix}$，此时只有放缩效果.

也就是说，上述方阵 $\boldsymbol{A}=\begin{pmatrix}1&2\\3&2\end{pmatrix}$ 作用于一般向量时，同时具有旋转和放缩功能；当作用于特殊向量 $\boldsymbol{X}$ 时，没有旋转效果，仅有放缩效果.

再看一个例子：

对于 $\boldsymbol{A}=\frac{1}{3}\begin{bmatrix}-3&3&0\\0&2&2\\0&1&1\end{bmatrix}$，

$$当\ \boldsymbol{X}=\begin{bmatrix}1\\2\\1\end{bmatrix}\ 时，\boldsymbol{AX}=1\cdot\boldsymbol{X}；$$

$$当\ \boldsymbol{X}=\begin{bmatrix}1\\1\\-1\end{bmatrix}\ 时，\boldsymbol{AX}=0\cdot\boldsymbol{X}；$$

$$当\ \boldsymbol{X}=\begin{pmatrix}-1\\0\\0\end{pmatrix}时,\boldsymbol{AX}=-1\cdot\boldsymbol{X}.$$

这里的方阵 **A** 对众多的 3 维向量进行线性变换时,仅仅有 3 个方向的向量,即(1,2,1),(1,1,−1),(−1,0,0),变换后只会使向量长度变化但方向不变.

这就提出了下面的问题:对于方阵变换向量 **AX**,在什么情况下,只有放缩变化而没有方向变化呢?

不同的方阵 **A** 会有不同的特殊表现,这种特殊表现是由方阵 **A** 本身的特性决定的.用什么方法可以求得这些特殊的向量呢?

2. 弹簧的自由振动会出现系统的特征值问题

假设在光滑的平面上有一端固定的弹簧,被拉伸 l 的长度后松开,弹簧带着物块在平衡位置附近做自由振动.

设 k 是弹簧的弹力系数,m 是物块的质量,物块振动位移 $x(t)$ 发生在水平的 x 轴上,$x(t)_{t=0}=0$ 是振动的平衡点.根据 $f=ma$,其中 f 是产生运动的弹簧力,a 是物块的运动加速度,就有

$$m\cdot x''(t)=-k\cdot x(t),$$

再完整地写出弹簧自由振动所满足的微分方程初值问题:

$$x''(t)=\lambda x(t),\quad \lambda=\frac{-k}{m};$$

$$x(0)=0,\quad x'(0)=v_0.$$

这是用微分方程描述的弹簧振动系统的特征值问题.这里的 $\lambda=-\frac{k}{m}$ 称为该振动系统的特征值,表现的是系统固有的振动频率,因为它仅仅是由系统固有的条件(m 和 k)所决定的:如果 m 不变,k 变大,系统的振动频率会增大;如果 m 变大,k 不变,系统的振动频率会减小.在此问题中,是已知 λ 求 $x(t)$,不同的振动频率 λ 对应着不同的振动位移 $x(t)$.

弹簧振动的微分方程具有代表性,水泥梁、钢梁的振动模型和它一样,只是弹力系数 k 不同.铁轨、桥梁、建筑物、机械构件等都有同样的振动问题,都存在固有频率.物理学还告诉我们,任何物体都存在着固有频率,都存在着特征值问题.

在振动问题应用讨论中,振动频率是最为被关注的.因为如果需要共振,那么外力的振动频率就应该和系统的固有频率接近;如果要避免共振,那么外力的振动频率要远离系统的固有频率.

如果把弹簧振动系统用数学离散化的方法,也就是把 $x''(t)=\lambda x(t)$ 离散化,见第 10 章的例 10.2.2,其中 $x''(t)$ 离散化为 **AX**,离散化结果是线性方程组 $\boldsymbol{AX}=\lambda\boldsymbol{X}$,此方程组中 **A** 和 λ 已知,要计算振动位移 **X**.

更一般地,任何系统的振动问题,离散化后一定得到线性方程组 $\boldsymbol{AX}=\lambda\boldsymbol{X}$,其中 **A** 与系统结构有关,$\lambda$ 是振动频率,也与系统结构有关,**X** 是与振动频率有关的位移.对振动系统中的"特征频率"和"特征位移"都要分析和计算.

由此可见，实际工程问题中的特征值问题和几何问题中的特征值问题具有相同的数学形式.

3. 线性代数中关于矩阵特征值问题的定义

矩阵特征值问题的应用非常广泛，有必要仔细讨论其规律性.

矩阵特征值及其特征向量的定义如下：

设 $\boldsymbol{A}$ 是 n 阶方阵，$\boldsymbol{X}$ 是 n 维列向量，λ 是实数，称

$$\boldsymbol{AX} = \lambda \boldsymbol{X}$$

为矩阵特征值问题，称 λ 是矩阵 $\boldsymbol{A}$ 的特征值，称非零向量 $\boldsymbol{X}$ 是对应于 λ 的特征向量.

从数学角度理解矩阵特征值问题的定义是非常重要的.

①矩阵 $\boldsymbol{A}$ 是确定的，要使得等式成立，必须是特殊的非零列向量 $\boldsymbol{X}$ 和相应的特征值 λ；

②如果给定的 $\boldsymbol{X}$ 不是特征向量而是一般的列向量，那么 $\boldsymbol{AX}$ 不会等于 $\lambda\boldsymbol{X}$；只有给定的 $\boldsymbol{X}$ 确实是特征向量时，那么 $\boldsymbol{AX}$ 的结果是 $\lambda\boldsymbol{X}$；

③特征值问题的几何意义是：对于一般的向量 $\boldsymbol{X}$，$\boldsymbol{AX}$ 会起到放缩和旋转的作用，但是对于特征向量 $\boldsymbol{X}$，$\boldsymbol{AX}$ 只有放缩作用，仅把特征向量放缩 λ 倍；

④讨论矩阵特征值问题的目标是：已知方阵 $\boldsymbol{A}$，求出能让 $\boldsymbol{AX} = \lambda\boldsymbol{X}$ 成立的特征值 λ 和与之对应的特征向量 $\boldsymbol{X}$，特征值和特征向量是相互对应的.

§8.2　用矩阵的特征多项式求解特征值

这里先介绍最容易想到的办法，即利用矩阵的特征多项式方程求取特征值和特征向量.

1. 利用矩阵的特征多项式方程求取特征值和特征向量

把特征值问题改写为齐次线性方程组

$$(\lambda \boldsymbol{I} - \boldsymbol{A})\boldsymbol{X} = \boldsymbol{0},$$

人们自然会想到，若要使 $\boldsymbol{X}$ 有非零解，就需要求解特征多项式方程：

$$|\lambda \boldsymbol{I} - \boldsymbol{A}| = 0,$$

即

$$|\lambda \boldsymbol{I} - \boldsymbol{A}| = \begin{vmatrix} \lambda - a_{11} & \cdots & -a_{1j} & \cdots & -a_{1n} \\ \vdots & & \vdots & & \vdots \\ -a_{i1} & \cdots & \lambda - a_{ij} & \cdots & -a_{in} \\ \vdots & & \vdots & & \vdots \\ -a_{n1} & \cdots & -a_{nj} & \cdots & \lambda - a_{nn} \end{vmatrix} = 0.$$

行列式 $|\lambda \boldsymbol{I}-\boldsymbol{A}|$ 称为矩阵 $\boldsymbol{A}$ 的特征多项式，这是 n 阶行列式，展开后一定是一个关于 λ 的 n 次多项式. 求解这个 n 次特征多项式方程 $|\lambda \boldsymbol{I}-\boldsymbol{A}|=0$，得到特征值 λ_j，$j=1,2,\cdots,n$. 从理论上讲，特征值可能是互不相同的，也可能是部分相同的；可能是正实数、负实数，也可能是复数(本教材中不考虑复数).

如果特征值已经求得，把每一个特征值 λ_j 代入特征值问题，就有齐次线性方程组 $(\lambda_j \boldsymbol{I}-\boldsymbol{A})\boldsymbol{X}=\boldsymbol{0}$，它会有非零解，构造非零解的向量，也就是与 λ_j 对应的特征向量 $\boldsymbol{X}_j$. 当然，要得到齐次方程组的非零解，就要先求出其基础解系.

下面就按照"特征多项式→特征值→特征向量"的思路，求解几个简单的例子.

例 8.2.1　求解矩阵特征值问题 $\boldsymbol{AX}=\lambda\boldsymbol{X}$，写出特征多项式方程，求出全部特征值以及与之对应的全部特征向量，其中，

$$\boldsymbol{A}=\begin{pmatrix}1&0&0\\0&2&0\\0&0&3\end{pmatrix}.$$

解　特征多项式方程为：

$$|\lambda \boldsymbol{I}-\boldsymbol{A}|=(\lambda-1)(\lambda-2)(\lambda-3)=0.$$

所以 $\boldsymbol{A}$ 有 3 个互不相同的特征值，$\lambda_1=1,\lambda_2=2,\lambda_3=3$.

对于 $\lambda_1=1$，将其代入方程组 $(\lambda\boldsymbol{I}-\boldsymbol{A})\boldsymbol{X}=\boldsymbol{0}$，有

$$\begin{pmatrix}0&0&0\\0&-1&0\\0&0&-2\end{pmatrix}\begin{pmatrix}x_1\\x_2\\x_3\end{pmatrix}=\begin{pmatrix}0\\0\\0\end{pmatrix}.$$

列出独立方程：

$$\begin{cases}-x_2=0\\-2x_3=0\end{cases}.$$

为获得非零向量，令 $x_1=1$，解得基础解系，仅为一个向量，记为

$$\boldsymbol{\xi}_1=\begin{pmatrix}1\\0\\0\end{pmatrix},$$

所以，特征值 $\lambda_1=1$ 对应的特征向量是 $c_1\boldsymbol{\xi}_1$.

同样，把 $\lambda_2=2$，$\lambda_3=3$ 分别代入方程组 $(\lambda\boldsymbol{I}-\boldsymbol{A})\boldsymbol{X}=\boldsymbol{0}$，分别得到基础解系的解向量

$$\boldsymbol{\xi}_2=\begin{pmatrix}1\\1\\0\end{pmatrix},\quad \boldsymbol{\xi}_3=\begin{pmatrix}1\\2\\2\end{pmatrix},$$

所以，与特征值 $\lambda_2=2$ 对应的特征向量为 $c_2\boldsymbol{\xi}_2$，与特征值 $\lambda_3=3$ 对应的特征向量为 $c_3\boldsymbol{\xi}_3$.

在这里，读者应该明白，矩阵特征值和特征向量起到的作用是：

$$\boldsymbol{A}\cdot(c_1\boldsymbol{\xi}_1)=1\cdot(c_1\boldsymbol{\xi}_1),\quad \boldsymbol{A}\cdot(c_2\boldsymbol{\xi}_2)=2\cdot(c_2\boldsymbol{\xi}_2),\quad \boldsymbol{A}\cdot(c_3\boldsymbol{\xi}_3)=3\cdot(c_3\boldsymbol{\xi}_3).$$

例 8.2.2　求解矩阵特征值问题 $\boldsymbol{AX}=\lambda\boldsymbol{X}$，写出特征多项式方程，求出全部特征值以及与之对应的特征向量，其中

$$A=\begin{pmatrix}1&0&0\\1&2&-1\\-1&-1&2\end{pmatrix}.$$

解　先用特征多项式方程求出特征值,有

$$|\lambda I-A|=\begin{vmatrix}\lambda-1&0&0\\-1&\lambda-2&1\\1&1&\lambda-2\end{vmatrix}$$

$$=(\lambda-1)\begin{vmatrix}\lambda-2&1\\1&\lambda-2\end{vmatrix}=(\lambda-3)(\lambda-1)^2=0,$$

所以,A 的特征值有 3 个,$\lambda_1=3,\lambda_2=\lambda_3=1$,其中有 2 个特征值是相同的.

再求解与不同特征值相对应的特征向量.

对于 $\lambda_1=3$,求解 $(3I-A)X=0$,即

$$\begin{pmatrix}2&0&0\\-1&1&1\\1&1&1\end{pmatrix}\begin{pmatrix}x_1\\x_2\\x_3\end{pmatrix}=\begin{pmatrix}0\\0\\0\end{pmatrix},\text{解得基础解系,只有一个向量}\xi_1=\begin{pmatrix}0\\1\\-1\end{pmatrix}.$$

所以,$\lambda_1=3$ 所对应的特征向量为 $c_1\xi_1$.

对于 $\lambda_2=\lambda_3=1$,求解 $(1\cdot I-A)X=0$,即

$$\begin{pmatrix}0&0&0\\-1&-1&1\\1&1&-1\end{pmatrix}\begin{pmatrix}x_1\\x_2\\x_3\end{pmatrix}=\begin{pmatrix}0\\0\\0\end{pmatrix}.\text{基础解系有 2 个向量}\xi_2=\begin{pmatrix}-1\\1\\0\end{pmatrix},\xi_3=\begin{pmatrix}1\\0\\1\end{pmatrix}.$$

所以,$\lambda_2=\lambda_3=1$ 所对应的特征向量为 $c_2\xi_2+c_3\xi_3$.

在这里,矩阵特征值和特征向量起到的作用是:

$A\cdot(c_1\xi_1)=3\cdot(c_1\xi_1)$,　$A\cdot(c_2\xi_2)=1\cdot(c_2\xi_2)$,　$A\cdot(c_3\xi_3)=1\cdot(c_3\xi_3)$.

例 8.2.3　求矩阵特征值问题 $AX=\lambda X$ 的全部特征值和特征向量,其中

$$A=\begin{pmatrix}0&-1&0\\1&-2&0\\-1&0&-1\end{pmatrix}.$$

解　A 的特征多项式方程为

$$|\lambda I-A|=\begin{vmatrix}\lambda&1&0\\-1&\lambda+2&0\\1&0&\lambda+1\end{vmatrix}=(\lambda+1)^3=0.$$

A 的特征值为 $\lambda_1=\lambda_2=\lambda_3=-1$,将它代入齐次方程组 $(\lambda I-A)X=0$,有

$$\begin{pmatrix}-1&1&0\\-1&1&0\\0&0&0\end{pmatrix}\begin{pmatrix}x_1\\x_2\\x_3\end{pmatrix}=\begin{pmatrix}0\\0\\0\end{pmatrix},$$

其基础解系只有一个解向量 $\xi=(0\quad 0\quad 1)^T$. 所以,与 $\lambda=-1$ 对应的特征向量为 $c\xi$,此时特征值问题表现为 $A(c\xi)=(-1)(c\xi)$.

2. 关于"利用特征多项式求特征值"思路中存在的问题

利用矩阵的特征多项式求特征值的思路是简明的，但是不实用. 当矩阵规模较小时，手工求解可行；在实际应用问题中，矩阵规模很大，对于很高阶的行列式，计算机不能用展开法求行列式的值，计算机也不能展开含有变量 λ 的高阶行列式，计算机求解很高次的多项式方程也非常困难.

另外，综合例 8.2.1—例 8.2.3，还可以看到这样一个事实：n 阶方阵的特征值和特征向量的表现是多种多样的. ① n 阶方阵，有 n 个不同的特征值，对应着 n 个不同的特征向量；② n 阶方阵，有少于 n 个特征值，但所对应的特征向量总数还是 n 个；③n 阶方阵，有少于 n 个特征值，它们所对应的特征向量也少于 n 个.

为了寻找求解特征值的好方法，有必要先讨论一下矩阵特征值和特征向量的有关性质，以便从中找到启发.

3. 从特征多项式看矩阵特征值和特征向量的性质

特征值性质 1　方阵 $\boldsymbol{A}$ 和 $\boldsymbol{A}^{\mathrm{T}}$ 有相同的特征值，但是特征向量不一定相同.

事实上，设 $\boldsymbol{A}$ 的特征值问题为 $\tilde{\lambda}\boldsymbol{I}-\boldsymbol{A}=\boldsymbol{0}$，其特征多项式为 $|\tilde{\lambda}\boldsymbol{I}-\boldsymbol{A}|=0$；设 $\boldsymbol{A}^{\mathrm{T}}$ 的特征值问题为 $\bar{\bar{\lambda}}\boldsymbol{I}-\boldsymbol{A}^{\mathrm{T}}=\boldsymbol{0}$，其特征多项式为 $|\bar{\bar{\lambda}}\boldsymbol{I}-\boldsymbol{A}^{\mathrm{T}}|=0$；所以

$$\underbrace{|\tilde{\lambda}\boldsymbol{I}-\boldsymbol{A}|}_{\boldsymbol{A}\text{的特征多项式}}=\underbrace{|\bar{\bar{\lambda}}\boldsymbol{I}-\boldsymbol{A}^{\mathrm{T}}|}_{\boldsymbol{A}^{\mathrm{T}}\text{的特征多项式}}.$$

$\boldsymbol{A}^{\mathrm{T}}$ 和 $\boldsymbol{A}$ 的特征多项式是相同的，当然特征值也是相同的.

注意：虽然 $\boldsymbol{A}$ 和 $\boldsymbol{A}^{\mathrm{T}}$ 有相同的特征值，但是特征向量不一定相同，原因是在求得特征值之后去求解特征向量的方程时，$\tilde{\lambda}\boldsymbol{I}-\boldsymbol{A}=\boldsymbol{0}$ 和 $\bar{\bar{\lambda}}\boldsymbol{I}-\boldsymbol{A}^{\mathrm{T}}=\boldsymbol{0}$ 是有区别的. 举一个简单例子就能说明这个事实. 例如 $\begin{pmatrix}1&-1\\2&4\end{pmatrix}$，$\boldsymbol{A}$ 和 $\boldsymbol{A}^{\mathrm{T}}$ 有相同的特征值，$\lambda_1=2$，$\lambda_2=3$；容易验证，$\begin{pmatrix}1\\-1\end{pmatrix}$是 $\boldsymbol{A}$ 的特征向量，因为 $\boldsymbol{A}\begin{pmatrix}1\\-1\end{pmatrix}=2\begin{pmatrix}1\\-1\end{pmatrix}$. 可是，$\begin{pmatrix}1\\-1\end{pmatrix}$不是$\boldsymbol{A}^{\mathrm{T}}$ 的特征向量，因为 $\boldsymbol{A}^{\mathrm{T}}\begin{pmatrix}1\\-1\end{pmatrix}\neq 2\begin{pmatrix}1\\-1\end{pmatrix}$，$\boldsymbol{A}^{\mathrm{T}}\begin{pmatrix}1\\-1\end{pmatrix}\neq 3\begin{pmatrix}1\\-1\end{pmatrix}$.

特征值性质 2　全部特征值连乘积 $\lambda_1\cdot\lambda_2\cdot\cdots\cdot\lambda_n=|\boldsymbol{A}|$.

全部特征值之和 $\lambda_1+\lambda_2+\cdots+\lambda_n=a_{11}+a_{22}+\cdots+a_{nn}=\mathrm{tr}(\boldsymbol{A})$，$\mathrm{tr}(\boldsymbol{A})$ 称为矩阵 $\boldsymbol{A}$ 的"迹".

事实上，这个性质是从特征多项式的分析中得到的. 一方面，

$$f(\lambda)=|\lambda\boldsymbol{I}-\boldsymbol{A}|=\begin{vmatrix}\lambda-a_{11}&-a_{12}&\cdots&-a_{1n}\\-a_{21}&\lambda-a_{22}&\cdots&-a_{2n}\\\vdots&\vdots&&\vdots\\-a_{n1}&-a_{n2}&\cdots&\lambda-a_{nn}\end{vmatrix},$$

行列式展开后一定是关于 λ 的 n 次多项式：

$$f(\lambda)=|\lambda \boldsymbol{I}-\boldsymbol{A}|=\lambda^{n}+[(n-1)\text{ 次方的系数}]\lambda^{n-1}+\cdots+\text{常数项},$$

展开式中一定有对角线元素乘积这一项：

$$(\lambda-a_{11})\cdot(\lambda-a_{22})\cdot\cdots\cdot(\lambda-a_{nn})=\lambda^{n}-(a_{11}+\cdots+a_{nn})\lambda^{n-1}+\cdots,$$

而且仅有这一项同时含有 λ^n 和 λ^{n-1}，展开式的其他项中都不会同时含有 λ^n 和 λ^{n-1}.

另一方面，在多项式 $f(\lambda)=|\lambda \boldsymbol{I}-\boldsymbol{A}|$ 中，特征值 $\lambda_1,\lambda_2,\cdots,\lambda_n$ 是特征多项式 $|\lambda \boldsymbol{I}-\boldsymbol{A}|=0$ 的根，所以特征多项式一定有因式分解形式

$$f(\lambda)=|\lambda \boldsymbol{I}-\boldsymbol{A}|=(\lambda-\lambda_1)\cdot\cdots\cdot(\lambda-\lambda_n),$$

这个连乘因式展开形式为

$$f(\lambda)=\lambda^{n}-(\lambda_1+\cdots+\lambda_n)\cdot\lambda^{n-1}+\cdots+(-1)^{n}\lambda_1\cdot\lambda_2\cdot\cdots\cdot\lambda_n,$$

比较这两方面的事实，可以发现：

$$a_{11}+a_{22}+\cdots+a_{nn}=\operatorname{tr}(\boldsymbol{A})=\lambda_1+\lambda_2+\cdots+\lambda_n.$$

再关注特征多项式中的常数项. 先在特征多项式方程中令 $\lambda=0$，有

$$f(0)=|0\cdot \boldsymbol{I}-\boldsymbol{A}|=|-\boldsymbol{A}|=0,$$

再在特征多项式的展开式中令 $\lambda=0$，有

$$f(0)=(-1)^{n}\cdot\lambda_1\cdot\lambda_2\cdot\cdots\cdot\lambda_n.$$

因为 $|-\boldsymbol{A}|=(-1)^n|\boldsymbol{A}|$，所以 $|\boldsymbol{A}|=\lambda_1\cdot\lambda_2\cdot\cdots\cdot\lambda_n$.

总之性质 2 是正确的.

特征值性质 3　矩阵 $\boldsymbol{A}$ 可逆$\Leftrightarrow$$\boldsymbol{A}$ 的特征值都不为零.

事实上，若有一个特征值等于零，则有 $\lambda_1\cdot\cdots\cdot\lambda_n=|\boldsymbol{A}|=0$，$\boldsymbol{A}$ 就是不可逆矩阵.

特征值性质 4　若可逆矩阵 $\boldsymbol{A}$ 的特征值是 λ_j，$j=1,2,3,\cdots,n$，则 $\boldsymbol{A}^{-1}$ 的特征值为 $\dfrac{1}{\lambda_j}$，$j=1,2,3,\cdots,n$，而且 $\boldsymbol{A}$ 和 $\boldsymbol{A}^{-1}$ 的特征向量是相同的.

事实上，若记 $\boldsymbol{\xi}$ 是 $\boldsymbol{A}$ 的特征向量，$\boldsymbol{A}\boldsymbol{\xi}=\lambda\boldsymbol{\xi}$，两边左乘 $\boldsymbol{A}^{-1}$ 有 $\boldsymbol{\xi}=\lambda\boldsymbol{A}^{-1}\boldsymbol{\xi}$，就有 $\boldsymbol{A}^{-1}\boldsymbol{\xi}=\dfrac{1}{\lambda}\boldsymbol{\xi}$，这正说明 $\dfrac{1}{\lambda}$ 是 $\boldsymbol{A}^{-1}$ 的特征值，也说明 $\boldsymbol{\xi}$ 仍然是 $\boldsymbol{A}^{-1}$ 的特征向量.

特征值性质 5　不同特征值所对应的特征向量是线性无关的.

假设 $\boldsymbol{A}$ 有 2 个不同的特征值 λ_1、λ_2，$\lambda_1\neq\lambda_2$，它们对应的特征向量是 $\boldsymbol{\xi}_1$ 和 $\boldsymbol{\xi}_2$，下面用反证法证明 $\boldsymbol{\xi}_1$ 和 $\boldsymbol{\xi}_2$ 是线性无关的.

如果 $\boldsymbol{\xi}_1$ 和 $\boldsymbol{\xi}_2$ 是线性相关的，则存在 k，使得 $\boldsymbol{\xi}_1=k\boldsymbol{\xi}_2$. 代入矩阵特征值问题，一方面会有 $\boldsymbol{A}\boldsymbol{\xi}_1=\lambda_1\boldsymbol{\xi}_1$，另一方面会有 $\boldsymbol{A}(k\boldsymbol{\xi}_2)=\lambda_1(k\boldsymbol{\xi}_2)$，$\boldsymbol{A}\boldsymbol{\xi}_2=\lambda_1\boldsymbol{\xi}_2$ 与 $\boldsymbol{A}\boldsymbol{\xi}_2=\lambda_2\boldsymbol{\xi}_2$ 对比之下出现矛盾. 所以反证得到 $\boldsymbol{\xi}_1$ 和 $\boldsymbol{\xi}_2$ 是线性无关的.

特征值性质 6　矩阵 $\boldsymbol{A}$ 的某个 k 重特征值所对应的全部特征向量都是线性无关的.

k 重特征值可能对应于 1 到 k 个特征向量，它们都是通过相应的齐次方程组的基础解系得到的，所以它们是线性无关的.

特征值性质 7　n 阶方阵最多有 n 个线性无关的特征向量.

§8.3 用相似变换求矩阵的特征值

既然用矩阵的特征多项式方程求解特征值的计算量太大，那么能不能采用矩阵变换的方法解决问题呢？

1. 用矩阵变换将矩阵 $\boldsymbol{A}$ 变为对角阵从而求出特征值的思路

从 n 阶方阵的特征值性质可知，对于 $\boldsymbol{A}\boldsymbol{\xi}=\lambda\boldsymbol{\xi}$，其不同特征值所对应的特征向量是线性无关的.

假设已经知道了 n 个不同的特征向量 $\boldsymbol{\xi}_1,\boldsymbol{\xi}_2,\cdots,\boldsymbol{\xi}_n$，它们是线性无关的，它们在特征值问题中的矩阵形式为

$$\boldsymbol{A}\begin{pmatrix}\boldsymbol{\xi}_1\\\boldsymbol{\xi}_2\\\vdots\\\boldsymbol{\xi}_n\end{pmatrix}=\begin{pmatrix}\lambda_1&&&\\&\lambda_2&&\\&&\ddots&\\&&&\lambda_n\end{pmatrix}\begin{pmatrix}\boldsymbol{\xi}_1\\\boldsymbol{\xi}_2\\\vdots\\\boldsymbol{\xi}_n\end{pmatrix}.$$

特别关注由这 n 个特征向量构成的矩阵

$$\boldsymbol{P}=\begin{pmatrix}\boldsymbol{\xi}_1\\\boldsymbol{\xi}_2\\\vdots\\\boldsymbol{\xi}_n\end{pmatrix}=\begin{pmatrix}\xi_{11}&\xi_{12}&\cdots&\xi_{1n}\\\xi_{21}&\xi_{22}&\cdots&\xi_{2n}\\\vdots&\vdots&&\vdots\\\xi_{n1}&\xi_{n2}&\cdots&\xi_{nn}\end{pmatrix}.$$

矩阵 $\boldsymbol{P}^{-1}$ 是一个特殊的矩阵，它是由 $\boldsymbol{A}$ 的 n 个线性无关的特征向量构成的，它是可逆的，$\boldsymbol{P}^{-1}$ 存在，于是一定有

$$\boldsymbol{P}^{-1}\boldsymbol{A}\boldsymbol{P}=\begin{pmatrix}\lambda_1&&&\\&\lambda_2&&\\&&\ddots&\\&&&\lambda_n\end{pmatrix},$$

也就是说，如果知道了 $\boldsymbol{A}$ 的 n 个线性无关的特征向量，就可以构造出可逆矩阵 $\boldsymbol{P}$，那么 $\boldsymbol{P}^{-1}\boldsymbol{A}\boldsymbol{P}$ 一定可以把 $\boldsymbol{A}$ 变换为对角阵，其对角元素就是矩阵 $\boldsymbol{A}$ 的 n 个特征值.

2. 用 $\boldsymbol{P}^{-1}\boldsymbol{A}\boldsymbol{P}$ 把方阵 $\boldsymbol{A}$ 变换为对角阵的思路中存在的问题

在这个思路中，矩阵变换 $\boldsymbol{P}^{-1}\boldsymbol{A}\boldsymbol{P}$ 能够将 $\boldsymbol{A}$ 变换为对角阵，但这是有条件的，一定要求矩阵 $\boldsymbol{A}$ 具有 n 个线性无关的特征向量，$\boldsymbol{P}$ 必须是由这 n 个线性无关的特征向量按列排成的方阵.

如果矩阵 $\boldsymbol{A}$ 存在 n 个不同的特征值，它所对应的 n 个特征向量一定是线性无关的，那么容易构造出矩阵 $\boldsymbol{P}$，于是一定会有 $\boldsymbol{P}^{-1}\boldsymbol{AP}$ 是对角阵.

如果 $\boldsymbol{A}$ 的特征值有相同的，但仍有 n 个不同的特征向量(必定是线性无关的)，同样可获得矩阵 $\boldsymbol{P}$，于是一定会有 $\boldsymbol{P}^{-1}\boldsymbol{AP}$ 是对角阵.

问题就在于，有的 n 阶方阵 $\boldsymbol{A}$ 可能没有 n 个不同的特征向量，那么此时就不能用此方法将 $\boldsymbol{A}$ 对角化了.

例如，在例 8.2.1 中，

$$\boldsymbol{A}=\begin{pmatrix}1&0&0\\0&2&0\\0&0&3\end{pmatrix},\lambda=1,2,3,\text{三个特征向量线性无关},\boldsymbol{\xi}_1=\begin{pmatrix}1\\0\\0\end{pmatrix},\boldsymbol{\xi}_2=\begin{pmatrix}1\\1\\0\end{pmatrix},\boldsymbol{\xi}_3=\begin{pmatrix}1\\2\\2\end{pmatrix},$$

由此所构成的变换矩阵

$$\boldsymbol{P}=\begin{pmatrix}1&1&1\\0&1&2\\0&0&2\end{pmatrix},\text{一定有}\boldsymbol{P}^{-1}\boldsymbol{AP}=\begin{pmatrix}1&&\\&2&\\&&3\end{pmatrix},$$

其对角元素是特征值.

例如，在例 8.2.2 中，

$$\boldsymbol{A}=\begin{pmatrix}1&0&0\\1&2&-1\\-1&-1&2\end{pmatrix},\lambda=1,1,3,\text{三个特征向量线性无关},$$

$$\boldsymbol{\xi}_1=\begin{pmatrix}0\\1\\-1\end{pmatrix},\quad\boldsymbol{\xi}_2=\begin{pmatrix}-1\\1\\0\end{pmatrix},\quad\boldsymbol{\xi}_3=\begin{pmatrix}1\\0\\1\end{pmatrix},$$

由此构成的矩阵

$$\boldsymbol{P}=\begin{pmatrix}0&-1&1\\1&1&0\\-1&0&1\end{pmatrix},\text{一定有 }\boldsymbol{P}^{-1}\boldsymbol{AP}=\begin{pmatrix}3&&\\&1&\\&&1\end{pmatrix},$$

其对角元素是特征值.

例如，在例 8.2.3 中，3 阶方阵只有一个无关的特征向量，所以此例中的矩阵 $\boldsymbol{A}$ 不能用上述变换的办法对角化.

既然用矩阵变换把矩阵 $\boldsymbol{A}$ 变为对角阵需要条件，那么，能不能先把矩阵 $\boldsymbol{A}$ 的形式变得简单些，再设法求矩阵 $\boldsymbol{A}$ 的特征值呢？

3. 矩阵的相似变换及与之有关的矩阵特征值的性质

相似矩阵的定义如下：

设 $\boldsymbol{A}$ 和 $\boldsymbol{B}$ 是 n 阶方阵，若存在可逆矩阵 $\boldsymbol{P}$，使得

$$\boldsymbol{P}^{-1}\boldsymbol{AP}=\boldsymbol{B},$$

则称 $\boldsymbol{A}$ 与 $\boldsymbol{B}$ 相似，记作 $\boldsymbol{A}\sim\boldsymbol{B}$，矩阵 $\boldsymbol{P}$ 称为相似变换矩阵，$\boldsymbol{P}^{-1}\boldsymbol{AP}$ 称为对矩阵 $\boldsymbol{A}$ 做相似变换.

注意在定义中，相似变换矩阵 $\boldsymbol{P}$ 是一般的可逆矩阵，对 $\boldsymbol{P}$ 没有更特殊的要求，$\boldsymbol{B}$ 是一般方阵，不一定要求 $\boldsymbol{B}$ 是对角阵. 在相似变换的定义中，强调的是 $\boldsymbol{P}^{-1}\boldsymbol{AP}$ 这种矩阵变换形式，而不是强调变换结果.

当然，如果要求相似变换的结果 $\boldsymbol{B}$ 是对角阵，则应该要求变换矩阵 $\boldsymbol{P}$ 是由 $\boldsymbol{A}$ 不同的特征向量构成的可逆矩阵.

该定义中之所以称 $\boldsymbol{A}$ 和 $\boldsymbol{B}$ 相似，是因为两个相似的矩阵有很多相似的性质，特别是在特征值方面.

特征值性质 8　相似变换 $\boldsymbol{P}^{-1}\boldsymbol{AP}=\boldsymbol{B}$ 不改变矩阵的秩，$r(\boldsymbol{A})=r(\boldsymbol{B})$；不改变矩阵的行列式的值，$|\boldsymbol{A}|=|\boldsymbol{B}|$；不改变矩阵的特征多项式，$|\lambda\boldsymbol{I}-\boldsymbol{A}|=|\lambda\boldsymbol{I}-\boldsymbol{B}|$；不改变矩阵的特征值，$\lambda(\boldsymbol{A})=\lambda(\boldsymbol{B})$.

事实上，因为 $r(\boldsymbol{B})=r(\boldsymbol{P}^{-1}\boldsymbol{AP})=\min\{r(\boldsymbol{P}^{-1}),r(\boldsymbol{A}),r(\boldsymbol{P})\}$，$\boldsymbol{P}$ 作为可逆矩阵是满秩的，所以 $r(\boldsymbol{B})=r(\boldsymbol{A})$.

因为 $|\boldsymbol{B}|=|\boldsymbol{P}^{-1}|\cdot|\boldsymbol{A}|\cdot|\boldsymbol{P}|=|\boldsymbol{A}|$，所以 $|\boldsymbol{A}|=|\boldsymbol{B}|$.

因为

$$\begin{aligned}|\lambda\boldsymbol{I}-\boldsymbol{B}|&=|\lambda\boldsymbol{I}-\boldsymbol{P}^{-1}\boldsymbol{AP}|=|\lambda\boldsymbol{P}^{-1}\boldsymbol{P}-\boldsymbol{P}^{-1}\boldsymbol{AP}|\\&=|\boldsymbol{P}^{-1}(\lambda\boldsymbol{I}-\boldsymbol{A})\boldsymbol{P}|=|\boldsymbol{P}^{-1}|\cdot|\lambda\boldsymbol{I}-\boldsymbol{A}|\cdot|\boldsymbol{P}|\\&=|\lambda\boldsymbol{I}-\boldsymbol{A}|,\end{aligned}$$

所以 $|\lambda\boldsymbol{I}-\boldsymbol{A}|=|\lambda\boldsymbol{I}-\boldsymbol{B}|$.

特征值性质 9　若 λ 是 $\boldsymbol{A}$ 的特征值，则 λ^2 是 $\boldsymbol{A}^2$ 的特征值，λ^k 是 $\boldsymbol{A}^k$ 的特征值.

事实上，因为

$$\boldsymbol{P}^{-1}\boldsymbol{A}^2\boldsymbol{P}=(\boldsymbol{P}^{-1}\boldsymbol{AP})(\boldsymbol{P}^{-1}\boldsymbol{AP}),$$

等式左端对应着 $\boldsymbol{A}^2$ 的特征值，等式右端对应着 λ^2.

特征值性质 10　设 λ 是方阵 $\boldsymbol{A}$ 的特征值，$\varphi(x)$ 是多项式，那么 $\varphi(\boldsymbol{A})$ 是 $\boldsymbol{A}$ 的多项式，$\varphi(\lambda)$ 是 $\varphi(\boldsymbol{A})$ 的特征值.

例 8.3.1　已知矩阵 $\boldsymbol{A}_{3\times3}$ 的特征值为 $\lambda_1=1,\lambda_2=0,\lambda_3=-1$，其相应的特征向量为 $\boldsymbol{\xi}_1=(1,2,1)$，$\boldsymbol{\xi}_2=(1,1,-1)$，$\boldsymbol{\xi}_3=(-1,0,0)$，求矩阵 $\boldsymbol{A}_{3\times3}$.

解　本题已知 3 阶方阵的 3 个特征值和 3 个特征向量，求 3 阶方阵，要用相似变换的定义. 因为 $\boldsymbol{A}$ 的 3 个特征向量是线性无关的，所以用它们构成相似变换矩阵 $\boldsymbol{P}$，可以把 $\boldsymbol{A}$ 变换为对角阵，对角阵元素就是 $\boldsymbol{A}$ 的特征值：

$$\boldsymbol{P}^{-1}\boldsymbol{AP}=\begin{pmatrix}1&&\\&0&\\&&-1\end{pmatrix},\quad \boldsymbol{P}=\begin{pmatrix}1&1&-1\\2&1&0\\1&-1&0\end{pmatrix},$$

求出

$$\boldsymbol{P}^{-1}=\frac{1}{3}\begin{pmatrix}0&1&1\\0&1&-2\\-3&2&-1\end{pmatrix},$$

于是有

$$A = P\begin{pmatrix} 1 & & \\ & 0 & \\ & & -1 \end{pmatrix}P^{-1}$$

$$= \begin{pmatrix} 1 & 1 & -1 \\ 2 & 1 & 0 \\ 1 & -1 & 0 \end{pmatrix}\begin{pmatrix} 1 & & \\ & 0 & \\ & & -1 \end{pmatrix}\frac{1}{3}\begin{pmatrix} 0 & 1 & 1 \\ 0 & 1 & -2 \\ -3 & 2 & 1 \end{pmatrix} = \frac{1}{3}\begin{pmatrix} -3 & 3 & 0 \\ 0 & 2 & 2 \\ 0 & 1 & 1 \end{pmatrix}.$$

例 8.3.2　已知矩阵 $A_{3\times 3}$ 的特征值为 $\lambda_1 = 1, \lambda_2 = -1, \lambda_3 = 2$.

求：(1) $|A|$；(2) $|A - 5I|$；(3) $|A^3 - 5A^2|$.

解　对于(1)，$|A| = \lambda_1 \cdot \lambda_2 \cdot \lambda_3 = -2$.

对于(2)，记矩阵多项式 $f(A) = A - 5I$，由性质 10，$A - 5I$ 的特征值为 $f(\lambda) = \lambda - 5$，即 $f(1) = -4, f(-1) = -6, f(2) = -3$，所以，

$$|A - 5I| = (-4)\times(-6)\times(-3) = -72.$$

对于(3)，记矩阵多项式 $\varphi(A) = A^3 - 5A^2$，由性质 10，其特征值为

$$\varphi(\lambda) = \lambda^3 - 5\lambda^2,$$

$$\varphi(1) = -4, \quad \varphi(-1) = -6, \quad \varphi(2) = -12,$$

所以

$$|A^3 - 5A^2| = (-4)\cdot(-6)\cdot(-12) = -288.$$

4. 通过简单的初等相似变换求矩阵的特征值

特征值性质 8，即相似变换不改变矩阵的特征值，这个性质对我们很有启发.

假设 A 已经被相似变换为上三角阵 B，它的特征多项式的形式为

$$|\lambda I - B| = \begin{vmatrix} \lambda - b_{11} & -b_{12} & \cdots & \cdots & -b_{1n} \\ 0 & \lambda - b_{22} & \cdots & \cdots & -b_{2n} \\ \vdots & \vdots & & & \vdots \\ 0 & \cdots & \cdots & \lambda - b_{n-1,n-1} & -b_{n-1,n} \\ 0 & \cdots & \cdots & 0 & \lambda - b_{nn} \end{vmatrix},$$

把这个行列式按第一列展开，就有

$$|\lambda I - B| = (\lambda - b_{11})(\lambda - b_{22})\cdots(\lambda - b_{nn}).$$

由此可见，用相似变换把方阵 A 变为上三角阵 B 有其明显的作用：

①对角元素就是 A 的特征值；

② A 的特征值不同或者相同都是一目了然的.

用一次相似变换把方阵 A 变为上三角阵 B 较为困难，能不能采用多次相似变换，逐步地把矩阵 A 变为上三角矩阵 B 呢？能不能用矩阵的初等变换完成相似变换，把 A 变换为上三角矩阵呢？

设 A 是 n 阶方阵，称如下的“初等变换对”为“行列相似变换”：

①对调 A 的第 i 行和第 j 行得 A_1，接着对调 A_1 的第 i 列和第 j 列得 A_2，则 A 和 A_2 相似；

②把 $\boldsymbol{A}$ 的第 i 行乘以 k 得 $\boldsymbol{A}_1$，接着把 $\boldsymbol{A}_1$ 的第 i 列乘以 $\dfrac{1}{k}$ 得 $\boldsymbol{A}_2$，则 $\boldsymbol{A}$ 和 $\boldsymbol{A}_2$ 相似；

③把 $\boldsymbol{A}$ 的第 i 行乘以 k 再加到第 j 行得 $\boldsymbol{A}_1$，接着把 $\boldsymbol{A}_1$ 的第 j 列乘以 $(-k)$ 再加到第 i 列得 $\boldsymbol{A}_2$，则 $\boldsymbol{A}$ 和 $\boldsymbol{A}_2$ 相似.

于是有

$$(\text{方阵})\boldsymbol{A} \xrightarrow{\text{一系列行列相似变换}} \boldsymbol{B}(\text{上三角阵})$$

总之，用一系列的行列相似变换一定能够把方阵 $\boldsymbol{A}$ 变为上三角阵 $\boldsymbol{B}$，这样，上三角矩阵 $\boldsymbol{B}$ 的对角元素就是 $\boldsymbol{B}$ 的特征值，也就是 $\boldsymbol{A}$ 的特征值了.

例 8.3.3　用行列相似变换求矩阵 $\boldsymbol{A}$ 的特征值，其中

$$\boldsymbol{A}=\begin{pmatrix}1&2&2\\2&1&2\\2&2&1\end{pmatrix}.$$

解　采用行列相似变换，目标是把 $\boldsymbol{A}$ 化为上三角阵.

$$\boldsymbol{A}=\begin{pmatrix}1&2&2\\2&1&2\\2&2&1\end{pmatrix}\xrightarrow[\text{加到第 2 行}]{\text{第 1 行}\times(-2)}\begin{pmatrix}1&2&2\\0&-3&-2\\2&2&1\end{pmatrix}$$

$$\xrightarrow[\text{加到第 1 列}]{\text{第 2 列}\times 2}\begin{pmatrix}5&2&2\\-6&-3&-2\\6&2&1\end{pmatrix}\qquad\text{一次行列相似变换}$$

$$\xrightarrow{\text{第 2 行}\times 1\text{ 加到第 3 行}}\begin{pmatrix}5&2&2\\-6&-3&-2\\0&-1&-1\end{pmatrix}$$

$$\xrightarrow{\text{第 3 列}\times(-1)\text{ 加到第 2 列}}\begin{pmatrix}5&0&2\\-6&-1&-2\\0&0&-1\end{pmatrix}\qquad\text{二次行列相似变换}$$

$$\xrightarrow{\text{交换 1,2 行}}\begin{pmatrix}-6&-1&-2\\5&0&2\\0&0&-1\end{pmatrix}$$

$$\xrightarrow{\text{交换 1,2 列}}\begin{pmatrix}-1&-6&-2\\0&5&2\\0&0&-1\end{pmatrix}.\qquad\text{三次行列相似变换}$$

矩阵 $\boldsymbol{A}$ 已经被相似变换为上三角矩阵了，由此可知，$\boldsymbol{A}$ 的特征值是 $\lambda_{1,3}=-1,\lambda_2=5$.

例 8.3.4　用行列相似变换求矩阵 $\boldsymbol{A}$ 的特征值，其中，

$$\boldsymbol{A}=\begin{pmatrix}5&-2&-4&3\\3&-1&-3&2\\-3&\frac{1}{2}&\frac{9}{2}&-\frac{5}{2}\\-10&3&11&-7\end{pmatrix}.$$

解　目标是把 $\boldsymbol{A}$ 化为上三角阵.

$$
\boldsymbol{A}=\begin{pmatrix}5 & -2 & -4 & 3\\ 3 & -1 & -3 & 2\\ -3 & \frac{1}{2} & \frac{9}{2} & -\frac{5}{2}\\ -10 & 3 & 11 & -7\end{pmatrix}\xrightarrow{\text{交换 1、2 行，交换 1、2 列}}\begin{pmatrix}-1 & 3 & -3 & 2\\ -2 & 5 & -4 & 3\\ \frac{1}{2} & -3 & \frac{9}{2} & -\frac{5}{2}\\ 3 & -10 & 11 & -7\end{pmatrix}
$$

$$
\xrightarrow[\text{第 3 行，第 1 行}\times 3\text{ 加到第 4 行}]{\text{第 1 行}\times(-2)\text{ 加到第 2 行，第 1 行}\times\frac{1}{2}\text{ 加到}}\begin{pmatrix}-1 & 3 & -3 & 2\\ 0 & -1 & 2 & -1\\ 0 & -\frac{3}{2} & 3 & -\frac{3}{2}\\ 0 & -1 & 2 & -1\end{pmatrix}\xrightarrow[\text{第 1 列，第 4 列}\times(-3)\text{ 加到第 1 列}]{\text{第 2 列}\times 2\text{ 加到第 1 列，第 3 列}\times\left(-\frac{1}{2}\right)\text{加到}}\begin{pmatrix}\frac{1}{2} & 3 & -3 & 2\\ 0 & -1 & 2 & -1\\ 0 & -\frac{3}{2} & 3 & -\frac{3}{2}\\ 0 & -1 & 2 & -1\end{pmatrix}.
$$

$$
\xrightarrow[\text{第 2 行}\times(-1)\text{ 加到第 4 行}]{\text{第 2 行}\times\left(-\frac{3}{2}\right)\text{加到第 3 行}}\begin{pmatrix}\frac{1}{2} & 3 & -3 & 2\\ 0 & -1 & 2 & -1\\ 0 & 0 & 0 & 0\\ 0 & 0 & 0 & 0\end{pmatrix}\xrightarrow[\text{第 4 列}\times 1\text{ 加到第 2 列}]{\text{第 3 列}\times\frac{3}{2}\text{ 加到第 2 列}}\begin{pmatrix}\frac{1}{2} & \frac{1}{2} & -3 & 2\\ 0 & 1 & 2 & -1\\ 0 & 0 & 0 & 0\\ 0 & 0 & 0 & 0\end{pmatrix}.
$$

矩阵 $\boldsymbol{A}$ 已经被相似变换为上三角矩阵了，由此可知，$\boldsymbol{A}$ 的特征值是 $\lambda_1=\frac{1}{2}$，$\lambda_2=1$，$\lambda_{3,4}=0$. 矩阵 $\boldsymbol{A}$ 是奇异矩阵，是不可逆矩阵.

用行列相似变换把方阵 $\boldsymbol{A}$ 化为上三角阵，从而求出矩阵特征值的方法，是可使用计算机操作的，该方法是比较实用的.

§8.4　实对称矩阵的特征值

实对称矩阵在实际应用中经常出现，有必要关注它的特征值的性质.

1. 实对称矩阵的特征值性质

特征值性质 11　实对称矩阵的特征值都是实数，相应的特征向量都是实向量（证明略去）.

特征值性质 12　实对称矩阵中不同特征值所对应的特征向量彼此正交.

事实上，设 λ_1 和 λ_2 是实对称矩阵 $\boldsymbol{A}$ 的两个不同的特征值，λ_1 和 λ_2 对应的实特征向量（列向量）是 $\boldsymbol{\xi}_1$ 和 $\boldsymbol{\xi}_2$，则有

$$
\boldsymbol{A\xi}_1=\lambda_1\boldsymbol{\xi}_1,\quad \boldsymbol{A\xi}_2=\lambda_2\boldsymbol{\xi}_2,
$$

$$
\underbrace{\langle\boldsymbol{A\xi}_1,\boldsymbol{\xi}_2\rangle}_{\text{向量内积形式}}=\underbrace{(\boldsymbol{A\xi}_1)^{\mathrm{T}}\cdot\boldsymbol{\xi}_2}_{\text{行向量}\times\text{列向量}}=\boldsymbol{\xi}_1^{\mathrm{T}}\boldsymbol{A}^{\mathrm{T}}\boldsymbol{\xi}_2=\boldsymbol{\xi}_1^{\mathrm{T}}\boldsymbol{A}\,\boldsymbol{\xi}_2=\underbrace{\langle\boldsymbol{\xi}_1,\boldsymbol{A}\,\boldsymbol{\xi}_2\rangle}_{\text{向量内积形式}}.
$$

所以有

$$
\lambda_1\langle\boldsymbol{\xi}_1,\boldsymbol{\xi}_2\rangle=\lambda_2\langle\boldsymbol{\xi}_1,\boldsymbol{\xi}_2\rangle.
$$

由于 $\lambda_1 \neq \lambda_2$，所以

$$\langle \boldsymbol{\xi}_1, \boldsymbol{\xi}_2 \rangle = 0,$$

即 $\boldsymbol{\xi}_1$ 和 $\boldsymbol{\xi}_2$ 是正交的.

特征值性质 13　n 阶实对称矩阵必有 n 个线性无关的特征向量.

实对称矩阵的特征值可能相同也可能不同. 对于不同的特征值，它们所对应的特征向量是线性无关的，也是正交的. 对于某个 k 重特征值，它们一定对应着 k 个特征向量，它们是线性无关的，不是正交的.

2. 用相似变换求实对称矩阵的特征值

因为 n 阶实对称矩阵 $\boldsymbol{A}$ 必有 n 个线性无关的特征向量，所以从理论上说，一定存在一种相似变换矩阵，能够直接把实对称矩阵 $\boldsymbol{A}$ 相似变换为对角阵，从而就得到了 $\boldsymbol{A}$ 的特征值.

例 8.4.1　用相似变换把下面的实对称矩阵对角化，其中

$$\boldsymbol{A} = \begin{pmatrix} 0 & 1 & 1 & -1 \\ 1 & 0 & -1 & 1 \\ 1 & -1 & 0 & 1 \\ -1 & 1 & 1 & 0 \end{pmatrix}.$$

解　矩阵 $\boldsymbol{A}$ 是 4 阶实对称矩阵，它一定存在 4 个线性无关的特征向量. 先写出特征多项式并展开，有

$$|\lambda \boldsymbol{I} - \boldsymbol{A}| = (\lambda - 1)^3(\lambda + 3),$$

求得特征值为

$$\lambda_1 = \lambda_2 = \lambda_3 = 1, \quad \lambda_4 = -3.$$

对于 $\lambda_1 = \lambda_2 = \lambda_3 = 1$，代入特征值问题，解齐次方程组 $(\boldsymbol{I} - \boldsymbol{A})\boldsymbol{\xi} = \boldsymbol{0}$ 得到基础解系

$$\boldsymbol{\xi}_1 = \begin{pmatrix} 1 \\ 1 \\ 0 \\ 0 \end{pmatrix}, \quad \boldsymbol{\xi}_2 = \begin{pmatrix} 1 \\ 0 \\ 1 \\ 0 \end{pmatrix}, \quad \boldsymbol{\xi}_3 = \begin{pmatrix} -1 \\ 0 \\ 0 \\ 1 \end{pmatrix},$$

这里的 $\boldsymbol{\xi}_1, \boldsymbol{\xi}_2, \boldsymbol{\xi}_3$ 是线性无关的，但不是相互正交的.

对于 $\lambda_4 = -3$，代入特征值问题，解齐次方程组 $(-3\boldsymbol{I} - \boldsymbol{A})\boldsymbol{\xi} = \boldsymbol{0}$ 得到基础解系

$$\boldsymbol{\xi}_4 = (1 \quad -1 \quad -1 \quad 1)^{\mathrm{T}},$$

可知 $\boldsymbol{\xi}_1, \boldsymbol{\xi}_2, \boldsymbol{\xi}_3$ 分别和 $\boldsymbol{\xi}_4$ 是正交的. 总体上，4 个特征向量 $\boldsymbol{\xi}_1, \boldsymbol{\xi}_2, \boldsymbol{\xi}_3, \boldsymbol{\xi}_4$ 是线性无关的.

于是，用这 4 个线性无关的特征向量按列排列，构造出相似变换矩阵 $\boldsymbol{P}$，有

$$\boldsymbol{P} = \begin{pmatrix} 1 & 1 & -1 & 1 \\ 1 & 0 & 0 & -1 \\ 0 & 1 & 0 & -1 \\ 0 & 0 & 1 & 1 \end{pmatrix}, \text{必定有} \boldsymbol{P}^{-1}\boldsymbol{A}\boldsymbol{P} = \begin{pmatrix} 1 & & & \\ & 1 & & \\ & & 1 & \\ & & & -3 \end{pmatrix}.$$

$$\begin{matrix} \uparrow & \uparrow & \uparrow & \uparrow \\ \boldsymbol{\xi}_1 & \boldsymbol{\xi}_2 & \boldsymbol{\xi}_3 & \boldsymbol{\xi}_4 \end{matrix}$$

相似变换把实对称矩阵 $\boldsymbol{A}$ 变为对角阵，对角阵元素就是矩阵 $\boldsymbol{A}$ 的特征值.

注意本例中，还可以把 $\boldsymbol{\xi}_1,\boldsymbol{\xi}_2,\boldsymbol{\xi}_3,\boldsymbol{\xi}_4$ 标准正交化，再写成正交矩阵 $\boldsymbol{\xi}_1,\boldsymbol{\xi}_2,\boldsymbol{\xi}_3,\boldsymbol{\xi}_4$（参见第 7 章 §7.3），用正交阵 $\boldsymbol{C}$ 做相似变换.

具体地，因为 $\boldsymbol{\xi}_1,\boldsymbol{\xi}_2,\boldsymbol{\xi}_3$ 仅是线性无关的，需要正交化和标准化为 $\boldsymbol{\eta}_1,\boldsymbol{\eta}_2,\boldsymbol{\eta}_3$，再把 $\boldsymbol{\xi}_4$ 标准化为 $\boldsymbol{\eta}_4$，于是 $\boldsymbol{\eta}_1,\boldsymbol{\eta}_2,\boldsymbol{\eta}_3,\boldsymbol{\eta}_4$ 是相互正交的.

$$\boldsymbol{\eta}_1=\frac{1}{\sqrt{2}}\begin{pmatrix}1\\1\\0\\0\end{pmatrix},\quad \boldsymbol{\eta}_2=\frac{1}{\sqrt{6}}\begin{pmatrix}1\\-1\\2\\0\end{pmatrix},\quad \boldsymbol{\eta}_3=\frac{1}{2\sqrt{3}}\begin{pmatrix}-1\\1\\1\\3\end{pmatrix},\quad \boldsymbol{\eta}_4=\frac{1}{2}\begin{pmatrix}1\\-1\\-1\\1\end{pmatrix},$$

于是，构造出正交矩阵

$$\boldsymbol{C}=(\boldsymbol{\eta}_1,\boldsymbol{\eta}_2,\boldsymbol{\eta}_3,\boldsymbol{\eta}_4)=\begin{pmatrix}\frac{1}{\sqrt{2}} & \frac{1}{\sqrt{6}} & \frac{-1}{2\sqrt{3}} & \frac{1}{2}\\ \frac{1}{\sqrt{2}} & \frac{-1}{\sqrt{6}} & \frac{1}{2\sqrt{3}} & \frac{-1}{2}\\ 0 & \frac{2}{\sqrt{6}} & \frac{1}{2\sqrt{3}} & \frac{-1}{2}\\ 0 & 0 & \frac{\sqrt{3}}{2} & \frac{1}{2}\end{pmatrix},$$
$$\quad\uparrow\quad\ \uparrow\quad\ \uparrow\quad\ \uparrow$$
$$\quad\boldsymbol{\eta}_1\quad \boldsymbol{\eta}_2\quad \boldsymbol{\eta}_3\quad \boldsymbol{\eta}_4$$

这样，用正交矩阵 $\boldsymbol{C}$ 做相似变换，就有

$$\boldsymbol{C}^{-1}\boldsymbol{A}\boldsymbol{C}=\boldsymbol{C}^{\mathrm{T}}\boldsymbol{A}\boldsymbol{C}=\begin{pmatrix}1 & & & \\ & 1 & & \\ & & 1 & \\ & & & -3\end{pmatrix}.$$

当然，对于例 8.4.1，也可以用行列相似变换逐步地把实对称矩阵 $\boldsymbol{A}$ 变换为上三角矩阵，求得特征值 $\lambda_1=\lambda_2=\lambda_3=1,\lambda_4=-3$. 再求取相应的特征向量并单位化，得到正交矩阵.

下面来看一个微分方程组求解的简化问题

例 8.4.2 已知微分方程组

$$\begin{cases}x'_1(t)=x_1(t)+x_2(t)\\ x'_2(t)=-2x_1(t)+4x_2(t)\end{cases},$$

其矩阵表示为

$$\boldsymbol{X}'=\boldsymbol{A}\boldsymbol{X}\ ,\text{其中}\boldsymbol{X}'=\begin{pmatrix}x'_1(t)\\ x'_2(t)\end{pmatrix},\boldsymbol{A}=\begin{pmatrix}1 & 1\\ -2 & 4\end{pmatrix},\boldsymbol{X}=\begin{pmatrix}x_1(t)\\ x_2(t)\end{pmatrix},$$

要求用相似变换把矩阵 $\boldsymbol{A}$ 对角化，简化求解过程，并求出微分方程组的解.

解 矩阵 $\boldsymbol{A}$ 是一般的实矩阵，如果 $\boldsymbol{A}$ 有不同的特征值，其对应的特征向量一定是线性无关的，用这些特征向量构成相似变换矩阵 $\boldsymbol{P}$；做变量代换 $\boldsymbol{X}=\boldsymbol{P}\boldsymbol{Y}$，就会有 $(\boldsymbol{P}\boldsymbol{Y})'=\boldsymbol{A}(\boldsymbol{P}\boldsymbol{Y})$，$\boldsymbol{Y}'=(\boldsymbol{P}^{-1}\boldsymbol{A}\boldsymbol{P})\boldsymbol{Y}$；如果 $\boldsymbol{P}^{-1}\boldsymbol{A}\boldsymbol{P}$ 是对角阵，此微分方程组的求解就可以得到简化. 另外看到，$\boldsymbol{P}^{-1}\boldsymbol{A}\boldsymbol{P}$ 是对 $\boldsymbol{A}$ 的相似变换.

先求矩阵 $\boldsymbol{A}$ 的特征值，$|\lambda\boldsymbol{I}-\boldsymbol{A}|=(\lambda-1)(\lambda-3)=0$，有 $\lambda_1=2,\lambda_2=3$.

对于 $\lambda_1=2$，解齐次方程 $(2\boldsymbol{I}-\boldsymbol{A})\boldsymbol{\xi}_1=\begin{pmatrix}1 & -1\\ 2 & -2\end{pmatrix}\boldsymbol{\xi}_1=\boldsymbol{0}$，得特征向量 $\boldsymbol{\xi}_1=\begin{pmatrix}1\\1\end{pmatrix}$；

对于 $\lambda_2=3$，解齐次方程 $(3\boldsymbol{I}-\boldsymbol{A})\boldsymbol{\xi}_2=\begin{pmatrix}2 & -1\\ 2 & -1\end{pmatrix}\boldsymbol{\xi}_2=\boldsymbol{0}$，得特征向量 $\boldsymbol{\xi}_2=\begin{pmatrix}2\\1\end{pmatrix}$；

于是有相似变换矩阵 $\boldsymbol{P}=\begin{pmatrix}1 & 2\\ 1 & 1\end{pmatrix}$，不用求 $\boldsymbol{P}^{-1}$，一定有 $\boldsymbol{P}^{-1}\boldsymbol{AP}=\begin{pmatrix}2 & 0\\ 0 & 3\end{pmatrix}$，这样，在做变量代换 $\boldsymbol{X}=\boldsymbol{PY}$ 之后，就会把原微分方程组变为简单的形式：

$$\begin{cases}y'_1(t)=2y_1(t)\\ y'_2(t)=3y_2(t)\end{cases}，解得\begin{cases}y_1(t)=c_1\mathrm{e}^{2t}\\ y_2(t)=c_2\mathrm{e}^{3t}\end{cases}.$$

$$\boldsymbol{X}=\begin{bmatrix}x_1(t)\\ x_2(t)\end{bmatrix}=\boldsymbol{PY}=\begin{bmatrix}c_1\mathrm{e}^{2t}+2c_2\mathrm{e}^{3t}\\ c_1\mathrm{e}^{2t}+c_2\mathrm{e}^{3t}\end{bmatrix}.$$

§ 8.5　特征值问题的几何解释和物理解释

1. 矩阵特征值问题 $\boldsymbol{AX}=\lambda\boldsymbol{X}$ 的几何表现

特征值问题的讨论告诉我们，矩阵乘向量 $\boldsymbol{AX}$ 是线性变换，它有两种表现：第一，如果向量 $\boldsymbol{X}$ 是特征向量，变换结果是 $\boldsymbol{X}$ 变换为 $\lambda\boldsymbol{X}$，向量 $\boldsymbol{X}$ 的方向没有改变，仅长度发生了改变，伸缩的比例就是特征值 λ. 第二，如果向量 $\boldsymbol{X}$ 不是特征向量，变换具有旋转和伸缩功能，它把一个向量变换为另一个向量，相对于原向量来说，新向量的方向和长度都会发生改变.

例如，在例 8.2.1 中，矩阵 $\boldsymbol{A}$ 有 3 个特征值 $\lambda_1=1,\lambda_2=2,\lambda_3=3$，与之相应的特征向量是

$$\boldsymbol{\xi}_1=\begin{bmatrix}1\\0\\0\end{bmatrix},\quad \boldsymbol{\xi}_2=\begin{bmatrix}1\\1\\0\end{bmatrix},\quad \boldsymbol{\xi}_3=\begin{bmatrix}1\\2\\2\end{bmatrix},$$

矩阵特征值问题的表现告诉我们，若把矩阵 $\boldsymbol{A}$ 作用到特征向量上，有

$$\boldsymbol{A}(c_1\boldsymbol{\xi}_1)=1\cdot(c_1\boldsymbol{\xi}_1),\quad \boldsymbol{A}(c_2\boldsymbol{\xi}_2)=2\cdot(c_2\boldsymbol{\xi}_2),\quad \boldsymbol{A}(c_3\boldsymbol{\xi}_3)=3\cdot(c_3\boldsymbol{\xi}_3),$$

只有放缩功能而没有旋转功能. 如果矩阵 $\boldsymbol{A}$ 的作用对象不是这 3 个特征向量，则既会有旋转功能也会有放缩功能.

又例如，在例 8.2.2 中，特征值是 $\lambda_1=1,\lambda_2=2,\lambda_3=2$，对应的特征向量是

$$\boldsymbol{\xi}_1=\begin{bmatrix}0\\1\\-1\end{bmatrix},\quad \boldsymbol{\xi}_2=\begin{bmatrix}-1\\1\\0\end{bmatrix},\quad \boldsymbol{\xi}_3=\begin{bmatrix}1\\0\\1\end{bmatrix},$$

$$A(c_1\xi_1)=1\cdot(c_1\xi_1),\quad A(c_2\xi_2)=2\cdot(c_2\xi_2),\quad A(c_3\xi_3)=2\cdot(c_3\xi_3),$$

特征值问题的表现告诉我们：当矩阵 $\boldsymbol{A}$ 作用在这 3 个特征向量上的时候，矩阵 $\boldsymbol{A}$ 只有特殊的放缩功能.

还例如，在例 8.2.3 中，3 阶方阵 $\boldsymbol{A}$ 只有一个特征值 $\lambda=-1$，对应的特征向量是 $\xi=(0,0,1)^{\mathrm{T}}$，特征值问题的表现告诉我们，只有向量 $\boldsymbol{X}$ 取为 $c\xi$ 时，$\boldsymbol{AX}$ 具有放缩表现；当 $\boldsymbol{X}$ 取其他向量时，$\boldsymbol{AX}$ 既有放缩表现也有旋转表现.

2. 特征值问题用于描述物体的振动特性

物理知识告诉我们，任意一个物体或一个系统都有其固有频率，其固有频率的数学描述就是特征值问题. 如果能够知道它的固有频率，那么就可以利用和控制共振.

如果要防止共振，那么外界作用力的频率就应该远离物体的固有频率范围. 例如，桥梁的固有频率要远离通行车辆的振动频率范围；大楼的固有频率要远离楼内各种器械的振动频率范围；输电铁塔的固有频率要远离风吹电线的振动频率范围；飞机、火箭的固有频率要远离喷火和发动机的频率范围；等等.

需要产生共振的例子也很多. 例如，水分子有固有频率，微波炉发射微波的频率和水分子的固有频率接近，水分子产生共振，水分子温度升高，食品内外同时被加热，这就是微波炉加热食品的原理和特点；接受无线电波的天线有自身的固有频率，设计天线时让天线的固有频率范围和需要接受的电波频率范围一致，就会产生良好的共振效果；接收到的某种频率的信号很弱，可使用振荡器予以加强，再把振荡信号控制为等幅振荡，就可以有效地利用这些信号了. 应用共振的例子很多，这里不再列举.

用什么有效的方法能够获得某个物体或系统的固有频率呢？有些需要用信号分析处理的办法去解决，有些需要用数值计算的方法去解决，如果是用数值计算的方法去获得特征值，那就一定会遇到大规模矩阵的特征值问题了，参见例 10.2.3.

作为本章结束，我们总结如下几个学习要点：

(1) 本章总结的关于特征值和特征向量的诸多性质，应该熟记.

(2) 关于特征值和特征向量的性质，最主要的有：

① n 阶方阵有 n 个特征值，可能互不相同，也可能部分相同.

②对于某个已知的特征值，求解相应的齐次方程组，相应的基础解系就是特征向量.

③对于一般的 n 阶方阵，如果有 n 个不同的特征值，就对应有 n 个不同的特征向量，它们是线性无关的；如果特征值有重根，但总体的特征向量是 n 个，则它们是线性无关的；如果特征值有重根，虽然总体的特征向量少于 n 个，它们也是线性无关的.

④对于实对称矩阵，无论其特征值有没有重根，它一定有 n 个线性无关的特征向量；还有，其不同特征值所对应的特征向量是正交的.

(3) 关于特征值的求解方法有：

①方法一是，求解特征多项式，该方法仅适用于小型方阵的情形.

②方法二是，用行列相似变换把方阵 $\boldsymbol{A}$ 变为上三角阵，其对角元素就是 $\boldsymbol{A}$ 的特征值，该

方法不仅适用于手工求解小型方阵的特征值,也适用于用计算机获取大型方阵的特征值.

③如果已知有 n 个线性无关的特征向量,可以构造相似变换矩阵 $\boldsymbol{P}$,于是 $\boldsymbol{P}^{-1}\boldsymbol{AP}$ 是对角阵,其对角元素就是 $\boldsymbol{A}$ 的特征值.

(4) 把矩阵化为上三角阵,学过的两种方法不能混淆:

①矩阵初等行变换可以把方阵化为上三角阵,那是为了求方阵的秩、行列式,判断方阵是否可逆;

②行列相似变换也能把方阵化为上三角阵,那是为了看清对角元素是方阵的特征值.

(5) 已知特征值,要求解相应的齐次方程组才能获得相应的特征向量,这一方法必须熟练掌握.

(6) 在实际应用中遇到的矩阵特征值问题,矩阵往往规模大、实对称、正定(矩阵的特征值都是正的),针对这些矩阵特点去计算特征值和特征向量,本章中介绍的方法都不适用,因为计算量太大了.现在,人们已经研制出了一些非常实用的程序,有的用于求解最大特征值和最小特征值及其相应的特征向量,有的用于求解全部特征值及全部特征向量.本章学习的仅是关于矩阵特征值问题的性质和方法原理.读者应该明白,所有那些好的实用的方法都是在掌握特征值性质的基础上完成的,也只有明白了原理,才能利用原理去分析问题,才能准确地使用计算机软件去解决实际问题.

(7) 矩阵特征值问题是普遍存在的问题,前面介绍的在几何、物理和力学方面的应用就已经很丰富了,其实在高科技应用中常常要提取事物的特征,例如几何特征、数字特征、图形特征、运动特征等等,也常常利用某些特征去做各种变换,这些都会用到矩阵特征值问题的概念和性质.所以,本章内容虽说是基础知识,但可以为深入学习和应用开启有用的思维方法.

习 题 八

1. 综合考虑矩阵线性变换 $\boldsymbol{A}_{n\times n}\boldsymbol{X}_{n\times 1}$ 的几何特点,问:

(1) 在什么情况下,线性变换对向量 $\boldsymbol{X}$ 只产生旋转效果?

(2) 在什么情况下,线性变换对向量 $\boldsymbol{X}$ 只产生放缩效果?

(3) 在什么情况下,线性变换对向量 $\boldsymbol{X}$ 同时产生旋转和放缩效果?

2. 设 $\boldsymbol{A}$ 是 n 阶方阵,特征多项式 $|\lambda\boldsymbol{I}-\boldsymbol{A}|$ 是关于 λ 的几次多项式?特征多项式中,关于 λ^n 和 λ^{n+1} 项的系数是什么?常数项是什么?

3. 若已知 λ 和 $\boldsymbol{A}$ 的特征值,回答下列问题:

(1) $\boldsymbol{A}^{\mathrm{T}}$ 的特征值;

(2) $k\boldsymbol{A}$ 的特征值;

(3) $\boldsymbol{A}$ 的全部特征值之和;

(4) $\boldsymbol{A}$ 的全部特征值之乘积;

(5) $\boldsymbol{A}$ 的特征值；

(6) $\boldsymbol{A}^{-1}$ 的特征值.

4. 叙述对矩阵 $\boldsymbol{A}$ 做相似变换的定义，相似变换有什么作用？

5. 若 $\boldsymbol{A}$ 和 $\boldsymbol{B}$ 相似，利用相似矩阵的性质证明：

(1) $(\boldsymbol{A}-3\boldsymbol{I})$ 和 $(\boldsymbol{B}-3\boldsymbol{I})$ 相似；

(2) $\boldsymbol{A}^m$ 和 $\boldsymbol{B}^m$ 相似.

6. 判断下列结论哪些是正确的：

(1) 若 n 阶方阵 $\boldsymbol{A}$ 和 $\boldsymbol{B}$ 相似，则 $\boldsymbol{A}$ 和 $\boldsymbol{B}$ 的特征向量相同；

(2) 若 n 阶方阵 $\boldsymbol{A}$ 和 $\boldsymbol{B}$ 相似，则 $\boldsymbol{A}^{-1}$ 和 $\boldsymbol{B}^{-1}$ 相似；

(3) 若 n 阶方阵 $\boldsymbol{A}$ 和 $\boldsymbol{B}$ 相似，则 $\boldsymbol{A}$ 和 $\boldsymbol{B}$ 一定相似于对角阵；

(4) 若 n 阶方阵 $\boldsymbol{A}$ 和 $\boldsymbol{B}$ 相似，则 $(\lambda\boldsymbol{I}-\boldsymbol{A})$ 和 $(\lambda\boldsymbol{I}-\boldsymbol{B})$ 相等.

7. 用行列相似变换把下列矩阵化为上三角矩阵，并写出矩阵的特征值：

$$\boldsymbol{A}=\begin{pmatrix}1&2&0\\0&2&1\\0&1&2\end{pmatrix};\quad \boldsymbol{B}=\begin{pmatrix}1&1&0\\1&1&2\\0&0&2\end{pmatrix};\quad \boldsymbol{C}=\begin{pmatrix}3&1&0&0\\-4&-1&0&0\\7&1&2&1\\-7&-6&-1&0\end{pmatrix}.$$

8. 已知矩阵 $\boldsymbol{A}$ 的 3 个特征值分别为 $\lambda_1=1,\lambda_2=2,\lambda_3=3$，相应的特征向量为 $\boldsymbol{\xi}_1=(1,1,0),\boldsymbol{\xi}_2=(0,-1,1),\boldsymbol{\xi}_3=(1,0,2)$. 求 3 阶方阵 $\boldsymbol{A}$.

9. 已知矩阵 $\boldsymbol{A}$ 有一个特征值是 3，求 x，其中

$$\boldsymbol{A}=\begin{pmatrix}0&1&0&0\\1&0&0&0\\0&0&x&1\\0&0&1&2\end{pmatrix}.$$

提示：展开特征多项式 $|3\boldsymbol{I}-\boldsymbol{A}|$.

10. 求下列矩阵的特征值和特征向量，判断下列矩阵能不能对角化，如果能够对角化，写出相似变换矩阵，再把它变换为正交矩阵.

(1) $\begin{pmatrix}1&6\\5&2\end{pmatrix}$；　(2) $\begin{pmatrix}2&-1&2\\5&-3&3\\-1&0&-2\end{pmatrix}$；　(3) $\begin{pmatrix}1&1&1&1\\1&1&-1&-1\\1&-1&1&-1\\1&-1&-1&1\end{pmatrix}$.

11. 已知 $\boldsymbol{A}$ 和 $\boldsymbol{D}$ 相似，求 a 和 b，其中

$$\boldsymbol{A}=\begin{pmatrix}1&-1&1\\2&4&-2\\-3&-3&a\end{pmatrix},\quad \boldsymbol{D}=\begin{pmatrix}2&&\\&2&\\&&b\end{pmatrix}.$$

提示：利用 $\boldsymbol{A}$ 的全部特征值之和以及全部特征值之积的性质.

12. 已知相似变换

$$\boldsymbol{P}^{-1}\begin{pmatrix}2 & 0 & 0\\0 & 3 & 2\\0 & 2 & 3\end{pmatrix}\boldsymbol{P}=\begin{pmatrix}1 & & \\ & 2 & \\ & & 5\end{pmatrix},$$

求变换矩阵 $\boldsymbol{P}$. 提示:注意矩阵 $\boldsymbol{P}$ 是怎么构造的.

13. 求正交矩阵 $\boldsymbol{P}$,把下面的矩阵变换为对角阵:

$$\boldsymbol{A}=\begin{pmatrix}0 & -2 & 2\\-2 & -3 & 4\\2 & 4 & -3\end{pmatrix},\quad \boldsymbol{B}=\begin{pmatrix}1 & 2 & 0\\2 & 2 & -2\\0 & -2 & 3\end{pmatrix}.$$

14. 设矩阵 $\boldsymbol{A}=\begin{pmatrix}0 & 0 & 1\\x & 1 & y\\1 & 0 & 0\end{pmatrix}$ 有 3 个线性无关的特征向量,求 x 和 y.

15. 已知 $\boldsymbol{Y}''=\boldsymbol{A}\boldsymbol{Y}$,用变量代换的方法将 $\boldsymbol{A}$ 对角化,写出将此微分方程简单化的过程和条件.

第 9 章　实二次型及最小二乘方法

二次型在几何上表现为二次曲线或二次曲面，在物理上表现为能量. 二次型在众多学科中都有着广泛的应用. 在数学上讨论二次型，不仅能深入探讨实对称矩阵的内在特性，而且还为其几何应用和物理应用提供了工具.

本章先从最简单的问题入手，把二次曲线方程转化为标准型方程，从而引入二次型的定义，以加强对二次型的直观认识；再讨论把一般二次型转化为标准二次型的变换方法；最后介绍了二次型的广泛应用，还特别介绍了各个学科都普遍使用的最小二乘方法.

§ 9.1　实二次型和实对称矩阵

先看一个简单例子，在 xOy 坐标系中的二次曲线方程

$$x^2 + 6xy + y^2 = 1,$$

其矩阵形式为

$$(x \quad y)\begin{pmatrix} 1 & 3 \\ 3 & 1 \end{pmatrix}\begin{pmatrix} x \\ y \end{pmatrix} = 1,$$

试问它表示什么曲线？

该方程的左边是关于 x 和 y 的二次齐次函数，所谓二次齐次函数就是函数的每一项都是二次的，各项的次数是整齐二次的. 现在的问题是，它代表什么样的二次曲线？

从几何角度考虑，画图发现是双曲线，只要把坐标系就原点旋转 $\theta = \frac{\pi}{4}$，就得到"标准型的双曲线"图形.

从代数角度考虑，对原坐标旋转实际上就是坐标变换，于是，寻找一个只旋转 $\frac{\pi}{4}$ 又不产生放缩的矩阵(正交矩阵)做坐标变换，令

$$\begin{pmatrix} x \\ y \end{pmatrix} = \frac{1}{\sqrt{2}}\begin{pmatrix} 1 & -1 \\ 1 & 1 \end{pmatrix}\begin{pmatrix} \tilde{x} \\ \tilde{y} \end{pmatrix},$$

代入矩阵形式的原方程，就有

$$(\tilde{x} \quad \tilde{y})\, \frac{1}{2}\begin{pmatrix} 1 & 1 \\ -1 & 1 \end{pmatrix}\begin{pmatrix} 1 & 3 \\ 3 & 1 \end{pmatrix}\begin{pmatrix} 1 & -1 \\ 1 & 1 \end{pmatrix}\begin{pmatrix} \tilde{x} \\ \tilde{y} \end{pmatrix} = 1,$$

$$(\tilde{x} \quad \tilde{y})\begin{pmatrix}4 & 0 \\ 0 & -2\end{pmatrix}\begin{pmatrix}\tilde{x} \\ \tilde{y}\end{pmatrix} = 1, \text{即 } 4\tilde{x}^2 - 2\tilde{y}^2 = 1.$$

对于新变量而言，这是只含有平方项的形式，是“标准型的双曲线方程”.

通过这个例子，我们看清楚了几个问题：

(1) 两个变元的二次齐次函数表示二次曲线，如果只观察函数的形式，往往看不清它是什么类型的二次曲线. 对于只含有平方项的二次齐次函数形式，即“标准型”，我们可以很容易看清楚它所表示的曲线类型. 特别地，二次齐次函数所对应的系数矩阵是实对称矩阵.

(2) 如何把一般的二次齐次函数化为只含平方项的标准型？变量代换，也就是坐标变换是可取的. 因为二次齐次函数可改写为矩阵形式 $\boldsymbol{X}^{\mathrm{T}}\boldsymbol{AX}$，使用变量代换，令 $\boldsymbol{X} = \boldsymbol{PY}$，就会有 $\boldsymbol{X}^{\mathrm{T}}\boldsymbol{AX} = \boldsymbol{Y}^{\mathrm{T}}(\boldsymbol{P}^{\mathrm{T}}\boldsymbol{AP})\boldsymbol{Y} = \boldsymbol{Y}^{\mathrm{T}}\boldsymbol{DY}$；如果 $\boldsymbol{P}^{\mathrm{T}}\boldsymbol{AP} = \boldsymbol{D}$ 是对角阵，那么关于新变量的表达式就只含有平方项了，曲线的类型也能就看清楚了. 所以，怎么具体确定坐标变换是关键问题.

对于 3 个变元的二次齐次函数

$$f = ax_1^2 + bx_2^2 + cx_3^2 + dx_1x_2 + gx_1x_3 + hx_2x_3$$

来说，也存在同样的问题，通过其一般形式看不清二次曲面的类型，我们也希望通过坐标变换将其化为只含有平方项的标准型，以便看清楚它的几何特性.

n 个变元的一般的实系数的二次齐次函数表示高维 2 次曲面，虽不能画出其几何图形，但是有两点已经清楚：一是实二次齐次函数所对应的系数矩阵一定是实对称矩阵；二是可以用坐标变换的方法，把原二次型变为只含有平方项的标准型.

实二次型的定义如下：

n 个变元的实系数的二次齐次函数称为 n 变元的实二次型，只含有平方项的二次型称为二次型的标准型.

n 变元的实二次型的一般形式为

$$\begin{aligned}
f(x_1, x_2, \cdots, x_n) &= a_{11}x_1^2 + a_{12}x_1x_2 + \cdots + a_{1n}x_1x_n \\
&\quad + a_{21}x_2x_1 + a_{22}x_2^2 + \cdots + a_{2n}x_2x_n \\
&\quad + a_{n1}x_nx_1 + a_{n2}x_nx_2 + \cdots + a_{nn}x_n^2 \\
&= (x_1 \quad x_2 \quad \cdots \quad x_n)\begin{pmatrix} a_{11} & a_{12} & \cdots & a_{1n} \\ a_{21} & a_{22} & \cdots & a_{2n} \\ \vdots & \vdots & & \vdots \\ a_{n1} & a_{n2} & \cdots & a_{nn} \end{pmatrix}\begin{pmatrix} x_1 \\ x_2 \\ \vdots \\ x_n \end{pmatrix} \\
&= \boldsymbol{X}^{\mathrm{T}}\boldsymbol{AX}.
\end{aligned}$$

注意，任意给定的 kx_ix_j 变元实二次型，一定可以写成矩阵形式 $\boldsymbol{X}^{\mathrm{T}}\boldsymbol{AX}$，矩阵 $\boldsymbol{A}$ 是实对称的方阵，$\boldsymbol{A}^{\mathrm{T}} = \boldsymbol{A}$，这个实对称矩阵的表示形式是有规律的：平方项的系数都出现在 $\boldsymbol{A}$ 的对角线上，二次项 kx_ix_j 的系数 k 分为两半，使 $a_{ij} = a_{ji} = \dfrac{k}{2}$，即可获得实二次型所对应的实对称矩阵 $\boldsymbol{A}$.

例 9.1.1 把二次型 $f(x_1, x_2, x_3) = x_1^2 - 2x_2^2 - 3x_3^2 - 4x_1x_2 - 2x_2x_3$ 写成矩阵形式.

解 按照二次型中实对称矩阵的元素分布规律，有

$$f(x_1,x_2,x_3)=(x_1\quad x_2\quad x_3)\begin{pmatrix}1&-2&0\\-2&-2&-1\\0&-1&-3\end{pmatrix}\begin{pmatrix}x_1\\x_2\\x_3\end{pmatrix}.$$

例 9.1.2 把三变元的二次函数

$$f(x_1,x_2,x_3)=x_1^2+2x_2^2+3x_3^2+2x_1x_2-2x_2x_3+2x_3+4$$

改写为四变元的二次齐次函数形式,再将其写成矩阵形式.

解 已知的二次函数中含有一次项和常数项,它不是二次齐次形式.为了把它变形为二次齐次函数,必须引进新的变量 x_4,把非二次项改写为二次项.为此令

$$x_4=1,\quad 2x_3=2x_3x_4,\quad 4=4x_4^2,$$

于是四变元的二次齐次函数为

$$f(x_1,x_2,x_3,x_4)=x_1^2+2x_2^2+3x_3^2+4x_4^2+2x_1x_2+2x_2x_3+2x_3x_4,$$

所以,题中的二次函数可以写成矩阵形式:

$$f(x_1,x_2,x_3,1)=(x_1\quad x_2\quad x_3\quad 1)\begin{pmatrix}1&1&0&0\\1&2&-1&0\\0&-1&3&1\\0&0&1&4\end{pmatrix}\begin{pmatrix}x_1\\x_2\\x_3\\1\end{pmatrix}.$$

例 9.1.3 设 $\boldsymbol{A}=\begin{pmatrix}1&1&2\\1&1&-1\\2&-1&1\end{pmatrix}$,写出与 $\boldsymbol{A}$ 对应的二次型.

解 $\boldsymbol{A}$ 的对角元素 a_{ii} 对应于二次型中的 $a_{ii}x_i^2$,元素 $2a_{ij}$ 对应于 $2a_{ij}x_ix_j$,所以与 $\boldsymbol{A}$ 对应的二次型为

$$f(x_1,x_2,x_3)=x_1^2+x_2^2+x_3^2+2x_1x_2+4x_1x_3-2x_2x_3.$$

§9.2 实二次型化为标准型的几种方法

一般二次型化为标准型是重要的知识点,本节介绍两种实用的坐标变换方法,并综合比较它们的不同之处.

先看一个例子.

例 9.2.1 用配方法把二次型

$$f(x_1,x_2,x_3)=x_1^2-2x_1x_2+3x_2^2-4x_2x_3+6x_3^2$$

变形为标准型.

解 依次对 x_1,x_2,x_3 配方.对 x_1 配方时,先把含有 x_1 的各项集中起来配方,再把与 x_2 有关的各项集中起来配方.于是有

$$\begin{aligned}f(x_1,x_2,\cdots,x_n)&=(x_1^2-2x_1x_2+x_2^2)-x_2^2-4x_2x_3+3x_2^2+6x_3^2\\&=(x_1-x_2)^2+(2x_2^2-4x_2x_3+2x_3^2)-2x_3^2+6x_3^2\end{aligned}$$

$$= (x_1 - x_2)^2 + 2(x_2 - x_3)^2 + 4x_3^2.$$

做变量代换：

$$\begin{cases} x_1 - x_2 = y_1 \\ x_2 - x_3 = y_2, \\ x_3 = y_3 \end{cases} \quad \text{其中} \quad \begin{cases} x_1 = y_1 + y_2 + y_3 \\ x_2 = y_2 + y_3 \\ x_3 = y_3 \end{cases},$$

就得到标准型 $f(y_1, y_2) = y_1^2 + 2y_2^2 + 4y_3^2$. 此二次型 $f(y_1, y_2, y_3)$ 是椭球曲面.

下面用矩阵形式表示此例的坐标变换过程：

$$f = \boldsymbol{X}^{\mathrm{T}}\boldsymbol{A}\boldsymbol{X}, \quad \boldsymbol{A} = \begin{pmatrix} 1 & -1 & 0 \\ -1 & 3 & -2 \\ 0 & -2 & 6 \end{pmatrix}, \quad \boldsymbol{X} = \begin{pmatrix} x_1 \\ x_2 \\ x_3 \end{pmatrix},$$

令

$$\boldsymbol{X} = \boldsymbol{P}\boldsymbol{Y}, \quad \boldsymbol{P} = \begin{pmatrix} 1 & 1 & 1 \\ 0 & 1 & 1 \\ 0 & 0 & 1 \end{pmatrix}, \quad \boldsymbol{Y} = \begin{pmatrix} y_1 \\ y_2 \\ y_3 \end{pmatrix},$$

有

$$\begin{aligned} f &= \boldsymbol{X}^{\mathrm{T}}\boldsymbol{A}\boldsymbol{X} = (\boldsymbol{P}\boldsymbol{Y})^{\mathrm{T}}\boldsymbol{A}(\boldsymbol{P}\boldsymbol{Y}) = \boldsymbol{Y}^{\mathrm{T}}(\boldsymbol{P}^{\mathrm{T}}\boldsymbol{A}\boldsymbol{P})\boldsymbol{Y} = \boldsymbol{Y}^{\mathrm{T}}\boldsymbol{D}\boldsymbol{Y} \\ &= y_1^2 + 2y_2^2 + 4y_3^2, \end{aligned}$$

其中，$\boldsymbol{P}^{\mathrm{T}}\boldsymbol{A}\boldsymbol{P} = \boldsymbol{D}$，即

$$\begin{pmatrix} 1 & 0 & 0 \\ 1 & 1 & 0 \\ 1 & 1 & 1 \end{pmatrix} \begin{pmatrix} 1 & -1 & 0 \\ -1 & 3 & -2 \\ 0 & -2 & 6 \end{pmatrix} \begin{pmatrix} 1 & 1 & 1 \\ 0 & 1 & 1 \\ 0 & 0 & 1 \end{pmatrix} = \begin{pmatrix} 1 & 0 & 0 \\ 0 & 2 & 0 \\ 0 & 0 & 4 \end{pmatrix}.$$

这个例子表明，配方手段可以确定具体的变量代换，但手工操作麻烦，不能推广到多变元的情形. 看来，不配方，直接进行坐标变换，令 $\boldsymbol{X} = \boldsymbol{P}\boldsymbol{Y}$，代入二次型，也可以把二次型化为标准型，此时原系数矩阵变为对角阵的形式，即 $\boldsymbol{P}^{\mathrm{T}}\boldsymbol{A}\boldsymbol{P} = \boldsymbol{D}$.

1. 方法一：合同变换把实对称矩阵对角化的方法

对于实对称矩阵 $\boldsymbol{A}$，如何找到可逆矩阵 $\boldsymbol{P}$，使得 $\boldsymbol{P}^{\mathrm{T}}\boldsymbol{A}\boldsymbol{P}$ 化为对角阵 $\boldsymbol{D}$？

(1) $\boldsymbol{P}^{\mathrm{T}}\boldsymbol{A}\boldsymbol{P}$ 是什么变换？

定义：设 $\boldsymbol{A}$ 和 $\boldsymbol{B}$ 为 n 阶方阵，若存在可逆矩阵 $\boldsymbol{P}$，使得

$$\boldsymbol{P}^{\mathrm{T}}\boldsymbol{A}\boldsymbol{P} = \boldsymbol{B},$$

则称 $\boldsymbol{A}$ 与 $\boldsymbol{B}$ 是合同矩阵，称 $\boldsymbol{P}^{\mathrm{T}}\boldsymbol{A}\boldsymbol{P}$ 是对 $\boldsymbol{A}$ 做合同变换.

注意，在合同变换的定义中，虽然对 $\boldsymbol{A}$ 没有特殊要求，但在实际应用中，特别是二次型问题的讨论中，$\boldsymbol{A}$ 是实对称矩阵；在此定义中，虽然对 $\boldsymbol{B}$ 没有特殊要求，但在二次型问题的讨论中，合同变换的“目标”是对角阵.

为什么 $\boldsymbol{P}^{\mathrm{T}}\boldsymbol{A}\boldsymbol{P} = \boldsymbol{B}$ 称为合同变换？因为合同矩阵 $\boldsymbol{A}$ 和 $\boldsymbol{B}$ 有一些“合同”的性质：

①合同变换不会改变实对称矩阵的秩. 也就是说,变换前后在矩阵秩的表现方面是合同的.

事实上,因为 $\boldsymbol{P}$ 是满秩的可逆矩阵,所以有

$$r(\boldsymbol{B})=r(\boldsymbol{P}^{\mathrm{T}}\boldsymbol{A}\boldsymbol{P})=r(\boldsymbol{A}).$$

②合同变换把实对称矩阵仍然变为实对称矩阵. 也就是说,变换前后在矩阵对称性方面是合同的.

事实上,因为 $\boldsymbol{A}$ 是实对称阵,所以有

$$\boldsymbol{B}^{\mathrm{T}}=(\boldsymbol{P}^{\mathrm{T}}\boldsymbol{A}\boldsymbol{P})^{\mathrm{T}}=[\boldsymbol{P}^{\mathrm{T}}\boldsymbol{A}^{\mathrm{T}}(\boldsymbol{P}^{\mathrm{T}})^{\mathrm{T}}]^{\mathrm{T}}=\boldsymbol{P}^{\mathrm{T}}\boldsymbol{A}\boldsymbol{P}=\boldsymbol{B}.$$

③若实对称阵 $\boldsymbol{A}$ 是可逆的,则 $\boldsymbol{A}$ 和 $\boldsymbol{A}^{-1}$ 合同. 也就是说,实对称可逆矩阵 $\boldsymbol{A}$ 可以合同变换为 $\boldsymbol{A}^{-1}$,$\boldsymbol{A}^{-1}$ 也可以合同变换为 $\boldsymbol{A}$;$\boldsymbol{A}$ 和 $\boldsymbol{A}^{-1}$ 都是实对称矩阵.

事实上,因为 $\boldsymbol{A}$ 实对称可逆,对 $\boldsymbol{A}\boldsymbol{A}^{-1}=\boldsymbol{I}$ 左乘 $(\boldsymbol{A}^{-1})^{\mathrm{T}}$,有

$$\underbrace{(\boldsymbol{A}^{-1})^{\mathrm{T}}\boldsymbol{A}(\boldsymbol{A}^{-1})}_{\text{对}\boldsymbol{A}\text{的合同变换}}=(\boldsymbol{A}^{-1})^{\mathrm{T}}=\boldsymbol{A}^{-1};$$

对 $\boldsymbol{A}^{-1}\boldsymbol{A}=\boldsymbol{I}$ 左乘 $\boldsymbol{A}^{\mathrm{T}}$,有:

$$\underbrace{(\boldsymbol{A})^{\mathrm{T}}\boldsymbol{A}^{-1}(\boldsymbol{A})}_{\text{对}\boldsymbol{A}^{-1}\text{的合同变换}}=\boldsymbol{A}^{\mathrm{T}}=\boldsymbol{A}.$$

这说明,$\boldsymbol{A}$ 与 $\boldsymbol{A}^{-1}$ 是合同的.

④二次型的实对称阵 $\boldsymbol{A}$ 经合同变换后,不会改变二次型所表示曲面的本质特性. 也就是说,变换前后在曲面本质方面是合同的.

事实上,因为在二次型中做变量代换才出现合同变换,这种变量代换是可逆矩阵乘向量,这不会改变二次型曲面的本质特性.

在二次型的讨论中,合同变换的目的是要把一般二次型化为标准型,也就是把一般的实对称矩阵 $\boldsymbol{A}$ 经合同变换化为对角阵 $\boldsymbol{D}$. 为了达到这个目的,可以做一次合同变换完成,也可以做多次合同变换完成.

下面介绍一种简便实用地获得合同矩阵 $\boldsymbol{P}$ 的方法.

(2) 用行列合同变换把二次型化为标准型

一次性找出合同变换矩阵 $\boldsymbol{P}$ 有困难,能不能多次做合同变换,最终把实对称矩阵变换为对角阵?

先了解一个简单的事实:

①对 $\boldsymbol{A}$ 做初等列变换(例如第 i 列的 k 倍加到第 j 列),相当于 $\boldsymbol{A}\boldsymbol{P}_1$,其中 $\boldsymbol{P}_1$ 是可逆的列变换矩阵;在此基础上再做一次对等的行变换(即第 i 行的 k 倍加到第 j 行),相当于 $\boldsymbol{P}_1^{\mathrm{T}}(\boldsymbol{A}\boldsymbol{P}_1)$,其中 $\boldsymbol{P}_1^{\mathrm{T}}$ 是可逆的行变换矩阵;$\boldsymbol{P}_1^{\mathrm{T}}\boldsymbol{A}\boldsymbol{P}_1$ 相当于对 $\boldsymbol{A}$ 做了一次行列合同变换.

②如果实对称阵 $\boldsymbol{A}$ 的对角元素不为零,那么,列变换可以把 $\boldsymbol{A}$ 的第一行的其他元素全变为零,由于 $\boldsymbol{A}$ 是实对称矩阵,对等的行变换可以把 $\boldsymbol{A}$ 的第一列的其他元素全变为零;如此下去,若干次的行列合同变换就可以把矩阵 $\boldsymbol{A}$ 化为对角阵.

下面将利用多次行列合同变换,把实对称矩阵逐步变换为对角阵的思想描述如下:

$$\underbrace{\boldsymbol{P}_m^{\mathrm{T}}\cdots\cdots\overbrace{\boldsymbol{P}_2^{\mathrm{T}}\quad\overbrace{\boldsymbol{P}_1^{\mathrm{T}}\boldsymbol{A}\boldsymbol{P}_1}^{\text{第1次行列合同变换}}\quad\boldsymbol{P}_2}^{\text{第2次行列合同变换}}\cdots\cdots\boldsymbol{P}_m}_{\text{第}m\text{次行列合同变换}}=\boldsymbol{D}(\text{对角阵}).$$

于是，

$$P_1 P_2 \cdots P_m = P(\text{完整的合同变换矩阵}).$$

下面的结构表示了用行列合同变换，一边把实对称矩阵变换为对角阵 D，一边同时获得整体合同变换矩阵 P 的过程：

$$\begin{pmatrix} A \\ \vdots \\ I \end{pmatrix} \xrightarrow[\text{对 } I \text{ 只施行其中的列变换}]{\text{对 } A \text{ 做一次列变换，再做一次“对等的”行变换}} \xrightarrow{\text{若干次“行列合同变换”}} \begin{pmatrix} D \\ \vdots \\ P \end{pmatrix}.$$

该方法无论用手工操作还是用计算机操作都是方便实用的.

例 9.2.2　用行列合同变换方法把下面的二次型变换为标准型，并求出合同矩阵.

$$f(x_1,x_2,x_3) = x_1^2 + 3x_3^2 + 2x_1x_2 + 4x_1x_3 + 2x_2x_3.$$

解　先把二次型写成矩阵形式

$$f = (x_1 \quad x_2 \quad x_3)\begin{pmatrix} 1 & 1 & 2 \\ 1 & 0 & 1 \\ 2 & 1 & 3 \end{pmatrix}\begin{pmatrix} x_1 \\ x_2 \\ x_3 \end{pmatrix},$$

对 A 做一次列变换后再做一次对等的行变换，对 I 只做相应的列变换. 这样的过程做若干次，有

$$\begin{pmatrix} A \\ \cdots \\ I \end{pmatrix} = \begin{pmatrix} 1 & 1 & 2 \\ 1 & 0 & 1 \\ 2 & 1 & 3 \\ 1 & 0 & 0 \\ 0 & 1 & 0 \\ 0 & 0 & 1 \end{pmatrix} \xrightarrow{\substack{\text{第 1 列}\times(-1)\\ +\text{第 2 列，}\\ \text{第 1 列}\times(-2)\\ +\text{第 3 列}}} \begin{pmatrix} 1 & 0 & 0 \\ 1 & -1 & -1 \\ 2 & -1 & -1 \\ 1 & -1 & -2 \\ 0 & 1 & 0 \\ 0 & 0 & 1 \end{pmatrix} \xrightarrow{\substack{\text{第 1 行}\times(-1)\\ +\text{第 2 行，}\\ \text{第 1 行}\times(-2)\\ +\text{第 3 行}}} \begin{pmatrix} 1 & 0 & 0 \\ 0 & -1 & -1 \\ 0 & -1 & -1 \\ 1 & -1 & -2 \\ 0 & 1 & 0 \\ 0 & 0 & 1 \end{pmatrix}$$

$$\xrightarrow[\substack{\text{第 2 列}\times(-1)\\ \text{加到第 3 列}}]{} \begin{pmatrix} 1 & 0 & 0 \\ 0 & -1 & 0 \\ 0 & -1 & 0 \\ 1 & -1 & -1 \\ 0 & 1 & -1 \\ 0 & 0 & 1 \end{pmatrix} \xrightarrow{\substack{\text{列变换之后}\\ \text{第 2 行}\times(-1)\\ \text{加到第 3 行}}} \begin{pmatrix} 1 & 0 & 0 \\ 0 & -1 & 0 \\ 0 & 0 & 0 \\ 1 & -1 & -1 \\ 0 & 1 & -1 \\ 0 & 0 & 1 \end{pmatrix}.$$

于是可知，利用坐标变换 $X = PY$：

$$\begin{pmatrix} x_1 \\ x_2 \\ x_3 \end{pmatrix} = \begin{pmatrix} 1 & -1 & -1 \\ 0 & 1 & -1 \\ 0 & 0 & 1 \end{pmatrix}\begin{pmatrix} y_1 \\ y_2 \\ y_3 \end{pmatrix}, \quad P = \begin{pmatrix} 1 & -1 & -1 \\ 0 & 1 & -1 \\ 0 & 0 & 1 \end{pmatrix},$$

可以将原二次型化为标准型，即

$$f = X^{\mathrm{T}}AX = X^{\mathrm{T}}P^{\mathrm{T}}APX = Y^{\mathrm{T}}DY = Y^{\mathrm{T}}\begin{pmatrix} 1 & 0 & 0 \\ 0 & -1 & 0 \\ 0 & 0 & 0 \end{pmatrix}Y = y_1^2 - y_2^2.$$

例 9.2.3　用行列合同变换方法把下面的二次型化为标准型，并求出合同矩阵.

$$f(x_1,x_2,x_3) = x_1^2 + 2x_2^2 + 2x_1x_2 - 2x_1x_3 + 4x_2x_3 + 3x_3^2.$$

解 先把二次型写成矩阵形式

$$f=(x_1\quad x_2\quad x_3)\begin{pmatrix}1&1&-1\\1&2&2\\-1&2&3\end{pmatrix}\begin{pmatrix}x_1\\x_2\\x_3\end{pmatrix},$$

做初等合同变换若干次：

$$\begin{pmatrix}A\\ \cdots\\ I\end{pmatrix}=\begin{pmatrix}1&1&-1\\1&2&2\\-1&2&3\\1&0&0\\0&1&0\\0&0&1\end{pmatrix}\xrightarrow[\substack{\text{第 1 列}\times(-1)\\+\text{第 2 列}\\ \text{第 1 列}+\text{第 3 列}}]{}\begin{pmatrix}1&0&0\\1&1&3\\1&3&2\\1&-1&1\\0&1&0\\0&0&1\end{pmatrix}\xrightarrow{\substack{\text{第 1 行}\times(-1)\\+\text{第 2 行}\\ \text{第 1 行}+\text{第 3 行}}}\begin{pmatrix}1&0&0\\0&1&3\\0&3&2\\1&-1&1\\0&1&0\\0&0&1\end{pmatrix}$$

$$\xrightarrow[\substack{\text{第 2 列}\times(-3)\\+\text{第 3 列}}]{}\begin{pmatrix}1&0&0\\0&1&0\\0&3&-7\\1&-1&4\\0&1&-3\\0&0&1\end{pmatrix}\xrightarrow{\text{第 2 行}\times(-3)+\text{第 3 行}}\begin{pmatrix}1&0&0\\0&1&0\\0&0&-7\\1&-1&4\\0&1&-3\\0&0&1\end{pmatrix}.$$

所以变量代换形式为 $\boldsymbol{X}=\boldsymbol{PY}$，即

$$\begin{pmatrix}x_1\\x_2\\x_3\end{pmatrix}=\begin{pmatrix}1&-1&4\\0&1&-3\\0&0&1\end{pmatrix}\begin{pmatrix}y_1\\y_2\\y_3\end{pmatrix},\quad \boldsymbol{P}=\begin{pmatrix}1&-1&4\\0&1&-3\\0&0&1\end{pmatrix}.$$

标准二次型为

$$f=\boldsymbol{X}^{\mathrm{T}}\boldsymbol{AX}=\boldsymbol{X}^{\mathrm{T}}\boldsymbol{P}^{\mathrm{T}}\boldsymbol{APX}=\boldsymbol{Y}^{\mathrm{T}}\boldsymbol{DY}=\boldsymbol{Y}^{\mathrm{T}}\begin{pmatrix}1&0&0\\0&1&0\\0&0&-7\end{pmatrix}\boldsymbol{Y}=y_1^2+y_2^2-7y_3^2.$$

例 9.2.4 用行列合同变换方法，将实二次型 $f(x_1,x_2,x_3)=2x_1x_2+2x_2x_3+2x_1x_3$ 化为标准型.

解 此二次型系数矩阵的主对角线元素全是零，需要先做行列合同变换让对角线元素尽可能出现非零，之后再做其他的行列合同变换把矩阵对角化.

$$\begin{pmatrix}A\\ \cdots\\ I\end{pmatrix}=\begin{pmatrix}0&1&1\\1&0&1\\1&1&0\\1&0&0\\0&1&0\\0&0&1\end{pmatrix}\xrightarrow[\text{第 2 列加到第 1 列}]{}\begin{pmatrix}1&1&1\\1&0&1\\2&1&0\\1&0&0\\1&1&0\\0&0&1\end{pmatrix}\xrightarrow{\text{第 2 行加到第 1 行}}\begin{pmatrix}2&1&2\\1&0&1\\2&1&0\\0&1&0\\1&0&0\\0&0&1\end{pmatrix}$$

$$\xrightarrow[\substack{\text{第 1 列}\times\left(-\frac{1}{2}\right)\text{加到第 2 列}\\ \text{第 1 列}\times(-1)\text{加到第 3 列}}]{}\begin{pmatrix}2&0&0\\1&\frac{-1}{2}&0\\2&0&-2\\0&1&0\\1&\frac{-1}{2}&-1\\0&0&1\end{pmatrix}\xrightarrow[\text{第 1 列}\times\left(-\frac{1}{2}\right)\text{加到第 2 行}]{\text{第 1 行}\times(-1)\text{加到第 3 行}}\begin{pmatrix}2&0&0\\0&\frac{-1}{2}&0\\0&0&-2\\0&1&0\\1&\frac{-1}{2}&-1\\0&0&1\end{pmatrix},$$

所以有

$$f=\boldsymbol{X}^{\mathrm{T}}\boldsymbol{A}\boldsymbol{X}=\boldsymbol{Y}^{\mathrm{T}}\boldsymbol{P}^{\mathrm{T}}\boldsymbol{A}\boldsymbol{P}\boldsymbol{Y}=\boldsymbol{Y}^{\mathrm{T}}\boldsymbol{D}\boldsymbol{Y},$$

其中

$$\boldsymbol{D}=\begin{pmatrix}2&0&0\\0&-\dfrac{1}{2}&0\\0&0&-2\end{pmatrix},\quad \boldsymbol{P}=\begin{pmatrix}0&1&0\\1&-\dfrac{1}{2}&-1\\0&0&1\end{pmatrix}.$$

2. 方法二：正交变换把实二次型化为标准型的方法

在实二次型中，实对称矩阵 $\boldsymbol{A}$ 一定存在 n 个线性无关的特征向量，可以将这 n 个特征向量标准正交化，构成正交矩阵 $\boldsymbol{C}$. 正交矩阵有一个特点 $\boldsymbol{C}^{-1}=\boldsymbol{C}^{\mathrm{T}}$，于是用正交矩阵 $\boldsymbol{C}$ 对实对称矩阵 $\boldsymbol{A}$ 做相似变换，这同样也是合同变换，可以把 $\boldsymbol{A}$ 对角化为 $\widetilde{\boldsymbol{D}}$，即

$$\underbrace{\boldsymbol{C}^{-1}\boldsymbol{A}\boldsymbol{C}}_{\text{相似变换}}=\underbrace{\boldsymbol{C}^{\mathrm{T}}\boldsymbol{A}\boldsymbol{C}}_{\text{合同变换}}=\underbrace{\widetilde{\boldsymbol{D}}}_{\text{对角阵}}.$$

用这样的正交矩阵 $\boldsymbol{C}$ 对二次型做变量替换 $\boldsymbol{X}=\boldsymbol{C}\boldsymbol{T}$，一定会有

$$f=\boldsymbol{X}^{\mathrm{T}}\underbrace{\boldsymbol{A}}_{\text{实对称阵}}\boldsymbol{X}=(\boldsymbol{C}\boldsymbol{Y})^{\mathrm{T}}\boldsymbol{A}(\boldsymbol{C}\boldsymbol{Y})=\boldsymbol{Y}^{\mathrm{T}}(\underbrace{\boldsymbol{C}^{\mathrm{T}}\boldsymbol{A}\boldsymbol{C}}_{\text{合同变换}})\boldsymbol{Y}$$

$$=\boldsymbol{Y}^{\mathrm{T}}(\underbrace{\boldsymbol{C}^{-1}\boldsymbol{A}\boldsymbol{C}}_{\text{相似变换}})\boldsymbol{Y}=\boldsymbol{Y}^{\mathrm{T}}\underbrace{\widetilde{\boldsymbol{D}}}_{\text{对称阵}}\boldsymbol{Y}.$$

因此，用正交矩阵对实对称矩阵做合同变换，是一种特殊的合同变换.

例 9.2.5 用正交变换将实二次型 $f(x_1,x_2,x_3)=2x_1x_2+2x_1x_3+2x_2x_3$ 化为标准型.

解 二次型所对应的实对称矩阵为

$$\boldsymbol{A}=\begin{pmatrix}0&1&1\\1&0&1\\1&1&0\end{pmatrix}.$$

为了获得正交矩阵，先求 $|\lambda\boldsymbol{I}-\boldsymbol{A}|=(\lambda+1)^2(\lambda-2)$ 的特征值：

$$|\lambda\boldsymbol{I}-\boldsymbol{A}|=(\lambda-2)(\lambda+1)^2,\ \lambda_1=2,\lambda_2=\lambda_3=-1;$$

再求 $\boldsymbol{A}$ 的特征向量.

对于 $\lambda_1=2$，解齐次方程组 $(2\boldsymbol{I}-\boldsymbol{A})\boldsymbol{X}=\boldsymbol{0}$ 得基础解系 $\boldsymbol{\xi}_1=\begin{pmatrix}1\\1\\1\end{pmatrix}$，单位化为 $\boldsymbol{\varepsilon}_1=\begin{pmatrix}\frac{1}{\sqrt{3}}\\\frac{1}{\sqrt{3}}\\\frac{1}{\sqrt{3}}\end{pmatrix}$.

对于 $\lambda_2=\lambda_3=-1$，解齐次方程组 $(-\boldsymbol{I}-\boldsymbol{A})\boldsymbol{X}=\boldsymbol{0}$ 得基础解系

$$\boldsymbol{\xi}_2=\begin{pmatrix}-1\\1\\0\end{pmatrix},\quad \boldsymbol{\xi}_3=\begin{pmatrix}-1\\0\\1\end{pmatrix},$$

将其标准正交化为

$$\boldsymbol{\varepsilon}_2=\begin{pmatrix}-\frac{1}{\sqrt{2}}\\ \frac{1}{\sqrt{2}}\\ 0\end{pmatrix},\quad \boldsymbol{\varepsilon}_3=\begin{pmatrix}-\frac{1}{\sqrt{6}}\\ -\frac{1}{\sqrt{6}}\\ \frac{2}{\sqrt{6}}\end{pmatrix},$$

这里，$\boldsymbol{\varepsilon}_1$、$\boldsymbol{\varepsilon}_2$、$\boldsymbol{\varepsilon}_3$ 是标准正交的.

构造出的正交矩阵为

$$\boldsymbol{C}=\begin{pmatrix}\frac{1}{\sqrt{3}} & -\frac{1}{\sqrt{2}} & -\frac{1}{\sqrt{6}}\\ \frac{1}{\sqrt{3}} & \frac{1}{\sqrt{2}} & -\frac{1}{\sqrt{6}}\\ \frac{1}{\sqrt{3}} & 0 & \frac{2}{\sqrt{6}}\end{pmatrix},$$

于是，

$$\boldsymbol{C}^{-1}\boldsymbol{A}\boldsymbol{C}=\boldsymbol{C}^{\mathrm{T}}\boldsymbol{A}\boldsymbol{C}=\begin{pmatrix}2 & 0 & 0\\ 0 & -1 & 0\\ 0 & 0 & -1\end{pmatrix}.$$

最后得知，原二次型经正交变换 $\boldsymbol{X}=\boldsymbol{C}\boldsymbol{Y}$ 就化为标准型：

$$f=2y_1^2-y_2^2-y_3^2.$$

在前面的学习中可以看到，用行列合同变换或正交矩阵做合同变换，都可以把实对称矩阵变换为对角阵. 对比例 9.2.4 和例 9.2.5 可以看到，对于同一个二次型，采用不同的方法得到不同的标准型，但是标准型中正、负项的数目和位置是一致的.

§9.3　正定的实二次型和正定的实对称矩阵

本节先讨论实二次型的分类问题，再讨论实用中经常遇到的正定对称矩阵.

1. 实二次型的本质特性有什么具体表现?

在把实二次型标准化的过程中，人们明显地感受到以下几点：

(1) 通过二次型的标准型能够看清楚其几何特征

例如，2 个变元的二次型在几何上表示二次曲线，通过其标准型容易分辨曲线的类型：

$f(x_1,x_2)\xrightarrow{\text{标准化}}f=2y_1^2+3y_2^2$，标准型中，2 项全“+”表示椭圆曲线；

$f(x_1,x_2)\xrightarrow{\text{标准化}}f=2y_1^2-3y_2^2$，标准型中，1 项“+”，1 项“−”，表示双曲线.

例如，3 个变元的二次型在几何上表示二次曲面，虽然种类非常多，但是通过标准型就会观察得很清楚：

$f(x_1,x_2,x_3)\xrightarrow{\text{标准化}}f=y_1^2-2y_2^2$，在 3 个变元的坐标系中，它表示平行于 y_3 坐标轴的双曲柱面；

$f(x_1,x_2,x_3)\xrightarrow{\text{标准化}}f=y_1^2+2y_2^2$，在 3 个变元的坐标系中，它表示平行于 y_3 坐标轴的椭圆柱面；

$f(x_1,x_2,x_3)\xrightarrow{\text{标准化}}f=y_1^2+2y_2^2+3y_3^2$，3 个变元中，3 项全“+”，它表示一般椭球曲面；

$f(x_1,x_2,x_3)\xrightarrow{\text{标准化}}f=y_1^2+2y_2^2+2y_3^2$，它也是椭球面，但对于 y_2 和 y_3 是具有圆特性的；

$f(x_1,x_2,x_3)\xrightarrow{\text{标准化}}f=y_1^2+2y_2^2-3y_3^2$，2 项“+”，1 项“−”，关于 y_3 是双叶的，关于 y_1 和 y_2 是椭圆的.

(2) 实二次型的标准型有特殊表现

对于

$$f=\underbrace{\boldsymbol{X}^{\mathrm{T}}\boldsymbol{A}\boldsymbol{X}}_{\text{一般二次型}}\xrightarrow[\boldsymbol{P}\text{ 是正交矩阵}]{\text{正交变换 }\boldsymbol{X}=\boldsymbol{P}\boldsymbol{Y}}f=\underbrace{\boldsymbol{Y}^{\mathrm{T}}\boldsymbol{D}_1\boldsymbol{Y}}_{\text{标准型}},$$

其中 $\boldsymbol{D}_1=\boldsymbol{P}^{-1}\boldsymbol{A}\boldsymbol{P}=\boldsymbol{P}^{\mathrm{T}}\boldsymbol{A}\boldsymbol{P}$，$\boldsymbol{P}$ 是正交矩阵，$\boldsymbol{D}_1$ 的对角元素是 $\boldsymbol{A}$ 的特征值.

对于

$$f=\underbrace{\boldsymbol{X}^{\mathrm{T}}\boldsymbol{A}\boldsymbol{X}}_{\text{一般二次型}}\xrightarrow[\boldsymbol{P}\text{ 仅是可逆矩阵}]{\text{合同变换 }\boldsymbol{X}=\boldsymbol{P}\boldsymbol{Y}}f=\underbrace{\boldsymbol{Y}^{\mathrm{T}}\boldsymbol{D}_2\boldsymbol{Y}}_{\text{标准型}},$$

其中 $\boldsymbol{D}_2=\boldsymbol{P}^{\mathrm{T}}\boldsymbol{A}\boldsymbol{P}$，$\boldsymbol{P}$ 是合同矩阵，$\boldsymbol{D}_2$ 的对角元素不一定是 $\boldsymbol{A}$ 的特征值.

变量代换不会改变二次型的几何本质，其几何本质的体现关键在于标准型对角矩阵中的“正”元素、“负”元素以及“零”元素的数目和位置表现. 因此，下面几个说法是相互等价对应的：

$$\left\{\begin{array}{c}n\text{ 阶实对称阵 }\boldsymbol{A}\text{ 的秩是 }r,\\ \boldsymbol{A}\text{ 有 }s\text{ 个“正”特征值},\\ \text{有 }r-s\text{ 个“负”特征值},\\ \text{有 }n-r\text{ 个“零”特征值.}\end{array}\right\}\Leftrightarrow\left\{\begin{array}{c}n\text{ 阶实对称阵 }\boldsymbol{A}\text{ 正交变换为对角阵},\\ \text{其对角阵有 }s\text{ 个“正”元素},\\ \text{有 }r-s\text{ 个“负”元素},\\ \text{有 }n-r\text{ 个“零”元素.}\end{array}\right\}$$

$$\Leftrightarrow\left\{\begin{array}{c}n\text{ 阶实对称阵 }\boldsymbol{A}\text{ 合同变换为对角阵},\\ \text{其对角阵有 }s\text{ 个“正”元素},\\ \text{有 }r-s\text{ 个“负”元素},\\ \text{有 }n-r\text{ 个“零”元素.}\end{array}\right\}\Leftrightarrow\left\{\begin{array}{c}n\text{ 个变元的实二次标准型中},\\ \text{有 }s\text{ 个“正”平方项},\\ \text{有 }r-s\text{ 个“负”平方项},\\ \text{有 }n-r\text{ 个“零”.}\end{array}\right\}.$$

2. 正定实二次型和正定实矩阵及其判别方法

实二次型 $\boldsymbol{X}^{\mathrm{T}}\boldsymbol{A}\boldsymbol{X}$ 和实对称矩阵 $\boldsymbol{A}$ 是对应的，在实际应用中经常用到的是正定的实二次型和正定的实对称矩阵，所以，有必要对此重点加以讨论.

传统教科书对正定实二次型和实对称矩阵是这么定义的.

(1) 实正定二次型(实正定矩阵)定义 1

对于实二次型 $f=\boldsymbol{X}^{\mathrm{T}}\boldsymbol{A}\boldsymbol{X}$，用任意的不全为零的实数代入实二次型变量，如果都有 $f(x_1,x_2,\cdots,x_n)>0$，则称 f 为正定二次型，称 $\boldsymbol{A}$ 为正定的实对称矩阵；如果都有 $f(x_1,x_2,\cdots,x_n)\geqslant 0$，则称 f 为半正定二次型，称 $\boldsymbol{A}$ 为半正定的实对称矩阵；如果都有 $f(x_1,x_2,\cdots,x_n)<0$，则称 f 为负定二次型，称 $\boldsymbol{A}$ 为负定的实对称矩阵.

利用这种定义去检验某个一般形式的实二次型是否正定，相当麻烦.

因为标准型不改变二次型的几何本质，也可以利用标准型去定义二次型的正定性和正定矩阵.

(2) 实正定二次型(实正定矩阵)定义 2

对于实二次型 $\boldsymbol{X}^{\mathrm{T}}\boldsymbol{A}\boldsymbol{X}$，其标准型为 $\boldsymbol{Y}^{\mathrm{T}}\boldsymbol{D}\boldsymbol{Y}$，如果标准二次型对角阵 $\boldsymbol{D}$ 的元素都大于 0，则称原二次型是正定二次型，矩阵 $\boldsymbol{A}$ 是正定的实对称矩阵；如果标准二次型对角阵 $\boldsymbol{D}$ 的元素都大于或等于 0，则称原二次型是半正定二次型，矩阵 $\boldsymbol{A}$ 是半正定的实对称矩阵；如果标准二次型对角阵 $\boldsymbol{D}$ 的元素都小于 0，则称原二次型是负定二次型，矩阵 $\boldsymbol{A}$ 是负定的实对称矩阵.

该定义的关键是，看标准型对角阵元素的“＋”“－”号.

利用二次型矩阵的特征值也可以定义二次型的正定性.

(3) 实正定二次型(实正定矩阵)定义 3

对于实二次型 $\boldsymbol{X}^{\mathrm{T}}\boldsymbol{A}\boldsymbol{X}$，如果实对称矩阵 $\boldsymbol{A}$ 的全部特征值都大于 0，则称原二次型是正定二次型，$\boldsymbol{A}$ 是正定的实对称矩阵；如果实对称矩阵 $\boldsymbol{A}$ 的全部特征值都大于或等于 0，则称原二次型是半正定二次型，$\boldsymbol{A}$ 是半正定的实对称矩阵；如果实对称矩阵 $\boldsymbol{A}$ 的全部特征值都小于 0，则称原二次型是负定二次型，$\boldsymbol{A}$ 是负定的实对称矩阵.

提醒读者注意，上面只定义了二次型的三种情形和三种对应的矩阵，不属于上述情况的矩阵(例如非正定非负定矩阵)并没有定义.

例如，$f(x_1,x_2,x_3)=x_1^2+2x_2^2+x_3^2$ 是标准型，是正定二次型，其对应的矩阵是正定矩阵；$q(y_1,y_2,y_3)=-(y_1^2+2y_2^2+y_3^2)$ 是标准型，是负定二次型，其对应的矩阵是负定矩阵；$g(x_1,x_2,x_3)=x_1^2+x_2^2$，是 3 个变量的标准型，标准型对角阵中有零元素，所以它是半正定二次型，其对应的矩阵是半正定矩阵；$f=x_1^2+2x_2^2-3x_3^2$，其标准型对角阵中有“＋”项，也有“－”项，此二次型既不是正定、半正定的，也不是负定的.

例 9.3.1 判别二次型 $f(x_1,x_2)=3x_1^2+2x_1x_2+3x_2^2$ 的正定性.

解 先写出二次型对应的矩阵

$$f=(x_1\ x_2)\begin{pmatrix}3&1\\1&3\end{pmatrix}\begin{pmatrix}x_1\\x_2\end{pmatrix}，\text{实对称矩阵 }\boldsymbol{A}=\begin{pmatrix}3&1\\1&3\end{pmatrix}.$$

方法一，用行列合同变换把二次型矩阵化为对角阵：

$$\begin{pmatrix}3&1\\1&3\end{pmatrix}\xrightarrow[+\text{第 2 行}]{\text{第 1 行}\times\left(\frac{-1}{3}\right)}\begin{pmatrix}3&1\\0&\frac{8}{3}\end{pmatrix}\xrightarrow[\text{第 1 列}\times\left(\frac{-1}{3}\right)+\text{第 2 列}]{}\begin{pmatrix}3&0\\0&\frac{8}{3}\end{pmatrix}.$$

其对角阵元素全为正，正定矩阵对应着正定二次型.

该方法相当于使用了合同变换，有

$$f=\boldsymbol{X}^{\mathrm{T}}\boldsymbol{A}\boldsymbol{X}\xrightarrow[\boldsymbol{P}\text{ 可逆}]{\substack{\text{合同变换}\\ \boldsymbol{X}=\boldsymbol{P}\boldsymbol{Y}}}f=\boldsymbol{Y}^{\mathrm{T}}\boldsymbol{D}_1\boldsymbol{Y},\quad \boldsymbol{D}_1=\begin{pmatrix}3&0\\0&\frac{8}{3}\end{pmatrix}.$$

方法二，用正交矩阵对 $\boldsymbol{A}$ 做合同变换. 先求出 2 阶方阵 $\boldsymbol{A}$ 的 2 个特征值，$\lambda_1=2,\lambda_2=4$，于是可以判定，一定可以用单位特征向量构成正交矩阵 $\boldsymbol{P}$，做变量代换 $\boldsymbol{X}=\boldsymbol{P}\boldsymbol{Y}$，一定会有标准型的对角元素是特征值：

$$f=\boldsymbol{X}^{\mathrm{T}}\boldsymbol{A}\boldsymbol{X}\xrightarrow[\boldsymbol{P}\text{ 为正交阵}]{\substack{\text{正交变换}\\ \boldsymbol{X}=\boldsymbol{P}\boldsymbol{Y}}}f=\boldsymbol{Y}^{\mathrm{T}}\boldsymbol{D}_2\boldsymbol{Y},\quad \boldsymbol{D}_2=\begin{pmatrix}2&0\\0&4\end{pmatrix}.$$

其实，早知道 $\boldsymbol{A}$ 的 2 个特征值全大于零，正定矩阵 $\boldsymbol{A}$ 对应着正定二次型.

例 9.3.2　判别实对称矩阵矩阵 $\boldsymbol{A}$ 是否是正定矩阵，其中

$$\boldsymbol{A}=\begin{pmatrix}2&-1&&\\-1&2&-1&\\&-1&2&-1\\&&-1&2\end{pmatrix}.$$

解　因为矩阵 $\boldsymbol{A}$ 的阶数较大，求特征值难，这里用行列合同变换的方法来判断.

$$\boldsymbol{A}=\begin{pmatrix}2&-1&&\\-1&2&-1&\\&-1&2&-1\\&&-1&2\end{pmatrix}\xrightarrow[]{\substack{\text{第 1 行}\times\frac{1}{2}+\text{第 2 行}\\ \text{第 1 列}\times\frac{1}{2}+\text{第 2 列}}}\begin{pmatrix}2&0&&\\0&\frac{3}{2}&-1&\\&-1&2&-1\\&&-1&2\end{pmatrix}$$

$$\xrightarrow[]{\substack{\text{第 2 行}\times\frac{2}{3}+\text{第 3 行}\\ \text{第 2 列}\times\frac{2}{3}+\text{第 3 列}}}\begin{pmatrix}2&0&&\\0&\frac{3}{2}&0&\\&0&\frac{4}{3}&-1\\&&-1&2\end{pmatrix}\xrightarrow[]{\substack{\text{第 3 行}\times\frac{3}{4}+\text{第 4 行}\\ \text{第 3 列}\times\frac{3}{4}+\text{第 4 列}}}\begin{pmatrix}2&0&&\\0&\frac{3}{2}&0&\\&0&\frac{4}{3}&0\\&&0&\frac{2}{3}\end{pmatrix}.$$

经行列合同变换后，对角元素都是“+”的，所以矩阵 $\boldsymbol{A}$ 是实对称正定矩阵.

3. 实对称矩阵的性质总结

因为实对称矩阵在各学科中经常使用，它有很多好的数学特性，所以将其总结如下：

对称矩阵性质 1 矩阵 $\boldsymbol{A}$ 是正定的实对称矩阵 $\Leftrightarrow$ $\boldsymbol{A}$ 的所有特征值都大于零.

对称矩阵性质 2 矩阵 $\boldsymbol{A}$ 是正定的实对称矩阵 $\Leftrightarrow$ 存在相似变换 $\boldsymbol{C}^{-1}\boldsymbol{AC}=\boldsymbol{D}$，$\boldsymbol{D}$ 是对角阵，而且 $\boldsymbol{D}$ 的对角元素就是 $\boldsymbol{A}$ 的特征值，对角元素都是"+"的.

对称矩阵性质 3 矩阵 $\boldsymbol{A}$ 是正定的实对称矩阵 $\Leftrightarrow$ 存在合同变换 $\boldsymbol{P}^{\mathrm{T}}\boldsymbol{AP}=\boldsymbol{D}$，$\boldsymbol{D}$ 是对角阵，虽然对角元素不一定是特征值，但是对角元素都是"+"的.

对称矩阵性质 4 矩阵 $\boldsymbol{A}$ 和 $\boldsymbol{B}$ 都是正定的实对称矩阵 $\Rightarrow$ $(\boldsymbol{A}+\boldsymbol{B})$ 也是正定的实对称矩阵.

对称矩阵性质 5 矩阵 $\boldsymbol{A}$ 是正定的实对称矩阵 $\Leftrightarrow$ $|\boldsymbol{A}|>0$，$\boldsymbol{A}^{-1}$ 存在，且 $\boldsymbol{A}^{-1}$ 也是正定的实对称矩阵.

对称矩阵性质 6 若矩阵 $\boldsymbol{A}$ 是正定的实对称矩阵，则全部对角元素都是正的，而且对角元素大于或等于同行的其他元素绝对值之和（反向的结论不一定成立）. 在把实对称矩阵用行列合同变换化为对角矩阵的过程中可以看到这个事实.

对称矩阵性质 7 矩阵 $\boldsymbol{A}$ 是正定的实对称矩阵 $\Leftrightarrow$ $\boldsymbol{A}$ 合同于正定的对角阵 $\Leftrightarrow$ $\boldsymbol{A}$ 合同于单位阵 $\Leftrightarrow$ $\boldsymbol{A}=\boldsymbol{P}^{\mathrm{T}}\boldsymbol{P}$，矩阵 $\boldsymbol{P}$ 可逆.

这里特别说明，性质 7 还有着非常重要的应用. 因为正定矩阵 $\boldsymbol{A}$ 可以分解为上三角矩阵和下三角矩阵的乘积，这在线性代数中称为"L－U 分解"，这将会带来许多方便简捷的应用. 例如，对于线性方程组 $\boldsymbol{AX}=\boldsymbol{B}$，矩阵 $\boldsymbol{A}$ 正定，一定有 $\boldsymbol{A}=\boldsymbol{P}^{\mathrm{T}}\boldsymbol{P}$，$\boldsymbol{P}$ 是上三角矩阵. 由 $\boldsymbol{P}^{\mathrm{T}}(\boldsymbol{PX})=\boldsymbol{B}$，可先令 $\boldsymbol{Y}=\boldsymbol{PX}$，用简单回代求解 $\boldsymbol{P}^{\mathrm{T}}\boldsymbol{Y}=\boldsymbol{B}$，再简单回代求解 $\boldsymbol{PX}=\boldsymbol{Y}$. 线性方程组的求解过程就变得非常简单快速了. 由于这些内容超出本教材的范围，所以不再介绍，有兴趣的读者可参见有关文献.

线性代数中之所以重点讨论二次型及其相应的矩阵的正定性，是因为二次型有着广泛的应用.

在几何方面，正定二次型 $f=\boldsymbol{X}^{\mathrm{T}}\boldsymbol{AX}$ 中的矩阵 $\boldsymbol{A}$ 是正定的实对称矩阵，它反映的是封闭的椭圆曲线、椭球曲面的特性.

在数学物理方程中，用偏微分的二次型表示物理状态，其中有表现扩散发展态的抛物型方程，有表现不可逆传播态的双曲型方程. 特别地，表现稳定态的椭圆型方程就是正定的二次型方程.

在场论方面，正定二次型反映了稳定场、保守场的特性，这在引力场、应力场、静电场、磁场中都有着广泛的应用.

二次型 $\boldsymbol{X}^{\mathrm{T}}\boldsymbol{AX}$ 可表示能量，若 $\boldsymbol{X}$ 表示位移，那么这种二次型在力学中可表示做功或者位移势能；若 $\boldsymbol{X}$ 表示速度，那么这种二次型就可表示动能；同样地，电能、热能等各种能量都可以用二次型表示. 正定二次型反映了"正向"的能量.

在用计算机进行数值计算方面，矩阵的正定对称性质容易带来稳定的计算效果.

因此，无论是理论方面还是应用方面，判断一个实对称矩阵是否正定，在大部分理工专业中都是非常有用的，也是经常遇到的.

§9.4 实二次型在多元函数极值方面的应用

对于一元可微函数 $f(x)$，有泰勒公式：

$$f(x_0+\Delta x)=f(x_0)+f'(x_0)(\Delta x)+\frac{1}{2}(\Delta x)\cdot f''(x_0)(\Delta x)+\text{余项},$$

把 $f(x_0+\Delta x)$ 看作在 x_0 处取得扰动量 Δx 后所具有的函数值，根据高等数学的知识，$f(x)$ 在 x_0 处取得极值时的表现为：

必要条件：$f'(x_0)=0$，x_0 称为驻点.

$$\text{保证性条件：} f''(x_0)\begin{cases}>0, f(x_0)\text{ 为极小值；}\\ <0, f(x_0)\text{ 为极大值；}\\ =0, f(x_0)\text{ 不是极值.}\end{cases}$$

人们还可以从另一个角度去理解泰勒公式：

$$\underbrace{f(x_0+\Delta x)-f(x_0)}_{\text{在}x_0\text{处的扰动所产生的误差}}=\underbrace{f'(x_0)(\Delta x)}_{\text{关于扰动量}\Delta x\text{的一次式}}+\underbrace{\frac{1}{2}(\Delta x)f''(x_0)(\Delta x)}_{\text{关于扰动量}\Delta x\text{的二次式}}+\text{小的余项}.$$

观察这个形式表现，我们有理由认为函数 $f(x)$ 在 x_0 处的扰动误差，主要由“一次式扰动”和“二次式扰动”这两个部分组成. 在驻点 x_0 处，当扰动量的二次型 $(\Delta x)f''(x_0)(\Delta x)$ 是正定二次型时，函数 $f(x)$ 在 x_0 处取得极小值；当扰动量的二次型是负定二次型时，函数 $f(x)$ 在 x_0 处取得极大值；否则就不会取得极值.

对于二元可微函数，$f(\boldsymbol{X})$ 在 $\boldsymbol{X}_0$ 处的泰勒展开式为：

$$f(\boldsymbol{X}_0+\Delta\boldsymbol{X})=f(\boldsymbol{X}_0)+\frac{\partial f(\boldsymbol{X}_0)}{\partial\boldsymbol{X}}\cdot(\Delta\boldsymbol{X}^{\mathrm{T}})+\frac{1}{2}(\Delta\boldsymbol{X})\frac{\partial f^2(\boldsymbol{X}_0)}{\partial\boldsymbol{X}^2}(\Delta\boldsymbol{X}^{\mathrm{T}})+\text{余项},$$

其中，固定点 $\boldsymbol{X}_0=(x_1^0,x_2^0)$，扰动量 $\Delta\boldsymbol{X}=(\Delta x_1,\Delta x_2)$. 另外，要注意展开式中对向量求导的形式：

$$\frac{\partial f(\boldsymbol{X}_0)}{\partial X}=\left(\frac{\partial f(\boldsymbol{X}_0)}{\partial x_1}\quad\frac{\partial f(\boldsymbol{X}_0)}{\partial x_2}\right),\quad\frac{\partial f^2(\boldsymbol{X}_0)}{\partial\boldsymbol{X}^2}=\begin{pmatrix}\dfrac{\partial^2 f(\boldsymbol{X}_0)}{\partial x_1^2}&\dfrac{\partial^2 f(\boldsymbol{X}_0)}{\partial x_1\partial x_2}\\\dfrac{\partial^2 f(\boldsymbol{X}_0)}{\partial x_2\partial x_1}&\dfrac{\partial^2 f(\boldsymbol{X}_0)}{\partial x_2^2}\end{pmatrix},$$

与一元函数取得极值时的表现形式类似，二元函数 $f(\mathbf{X})$ 在 $\mathbf{X}_0$ 处取得极值的表现为：

必要条件：

$$\frac{\partial f(\boldsymbol{X}_0)}{\partial\boldsymbol{X}}=\left(\frac{\partial f(\boldsymbol{X}_0)}{\partial x_1}\quad\frac{\partial f(\boldsymbol{X}_0)}{\partial x_2}\right)=\mathbf{0},\quad \boldsymbol{X}_0\text{ 是驻点；}$$

保证性条件：

$$\frac{\partial^2 f(\boldsymbol{X}_0)}{\partial\boldsymbol{X}^2}=\begin{pmatrix}\dfrac{\partial^2 f(\boldsymbol{X}_0)}{\partial x_1^2}&\dfrac{\partial^2 f(\boldsymbol{X}_0)}{\partial x_1\partial x_2}\\\dfrac{\partial^2 f(\boldsymbol{X}_0)}{\partial x_2\partial x_1}&\dfrac{\partial^2 f(\boldsymbol{X}_0)}{\partial x_2^2}\end{pmatrix}\begin{cases}\text{正定矩阵}, f(\boldsymbol{X}_0)\text{ 是极小值},\\ \text{负定矩阵}, f(\boldsymbol{X}_0)\text{ 是极大值},\\ \text{否则}, f(\boldsymbol{X}_0)\text{ 不是极值.}\end{cases}$$

这里，人们同样可以理解，$\Delta \boldsymbol{X}$ 是向量形式的扰动量，$\Delta \boldsymbol{X} \cdot \dfrac{\partial f^2(\boldsymbol{X}_0)}{\partial \boldsymbol{X}^2} \cdot \Delta \boldsymbol{X}^{\mathrm{T}}$ 就是关于 $\Delta \boldsymbol{X}$ 的二次型，它所对应的实对称矩阵 $\boldsymbol{H}$ 称为海森矩阵：

$$\boldsymbol{H}=\begin{pmatrix} \dfrac{\partial^2 f(\boldsymbol{X})}{\partial x_1^2} & \dfrac{\partial^2 f(\boldsymbol{X})}{\partial x_1 \partial x_2} \\ \dfrac{\partial^2 f(\boldsymbol{X})}{\partial x_2 \partial x_1} & \dfrac{\partial^2 f(\boldsymbol{X})}{\partial x_2^2} \end{pmatrix}=\begin{pmatrix} f_{11} & f_{12} \\ f_{21} & f_{22} \end{pmatrix} \xrightarrow{\text{记为}} \boldsymbol{H}=\begin{pmatrix} a & b \\ b & c \end{pmatrix}.$$

二元函数极值问题的结论是：在驻点 $\boldsymbol{X}_0$ 处，

如果 $\boldsymbol{H}$ 是正定矩阵，则二元函数 $f(\boldsymbol{X})$ 在驻点 $\boldsymbol{X}_0$ 处取得极小值；

如果 $\boldsymbol{H}$ 是负定矩阵，则二元函数 $f(\boldsymbol{X})$ 在驻点 $\boldsymbol{X}_0$ 处取得极大值.

如果 $\boldsymbol{H}$ 不是正定的也不是负定的，则二元函数 $f(\boldsymbol{X})$ 在 $\boldsymbol{X}_0$ 处不会取得极值.

例 9.4.1　判断二元函数 $f(x,y)=\dfrac{1}{3}x^3+xy^2-4xy+1$ 的极值点.

解　先求出驻点：

$$\begin{cases} \dfrac{\partial f}{\partial x}=x^2+y^2-4y=0 \\ \dfrac{\partial f}{\partial y}=2xy-4x=2x(y-2)=0 \end{cases},$$

解得 4 个驻点，即(0,0)，(0,4)，(2,2)，(−2,2).

再写出海森矩阵：

$$\boldsymbol{H}=\begin{pmatrix} f_{11} & f_{12} \\ f_{21} & f_{22} \end{pmatrix}=\begin{pmatrix} 2x & 2y-4 \\ 2y-4 & 2x \end{pmatrix},$$

并把 4 个驻点代入海森矩阵，判别它的正定性，从而判别驻点是否是极值点：

对于(0,0)，有 $\boldsymbol{H}=\begin{pmatrix} 0 & -4 \\ -4 & 0 \end{pmatrix}$，不是正定或者负定矩阵，(0,0) 不是极值点；

对于(0,4)，有 $\boldsymbol{H}=\begin{pmatrix} 0 & 4 \\ 4 & 0 \end{pmatrix}$，不是正定或者负定矩阵，(0,4) 不是极值点；

对于(2,2)，有 $\boldsymbol{H}=\begin{pmatrix} 4 & 0 \\ 0 & 4 \end{pmatrix}$，是正定矩阵，(2,2) 是极小值点；

对于(−2,2)，有 $\boldsymbol{H}=\begin{pmatrix} -4 & 0 \\ 0 & -4 \end{pmatrix}$，是负定矩阵，(−2,2) 是极大值点.

读者要注意，判断矩阵是否正定或负定，只要用简单的行列合同变换把它化为对角阵，就看得很清楚了.

读者还要注意，向量形式的泰勒展开式在众多学科中都要用到，应该多加理解. 另外，向量函数求极值是各种优化方法的基础，应该多加练习.

§9.5 实二次型在最小二乘方法中的应用

在众多学科的应用中，都存在这样一类问题：研究某事件，通过实验、观测、社会调查等手段获得了大量的数据，希望从这些数据中发现其内在的函数关系，以便用这种函数关系去分析和预测问题. 解决这类问题可用最小二乘法.

最小二乘方法是一种优化方法，它在各个学科中都有着广泛的应用，下面仅介绍几类较少涉及专业知识的问题，这些问题用最小二乘方法求解就能得到满意的结果.

1. 最小二乘方法的思路和步骤

已知：一批离散的数据点 $\{x_k, f_k\}_{k=1}^N$，离散数据很多.

目标：用一条合理的函数曲线模拟这些离散的数据点 $\{x_k, f_k\}_{k=1}^N$ 的分布情况.

步骤①：先把原始数据 $\{x_k, f_k\}_{k=1}^N$ 在纸上画出分布图；

步骤②：根据宏观观察，设定用函数 $S(x)$ 来模拟这批数据的变化规律；

步骤③：希望离散数据和曲线之间的某种误差最小，最小二乘法中采用的是“离散误差平方和最小”，即

$$\min \sum_{k=1}^{N} \mid f_k - S(x_k) \mid^2 ;$$

步骤④：求出模拟函数 $S(x)$.

在具体举例介绍最小二乘法之前，先说明两点：

第一，选用的模拟函数 $S(x)$ 是人为确定的，要根据离散数据点的分布情况，凭经验人为确定，可选定线性函数、多项式函数、指数函数或其他类型的函数.

第二，误差种类的选择，一般不选择“误差和最小”，也不选择“误差绝对值的和最小”，而是选择“误差平方和最小”，原因有两个：一是这种误差具有平均特性，模拟曲线能综合考虑到大小不同的离散误差，还特别加强了对众多离散点误差状况的综合优化考虑；二是这种误差的选择会使计算过程变得方便.

2. 直线模拟

直线拟合问题 已知一批实验数据点 $\{x_k, f_k\}_{k=1}^N$，它们的分布大致成一条直线，希望用直线

$$S(x) = a_0 + a_1 x$$

来模拟这批数据，要求用最小二乘法确定系数 a_0 和 a_1.

具体的数值情形，请参见例 9.5.2.

按最小二乘法要求，要使得

$$\min Q(a_0, a_1) = \sum_{k=1}^{N} |f_k - S(x_k)|^2 = \sum_{k=1}^{N} (f_k - a_0 - a_1 x)^2,$$

其中，$Q(a_0, a_1)$ 是关于 a_0 和 a_1 的二元函数，它取得极值的必要条件是

$$\frac{\partial Q}{\partial a_0} = 0, \quad \frac{\partial Q}{\partial a_1} = 0.$$

于是有

$$\begin{cases} -2\sum_{k=1}^{N}(f_k - a_0 - a_1 x) = 0 \\ -2\sum_{k=1}^{N} x(f_k - a_0 - a_1 x) = 0 \end{cases},$$

或

$$\begin{cases} a_0 N + a_1 \sum_{k=1}^{N} x_k = \sum_{k=1}^{N} f_k \\ a_0 \sum_{k=1}^{N} x_k + a_1 \sum_{k=1}^{N} x_k^2 = \sum_{k=1}^{N} f_k x_k \end{cases},$$

写成矩阵形式，为

$$\begin{pmatrix} N & \sum_{k=1}^{N} x_k \\ \sum_{k=1}^{N} x_k & \sum_{k=1}^{N} x_k^2 \end{pmatrix} \begin{pmatrix} a_0 \\ a_1 \end{pmatrix} = \begin{pmatrix} \sum_{k=1}^{N} f_k \\ \sum_{k=1}^{N} x_k f_k \end{pmatrix}.$$

其系数矩阵是正定的实对称矩阵(用简单的合同变换即可看出)，求解这个二元一次方程组，得到 a_0 和 a_1，从而确定了模拟数据的线性函数 $S(x) = a_0 + a_1 x$，也就得到了表现这批数据宏观规律的线性函数.

3. 矛盾线性方程组与直线模拟

对于观测数据 $\{x_k, f_k\}_{k=1}^{N}$，希望用直线

$$S(x) = a_0 + a_1 x$$

来模拟数据的分布规律的问题，可以从另一个角度切入. 人们先把多个观测数据直接代入直线方程，得到一个“**矛盾方程组**”：

$$\boldsymbol{AX} = \boldsymbol{B},$$

即

$$\begin{cases} a_0 + a_1 x_1 = f_1, \\ a_0 + a_1 x_2 = f_2, \\ \quad\vdots \\ a_0 + a_1 x_N = f_N, \end{cases} \quad 其中 \boldsymbol{A} = \begin{pmatrix} 1 & x_1 \\ 1 & x_2 \\ \vdots & \vdots \\ 1 & x_N \end{pmatrix}, \quad \boldsymbol{X} = \begin{pmatrix} a_0 \\ a_1 \end{pmatrix}, \quad \boldsymbol{B} = \begin{pmatrix} f_1 \\ f_2 \\ \vdots \\ f_N \end{pmatrix}.$$

如果从数据点和直线的关系分析，因为数据点在直线附近而并不在直线上，所以得到的一定是矛盾的方程组. 如果从方程组的形式角度分析，因为方程的数目又远大于未知数的数目，矛盾在所难免.

矛盾方程组是不能直接求解的，但可以用最小二乘方法求解，具体过程是，求解下面的**"规化方程组"**：

$$(\boldsymbol{A}^{\mathrm{T}}\boldsymbol{A})\boldsymbol{X} = (\boldsymbol{A}^{\mathrm{T}}\boldsymbol{B}).$$

注意矩阵形式

$$\boldsymbol{A}^{\mathrm{T}} = \begin{pmatrix} 1 & 1 & \cdots & 1 \\ x_1 & x_2 & \cdots & x_N \end{pmatrix}, \quad \boldsymbol{A}^{\mathrm{T}}\boldsymbol{A} = \begin{pmatrix} N & \sum_{k=1}^{N} x_k \\ \sum_{k=1}^{N} x_k & \sum_{k=1}^{N} x_k^2 \end{pmatrix}.$$

于是就有

$$\begin{pmatrix} N & \sum_{k=1}^{N} x_k \\ \sum_{k=1}^{N} x_k & \sum_{k=1}^{N} x_k^2 \end{pmatrix} \begin{pmatrix} a_0 \\ a_1 \end{pmatrix} = \begin{pmatrix} \sum_{k=1}^{N} f_k \\ \sum_{k=1}^{N} x_k f_k \end{pmatrix}.$$

由此可见，用矛盾方程组做最小二乘求解，和用"偏差平方和最小"的概念求解，结果是一样的.

读者应该明白，在直线模拟中，观测数据点要多一些，这样才能取得满意的效果.

读者可能要问，用直线模拟数据与二次型有什么关系？从理论的角度说，凡是二次函数的问题都是二次型问题，"偏差的平方和极小"的问题就是二次函数取得极小值的问题；另外，从数学形式的角度说，用于求出最小二乘解的线性方程组 $(\boldsymbol{A}^{\mathrm{T}}\boldsymbol{A})\boldsymbol{X} = \boldsymbol{A}^{\mathrm{T}}\boldsymbol{B}$，就是二次型取得极小的结果.

例 9.5.1　设实矩阵 $\boldsymbol{A}_{m\times n}(m \geqslant n)$，且 $\boldsymbol{X}_{n\times 1}, \boldsymbol{B}_{m\times 1}$，试问：

(1) 当 $r(\boldsymbol{A}) = n$ 时，$(\boldsymbol{A}^{\mathrm{T}}\boldsymbol{A})_{n\times n}$ 是正定可逆矩阵吗？

(2) 当 $r(\boldsymbol{A}) = n$ 时，$(\boldsymbol{A}^{\mathrm{T}}\boldsymbol{A})\boldsymbol{X} = (\boldsymbol{A}^{\mathrm{T}}\boldsymbol{B})$ 有唯一解吗？

解　对于问题(1)，因为 $\boldsymbol{A}^{\mathrm{T}}\boldsymbol{A}$ 是 $n\times n$ 阶矩阵，$r(\boldsymbol{A}^{\mathrm{T}}) = \mathrm{r}(\boldsymbol{A}) = n, r(\boldsymbol{A}^{\mathrm{T}}\boldsymbol{A}) = r(\boldsymbol{A}) = n$，所以 $\boldsymbol{A}^{\mathrm{T}}\boldsymbol{A}$ 是对称的可逆矩阵.

要证明 $\boldsymbol{A}^{\mathrm{T}}\boldsymbol{A}$ 是正定矩阵，现观察它的二次型. 因为

$$\underbrace{\boldsymbol{X}^{\mathrm{T}}(\boldsymbol{A}^{\mathrm{T}}\boldsymbol{A})\boldsymbol{X}}_{\text{二次型}} = \underbrace{(\boldsymbol{AX})^{\mathrm{T}}(\boldsymbol{AX})}_{\text{内积的矩阵形式}} = \underbrace{\langle \boldsymbol{AX}, \boldsymbol{AX} \rangle}_{\text{内积形式}},$$

对于任意的 $\boldsymbol{X}_{n\times 1} \neq \boldsymbol{0}$，

$$\boldsymbol{X}^{\mathrm{T}}(\boldsymbol{A}^{\mathrm{T}}\boldsymbol{A})\boldsymbol{X} = \langle \boldsymbol{AX}, \boldsymbol{AX} \rangle > 0,$$

所以 $\boldsymbol{A}^{\mathrm{T}}\boldsymbol{A}$ 是正定矩阵.

对于(2)，因为 $\boldsymbol{A}^{\mathrm{T}}\boldsymbol{A}$ 是对称正定矩阵，所以 $(\boldsymbol{A}^{\mathrm{T}}\boldsymbol{A})\boldsymbol{X} = \boldsymbol{A}^{\mathrm{T}}\boldsymbol{B}$ 有唯一解.

例 9.5.2　炼钢时原料的含碳量不同，在某个炼钢电炉中脱碳的时间长短不同，目的是生产出含碳量合格的钢材. 现对 5 批不同含碳量的原料进行冶炼，记录下原料的含碳量和所需要的冶炼时间，目的是分析该炼钢炉对不同原料所需冶炼时间的规律，利用这个规律就可

以掌握其他原料的冶炼时间了.记录结果见表 9-1:

表 9-1 原料含碳量和脱碳时间记录

原料的批次	1	2	3	4	5
原料含碳量 x_k %	0.165	0.123	0.150	0.123	0.141
脱碳冶炼时间 S_k(吨,分)	187	126	172	125	148

解 先将这些数据点画在坐标轴上,见图 9-1,发现它们近似于直线关系.

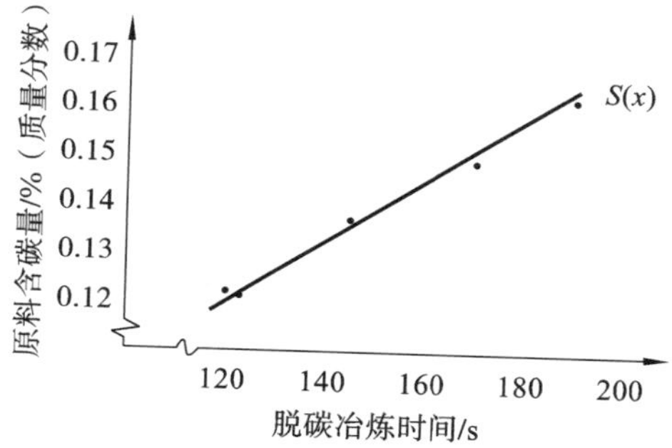

图 9-1 原料含碳量与脱碳时间的关系可用直线模拟离散数据

采用直线模拟,计算的结果为

$$S(x) = -60.9392 + 1513.8122x.$$

由此可知,当新进原料的含碳量为 x 时,冶炼时间 $S(x)$ 可以估算出来.

4. 二次多项式函数的模拟

抛物线拟合问题 设已知一批数据点 $\{x_k, f_k\}_{k=1}^N$,它们的分布大致成一条抛物线形状,设用二次多项式函数

$$S(x) = a_0 + a_1 x + a_2 x^2$$

来模拟这批数据,要求用最小二乘法确定系数 a_0, a_1 和 a_2.

按最小二乘法的要求,要使得

$$\min Q(a_0, a_1, a_2) = \sum_{k=1}^N |f_k - S(x_k)|^2 = \sum_{k=1}^N (f_k - a_0 - a_1 x - a_2 x^2)^2,$$

其中 Q 是关于 a_0, a_1 和 a_2 的三元函数,其取得极值的必要条件为

$$\frac{\partial Q}{\partial a_0} = 0, \quad \frac{\partial Q}{\partial a_1} = 0, \quad \frac{\partial Q}{\partial a_2} = 0.$$

于是有

$$\begin{cases} -2\sum_{k=1}^N (f_k - a_0 - a_1 x_k - a_2 x^2) = 0 \\ -2\sum_{k=1}^N (f_k - a_0 - a_1 x_k - a_2 x^2) x_k = 0 \\ -2\sum_{k=1}^N (f_k - a_0 - a_1 x_k - a_2 x^2) x_k^2 = 0 \end{cases}$$

即

$$\begin{cases} a_0 N + a_1 \sum_{k=1}^{N} x_k + a_2 \sum_{k=1}^{N} x_k^2 = \sum_{k=1}^{N} f_k \\ a_0 \sum_{k=1}^{N} x_k + a_1 \sum_{k=1}^{N} x_k^2 + a_2 \sum_{k=1}^{N} x_k^3 = \sum_{k=1}^{N} f_k x_k \\ a_0 \sum_{k=1}^{N} x_k^2 + a_1 \sum_{k=1}^{N} x_k^3 + a_2 \sum_{k=1}^{N} x_k^4 = \sum_{k=1}^{N} f_k x_k^2 \end{cases}$$

写成矩阵形式为

$$\begin{pmatrix} N & \sum_{k=1}^{N} x_k & \sum_{k=1}^{N} x_k^2 \\ \sum_{k=1}^{N} x_k & \sum_{k=1}^{N} x_k^2 & \sum_{k=1}^{N} x_k^3 \\ \sum_{k=1}^{N} x_k^2 & \sum_{k=1}^{N} x_k^3 & \sum_{k=1}^{N} x_k^4 \end{pmatrix} \begin{pmatrix} a_0 \\ a_1 \\ a_2 \end{pmatrix} = \begin{pmatrix} \sum_{k=1}^{N} f_k \\ \sum_{k=1}^{N} f_k x_k \\ \sum_{k=1}^{N} f_k x_k^2 \end{pmatrix}.$$

其系数矩阵是正定的实对称矩阵(用简单的行列合同变换可以看出).求解这个三元一次方程组,得到 a_0,a_1 和 a_2,从而确定了 $S(x)=a_0+a_1x+a_2x^2$,就得到了描述这批数据宏观规律的二次函数.

例 9.5.3　通过实验得到一批数据,见表 9-2.希望找出数据点的宏观规律,并用于估计 $x=0.55$ 和 $x=1.10$ 处的实验值.

表 9-2　按照二次曲线分布的数据

k	0	1	2	3	4
x_k	0	0.25	0.50	0.75	1.00
f_k	1.0000	1.2840	1,6487	2.1170	2.7183

解　将这些数据点描画在坐标平面上,发现它们的分布类似于抛物线,如图 9-2 所示.于是,决定采用二次多项式函数 $S(x)=a_0+a_1+a_2x^2$ 做模拟曲线.根据前面的分析(过程略去),列出求解 a_0,a_1 和 a_2 的方程组

$$\begin{pmatrix} 5 & 2.5 & 1.875 \\ 2.5 & 1.87 & 1.562 \\ 1.875 & 1.562 & 1.382 \end{pmatrix} \begin{pmatrix} a_0 \\ a_1 \\ a_2 \end{pmatrix} = \begin{pmatrix} 8.7680 \\ 5.4514 \\ 4.4015 \end{pmatrix},$$

从而得到

$$S(x)=1.0052+0.8641x+0.8437x^2.$$

有了这个模拟曲线,不仅可以估计实验区段内部的实验值 $S(0.55)=1.7357$,而且可以估算实验区段外部延伸处的实验值 $S(1.10)=2.9765$.

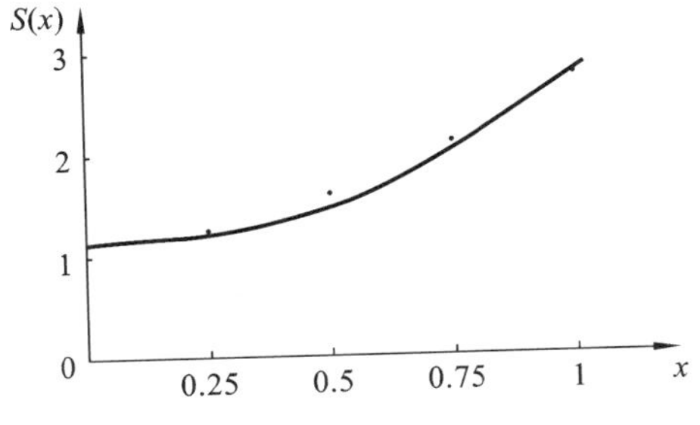

图 9-2　用二次曲线拟合离散数据

利用多项式曲线拟合数据是常用的,但要指出,在实际应用中,一般采用低次(1、2、3

次)的多项式曲线去模拟数据,如果用高次的多项式去做模拟,往往计算不稳定,模拟效果不好.

5. 指数曲线的模拟

指数曲线拟合问题　设有一批数据点 $\{x_k,f_k\}_{k=1}^N$,根据经验和观察,这批数据点的分布大致为指数曲线,设指数函数的形式为

$$S(x)=ae^{bx},$$

其中 a 和 b 为待定常数,要求用最小二乘法确定 a 和 b.

对于这种非多项式形式的模拟函数,直接使用"误差平方和最小"不方便,为此先对指数模拟函数取对数,这时的模拟函数就变为线性函数了,有

$$U(x)=A+Bx,$$

其中

$$U(x)=\ln S(x),\quad A=\ln a,\quad B=b.$$

不难明白,用 $S(x)$ 对数据点 $\{x_k,f_k\}_{k=1}^N$ 的模拟,相当于用 $U(x)$ 对数据点 $\{x_k,\ln f_k\}_{k=1}^N$ 的模拟,所以原最小二乘问题转换为

$$\min Q(A,B)=\sum_{k=1}^N|\ln f_k-U(x_k)|^2=\sum_{k=1}^N(\ln f_k-A-Bx_k)^2,$$

这里 Q 是关于 A 和 B 的函数,Q 取得极值的必要条件是

$$\frac{\partial Q}{\partial A}=0,\quad \frac{\partial Q}{\partial B}=0.$$

于是有

$$\begin{cases}AN+B\sum_{k=1}^N x_k=\sum_{k=1}^N \ln f_k\\ A\sum_{k=1}^N x_k+B\sum_{k=1}^N x_k^2=\sum_{k=1}^N x_k\ln f_k\end{cases},$$

即

$$\begin{pmatrix}N & \sum_{k=1}^N x_k\\ \sum_{k=1}^N x_k & \sum_{k=1}^N x_k^2\end{pmatrix}\begin{pmatrix}A\\B\end{pmatrix}=\begin{pmatrix}\sum_{k=1}^N \ln f_k\\ \sum_{k=1}^N x_k\ln f_k\end{pmatrix}.$$

求出 A 和 B,从而得到 a 和 b,获得指数拟合函数 $S(x)$.

例 9.5.4　有一批实验数据见表 9-3,需要用最小二乘法建立数据点所符合的经验公式.

表 9-3　类似指数分布的数据点

x_k	1	2	3	4	5	6	7	8
$f(x_k)$	15.3	20.5	27.4	36.6	49.1	45.6	87.8	117.6

解 将原数据点绘图,选定指数函数

$$S(x)=ae^{bx}$$

作为模拟函数.

为了顺利地使用最小二乘方法,先把原数据转化为

x_k	1	2	3	4	5	6	7	8
$U(x_k)=\ln f_k$	1.1847	1.3118	1.4378	1.5635	1.6911	1.8169	1.9435	2.0704

再对转化后的数据点用

$$U(x)=A+Bx$$

做最小二乘拟合,其中. $U(x_k)=\ln f_k, A=\ln a, B=b$.

解得 $A=1.0584, B=0.1265$,转换到 $a=11.4393, b=0.2912$,最后得到对原数据的拟合曲线

$$S(x)=11.4393e^{0.2912x}.$$

用指数曲线表述问题的地方是很多的,例如放射物质的衰变曲线、化学反应速度曲线、某些电器参数曲线、物种的几何级数繁衍曲线、概率统计中的正态分布曲线等,都是指数曲线.

作为本章结束,我们指出:

(1) 二次型经矩阵代换可以归化为标准二次型,所以本章介绍的两种归化方法(行列合同变换法和正交矩阵合同变换法),是必须掌握的知识点.二次型的标准型能把所表述的问题更清晰地呈现出来.

(2) 正定的实二次型和实对称正定矩阵是联系在一起的,也是实际应用中经常遇到的,所以实对称正定矩阵的性质及其判别方法是必须掌握的知识点.

(3) 关于二次型的一些常见的应用,都能够和空间解析几何的有关知识、微积分的有关知识联系在一起,所以这些知识的贯通联系应该属于常识性的基础知识.

(4) 二次型在众多学科中都有着广泛的应用,凡是涉及二次函数的地方,凡是涉及能量的地方都可以用二次型去表述和研究,所以二次型的基本知识在几乎所有理工专业的学习中都是很重要的,也是非常实用的.最小二乘方法实际上是利用二次型的一种优化方法,希望读者对该方法产生兴趣并熟练掌握.

习 题 九

1. 用矩阵表示下面的实二次型:

(1) $f(x_1,x_2,x_3)=x_1^2-x_2^2-4x_1x_2-2x_2x_3$;

(2) $f(x_1,x_2,x_3)=(a_1x_1+a_2x_2+a_3x_3)(b_1x_1+b_2x_2+b_3x_3)$;

(3) $f(x_1,x_2,x_3)=x_1^2+2x_2^2+3x_3^2+2x_1x_2+2x_3+4$.

提示:令 $x_4=1, 2x_3=2x_3x_4$,把 f 看作 4 个变量的二次型.

2. 用正交矩阵把下面的二次型化为标准型:

(1) $f(x_1,x_2,x_3)=x_1^2+2x_2^2+3x_3^2-4x_1x_2-4x_2x_3$;

(2) $f(x_1,x_2,x_3)=12x_1^2+6x_2^2+8x_3^2+6x_1x_2+4x_1x_3+2x_2x_3$.

3. 用配方法和行列合同变换方法把下面的二次型化为标准型:

(1) $f(x_1,x_2,x_3)=x_1^2+2x_2^2+4x_3^2+2x_1x_2+4x_2x_3$;

(2) $f(x_1,x_2,x_3)=x_1^2+2x_2^2+4x_3^2+2x_1x_2-2x_2x_3$.

4. 判断下列矩阵哪些是正定矩阵,哪些是负定矩阵:

$$\boldsymbol{A}=\begin{pmatrix}1&0&0\\0&1&0\\0&0&1\end{pmatrix},\quad \boldsymbol{B}=\begin{pmatrix}2&1&1\\1&2&1\\1&1&2\end{pmatrix},\quad \boldsymbol{C}=\begin{pmatrix}-1&1&1\\1&-2&1\\1&1&-8\end{pmatrix},\quad \boldsymbol{D}=\begin{pmatrix}1&1&0\\3&4&-2\\0&2&9\end{pmatrix}.$$

5. 当 t 取何值时,下面的二次型是正定的?

(1) $f(x_1,x_2,x_3)=x_1^2+4x_2^2+x_3^2+2tx_1x_2+6x_2x_3+10x_1x_3$;

(2) $f(x_1,x_2,x_3,x_4)=t(x_1^2+x_2^2+x_3^2)+x_4^2+2x_1x_2-2x_1x_3-2x_2x_3$.

6. $x_1^2+x_2^2+2x_3^2+2x_1x_2=1$ 表示什么曲线?

7. 对于实对称矩阵 $\boldsymbol{A}$,相似变换和合同变换都可以将其化为对角阵,这两种变换有什么区别?

8. 设 $\boldsymbol{A}$ 和 $\boldsymbol{B}$ 都是 n 阶实对称正定矩阵,下列哪些矩阵是实对称正定矩阵?

(1) $2\boldsymbol{A}+3\boldsymbol{B}$; (2) $(2\boldsymbol{A})(3\boldsymbol{B})$; (3) $(2\boldsymbol{A})^{-1}+(3\boldsymbol{B})^{-1}$; (4) $\boldsymbol{A}^{-1}\boldsymbol{B}$.

9. 试问,如何选择 c,使得方阵 $\boldsymbol{B}$ 是正定矩阵,其中

$$\boldsymbol{B}=\begin{pmatrix}2&-1&-1\\-1&2&-1\\-1&-1&2+c\end{pmatrix},$$

要求利用行列合同变换把 $\boldsymbol{B}$ 化为对角矩阵.

10. 回答下面的问题:

(1) 正定矩阵是否一定对称?对称矩阵是否一定正定?

(2) 实对称正定矩阵是否一定可以化为对角矩阵?有哪些方法可以将其化为对角阵?

(3) 设方阵 $\boldsymbol{A}$ 正定,如果 $\boldsymbol{P}^{\mathrm{T}}\boldsymbol{A}\boldsymbol{P}=\boldsymbol{B}$ 要求 $\boldsymbol{B}$ 也是正定矩阵,则 $\boldsymbol{P}$ 应满足什么条件?

(4) 设方阵 $\boldsymbol{A}$ 正定,$\boldsymbol{P}$ 是可逆矩阵,对于 $\boldsymbol{P}^{-1}\boldsymbol{A}\boldsymbol{P}=\boldsymbol{B}$,$\boldsymbol{B}$ 有什么特点?在什么情况下 $\boldsymbol{B}$ 会是对角阵?

(5) 设有非零矩阵 $\boldsymbol{A}_{m\times n}$,当 $\boldsymbol{A}_{m\times n}$ 满足什么条件时 $\boldsymbol{A}^{\mathrm{T}}\boldsymbol{A}$ 才是正定矩阵?

11. 设 $\boldsymbol{A}$ 是实对称矩阵,且满足 $\boldsymbol{A}^2-5\boldsymbol{A}-3\boldsymbol{I}=\boldsymbol{0}$,证明 $\boldsymbol{A}$ 是正定矩阵.

12. 对于线性方程组 $\boldsymbol{AX}=\boldsymbol{B}$,若 $\boldsymbol{A}$ 是半正定矩阵,方程组解的状况如何?若 $\boldsymbol{A}$ 是正定矩阵,方程组解的状况如何?

13. 设 $\boldsymbol{A}$、$\boldsymbol{B}$ 都是正定方阵,证明 $\boldsymbol{B}^{\mathrm{T}}\boldsymbol{AB}$ 和 $\boldsymbol{B}^{-1}\boldsymbol{AB}$ 都是正定矩阵.

14. 某种铝合金的含铝量记为 x，含铝量增高时，该合金的熔点 T 也在增高，由实验测得一批数据如下表所示，求 x 和 T 之间的关系(线性关系).

x(%)	36.9	46.7	63.7	77.8	84.0	87.5
T(℃)	181	197	235	270	283	292

15. 在某个工况中，测得一批数据 $W=\{w_k\}_{k=1}^{n}$，W 依赖于 Q，根据经验有 $W(Q)=a+bQ+cQ^2$，试用最小二乘方法求出 a,b,c，写出求解步骤.

第 10 章　矩阵的多方面应用举例

这一章将在多个方面举出一些矩阵的基本应用实例. 通过理工科方面的应用实例,我们可以感觉到矩阵是解决科技问题的简便的工具;通过几何方面的应用实例,我们可进一步丰富和加强对于矩阵的理解和应用;通过经济、管理、社科方面的应用实例,我们可以感觉到"把矩阵用活"是多么的方便、实用、有意思. 本章的这些实例尽可能与中学的知识相结合,与高等数学的基本知识相结合,同时还向不同学科和不同专业靠近. 这些实例的专业性不强,很容易看明白,可让读者进一步提高学习矩阵应用的积极性,读者也可以在此基础上自主地做一些扩展应用.

§10.1　矩阵在数值模拟原函数方面的应用

定积分和原函数是关于连续函数的运算,当把连续变量离散化之后,它们就可以用矩阵表示了.

例 10.1.1　用离散化方法数值计算定积分 $\int_a^b f(x)\mathrm{d}x$.

解　定积分的几何含义是曲边梯形的面积,可以按照定积分的原始定义做近似计算. 具体步骤如下:

①把积分区间 $[a,b]$ 离散化,不妨等分为 n 等份;节点步长 $h=\dfrac{(b-a)}{n}$,节点 x_j 对应编号 j;整体编号情形为: a 处编号为 1, b 处编号为 $n+1$.

②把被积函数 $f(x)$ 离散化,对应 $f(x_j)$ 的函数值记为 f_j, $1\leqslant j\leqslant n$.

③按照定积分的原始含义做近似计算. $h\cdot f_j$ 是一个小矩形的面积 A_j,把若干小矩形加起来作为曲边梯形的近似,参见图 10-1,于是有

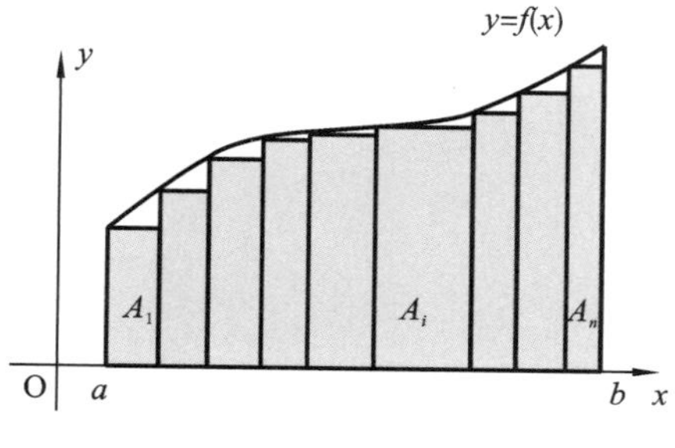

图 10-1　近似计算定积分示意图

$$\int_a^b f(x)\mathrm{d}x \approx h\cdot(f_1+f_2+\cdots+f_{n-1}+f_n).$$

可见,离散化数值方法把连续函数的问题变成了离散的代数问题,用计算机计算是非常方便的.

④评估该离散化方法的可靠性. 直观感觉,只要增加等分数 n,计算的精度会越来越高. 该方法的理论分析结果是,定积分的数值解和准确解之间的误差是 $O(h)$ 量级的,也就是说,当 $h=10^{-3}$ 时,数值解的误差也是和 10^{-3} 同量级的.

这里附带说明离散计算中的几个问题.

(1) 如何提高数值积分整体精度的问题

当 h 选定时,用小矩形近似表示小曲边梯形,此时定积分的整体误差是 $O(h)$ 量级的,也就是说,当选用 $h=10^{-3}$ 时,数值积分一般能够精确到小数点后 3 位.

当然,也可以用小梯形近似表示小曲边梯形,每一个小梯形的近似程度提高了,计算定积分的整体精度也提高了,整体误差是 $O(h^2)$ 量级的,也就是说,当选用 $h=10^{-3}$ 时,数值积分一般能够精确到小数点后 6 位.

(2) 如何判断计算定积分的数据所达到的实际精度问题

先根据实际需要,估计并选用步长 h,计算出一个具体的数据结果;再把节点加密,按 $\frac{h}{2}$ 再计算出一个数据结果;把这两个数据结果进行对比,小数点后面相同的数值的位数,就能反映计算精度. 例如,按步长 h 的计算结果是 3.845135,按 $\frac{h}{2}$ 的计算结果是 3.845678,这可以说明按照步长 h 的计算结果 3.845 是相对准确的,计算精度已达到 10^{-3}.

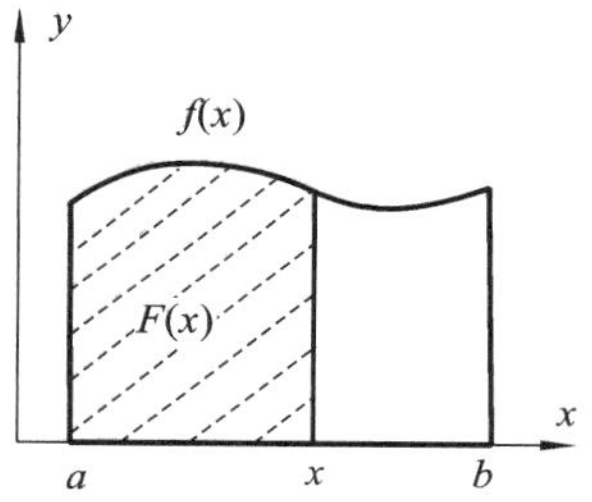

图 10-2　原函数与图形面积的关系图

这样判断数值解的精度是有依据的,因为随着 $\frac{h}{2}$ 变小,数值结果的准确数字的位数是越来越多的.

例 10.1.2　用离散化方法数值模拟 $f(x)$ 的原函数 $F(x)$.

解　根据原函数的定义:

$$F(x)=\int_a^x f(t)\mathrm{d}t,\quad x\in[a,b],$$

原函数是上限可变动的定积分,是 $[a,x]$ 上几何图形的面积,所以也可利用离散定积分的办法. 值得注意的是,原函数的积分上限是变量,当 $x=x_j$ 时,

$$F(x_j)=\int_a^{x_j} f(t)\mathrm{d}t.$$

具体步骤如下:

①对积分区间 $[a,b]$ 离散化,等分为 n 等份;每等份的宽度是 $h=\frac{(b-a)}{n}$,节点 x_j 对应编号 j;整体编号情形为:a 处编号为 1,b 处编号为 $n+1$.

②被积函数离散化,在节点 x_j 处,被积函数的离散值记为 f_j,原函数的离散值记为 F_j.

③按照定积分数值计算方法(在每个步长内,用梯形近似表示小曲边梯形),计算原函数的离散值 F_j:

$F_1=0$,这是因为积分上下限相同,$\int_a^a f(t)\mathrm{d}t=0$;

$F_2=\dfrac{h}{2}(f_1+f_2)$，用小梯形面积近似$\int_a^{a+h}f(t)\mathrm{d}t$，可得：

$$\begin{aligned}F_j&=\frac{h}{2}(f_1+f_2)+\frac{h}{2}(f_2+f_3)+\cdots+\frac{h}{2}(f_{j-1}+f_j)\\&=\frac{h}{2}(f_1+f_j)+h(f_2+f_3+\cdots+f_{j-1}),\quad 2<j\leqslant n+1.\end{aligned}$$

另外，上述计算结果可以用矩阵表示为

$$\begin{pmatrix}F_2\\F_2\\\vdots\\F_{n+1}\end{pmatrix}=\frac{h}{2}\cdot\begin{pmatrix}1&1&&&&&\\1&2&1&&&&\\1&2&2&1&&&\\\cdots&&\cdots&&\cdots&&\\1&2&2&\cdots&2&2&1\end{pmatrix}\begin{pmatrix}f_1\\f_2\\\vdots\\f_{n+1}\end{pmatrix}.$$

关于计算结果的可靠性，理论分析（略去）的结果是，由于在一个步长内采用小梯形近似，近似程度提高了，数值解和准确解之误差是 $O(h^2)$ 量级的，也就是说，当 $h=10^{-3}$ 时，数值解的误差是和 10^{-6} 同量级的，计算结果的误差仅出现在小数点后第 6 位的地方.

这样，人们就得到了原函数的离散值 $\{F(x_j)\}_{j=1}^n$，连接离散点，就得到近似 $F(x)$ 的曲线，并可看出 $F(x)$ 的变化规律，离散点越细密，模拟效果越好.

本节最后，我们强调数值积分的意义.

(1) 在高等数学中，计算定积分要用到原函数，求原函数要用到不定积分，求不定积分有很多难点和技巧，有的原函数还无法使用初等的方法列出. 但是，本节的数值积分方法说明，任何可积函数的原函数都很容易计算出数值解 $\{F_j\}_{j=1}^n$，简单连接这些离散值，就掌握了原函数 $F(x)$ 的基本状况. 求曲边形面积可以不用原函数，直接应用数值积分方法，方便快捷.

(2) 传统的高等数学都把求原函数作为一个重点和难点，那是因为在传统的理论分析方法中，只有依靠解的函数表达式才能分析问题，于是求原函数的方法显得极其重要. 但是，现在的数值计算技术发展了，对那些很复杂的专业问题，只要列出数学模型，不需要原函数就可以通过数值计算解决. 这个事实告诉人们，学习不定积分知识要与时俱进，只需要掌握不定积分的基本原理和基本知识，不需要过多、过难的抽象训练了.

(3) 数学的原理和分析方法仍然是非常重要的，有此基础，才可以建立关于实际应用的数学模型；而求解数学模型还得用离散化方法，把连续性问题转化为离散的代数问题，再用计算机求数值解. 因此，离散化方法、计算方法所能解决的问题极其广泛，但它们都离不开线性代数知识.

(4) 初学者往往对近似计算不放心，其实在现实生活中，对于带单位的量值，“不存在真正的准确值”，准确值只是为了在理论上说清问题时所需要的，现实中只存在近似值. 例如，“1 米”是不存在的，“1 米±误差”是存在的也是实用的，不同的实际问题需满足不同大小的误差. 数值计算方法充分发挥了数学原理和计算机的特长，能满足不同误差精度的要求.

§ 10.2　矩阵在离散求解应用问题方面的应用

本节以简单的常微分方程应用问题和自由振动问题为例，介绍一种离散化方法，即差分方法，并帮助学生认识到求解大型线性方程组的重要性，了解数值模拟解析解的重要性.

例 10.2.1　设有一根弦，两端固定在点 $A(0,0)$ 和点 $B(l,0)$ 上，在没有外力作用的情况下它平衡于 x 轴；若有连续载荷 $f(x)$ 的作用，它就会变形且处于平衡状态 $u(x)$；假定载荷较小，弦的变形量也很小. 试写出弦平衡问题的微分方程边值问题，并数值模拟解的变化.

解　利用力的平衡关系，弦的平衡位移 $u(x)$ 满足二阶常微分方程的边值问题：

$$-Tu''=f(x),\quad x\in(0,l);$$
$$u(0)=u(l)=0.$$

其中，T 是弦的张力系数(设为常数)，$f(x)$ 是施加在弦上的载荷分布函数. 参见图 10-3.

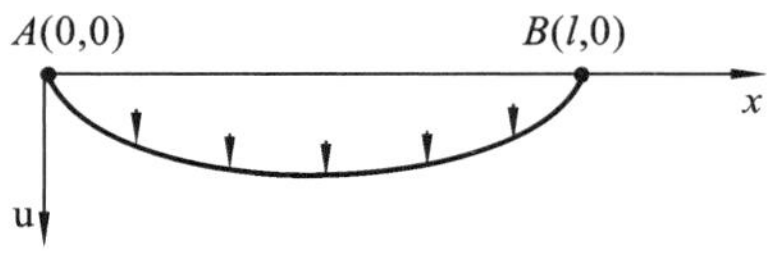

图 10-3　弦平衡变形示意图

为了用差分方法离散微分方程，需要在两个方面做离散化处理.

一是把求解区间离散化. 把 $[0,l]$ 等分为 $n+1$ 份，节点给予编号：$0,1,2,\cdots,n,n+1$，两个节点之间的距离为 h.

二是把方程中的连续函数离散化. 在 j 编号的节点处，方程右端项 $f(x_j)$ 记为 f_j，$u''(x_j)$ 需要用泰勒公式做近似模拟. 由泰勒公式知道：

$$u(x_{j+1})=u(x_j)+u'(x_j)h+\frac{1}{2}u''(x_j)h^2+\frac{1}{6}u'''(x_j)h^3+O(h^4);$$

$$u(x_{j-1})=u(x_j)-u'(x_j)h+\frac{1}{2}u''(x_j)h^2-\frac{1}{6}u'''(x_j)h^3+O(h^4);$$

两式相加，有

$$u''(x_j)=\frac{u(x_{j-1})-2u(x_j)+u(x_{j+1})}{h^2}+O(h^2).$$

记节点 j 处的准确值是 $u(x_j)$，其离散值的近似值是 u_j；记 u''_j 是 $u''(x_j)$ 的近似值，于是有

$$u''_j=\frac{1}{h^2}(u_{j-1}-2u_j+u_{j+1})\approx u''(x_j),$$

虽然 u''_j 是 $u''(x_j)$ 的近似值，但其近似程度是 $O(h^2)$ 量级的，也就是说，当 $h=10^{-2}$ 时，近似程度可达到10^{-4}量级.

弦平衡方程在每个节点处都有对应的近似离散方程：

$j=1$ 时，$-u_0+2u_1-u_2=\frac{h^2}{T}f_1$；

$j=2$ 时，$-u_1+2u_2-u_3=\frac{h^2}{T}f_2$；

$j=i$ 时，$-u_{i-1}+2u_i-u_{i+1}=\frac{h^2}{T}f_i$；

$j=n$ 时，$-u_{n-1}+2u_n-u_{n+1}=\frac{h^2}{T}f_n$.

注意到 $u_0=u_{n+1}=0$，于是把上述 n 个(成千上万个)离散方程写成矩阵方程形式，有

$$\begin{pmatrix} 2 & -1 & & & & & & \\ -1 & 2 & -1 & & & & & \\ & \vdots & & \vdots & & \vdots & & \\ & & -1 & 2 & -1 & & & \\ & \vdots & & \vdots & & \vdots & & \\ & & & & -1 & 2 & -1 & \\ & & & & & -1 & 2 \end{pmatrix}\begin{pmatrix} u_1 \\ u_2 \\ \vdots \\ u_i \\ \vdots \\ u_{n-1} \\ u_n \end{pmatrix}=\frac{h^2}{T}\begin{pmatrix} f_1 \\ f_2 \\ \vdots \\ f_i \\ \vdots \\ f_{n-1} \\ f_n \end{pmatrix},$$

并简记为

$$\boldsymbol{AU}=\boldsymbol{B},$$

这里的矩阵 $\boldsymbol{A}$ 是三对角矩阵，是大型稀疏的矩阵. 该线性方程组可以用消去法求解.

求解得到的结果是弦平衡位置在节点处的近似解：

$$\boldsymbol{U}=(u_1,u_2,\cdots,u_{n-1},u_n)^{\mathrm{T}}.$$

经分析，近似解对准确解的近似程度是 $O(h^2)$ 量级的. 把节点处的近似解连接起来就可以看出弦的受力变形情况；改变载荷力的分布，例如集中载荷，也可以看出弦在不同载荷下的变形情况，进一步分析力学中的其他问题.

例 10.2.2　已知弹簧的自由振动所满足的微分方程：

$$x''(t)=\lambda x(t),\quad \lambda=\frac{-k}{m},$$

$$x(0)=0,\quad x'(0)=v_0,$$

其中，k 是弹簧的弹力系数，m 是物块的质量，$\lambda=-\frac{k}{m}$ 是表现振动频率的特征值；$x(t)$ 是物块运动规律，$x(t)_{t=0}=0$ 是振动的平衡点.

要求数值模拟 $x(t)$ 随着时间的变化规律.

解　用差分方法求解，具体步骤如下：

①把时间变量做离散化处理，可得：$\{0,t_1,t_2,\cdots,t_n\}$，离散间隔是 h.

②把物块振动位移 $x(t)$ 离散化为

$$\boldsymbol{X}=(x_0,x_1,\cdots,x_n)^{\mathrm{T}}\approx(x(t_0),x(t_1),\cdots,x(t_n))^{\mathrm{T}},$$

其中 $x(t_j)$ 是 $x(t)$ 的近似值.

③在每一个时间离散点 t_j 处，用一个离散方程去近似模拟微分方程，其中需要用泰勒公式近似导数：

$$\frac{x_{j+1}-x_j}{h}\approx x'(t_j),\quad \frac{x_{j-1}-2x_j+x_{j+1}}{h^2}\approx x''(t_j).$$

在 t_1 处，有

$$\begin{cases}\dfrac{x_1-x_0}{h}=v_0\\ \dfrac{-x_0+2x_1-x_2}{h^2}=\lambda x_1\end{cases}$$，整理得到 $(3-\lambda h^2)x_1-x_2=hv_0$；

在 t_j 处，$2\leqslant j\leqslant n-1$，有

$\dfrac{-x_{j-1}+2x_j-x_{j+1}}{h^2}=\lambda x_j$，整理得到 $-x_{j-1}+(2-\lambda h^2)x_j-x_{j-1}=0$；

在 t_n 处，因为

$$x''(t_n)=\frac{x'(t_n)-x'(t_{n-1})}{h}\approx\left(\frac{x_n-x_{n-1}}{h}-\frac{x_{n-1}-x_{n-2}}{h}\right)/h=\lambda x_n,$$

整理得到

$$x_{n-2}-2x_{n-1}+(1-\lambda h^2)x_n=0.$$

③把 n 个(成千上万个)离散方程联立在一起，写成线性方程组的形式，即

$$\begin{pmatrix}3-\lambda h^2 & -1 & & & \\ -1 & 2-\lambda h^2 & -1 & & \\ & \cdots & \cdots & \cdots & \\ & & -1 & 2-\lambda h^2 & -1\\ & & 1 & -2 & 1-\lambda h^2\end{pmatrix}\begin{pmatrix}x_1\\ x_2\\ \vdots\\ x_{n-1}\\ x_n\end{pmatrix}=\begin{pmatrix}hv_0\\ 0\\ \vdots\\ 0\\ 0\end{pmatrix}.$$

这个方程组可以改写为 $\boldsymbol{AX}=\tilde{\lambda}\boldsymbol{X}+\boldsymbol{B}$ 的形式，这是一种矩阵特征值问题，不过其特征值已知，该方程组又可以改写为 $\boldsymbol{AX}=\boldsymbol{B}$，$\boldsymbol{A}$ 是大规模稀疏矩阵. 要求解的是特征向量 $\boldsymbol{X}=(x_1,x_2,\cdots,x_n)^{\mathrm{T}}$，也就是物块的运动轨迹.

在本节结束时，附带说明以下几个问题.

(1) 对于钢梁、水泥梁、轨道等，都存在受力变形的问题，它们同样可以用例 10.2.1 中的微分方程去描述，只不过梁的刚度系数 T 不同而已；这些不同类型的梁都存在受力振动问题，它们同样可以用例 10.2.2 中的微分方程(特征值问题)去描述，只不过弹力系数 k 不同而已. 这些数学模型虽然简单，但代表性非常广泛. 这两个例子告诉我们，用离散化方法去数值模拟微分方程数学模型是非常方便的.

(2)对实际问题建立数学模型，要用到数学理论知识，在此基础上再用计算机求得数值解，进行各种需要的分析. 现代科学研究广泛采用这种数值模拟方法，再不需要去费力寻找什么“解析解”.

§10.3 矩阵在曲线曲面模拟和坐标变换方面的应用

假设已知的原数据不够细密，要求按照某种规律扩展这批数据，以便对数据进行仔细分析和应用，这就是所谓的“插值方法”. 用这种方法可以模拟曲线和曲面，其应用十分广泛.

1. 一维数据的"线性限制方法"

例 10.3.1　已知一维数据

$$\{f_1, f_2, f_3, f_4, f_5, \cdots, f_{2j-1}, f_{2j}, f_{2j+1}, \cdots, f_{2n-1}, f_{2n}, f_{2n+1}\},$$

希望把"高维数据"做"线性加权"并限制到只有偶数编号处的"低维数据".

解　具体操作如下.

使用 3 个数据的具有"线性限制"功能的"数据模块"$\left[\frac{1}{4}, \frac{1}{2}, \frac{1}{4}\right]$,仅在偶节点处与原数据做局部作用:

$$\begin{pmatrix} f_{2j-1} \\ f_{2j} \\ f_{2j+1} \end{pmatrix} \cdot \begin{pmatrix} 1/4 \\ 1/2 \\ 1/4 \end{pmatrix} = \begin{pmatrix} \frac{1}{4} f_{2j-1} \\ \frac{1}{2} f_{2j} \\ \frac{1}{4} f_{2j+1} \end{pmatrix} \to \begin{cases} \frac{1}{4} f_{2j-1} + \frac{1}{2} f_{2j} + \frac{1}{4} f_{2j+1} \\ \text{存入编号 } 2j \text{ 的存储单元中'} \\ 2j = 2, 4, \cdots, 2n \end{cases}$$

线性限制后所得到的数据为:

$$\{\tilde{f}_2, \tilde{f}_4, \cdots, \tilde{f}_{2j}, \cdots, \tilde{f}_{2n}\}.$$

2. 一维数据的"线性插值方法"

例 10.3.2　已知一维数据

$$\{f_2, f_4, \cdots, f_{2j}, \cdots, f_{2n}\},$$

希望把"低维数据"做"线性插值",从而得到"高维数据".

解　具体操作如下.

使用 3 个数据的具有"线性插值"功能的"数据模块"$\left(\frac{1}{2}, 1, \frac{1}{2}\right)$,仅在偶节点处与原数据做局部作用:

$$f_{2j} \cdot \begin{pmatrix} 1/2 \\ 1 \\ 1/2 \end{pmatrix} \xrightarrow{2j = 2, \cdots, 2n} \begin{pmatrix} \frac{1}{2} f_{2j} \\ f_{2j} \\ \frac{1}{2} f_{2j} \end{pmatrix} \begin{matrix} \to \text{存入编号 } 2j-1 \text{ 的存储单元中} \\ \to \text{存入编号 } 2j \text{ 的存储单元中} \\ \to \text{存入编号 } 2j+1 \text{ 的存储单元中} \end{matrix}$$

对于偶数编号处,f_{2j} 的值没有改变;奇数编号处,$f_{2j+1} = \frac{1}{2}(f_{2j} + f_{2j+2})$.

线性插值后所得到的数据为:

$$\{f_1, f_2, f_3, f_4, f_5, \cdots, f_{2j-1}, f_{2j}, f_{2j+1}, \cdots, f_{2n-1}, f_{2n}, f_{2n+1}\}.$$

扩展应用:把"数据模块"看作"局部矩阵","数据模块"对原数据仅起局部作用,这是矩阵被灵活运用的一种表现.线性限制和线性插值方法经常被用于一维数据的处理,在信号分析处理中经常被使用.

3. 一维数据的三次多项式插值

例 10.3.3 已知一条高速公路必须经过点(1,1),$(2,\frac{5}{2})$,(3,0),(4,−1),试用3次多项式曲线顺滑连接,并确定在 $x=\frac{4}{3}$,$x=\frac{5}{3}$,$x=\frac{7}{3}$,$x=\frac{8}{3}$,$x=\frac{10}{3}$,$x=\frac{11}{3}$ 处公路所经过的位置.

解 这里是用3次曲线模拟公路线,并确定插值点位置的问题.设公路为3次曲线的形式,即

$$a+bx+cx^2+dx^3=f(x).$$

把需要经过的固定点的坐标代入,有

$$\begin{pmatrix}1&1&1&1\\1&2&4&8\\1&3&9&27\\1&4&16&64\end{pmatrix}\begin{pmatrix}a\\b\\c\\d\end{pmatrix}=\begin{pmatrix}1\\2.5\\0\\-1\end{pmatrix}.$$

用消去法求解,从而有

$$-10.000006+17.583336x-7.499996x^2+0.916666x^3=f(x).$$

据此计算出6个插值点位置为

(4/3, 2.285786), (5/3, 2.716049), (7/3, 1.839516),
(8/3, 0.938289), (10/3, −0.771561), (11/3, −1.172824).

扩展应用:受本例启发,插值方法在数据扩展、数据预测和数据处理方面都是常用的.

4. 二维数据的"双线性插值"

例 10.3.4 把二维数据存放在像矩阵一样排列的二维存储器中,这些原始数据存放在行和列都是偶数的位置:

$$\begin{pmatrix}\cdots&\cdots&\cdots&\cdots&\cdots&\cdots&\cdots&\cdots&\cdots\\\cdots&0&0&0&0&0&0&0&\cdots\\\cdots&0&f_{2j-2,2j-2}&0&f_{2j-2,2j}&0&f_{2j-2,2j+2}&0&\cdots\\\cdots&0&0&0&0&0&0&0&\cdots\\\cdots&0&f_{2j,2j-2}&0&f_{2j,2j}&0&f_{2j,2j+2}&0&\cdots\\\cdots&0&0&0&0&0&0&0&\cdots\\\cdots&0&f_{2j+2,2j-2}&0&f_{2j+2,2j}&0&f_{2j+2,2j+2}&0&\cdots\\\cdots&0&0&0&0&0&0&0&\cdots\\\cdots&\cdots&\cdots&\cdots&\cdots&\cdots&\cdots&\cdots&\cdots\end{pmatrix}.$$

要求扩充这些数据,使得被扩充后的数据与左右原始数据的关系是线性关系,其与上下原始数据的关系也是线性关系.

解 使用"3×3 数据模块",对每一个原数据(仅所在行列都是偶数的位置)做局部作

用,做“双线性插值”. 具体地,该模块局部作用到一个单元的数值 $f_{2j,2j}$ 上时记为

$$f_{2j,2j}\cdot\begin{pmatrix}1/4 & 1/2 & 1/4\\ 1/2 & 1 & 1/2\\ 1/4 & 1/2 & 1/4\end{pmatrix}.$$

经此局部作用,原始数据被分配到邻近单元中,具体的分配状况为:

单元$(2j-1,2j-1)$ $(1/4)f_{2j,2j}$	单元$(2j-1,2j)$ $(1/2)f_{2j,2j}$	单元$(2j-1,2j+1)$ $(1/4)f_{2j,2j}$
单元$(2j,2j-1)$ $(1/2)f_{2j,2j}$	↖　↑　↗ 单元$(2j,2j)$ ←　$f_{2j,2j}$　→ ↙　↓　↘	单元$(2j,2j+1)$ $(1/2)f_{2j,2j}$
单元$(2j+1,2j-1)$ $(1/4)f_{2j,2j}$	单元$(2j+1,2j)$ $(1/2)f_{2j,2j}$	单元$(2j+1,2j+1)$ $(1/4)f_{2j,2j}$

行列都是偶数单元中的数据都如此被扩展,数据全部扩展后,单元 $(1/4)(f_{2j-2,2j-2}+f_{2j-2,2j}+f_{2j,2j-2}+f_{2j,2j})$ 及其周边单元的存储状况为:

单元$(2j-1,2j-1)$ $\frac{1}{4}\begin{pmatrix}f_{2j-2,2j-2}+f_{2j-2,2j}\\ +f_{2j,2j-2}+f_{2j,2j}\end{pmatrix}$	单元$(2j-1,2j)$ $\frac{1}{2}(f_{2j-2,2j}+f_{2j,2j})$	单元$(2j-1,2j+1)$ $\frac{1}{4}\begin{pmatrix}f_{2j-2,2j}+f_{2j-2,2j+2}\\ +f_{2j,2j}+f_{2j,2j+2}\end{pmatrix}$
单元$(2j,2j-1)$ $\frac{1}{2}(f_{2j,2j-2}+f_{2j,2j})$	单元$(2j,2j)$ $f_{2j,2j}$	单元$(2j,2j+1)$ $\frac{1}{2}(f_{2j,2j}+f_{2j,2j+2})$
单元$(2j+1,2j-1)$ $\frac{1}{4}\begin{pmatrix}f_{2j,2j-2}+f_{2j,2j}+\\ +f_{2j+2,2j-2}+f_{2j+2,2j}\end{pmatrix}$	单元$(2j+1,2j)$ $\frac{1}{2}(f_{2j+2,2j}+f_{2j,2j})$	单元$(2j+1,2j+1)$ $\frac{1}{4}\begin{pmatrix}f_{2j,2j}+f_{2j,2j+2}+\\ +f_{2j+2,2j}+f_{2j+2,2j+2}\end{pmatrix}$

原始数据有 $n\times n$ 个,经双线性扩展后的数据是 $(2n+1)\times(2n+1)$ 个.

例 10.3.5　在工作台上机械手 A 打孔 5 个点位 a、b、c、d、e 后,工作台转向 B 机械手,要焊接这 5 个点位. 试给出准确的定位过程.

解　(1) 设机械手 A 的坐标系 xOy,在此坐标系下确定 5 个点位 a、b、c、d、e 的坐标;

(2) 设机械手 B 的坐标系 $x'O'y'$,求出两个坐标系的变换矩阵;

(3) 确定在坐标系 $x'O'y'$ 下,对应的 5 点 a'、b'、c'、d'、e'的坐标;

(4) 机械手对 5 点 a'、b、c'、d'、e'定位焊接.

扩展应用:在曲线设计方面,例如河流落差、公路铁路站点、线路分级设计方面,都需要使用一维的插值方法. 在曲面设计方面,要用到二维的插值方法.

用数据模块处理数据插值的办法,在信号处理、图像处理、曲面下料、计算机显示等许多方面都有着广泛的应用.

现代化工业生产中都需要几何变换定位，从一个观察坐标系(例如雷达)得到的数据，传输到另一个观察坐标系(例如目标定位)中显示出来，都需要坐标变换，因此矩阵变换起着不可替代的作用.

§10.4 矩阵在电路分析计算方面的应用

在电路的分析计算中，很多问题都需要用矩阵去表示和计算.

1. 矩阵在变压器性能分析方面的应用

例 10.4.1 理想变压器的初级和次级的参数关系可以用矩阵表示. 例如，变压器的初级和次级的参数列表如下：

	匝数	电压	电流	阻抗
输入端(初级)	n_1	U_1	I_1	R_1
输出端(次级)	n_2	U_2	I_2	R_2

输出参数和输入参数用等式关系表示为：

$$U_1 = nU_2,\quad I_1 = -\frac{1}{n}I_2,\quad R_1 = n^2R_2,\quad n = \frac{n_1}{n_2}.$$

输出参数和输入参数用矩阵表示为：

$$\begin{pmatrix} U_2 \\ I_2 \\ R_2 \end{pmatrix} = \begin{pmatrix} \frac{1}{n} & & \\ & -n & \\ & & 1/n^2 \end{pmatrix} \begin{pmatrix} U_1 \\ I_1 \\ R \end{pmatrix}.$$

例 10.4.2 已知变压器初级、次级的指标如下：

$$U_1 = 10000(\text{伏}),\quad n_1 = 2000(\text{匝}),\quad I_2 = 100(\text{安}),\quad R_2 = 4(\text{欧}),$$

求 I_1、R_1、U_2、n_2，并列出输出和输入参数的矩阵关系.

解 先求 $U_2 = R_2I_2 = 4(\text{欧}) \times 100(\text{安}) = 400(\text{伏})$，于是获得匝数比 $n = \frac{n_1}{n_2} = \frac{U_1}{U_2} = \frac{10000}{400} = 25$，且得到 $n_2 = \frac{n_1}{n} = \frac{2000}{25} = 80$.

再求得 $I_1 = \frac{1}{n}I_2 = \frac{100(\text{安})}{25} = 4(\text{安})$ 和 $R_1 = R_2 \times n^2 = 4(\text{欧}) \times (25)^2 = 500(\text{欧})$.

最后列出输入、输出参数的矩阵表示：

$$\begin{pmatrix} U_2 \\ I_2 \\ R_2 \end{pmatrix} = \begin{pmatrix} \frac{1}{25} & & \\ & -25 & \\ & & \frac{1}{125} \end{pmatrix} \begin{pmatrix} U_1 \\ I_1 \\ R \end{pmatrix}.$$

2. 矩阵在电路网孔分析法中的应用

在直流稳态电路中，电路中各处的电压、电流的分析计算也常常用到矩阵. 首先介绍直流电路的几个术语：

①直流稳态电路：输入的直流电是稳定的，输出也是稳定的.

②支路：电路的每个分支，支路中具有同一强度的电流.

③节点：三条及三条以上支路的连接点.

④回路：由支路构成的闭合回路.

⑤网孔：内部不含有支路的回路.

例如，在图 10-4(a)中，a、b、c 是节点；d、e 由理想导线相连，视为 1 个节点；图中共有 4 个节点，6 条支路，3 个网孔，3 个网孔分别是{1,2}，{2,3,4}，{4,5,6}. 图中共有 6 个回路，分别是{1,2}，{1,3,4}，{1,3,5,6}，{2,3,4}，{2,3,5,6}和{4,5,6}.

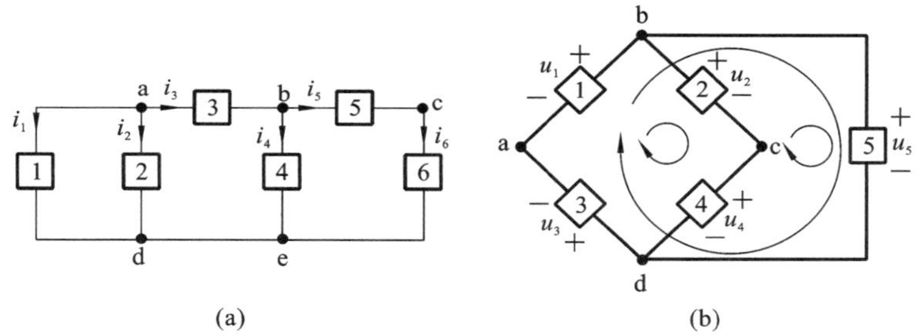

图 10-4　电路的节点、支路、回路示意

在图 10-4(b)中，a、b、c、d 是节点. 2 个网孔分别是{1,2,4,3}和{2,5,4}. 3 个回路分别是{2,4,3,1}，{5,4,2}，{5,3,1}.

在稳态电路的分析计算时，需用到克希霍夫定律(简记为 KCL).

克希霍夫第一定律：节点上不能存储电流，流进节点的电流取"+"号，流出节点的电流取"−"号，在任一瞬间和任一节点，流进节点的电流和流出电流相等，即

$$\text{节点电流的代数和等于 0，即} \sum I = 0.$$

对于图 10-4(a)中的节点 a、b、c、d 处，根据节点写出关于电流的 KCL 方程：

$$\text{节点 a 处：} I_1 + I_2 + I_3 = 0,$$

$$\text{节点 b 处：} -I_3 + I_4 + I_5 = 0,$$

$$\text{节点 c 处：} -I_5 + I_6 = 0,$$

$$\text{节点 d 处：} -I_1 - I_2 - I_4 - I_6 = 0.$$

克希霍夫第二定律：在回路中，电位降低取"+"号，电位升高取"−"号；当电动势 E 和 I 的正方向与回路绕向相同时取"+"号，反向时取"−"号；可以沿任意方向绕行，任意闭合回路上所有各支路电压的代数和等于 0，即 $\sum U = 0$.

例如，在图 10-4(b)中，有 4 个节点，2 个网孔，3 个回路，根据回路写出关于电压的 KCL 方程：

对于回路{2,4,3,1}，$U_2+U_4+U_3-U_1=0$；对于回路{5,4,2}，$U_5-U_4-U_2=0$；对于回路{5,3,1}，$U_5+U_3-U_1=0$.

KCL方程是可以多方面灵活运用的，可以按节点列方程组，可以按回路列方程组，也可以按网孔列方程组.

例 10.4.3　如图10-5所示，电路中有3个电压源(某种装置或线路提供电压)U_{s1}、U_{s2}、U_{s4}，电压源的电压已知，图中的电阻也已知，要求计算出支路电流I_1、I_2、I_3、I_4.

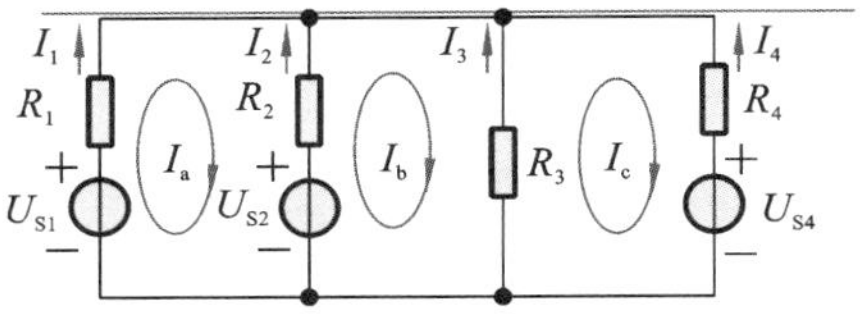

图10-5　含有电压源的电路

解　采用电路的网孔分析法.

第一步：记三个网孔电流分别是I_a、I_b、I_c，指定它们的方向是如图10-5所示的顺时针方向.

第二步：对每个网孔列出KCL方程，解出网孔电流I_a、I_b、I_c.

与I_a对应的网孔：$(R_1+R_2)I_a-R_2I_b=U_{S1}-U_{S2}$；

与I_b对应的网孔：$-R_2I_a+(R_2+R_3)I_b-R_3I_c=U_{S2}$；

与I_c对应的网孔：$-R_3I_b+(R_3+R_4)I_c=-U_{S4}$.

即

$$\begin{pmatrix} R_1+R_2 & -R_2 & 0 \\ -R_2 & R_2+R_3 & -R_3 \\ 0 & -R_3 & R_3+R_4 \end{pmatrix}\begin{pmatrix} I_a \\ I_b \\ I_c \end{pmatrix}=\begin{pmatrix} U_{S1}-U_{S2} \\ U_{S2} \\ -U_{S4} \end{pmatrix}.$$

第三步，利用网孔电流求解支路电流.

$$I_1=I_a,\quad I_2=I_b-I_a,\quad I_3=I_c-I_b,\quad I_4=-I_c.$$

当然，也可以方便地计算各个电器元件的端电压.

例 10.4.4　图10-6是一个平面电路图，图中U_{S1}和U_{S2}是电压源(提供电压的装置)，右边的元件符号表示的是电流源(提供电流I_S的装置)，图中已知量都已经标出，要计算3个网孔电流I_1、I_2、I_3.

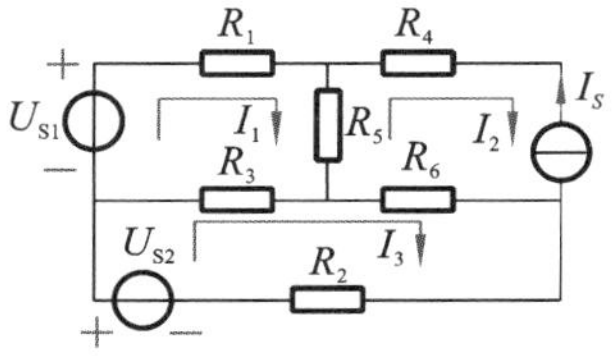

图10-6　含有电压源和电流源的电路

解　用网孔分析法. 网孔的电流方向如图10-6所示. 据KCL定律，有：

在网孔电流I_2的回路中，$I_2=-I_S$；

在网孔电流I_1的回路中，$(R_1+R_3+R_5)I_1-R_5I_2-R_3I_3=U_{S1}$；

在网孔电流I_3的回路中，$-R_3I_1-R_6I_2+(R_2+R_3+R_6)I_3=U_{S2}$；

写成方程组形式：

$$\begin{pmatrix} 0 & 1 & 0 \\ R_1+R_3+R_5 & -R_5 & -R_3 \\ -R_3 & -R_2 & R_2+R_3+R_6 \end{pmatrix}\begin{pmatrix} I_1 \\ I_2 \\ I_3 \end{pmatrix}=\begin{pmatrix} -I_s \\ U_{S1} \\ U_{S2} \end{pmatrix},$$

解出网孔电流I_1、I_2、I_3，就可以计算出各个支路电流和电器元件(或电器装置)的端电压.

3. 矩阵在电路局部网络分析法中的应用

在直流稳态电路的分析和设计中，经常要把复杂的电路分割为多个局部电路，每个局部电路都用“黑盒子”表示. 例如第一个子网络，输入为 U_1、I_1，输出为 U_2、I_2，用矩阵 $\boldsymbol{A}$ 表示“黑盒子”的作用，如图 10-7 所示，这个子网络的输入输出关系用矩阵表示为：

$$\begin{matrix}\text{输出电压}\\ \text{输出电流}\end{matrix}\begin{pmatrix}U_2\\ I_2\end{pmatrix}=\boldsymbol{A}\begin{pmatrix}U_1\\ I_1\end{pmatrix}$$，$\boldsymbol{A}$ 是 2×2 矩阵，被称为传输矩阵.

如果把复杂电路分割成若干个串联的局部子网络电路，分别求出它们的传输矩阵，再相乘，就能得到总的传输矩阵.

图 10-7　一个局部电路

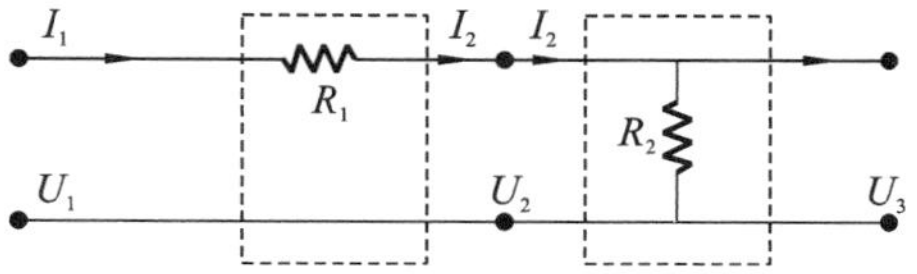

图 10-8　多个局部电路串联

例 10.4.5　如图 10-8 所示，有 2 个子网络串联构成了分压电路. 试用子网络分析法求输出电压和输出电流.

解　第一个子网络只包含电阻 R_1，列出电路方程：

$$\begin{aligned}U_2&=U_1-I_1R_1\\ I_2&=I_1\end{aligned}\quad\text{即}\begin{pmatrix}U_2\\ I_2\end{pmatrix}=\begin{pmatrix}1&-R_1\\ 0&1\end{pmatrix}\begin{pmatrix}U_1\\ I_1\end{pmatrix}=\boldsymbol{A}_1\begin{pmatrix}U_1\\ I_1\end{pmatrix}.$$

第二个子网络只包含 R_2，列出电路方程：

$$\begin{aligned}U_3&=U_2\\ I_3&=I_2-\frac{U_2}{R_2}\end{aligned}\quad\text{即}\begin{pmatrix}U_3\\ I_3\end{pmatrix}=\begin{pmatrix}1&0\\ -1/R_2&1\end{pmatrix}\begin{pmatrix}U_2\\ I_2\end{pmatrix}=\boldsymbol{A}_2\begin{pmatrix}U_2\\ I_2\end{pmatrix}.$$

因为两个子网络是串联的，所以整体电路的输出为：

$$\begin{pmatrix}U_3\\ I_3\end{pmatrix}=\boldsymbol{A}_2\boldsymbol{A}_1\begin{pmatrix}U_1\\ I_1\end{pmatrix}=\begin{pmatrix}1&-R_1\\ 0&1\end{pmatrix}\begin{pmatrix}1&0\\ -1/R_2&1\end{pmatrix}\begin{pmatrix}U_1\\ I_1\end{pmatrix}=\begin{pmatrix}1+R_1/R_2&-R_1\\ -1/R_2&1\end{pmatrix}\begin{pmatrix}U_1\\ I_1\end{pmatrix}.$$

§10.5　矩阵在商经计算和加密方面的应用

例 10.5.1　商品的销售利润问题.

某公司有Ⅰ、Ⅱ、Ⅲ、Ⅳ四种产品，由甲、乙、丙三个部门销售，下表中列出了某一天的销售量、各种产品的单位价格及单位利润：

	产品Ⅰ	产品Ⅱ	产品Ⅲ	产品Ⅳ
部门甲销售量	48	36	18	30
部门乙销售量	42	40	12	20
部门丙销售量	35	26	24	20
单位价格(元/件)	150	180	300	200
单位利润(元/件)	20	30	60	50

要求计算出当日各个部门的销售额、销售利润，当日三个部门总销售额、总利润，并要求列出报表.

解 设矩阵 $\boldsymbol{A}$ 表示各种产品的单位价格和单位利润，矩阵 $\boldsymbol{B}$ 表示三个部门各种产品的日销售量，其中

$$\boldsymbol{A}=\begin{pmatrix}150 & 180 & 300 & 200\\ 20 & 30 & 60 & 50\end{pmatrix},\quad \boldsymbol{B}=\begin{pmatrix}48 & 36 & 18 & 30\\ 42 & 40 & 12 & 20\\ 35 & 26 & 24 & 20\end{pmatrix},$$

于是三个部门的当日销售额和当日销售利润为

$$\boldsymbol{A}\boldsymbol{B}^{\mathrm{T}}=\begin{pmatrix}150 & 180 & 300 & 200\\ 20 & 30 & 60 & 50\end{pmatrix}\begin{pmatrix}48 & 42 & 35\\ 36 & 40 & 26\\ 18 & 12 & 24\\ 30 & 20 & 20\end{pmatrix}=\begin{pmatrix}25080 & 21100 & 21130\\ 4620 & 3760 & 3920\end{pmatrix},$$

把这个结果列成报表：

	部门甲	部门乙	部门丙
当日销售额(元)	25080	21100	21130
当日利润(元)	4620	3760	3920

各种产品的当日三个部门的总销售额和总利润为

$$\begin{pmatrix}150 & 180 & 300 & 200\\ 20 & 30 & 60 & 50\end{pmatrix}\begin{pmatrix}48+42+35 & & & \\ & 36+40+26 & & \\ & & 18+12+24 & \\ & & & 30+20+20\end{pmatrix}$$

$$=\begin{pmatrix}150 & 180 & 300 & 200\\ 20 & 30 & 60 & 20\end{pmatrix}\begin{pmatrix}125 & & & \\ & 102 & & \\ & & 54 & \\ & & & 70\end{pmatrix}=\begin{pmatrix}18750 & 18360 & 16200 & 14000\\ 2500 & 3060 & 3240 & 1400\end{pmatrix},$$

把这个结果列成报表：

	产品Ⅰ	产品Ⅱ	产品Ⅲ	产品Ⅳ
当日销售总额(元)	18750	18360	16200	14000
当日销售总利润(元)	2500	3060	3240	1400

例 10.5.2　生产目标估算问题.

某公司下属甲、乙、丙 3 个工厂，都生产Ⅰ、Ⅱ、Ⅲ、Ⅳ这 4 种产品，下表中列出了去年全年的生产量和今年上半年的生产量：

	去年全年的生产量				今年上半年的生产量			
	产品Ⅰ	产品Ⅱ	产品Ⅲ	产品Ⅳ	产品Ⅰ	产品Ⅱ	产品Ⅲ	产品Ⅳ
工厂甲	3	4	5	7	2	5	6	7
工厂乙	4	3	8	5	3	2	7	3
工厂丙	5	4	7	6	4	3	6	7

公司希望今年全年的目标生产量是去年产量的 2 倍，试计算出今年下半年各工厂、各产品的目标生产量，并给出报表.

解　记矩阵 $\boldsymbol{A}$ 表示去年全年各工厂、各产品的生产量，记矩阵 $\boldsymbol{B}$ 表示今年上半年各工厂、各产品的生产量，记矩阵 $\boldsymbol{C}$ 表示今年下半年各工厂、各产品的目标生产量，其中

$$\boldsymbol{A}=\begin{pmatrix}3&4&5&7\\4&3&8&5\\5&4&7&6\end{pmatrix},\quad \boldsymbol{B}=\begin{pmatrix}2&5&6&7\\3&2&7&3\\4&3&6&7\end{pmatrix},$$

根据下半年产量的要求，有

$$\boldsymbol{B}+\boldsymbol{C}=2\boldsymbol{A}.$$

于是，

$$\boldsymbol{C}=2\boldsymbol{A}-\boldsymbol{B}=2\begin{pmatrix}3&4&5&7\\4&3&8&5\\5&4&7&6\end{pmatrix}-\begin{pmatrix}2&5&6&7\\3&2&7&3\\4&3&6&7\end{pmatrix}$$

$$=\begin{pmatrix}6&8&10&14\\8&6&16&10\\10&8&14&12\end{pmatrix}-\begin{pmatrix}2&5&6&7\\3&2&7&3\\4&3&6&7\end{pmatrix}=\begin{pmatrix}4&3&4&7\\5&4&9&7\\6&5&8&5\end{pmatrix},$$

所以，关于今年下半年生产目标的报表如下：

	今年下半年生产目标			
	产品Ⅰ	产品Ⅱ	产品Ⅲ	产品Ⅳ
工厂甲	4	3	4	7
工厂乙	5	4	9	7
工厂丙	6	5	8	5

例 10.5.3　生产中的投入、产出、消耗和利润的关系问题.

设有 n 种产品，矩阵 $\boldsymbol{P}$、$\boldsymbol{C}$、$\boldsymbol{R}$、$\boldsymbol{T}$ 的含义如下.

n 种产品产出收入矩阵 $\boldsymbol{P}=\begin{pmatrix}x_1\\x_2\\\vdots\\x_n\end{pmatrix}$，n 种产品消耗矩阵 $\boldsymbol{C}=\begin{pmatrix}c_{11}&c_{12}&\cdots&c_{1n}\\c_{21}&c_{22}&\cdots&c_{2n}\\\vdots&\vdots&&\vdots\\c_{n1}&c_{n2}&\cdots&c_{nn}\end{pmatrix}$，

n 种产品获得利润矩阵 $\boldsymbol{R}=\begin{pmatrix}R_1\\R_2\\\vdots\\R_n\end{pmatrix}$，n 种产品产前投入矩阵 $\boldsymbol{T}=\begin{pmatrix}T_1\\T_2\\\vdots\\T_n\end{pmatrix}$.

试写出关于利润的矩阵关系式.

解 在生产中，消耗(包括原材料、机器、人力、能源等)是与产品的收入相关联的，这里把生产消耗设为 $\boldsymbol{CP}$，实际的产出收入为 $\boldsymbol{P}-\boldsymbol{CP}=(\boldsymbol{I}-\boldsymbol{C})\boldsymbol{P}$，实际产出收入除去投入才是利润，因此利润关系式为

$$\boldsymbol{R}=(\boldsymbol{I}-\boldsymbol{C})\boldsymbol{P}-\boldsymbol{T},$$

即

$$\begin{pmatrix}R_1\\R_2\\\vdots\\R_n\end{pmatrix}=\begin{pmatrix}1-c_{11}&c_{12}&\cdots&c_{1n}\\c_{21}&1-c_{22}&\cdots&c_{2n}\\\vdots&\vdots&&\vdots\\c_{n1}&c_{n2}&\cdots&1-c_{nn}\end{pmatrix}\begin{pmatrix}x_1\\x_2\\\vdots\\x_n\end{pmatrix}-\begin{pmatrix}T_1\\T_2\\\vdots\\T_n\end{pmatrix}.$$

例 10.4.5　成本核算和投入产出实例.

某地有一座煤矿、一个发电厂和一条铁路. 其成本核算情况如下：产出 1 元钱的煤，需消耗 0.3 元的电，0.2 元的运出费；产出 1 元钱的电，需消耗 0.6 元的煤，0.1 元的辅助电，0.1 元的运煤费；铁路产出 1 元的运输费，需消耗 0.5 元的煤，0.1 元的电. 其订单情况如下：煤矿接到外地 60000 元的订货；电厂有 100000 元的外地电需求. 问：煤矿和电厂应该如何安排生产，才可以满足订货的需求？

解 设煤矿、电厂、铁路分别产出 x、y、z 元，就刚好满足订货需求，并将投入产出关系列表如下：

	出煤（元）	出电（元）	运费（元）	产出	分配关系	订单情况
耗煤	0	0.6	0.5	x	$0.6y+0.5z$	60000
耗电	0.3	0.1	0.1	y	$0.3x+0.1y+0.1z$	100000
耗运	0.2	0.1	0	z	$0.2x+0.1y$	0

根据需求关系，应该有：

$$\begin{cases}x-(0.6y+0.5z)=60000\\y-(0.3x+0.1y+0.1z)=100000\\z-(0.2x+0.1y)=0\end{cases}.$$

$$\begin{pmatrix} 1 & -0.6 & -0.5 \\ -0.3 & 0.9 & -0.1 \\ -0.2 & -0.1 & 1 \end{pmatrix}\begin{pmatrix} x \\ y \\ z \end{pmatrix} = \begin{pmatrix} 60000 \\ 100000 \\ 0 \end{pmatrix}, \quad \text{解得}\begin{cases} x = 199660 \\ y = 184150. \\ z = 58350 \end{cases}$$

求解结果，煤矿要产出 199660 元的煤，电厂要产出 184150 元的电，这样才恰好满足需求.

例 10.5.5　设备更新决策问题.

某企业准备更新一种设备. 如果买新设备，花钱多，创造的价值高；如果继续使用旧设备，维修费高，创造的价值低. 为了做出正确决策，企业先做了一些调查，并列出表格如下：

费用项目(万元)	第 1 年	第 2 年	第 3 年	第 4 年
新设备售价	8	10	12	15
新设备维修费	3	5	7	9
新设备创造值	45	50	49	46
旧设备维修费	6	9	13	17
旧设备创造值	35	32	31	30

问：应该在哪一年开始更新设备，才能取得最好的经济效益呢？

解　总经济效益＝总创造价值－总维修费－购买设备费.

先根据问题要求，列出下面几个矩阵：

新设备创造价值矩阵
$$\boldsymbol{M}_1 = \begin{pmatrix} 45 & 50 & 45 & 46 \\ 0 & 45 & 50 & 45 \\ 0 & 0 & 45 & 50 \\ 0 & 0 & 0 & 45 \end{pmatrix}\begin{matrix} \to \text{从第 1 年开始购买，连续考虑 4 年；} \\ \to \text{从第 2 年开始购买，连续考虑 3 年；} \\ \to \text{从第 3 年开始购买，连续考虑 2 年；} \\ \to \text{从第 4 年开始购买，连续考虑 1 年.} \end{matrix}$$

旧设备创造价值矩阵
$$\boldsymbol{M}_0 = \begin{pmatrix} 0 & 0 & 0 & 0 \\ 35 & 0 & 0 & 0 \\ 35 & 32 & 0 & 0 \\ 35 & 32 & 31 & 0 \end{pmatrix}\begin{matrix} \to \text{第 1 年更新，旧设备已经不使用了；} \\ \to \text{第 2 年更新，旧的仅在第 1 年创造价值；} \\ \to \text{第 3 年更新，旧的仅在前 2 年创造价值；} \\ \to \text{第 4 年更新，旧的仅在前 3 年创造价值.} \end{matrix}$$

总的创造价值矩阵
$$\boldsymbol{M} = \boldsymbol{M}_1 + \boldsymbol{M}_0 = \begin{pmatrix} 45 & 50 & 49 & 46 \\ 35 & 45 & 50 & 49 \\ 35 & 32 & 49 & 50 \\ 35 & 32 & 31 & 49 \end{pmatrix}.$$

新设备维修费矩阵
$$\boldsymbol{W}_1 = \begin{pmatrix} 3 & 5 & 7 & 9 \\ & 5 & 7 & 9 \\ & & 5 & 7 \\ & & & 5 \end{pmatrix}\begin{matrix} \to \text{第 1 年更新，新设备要维修 4 年；} \\ \to \text{第 2 年更新，新设备要维修 3 年；} \\ \to \text{第 3 年更新，新设备要维修 2 年；} \\ \to \text{第 4 年更新，新设备要维修 1 年.} \end{matrix}$$

（新设备第一年的维修费 3 万元，第 2 年考虑到维修费会有所上涨，所以是 5 万元.）

旧设备维修费矩阵
$$\boldsymbol{W}_0 = \begin{pmatrix} 0 & 0 & 0 & 0 \\ 6 & 0 & 0 & 0 \\ 6 & 9 & 0 & 0 \\ 6 & 9 & 13 & 0 \end{pmatrix}\begin{matrix} \to \text{第 1 年更新，旧的不用维修；} \\ \to \text{第 2 年更新，旧的要维修 1 年；} \\ \to \text{第 3 年更新，旧的要维修 2 年；} \\ \to \text{第 4 年更新，旧的不用维修.} \end{matrix}$$

总的维修费用矩阵 $W=W_1+W_0=\begin{pmatrix}3&5&7&9\\6&5&7&9\\6&9&5&7\\6&9&13&5\end{pmatrix}.$

新设备购买成本矩阵 $G=\begin{pmatrix}8&&&\\&10&&\\&&12&\\&&&15\end{pmatrix}.$

总效益矩阵 $\boldsymbol{R}$=总价值矩阵 $\boldsymbol{M}$－总维修矩阵 $\boldsymbol{W}$－购买成本矩阵 $\boldsymbol{G}$,故:

$$\boldsymbol{R}=\begin{pmatrix}45&50&49&46\\35&45&50&49\\35&32&49&50\\35&32&31&49\end{pmatrix}-\begin{pmatrix}3&5&7&9\\6&5&7&9\\6&9&5&7\\6&9&13&5\end{pmatrix}-\begin{pmatrix}8&0&0&0\\0&10&0&0\\0&0&12&0\\0&0&0&15\end{pmatrix}=\begin{pmatrix}34&45&42&37\\29&30&43&40\\29&23&28&43\\29&23&18&25\end{pmatrix}.$$

不同年份更新设备总效益矩阵 $=\boldsymbol{R}\begin{pmatrix}1\\1\\1\\1\end{pmatrix}=\begin{pmatrix}158\\142\\127\\95\end{pmatrix}$
→第 1 年更新设备,4 年所产生的总效益;
→第 2 年更新设备,3 年所产生的总效益;
→第 3 年更新设备,2 年所产生的总效益;
→第 4 年更新设备,1 年所产生的总效益.

分析的结果是:第 1 年就更新设备,4 年所产生的效益最大为 158 万元;如果第 2 年更新也是可以考虑的,4 年所产生的效益为 142 万元,好处是旧设备多用 1 年,新设备会延后 1 年的使用期.

例 10.5.6 数据文件加密和解码问题.

在信息传输时,所有的文件、图像等,都是按照国际通用标准将其编码为相应的数字文件、数字图像,传输这些数字串,再对这些数字串按通用标准解码,就恢复为原来的文件、图像了.如果用这种通用的数字信息去传递,大家都会知道这是什么内容,就不能达到保密的效果.如何对这些数字信息加密呢?办法之一是,把这串数字用矩阵变换为另一串数字,成为加密数字信号,传送加密数字信号就不易被识别了,接受者只有用逆变换(也就是逆矩阵)才能把加密数字信号还原为原来的数字串,才能知道原来数字文件、数字图像的内容.这就是用矩阵加密和解密的思路.

假设矩阵加密方法中,约定 3 个数字表示一个特定的含义,约定用于加密的矩阵是 $\boldsymbol{A}$,用于解密的逆矩阵是 $\boldsymbol{A}^{-1}$,其形式为

$$\boldsymbol{A}=\begin{pmatrix}1&2&3\\1&1&2\\0&1&2\end{pmatrix},\quad \boldsymbol{A}^{-1}=\begin{pmatrix}0&1&-1\\2&-2&-1\\-1&1&1\end{pmatrix},$$

现要求对数字文件“19,5,14,4,13,15,14,5,25”演示矩阵加密和矩阵解密的过程.

解 先按照要求整理数字文件中的数据,3 个数据设为一个“变量”,于是由这个数字文件得到 3 个“变量”:

$$X_1=\begin{pmatrix}19\\5\\14\end{pmatrix},\quad X_2=\begin{pmatrix}4\\13\\15\end{pmatrix},\quad X_3=\begin{pmatrix}14\\5\\25\end{pmatrix};$$

再把这些“变量”用矩阵加密，加密后变为“新变量”$\boldsymbol{Y}_1,\boldsymbol{Y}_2,\boldsymbol{Y}_3$，有

$$\boldsymbol{Y}_1=\boldsymbol{A}\boldsymbol{X}_1=\begin{pmatrix}1&2&3\\1&1&2\\0&1&2\end{pmatrix}\begin{pmatrix}19\\5\\14\end{pmatrix}=\begin{pmatrix}71\\52\\33\end{pmatrix};$$

$$\boldsymbol{Y}_2=\boldsymbol{A}\boldsymbol{X}_2=\begin{pmatrix}1&2&3\\1&1&2\\0&1&2\end{pmatrix}\begin{pmatrix}4\\13\\15\end{pmatrix}=\begin{pmatrix}75\\47\\43\end{pmatrix};$$

$$\boldsymbol{Y}_3=\boldsymbol{A}\boldsymbol{X}_3=\begin{pmatrix}1&2&3\\1&1&2\\0&1&2\end{pmatrix}\begin{pmatrix}14\\5\\25\end{pmatrix}=\begin{pmatrix}99\\69\\55\end{pmatrix}.$$

“新变量”$\boldsymbol{Y}_1,\boldsymbol{Y}_2,\boldsymbol{Y}_3$是对“原变量”的“加密码”，“加密码”是可以用逆矩阵还原的：

$$\boldsymbol{A}^{-1}\boldsymbol{Y}_1=\begin{pmatrix}0&1&-1\\2&-2&-1\\-1&1&1\end{pmatrix}\begin{pmatrix}71\\52\\33\end{pmatrix}=\begin{pmatrix}19\\5\\14\end{pmatrix}=\boldsymbol{X}_1;$$

$$\boldsymbol{A}^{-1}\boldsymbol{Y}_2=\begin{pmatrix}0&1&-1\\2&-2&-1\\-1&1&1\end{pmatrix}\begin{pmatrix}75\\47\\43\end{pmatrix}=\begin{pmatrix}4\\13\\15\end{pmatrix}=\boldsymbol{X}_2;$$

$$\boldsymbol{A}^{-1}\boldsymbol{Y}_3=\begin{pmatrix}0&1&-1\\2&-2&-1\\-1&1&1\end{pmatrix}\begin{pmatrix}99\\69\\55\end{pmatrix}=\begin{pmatrix}14\\5\\25\end{pmatrix}=\boldsymbol{X}_3;$$

由此例可知，对那些大家都明白的数字信息，可采用矩阵(一个矩阵或多个矩阵)对其加密，再用逆矩阵解密还原，这种简单的加密方法常常用于保密程度要求不高的商业目的.

对数据文件加密，本质上是用一种“算法”把原数据文件变成“密码”，只有用“逆算法”才能“解码”. 显然，对于这种加密方法来说，他人要破解出“逆算法”越是困难，就说明该加密方法越好.

现在流行且通用一种“公开密钥密码体制”. 发送方 A 和接收方 B 同时拥有“加密钥”和“解密钥”，它们都是通过公开的特殊的算法得到的，从加密钥几乎不可能推算出解密钥，加密文也几乎无法解译成明文，密文传送不怕被截获. A 利用“加密钥”把明文变为密码文传送给 B，同时也把“加密钥”发送给接收方 B，发送过程不怕截获，接收方再利用“解密钥”将其变为明文. 在这种机制中，加密码和解密码都是随机的，字节较长，而且每次只使用一次.

§10.6 矩阵在各类管理方面的应用

例 10.6.1 从业人员的变动预测问题.

设某地共有 30 万人,现有务工人员 15 万、务农人员 9 万、经商人员 6 万,社会调查表明,当年的职业变动情况为:

$$务工\xrightarrow{转}务农(20\%),\quad 务工\xrightarrow{转}经商(10\%),$$
$$务农\xrightarrow{转}务工(20\%),\quad 务农\xrightarrow{转}经商(10\%),$$
$$经商\xrightarrow{转}务工(10\%),\quad 经商\xrightarrow{转}务农(10\%).$$

试问:在总人口不变的前提下,按这种状况下去,预测 1 年、2 年后,这些职业人员的分布情况.

解 按照社会调查,就务工职业来说,原有务工人员 70%保留,务农人员 20%转入,经商人员 10%转入.就务农职业来说,原有务农人员 70%保留,务工人员 20%转入,经商人员 10%转入.就经商职业来说,原有经商人员 80%保留,务工人员 10%转入,务农人员 10%转入.

记现有的务工、务农、经商人数为 $\boldsymbol{X}_0=(x_0\quad y_0\quad z_0)^{\mathrm{T}}=(15\quad 9\quad 6)^{\mathrm{T}}$,还记第 i 年的务工、务农、经商人数为 $\boldsymbol{X}_i=(x_i\quad y_i\quad z_i)^{\mathrm{T}}$,于是,根据分析可列出线性方程组

$$\begin{cases}x_1=0.7x_0+0.2y_0+0.1z_0\\ y_1=0.2x_0+0.7y_0+0.1z_0,\\ z_1=0.1x_0+0.1y_0+0.8z_0\end{cases}\quad 即\begin{pmatrix}x_1\\y_1\\z_1\end{pmatrix}=\begin{pmatrix}0.7&0.2&0.1\\0.2&0.7&0.1\\0.1&0.1&0.8\end{pmatrix}\begin{pmatrix}x_0\\y_0\\z_0\end{pmatrix}.$$

简记为 $\boldsymbol{X}_1=\boldsymbol{A}\boldsymbol{X}_0$.显然,$\boldsymbol{X}_2=\boldsymbol{A}\boldsymbol{X}_1=\boldsymbol{A}^2\boldsymbol{X}_0$.经过计算,预测从业人员分布情况为:

$$\begin{matrix}务工人员\\务农人员\\经商人员\end{matrix}\quad\begin{pmatrix}x_1\\y_1\\z_1\end{pmatrix}=\begin{pmatrix}12.9\\9.9\\7.2\end{pmatrix},\quad\begin{pmatrix}x_2\\y_2\\z_2\end{pmatrix}=\begin{pmatrix}11.73\\10.23\\8.04\end{pmatrix}.$$

这个例子也适用于某大公司用工流动的估计和城市人口流动的估计.

例 10.6.2 车流量的交通管理问题.

对于一个有双向车流的十字路口,监测道口流出、流入车流量的规律(如图 10-9 所示),为了交通的有序管理,试估算道口内路面的车流量 x_1、x_2、x_3、x_4.

解 如图 10-9 所示,根据道口流出、流入车数相等的规律,可以列出下列方程组:

$$节点\ A:x_1+360=x_2+260;$$
$$节点\ B:x_2+220=x_4+357;$$
$$节点\ C:x_3+320=x_4+357;$$
$$节点\ D:x_4+260=x_1+251.$$

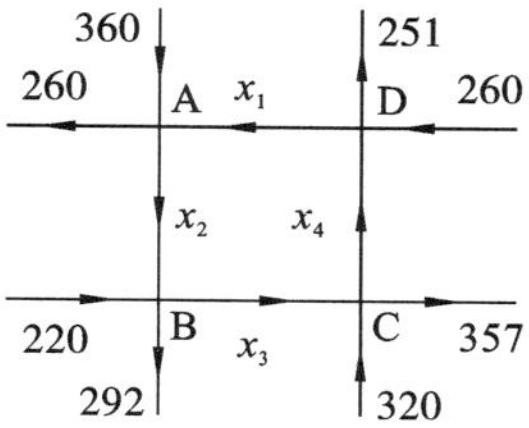

图 10-9　两横两纵的交通示意图

写成矩阵方程形式：

$$\begin{pmatrix} 1 & -1 & & \\ & 1 & -1 & \\ & & 1 & -1 \\ -1 & & & 1 \end{pmatrix}\begin{pmatrix} x_1 \\ x_2 \\ x_3 \\ x_4 \end{pmatrix}=\begin{pmatrix} -100 \\ 72 \\ 37 \\ -9 \end{pmatrix}.$$

化简结果为：

$$\begin{pmatrix} 1 & 0 & 0 & -1 \\ 0 & 1 & 0 & -1 \\ 0 & 0 & 1 & -1 \\ 0 & 0 & 0 & 0 \end{pmatrix}\begin{pmatrix} x_1 \\ x_2 \\ x_3 \\ x_4 \end{pmatrix}=\begin{pmatrix} 9 \\ 109 \\ 37 \\ 0 \end{pmatrix}.\text{解得}\begin{cases} x_1=x_4+9 \\ x_2=x_4+109. \\ x_3=x_4+37 \end{cases}$$

这个结果告诉我们，x_4 是关键的车流量，补充对 x_4 的监测，就可以估算出各条道路的车流量.

把上述模型扩展到多个十字路，如图 10-10 所示，有 6 个交通节点，它可以用 6 个方程和 7 个变量的方程组来描述，经化简知道，它的解会有两个自由变量.根据实际情况，列选出这两个关键的自由变量，监控这两个关键的自由变量的数据，并把监测数据无线传输到这 6 个交通节点，每个交通节点处的“智能红绿灯”可以及时地估算出各条道路上的车流量，并按照车流量自动调整红绿灯的时间，那么就可以把这 6 个节点的车流交通自动有序地管理起来.

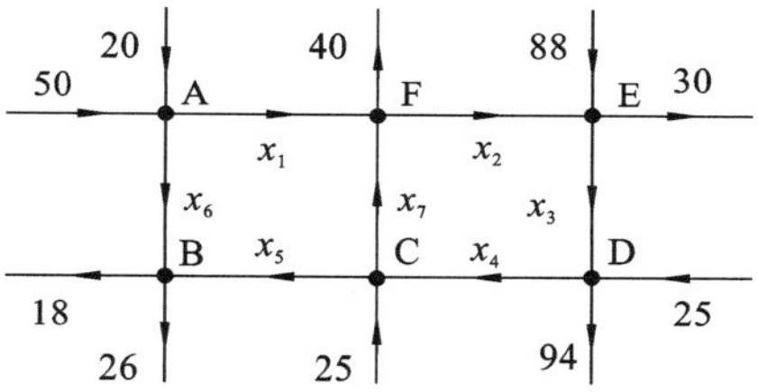

图 10-10　两横三纵的交通示意图

例 10.6.3　球队比赛的胜负问题.

设有 5 个球队单循环比赛，结果为 1 队胜 2、3 队，2 队胜 3、4、5 队，4 队胜 1、3、5 队，5 队胜 1、3 队，3 队全负.试用矩阵列出胜负状况，并判断获胜队.

解　比赛循环胜负情况如图 10-11 所示，并按队号写出 5×5 矩阵，矩阵元素$(i,j)=1$表示第 i 队胜了第 j 队.

$$\boldsymbol{M}=\begin{matrix} & \begin{matrix} 1 & 2 & 3 & 4 & 5 \end{matrix} & \\ & \begin{pmatrix} 0 & 1 & 1 & 0 & 0 \\ 0 & 0 & 1 & 1 & 1 \\ 0 & 0 & 0 & 0 & 0 \\ 1 & 0 & 1 & 0 & 1 \\ 1 & 0 & 1 & 0 & 0 \end{pmatrix} & \begin{matrix} \text{第 1 队} \\ \text{第 2 队} \\ \text{第 3 队} \\ \text{第 4 队} \\ \text{第 5 队} \end{matrix} \end{matrix},\text{在第 2 队和第 4 队中选择胜者.}$$

由矩阵可见，第 2 队和第 4 对都赢了 3 场，再通过查询比较具体情况决定冠军队.

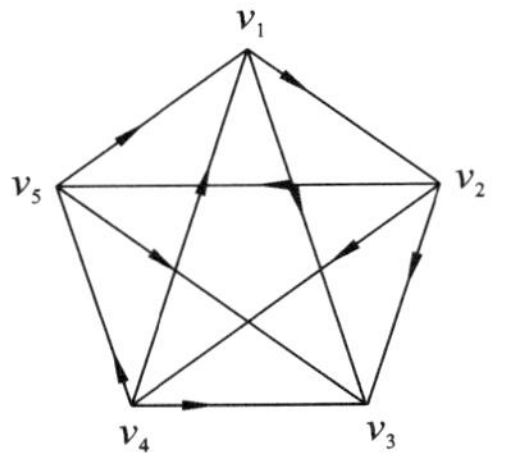

图 10-11　五队单循环胜负图

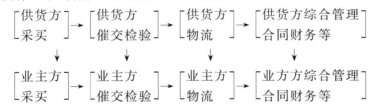

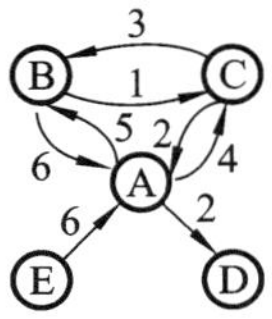

图 10-12　货物流量示意图

例 10.6.4　某公司有 5 个站点，每天的货物流量和流向如图 10-12 所示，试写出其关联矩阵 $\boldsymbol{M}$.

解　关于货物的流量和流向矩阵为

$$\boldsymbol{M}=\begin{array}{c} \begin{matrix} \mathrm{A} & \mathrm{B} & \mathrm{C} & \mathrm{D} & \mathrm{E} \end{matrix} \\ \begin{pmatrix} 0 & 5 & 4 & 2 & 0 \\ 6 & 0 & 1 & 0 & 0 \\ 1 & 0 & 0 & 2 & 9 \\ 0 & 0 & 0 & 0 & 0 \\ 6 & 0 & 0 & 0 & 0 \end{pmatrix} \end{array} \begin{matrix} \mathrm{A} \\ \mathrm{B} \\ \mathrm{C} \\ \mathrm{D} \\ \mathrm{E} \end{matrix}$$

流向、流量一目了然，可以考虑弥补不足，让站点间的流量均衡.

图和矩阵都可以表示多个事物之间的有序关系，因此，像多个地点之间的交通问题，公路、铁路、飞机交通问题，都可以用有向图和关联矩阵表示出来，很直观.

例 10.6.5　矩阵式供需管理模型.

在工程建设中，采购材料会存在许多环节，希望构建管理模型，保证采购工作的监控管理.

解　具体环节如下：

①先根据具体环节，构建一个“矩阵式的管理模型”：

供货方 采买	→	供货方 催交检验	→	供货方 物流	→	供货方综合管理 合同财务等
↓		↓		↓		↓
业主方 采买	→	业主方 催交检验	→	业主方 物流	→	业方方综合管理 合同财务等

②供货方和业主方都建立数据库，便于监督管理.

③供货方和业主方都设专人管理，保证每一个环节的要求.

④供货方和业主方利用互联网交流，保证协调进行.

现代的企业管理，包括供需管理、工况管理、人员管理、物流管理、效益管理等方面，都普遍采用“矩阵式管理”模式，也就是“模块式管理”模式. 这种管理模式的最大优点就是，高管人员可以一目了然地看清“模块式”之间的关系，再通过各个“模块”反映上来的数据，协调整体关系，达到统筹管理和轻松管理的目的. 就连在编制较复杂的软件时，一般也都是用“矩阵式结构”表明多个目标之间的相互关系.

§ 10.7　矩阵在信号相关性分析方面的应用

分析两个函数或者两个信号是否相似有着重要的应用，这需要用到相关函数的性质.

1. 相关函数及其性质

在信号分析中，经常用到**相关函数**，它的定义式为

$$R_{xg}(t)=\int_{-\infty}^{\infty}x(\tau)g(\tau+t)\mathrm{d}\tau.$$

为了便于理解这种特殊的积分形式，先假设 $x(\tau),\tau\in[a,b]$；$g(\tau),\tau\in[c,d]$. 它们都在有限区间上是有效的，区间外全为零值；积分变元是 τ，t 是平移量；对于不同的 t 都要计算定积分，t 改变时积分结果也随之改变，积分结果是 t 的函数，记为 $R_{xg}(t)$.

$R_{xg}(t)$ 的定义域有多大？先假设 $x(\tau)$ 不动，平移量 t 从 $-\infty\rightarrow+\infty$ 变动，对 $g(\tau+t)$ 来说，就相当于 $g(\tau)$ 由左向右平移. 当 $g(\tau+t)$ 在 $x(\tau)$ 左边没有交集的时候，积分值是零；当移动到与 $x(\tau)$ 有交集的时候，会有积分值；当 $g(\tau+t)$ 移动到 $x(\tau)$ 右边，直到没有交集的时候，积分值也是零. 因此 $R_{xg}(t)$ 的定义域为 $[a-(d-c),b+(d-c)]$，$R_{xg}(t)$ 的定义域长度是 $x(\tau)$ 的长度加上 2 倍 $g(\tau)$ 的定义域的长度.

相关函数 $R_{xg}(t)$ 实际上是在平移量 t 改变时的定积分. 为了理解相关函数的特点，不妨设 $x(t)>0$ 和 $g(t)>0$，此时可见，两条曲线重合面积较少时，$x(t)$ 和 $g(t)$ 积分数值小，相关程度低；两条曲线重合面积较多时，积分数值大，$x(t)$ 和 $g(t)$ 的相关程度高. 而且，无论 $x(t)$ 和 $g(t)$ 的定义域是有限区间还是无限区间，上述积分的特点总是不变的. 换句话说，这种积分非常适用于检验 $x(t)$ 和 $g(t)$ 的相关程度或相似程度，所以称 $R_{xg}(t)$ 为关于 $x(t)$ 和 $g(t)$ 的“相关函数”. 若对 $x(t)$ 和 $g(t)$ 两个不相同函数做积分，这也是一种变换，就称 $R_{xg}(t)$ 为“互相关变换”，或简称为“互相关”；若 $x(t)$ 与 $x(t)$ 做相关变换，就称 $R_{xx}(t)$ 为“自相关”.

性质 1　互相关函数 $R_{xg}(t)$ 不是偶函数也不是奇函数，没有极大值.

性质 2　自相关函数 $R_{xx}(t)$ 是偶函数，$\tau=0$ 时取得极大值，而且极大值就是最大值.

事实上，只要利用变量代换，就会有

$$\begin{aligned}R_{xx}(-t)&=\int_{-\infty}^{+\infty}x(\tau)x(\tau-t)\mathrm{d}t=\int_{-\infty}^{+\infty}x(u+t)x(u)\mathrm{d}u\\&=\int_{-\infty}^{+\infty}x(\tau)x(\tau+t)dt=R_{xx}(t),\end{aligned}$$

可知 $R_{xx}(t)$ 是偶对称的. 当然还可以证明，当 $\tau=0$ 时，自相关函数 $R_{xx}(t)$ 取得极大值，也就是最大值(证明略去).

性质 3　若 $x(t)$ 具有周期性质，则自相关函数 $R_{xx}(t)$ 仍然保持这种周期表现.

事实上，设 $x(t)=x(t+T)$，T 是其周期，于是

$$R_{xx}(t)=\int_{-\infty}^{+\infty}x(\tau)x(\tau+t)\mathrm{d}\tau=\int_{-\infty}^{+\infty}x(\tau)x[(\tau+T)+t]\mathrm{d}u$$
$$=\int_{-\infty}^{+\infty}x(\tau)x[\tau+(T+t)]\mathrm{d}t=R_{xx}(t+T),$$

可知 $R_{xx}(t)=R_{xx}(t+T)$，$R_{xx}(t)$ 保持周期 T 不变.

性质 4　延迟相似信号的互相关函数在确定的位置取得极大值.

已知 $g(t)=f(t-\tau_0)$，即 $g(t)$ 仅是 $f(t)$ 的的平移；若把 $f(t)$ 看成是某种信号（函数），则 $g(t)$ 就是 $f(t)$ 的延迟相似信号，把它们做互相关，即有

$$\int_{-\infty}^{+\infty}f(\tau)g(\tau)d\tau=\int_{-\infty}^{+\infty}f(\tau)f(\tau+t)\mathrm{d}\tau.$$

根据自相关函数的性质 2 可知，当 $t=\tau_0$ 时，$g(t)$ 和 $f(t)$ 重合，$R_{fg}(t)$ 取得最大值，见图 10-13.

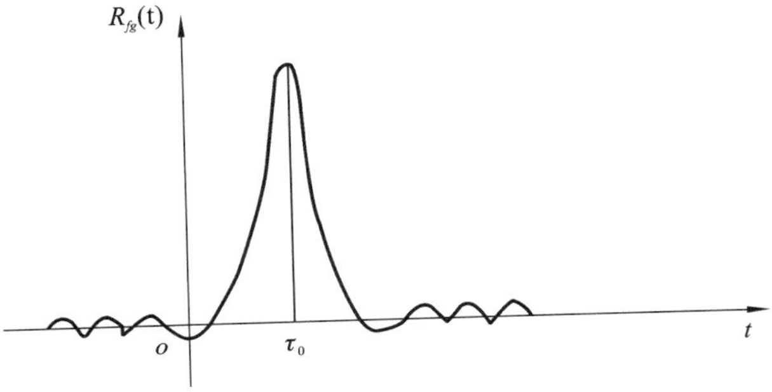

图 10-13　延迟相似信号的互相关曲线

性质 4 有很多重要的应用. 把延迟信号做互相关，通过最大值的检测就可以确定延迟时间 τ_0. 具体应用将在后面看到.

2. "互相关函数"最大值的"实时检测"方法

设 $x(t)$ 是待分析的信号，它可能比较长，由左向右进入可视窗；$g(t)$ 是一段确定的信号. 现在要分析 $x(t)$ 中的哪个部分与 $g(t)$ 相关性最大.

用计算机做互相关的具体过程如下.

①用步长 h 对 $x(t)$ 和 $g(t)$ 采样，离散信号分别为

$$\cdots,X_n,X_{n-1},X_{n-2},\cdots,X_{k+1},X_k,\cdots,X_3,X_2,X_1;$$
$$G_1,G_2,\cdots,G_k.$$

假设数据 $\{G_j\}_{j=1}^{k}$ 不动，将其看作"互相关的功能模块"，将信号数据 $\{X_j\}_{j=1}^{\infty}$ 不断地输入"互相关变换器"中，此时离散数据的互相关变换过程和输出表现为：

一个数据进入变换器	$\cdots$	X_1			$\Rightarrow$ 输出互相关数据 R_1；
	G_1	G_2	$\cdots$	G_k	
两个数据进入变换器	$\cdots$ X_2	X_1			$\Rightarrow$ 输出互相关数据 R_2；
	G_1	G_2	$\cdots$	G_k	

k 个数据进入变换器 $\begin{matrix} \cdots & X_k & X_{k-1} & \cdots & X_1 \\ & G_1 & G_2 & \cdots & G_k \end{matrix} \Rightarrow$ 输出互相关数据 R_k；

信号数据不断地进入变换器 $\begin{matrix} \cdots & X_{n+k} & \cdots & X_{n+1} & X_n \\ & G_1 & \cdots & G_{k-1} & G_k \end{matrix} \Rightarrow$ 输出互相关数据 R_{n+k}.

②实时记录并实时比较互相关函数的离散值 $\{R_j\}_{j=1}^{\infty}$，确定其最大值的位置.

读者注意，信号数据不断输入，变换后的数据不断输出，相关函数的图形流动式地显示出来，这样就是“实时”的互相关变换的效果. 应该明白，“实时”观察效果是一种不断的而且是随时的观察效果.

检测电网信号时，与某类故障信号做“实时相关分析”，可用于监测电网故障.

检测桥梁、大型装置的振动信号，在振动频率方面与某类故障信号做“实时相关分析”，可用于监测运行故障.

3. 延时信号互相关的应用

延时信号互相关性质 4 有很多应用.

(1) 用信号探测管道的泄露点

如图 10-14 所示，一个地下的输油管有泄露点，人们在大致判断出泄露点位置之后，在该处左边和右边的管壁上安置信号采集器，分别得到 $\{X_j\}$ 和 $\{x_j\}$. 人们可以认为，这两个信号中都含有泄露点喷油和输油管输油的共同信号，这两个信号是基本相似的，不同点仅在于离泄露点的距离不同而造成的一些差异，也就是说信号 $\{X_j\}$ 和 $\{x_j\}$ 是延迟信号，相对延迟时间为 τ_0. 于是，把 $\{X_j\}$ 和 $\{x_j\}$ 做互相关并检测出在 τ_0 处取得极大值. 一定要明白，τ_0 是 2 个信号之间的相对时延，如图 10-14 所示，$\tau_0 = 2s$，利用声音在管壁材料中的传播速度，就可以计算出两个检测中心点到泄露点之间的距离，从而确定泄露点的位置.

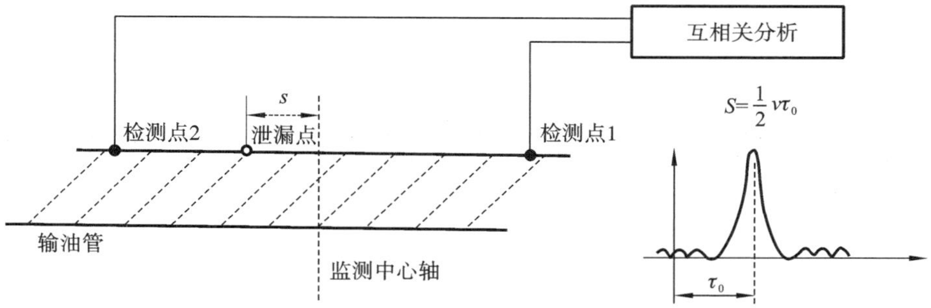

图 10-14　延时信号互相关分析判断管道泄露点

(2) 雷达信号探测障碍物的距离

雷达发射的是某种频率的电磁波，电磁波在空中遇到金属障碍物会产生反射，反射信号中主要含有发射信号，还含有一些噪声. 人们可认为反射信号是发射信号的相似延迟信号，因此，反射信号和发射信号做互相关，就可以计算出延迟时间，这个延迟时间是电磁波遇障碍物的往返传播时间，于是可计算出雷达发射点和空中障碍物之间的距离.

声呐探测水下物体距离的原理和雷达相同，不过反射信号中还可能携带有船只的机器振动的频率信息.

地震勘探石油也是利用延时信号互相关的手段. 地面发出的“人为地震波”传入地下，遇到岩石层会反射回来，把发射波和反射波做互相关，可以计算出地下岩石层的位置，如果能画出地下岩层分布的剖面图，那么在岩层构造类似于盆地的地方，往往会储存石油.

用发射信号的方法去探测障碍物、测量距离的技术，已经被广泛使用了. 根据波在不同介质中传播的特性，人们可以根据需要采用不同发射波，例如用不同频率的电磁波(长波、短波、微波、红外波、X 射线等)探测，用声波探测等.

(3) 探测信号的局部相关性

把 $x(t)$ 当作要分析的信号，$g(t)$ 仅是 $x(t)$ 中的一段，它们做互相关会有什么表现? 显然，当相同的信号段重合时，相关分析的结果会出现局部极大值，用计算机检测这个局部极大值是方便的，也就是说，用计算机检测某段特殊的局部信号是方便的.

例如，电网的电压时常会波动，一般的波动是正常的，但有一种特殊的波动是危险的，它会引起电网的电压震荡且造成毁坏性后果，于是，人们可以把这种危险的电压波动信号做成“危险信号模板”，再把它与电网的电压信号实时地做相关分析(实时监测)，一旦发现这种危险，就及时采取处置措施，以保证电网的正常运行.

再比如，每个人的发音都有特殊性，可以把某个人发音的特殊性用“A”方法提取出来并做成“特征模板”. 在监听多路电话时，先把每个电话语音信号也用“A”方法变换，再把它们都与“特征模板”做实时的相关比对，如果发现某个电话语音在相关分析中出现极大值，也就把握住了待定的监听对象.

(4) 检测信号的主要源头

例如，汽车座椅振动的主要根源是什么? 是发动机、前轮轴、后轮轴，还是车桥? 人们可以同时检测出这 5 个地方的振动信号，把座椅振动信号分别与其他 4 个信号做互相关，就可以找出主要原因，并采取措施减少振动.

用信号做相关分析进行探测、监控的例子太多了，这里就不再累赘列举了.

§ 10.8 矩阵在关键词检索和文本分类方面的应用

用计算机去解决“字词识别”“词条检索”“文本归档”和“文本查重”等问题，这在文本数字化、机器问答系统、文摘系统、文档分类系统、数据挖掘方法及其相应的智能算法中都起着关键的作用.

解决这类问题要应用线性代数中的基本概念，由此出现多种不同的算法，本节仅从简单问题入手，粗略介绍基于向量和矩阵的简单算法.

1. 文字识别数据化

给定一个“印刷体”单字图像，如何用计算机识别出这是什么字? 如何用计算机输出并参与编辑？其实现过程的基本思路是什么？

（1）构建“单字矩阵”

按照“新华字典顺序”，即“拼音字母顺序”和“4 声顺序”，将以拼音“a”开头的所有单字排列成一个“单字矩阵 1”，其顺序是：

第一行，单字母“a”的单字，按“4 声排序”；

第二行，以字母“a、b”开头的所有单字，按“4 声排序”；

第三行，以字母“a、b、c”开头的所有单字，按“4 声排序”；

如此下去，构建的这个“单字矩阵 1”是巨大的.

同样地，将字典中的所有单字构建“单字矩阵”，这个矩阵更大.

（2）构建“单字特征矩阵”

例如，对“单字矩阵 1”中的全部单字提取“特征”. 把每个汉字当作“图像”，用一种“有效算法”提取“几何特征”，例如提取单字的线条、端点、交叉点、折弯、凹凸、倾斜方向、闭合环路等信息. 如果每个单字都对应 8 个特征，把单字特征与单字对应起来，并构建“单字特征矩阵 1”，这个矩阵巨大.

同样地，将字典中的所有单字都构建“单字特征矩阵”，这个矩阵更是巨大.

（3）识别单字

例如，要具体识别某个以拼音“a”开头的印刷汉字. 先把该汉字看作“图像”，用“有效算法”计算出该文字的“8 个特征”，再把该单字的特征与“单字特征矩阵 1”比对，特征基本相同的那个就对应着“文字矩阵 1”中的那个文字，该文字就会出现在计算机屏幕上，就可以参与文字编辑了.

同样地，对任意给定的中文单字图像，先算出它的特征，再到“单字特征矩阵”中去比对，就可以将该单字识别出来，并参与编辑.

显然，实现中文单字的识别，需要计算机具有强大的存储能力和超快的计算能力，这些方面都需要线性代数的基础知识.

单个文字的图像识别是最基本的工作，在此基础上，已经发展出了“文字扫描输入”“文字手写识别”“实词识别”“语句构造”“文字语音识别”“语音语句识别”. 现在，“人机语音对话”“语言翻译机”也日趋成熟.

这些工作都需要极大的数据存储、极快的计算能力、针对不同问题的实用快速算法，要做好这些工作，线性代数在其中发挥了极大的作用.

2. 信息的关键词检索

利用大数据已经成为现今时代的特点之一，所谓大数据就是把五花八门各种类型的信息都收集、归类、存储起来，需要的时候检索出需要表述的信息再加以分析，以便确定所需要的下一步目标.

“信息类别”很多，有图书类、图像类、视频类、语音类、文字类等等，每种信息类别中又有许多“科目类别”，每种“科目类别”中又存储有大量的“单体信息”.

这些海量的信息可以用关键词检索出来. 信息检索的基本原理是什么？

第一，需要事先建立关于“信息类别”“科目类别”“单体信息”的“索引关键词”．关键词全部按照“字典顺序”排列．

第二，实地检索时，输入几个关键词，计算机由此确定所查询的“信息类别”和“科目类别”，然后再在确定的“科目类别”中，仍然利用关键词去检索所需要的“单体信息”．

第三，将检索出来的“单体信息”集中推荐出来，或再做其他利用．

例如，下面介绍关于检索图书的基本过程．

图书馆内的藏书极多，事先已经将图书分成不同的科目，并且设定了“科目类别关键词”，假设关于线性代数图书的线性代数科目关键词向量＝(初等，代数，矩阵，理论，线性，应用)．

假设图书馆已有 7 本有关的图书，书名如下：

B1：应用线性代数；
B2：初等线性代数；
B3：初等线性代数及其应用；
B4：线性代数及其应用；
B5：线性代数及应用；
B6：矩阵代数及应用；
B7：矩阵理论．

事先按照科目关键词顺序，对每一本图书，构建“单体信息矩阵”$\boldsymbol{A}$：

	初等	代数	矩阵	理论	线性	应用
B1	0	1	0	0	1	1
B2	1	1	0	0	1	0
B3	1	1	0	0	1	1
B4	0	1	0	0	1	1
B5	0	1	0	0	1	1
B6	0	1	1	0	0	1
B7	0	0	1	1	0	0

如果要搜索《应用线性代数》这本书，输入的关键词是“应用”“线性”“代数”，计算机还是按照“字典顺序”，自动生成一个搜索关键词向量 $\boldsymbol{X}=(0,1,0,0,1,1)$．

计算机采用“矩阵相乘的算法”，搜索每一本书对这几个关键词的匹配程度，有

$$\boldsymbol{A}\cdot\boldsymbol{X}=\begin{pmatrix}0&1&0&0&1&1\\1&1&0&0&1&0\\1&1&0&0&1&1\\0&1&0&0&1&1\\0&1&0&0&1&1\\0&1&1&0&0&1\\0&0&1&1&0&0\end{pmatrix}\begin{pmatrix}0\\1\\0\\0\\1\\1\end{pmatrix}=\begin{pmatrix}3\\2\\3\\3\\3\\2\\0\end{pmatrix},$$

其中，$\boldsymbol{A}$ 的第 1 行乘以 $\boldsymbol{X}$，就是“图书 B1 的科目关键词向量”“点乘”“搜索关键词向量 $\boldsymbol{X}$”，其乘积结果表示这两个向量的匹配程度为 3；$\boldsymbol{A}$ 的第 2 行“点乘”$\boldsymbol{X}$，其乘积结果的含义为“B2 的关键词向量”和 $\boldsymbol{X}$ 的匹配程度为 2．

搜索结果表示，图书 B1、B3、B4、B5 的匹配程度最高，值得推荐．

例如，下面介绍关于检索体育新闻的程序设置过程.

首先是准备工作，先对体育新闻设定“体育类科目关键词向量”顺序，假设按字典顺序有 10 个关键词；再把收集起来的所有体育新闻，对每一条新闻都建立一个“信息关键词向量”；所有这些向量构成“关键词矩阵”存储起来.

接着是搜索，输入几个关键词，计算机会自动生成一个“搜索关键词向量”，搜索过程实际上是看“每一条信息关键词向量”和“搜索关键词向量”的匹配程度.

最后，将匹配程度高的搜索结果推荐出来.

这两个简例的检索过程具有代表性，无论是什么科目，有多少科目，每个科目有多少信息，计算机都可以快速地检索出来，并向读者推荐. 各个网站都使用这种检索方法，商家也以此用于营销推荐. 这种利用关键词归类信息、搜索信息的方法，需要巨大的数据库，需要快速的计算功能，需要适应不同需要的“快速算法”.

3. 抓取文本的关键词

对于每个文本建立关键词是非常重要的. 一般情况下，提供文本的同时都要求提供关键词. 有了文本关键词，把文本归类或者检索文档就方便了. 可是有些文本，例如有些新闻稿或其他文章，经常会出现没有关键词的情况. 为了便于检索，如何用机器抓取出某个文本的关键词？

这是一件比较困难的工作，不过现在已经研究出了多种好的算法. 下面粗略介绍一种基于向量抓取关键词的算法思想.

(1) 用“分词器”扫描文本

记录具有明确含义的“词汇”. 通常认为，关键词大多出现在名词和动名词中，所以分词扫描时会去掉动词、虚词、连词、代词、冠词等. 由此得到

$$\text{文本词条向量}=(\text{词汇 }1,\text{词汇 }2,\cdots,\text{词汇 }n).$$

(2) 确定每个词条的权重

这项工作特别重要，而且要考虑到多种因素.

①基于词条在文本中的位置考虑权重

考虑某个词条是否出现在主标题、段落标题、引言、结尾.

②基于词条在文本中的“词频”考虑权重

通常认为，某词条在文本中出现的频率越高，越能够反映它在文本中的重要性.

$$\text{某词条在文本自身中出现的词频}=\frac{\text{某词在该文中出现的次数}}{\text{该文中被记录词条的总数}}.$$

③基于某个词条在“语料库”中出现的频率考虑权重

同一类大量的文档都有相应的语料库，语料库中都有很多关键词，不同类的文档都有各自的关键词语料库，以此作为搜索的部分依据. 如果某词条在某个语料库中出现，说明该文档归类于这个语料库的可能性较大.

(3) 按照权重排序，确定反映文本主题的特征向量

考虑上述多种情况，对文本的每一个词汇计算出“权重值”，于是，与“文本词条向量”对应，可以构建出

$$\text{文本特征向量}=(\text{权重 }1,\text{权重 }2,\cdots,\text{权重 }n).$$

(4) 从文本特征向量中,选取权重大的几个词条作为关键词

有了文本的关键词,人们就可以做很多事情,例如判断该文本的类型,是属于论文类、新闻类、体育类,还是属于文艺类?在某个馆藏中,某文本应该归为哪一档?推荐与该文本相关联的其他文本,等等.

4. 文本相似度检测

利用关键词将文档进行分类是比较粗略的,如果需要在 n 个文档中,将相似程度高的文档挑选出来,该采用什么算法?下面介绍一些基本原理.

(1) 设计有效算法

因为文档的字数多、语句多、类型多,要用计算机挑选相似程度高的文档,必须设计一套有效的算法.

(2) 构建"文档实词向量"

将每个文档的"实词"都分离出来,按"字典顺序"排序,相同的实词只保留一次,但需记住它的重复程度.每个文档可能有成千上万个"实词".

$$\text{第 } j \text{ 篇文档的实词向量 } \boldsymbol{C}_j=(c_{j1},c_{j2},\cdots,c_{ji},\cdots,c_{jm}).$$

全部文档实词向量的分量个数都是 m,如果某个实词在第 j 篇文档中没有出现,就用"0"标记.

只利用实词是不能比较出文本之间的相似程度的,为了便于比较,还需要数字化,还需要可比性.

(3) 计算"第 j 篇文档第 i 个实词 c_{ji}"在第 j 篇文档中的"词频"

$d_{ji}=\text{实词 } c_{ji} \text{ 在 } j \text{ 文档中出现的频率}=\dfrac{c_{ji} \text{ 在 } j \text{ 文档中出现的总次数}}{j \text{ 文档全部实词总数}}$,$d_{ji}$ 越大,说明实词 c_{ji} 在文档中的份量越重,对文档特点的表现能力越强.

(4) 计算实词 c_{ji} 在全部 n 篇文档中出现的"频率"

$e_{ji}=\text{实词 } c_{ji} \text{ 在全部文档中出现的频率}=\dfrac{\text{出现实词 } c_{ji} \text{ 的文档数}}{\text{要分类的全部文档数 } n}$,显然,$e_{ji}$ 越大,说明与实词 c_{ji} 有关的文档同类型的可能性越大.

(5) 计算第 j 篇文档的所有实词的"特征向量".

第 j 篇文档的实词特征向量 $\boldsymbol{T}_j=(t_{j1},t_{j2},\cdots,t_{ji},\cdots,t_{jm})$,其中,

$$t_{ji}=\frac{d_{ji}}{e_{ji}}=\frac{\text{实词 } c_{ji} \text{ 在文档 } j \text{ 中出现的频率}}{\text{实词 } c_{ji} \text{ 的文档频率}}.$$

显然,t_{ji} 越大,说明实词 c_{ji} 在相当多的文档中出现,并且出现的比例还较高.

假设有 100 篇文档,经过实词分离后,每篇文档按照"字典顺序",构建"实词向量",每个向量都有 70000 个分量;每篇文档还可相应计算出"特征向量",其中第 j 篇文档的具体情况如下:

实词序号	具体实词	特征数值
1	啊	0.00012
2	锕	0.00000
……	……	……
999	飞快	0.03112
1000	发展	0.10123
……	……	……
69999	这种	0.00003
70000	制造	0.38600

(6) 比较文档的相似程度

把文档 j 的"实词特征向量"与其他所有的特征向量进行比较,特征向量"接近",就说明这 2 个文档的内容接近. 如何度量这种"接近程度"呢? 可简单地采用"空间向量夹角"的算法:

$$\cos(\boldsymbol{T}_j \wedge \boldsymbol{T}_i) = \frac{\boldsymbol{T}_j \cdot \boldsymbol{T}_i}{\|\boldsymbol{T}_j\| \cdot \|\boldsymbol{T}_i\|}.$$

显然,余弦值越大,说明 2 个特征向量之间的夹角越小,这 2 个特征向量"接近",对应地,文档 j 和文档 i 的内容就"接近",能力相似程度高. 反之,余弦值越小,文档 j 和文档 i 的内容差异较大.

不断比较,就可以把与文档 j 相似程度高的其他文档都找出来了.

从这个例子可见,该算法可以用于多个语句和段落之间的比较.

5. 论文查重的算法

如果将一篇论文和已经发表的众多文章进行比对,有多少成分是相似的? 这就是论文查重的目的.

论文查重需要考虑的问题更多一些,粗略地讲,需要以下几方面的工作.

(1) 待查论文属于哪个类型、哪个科目. 在所属科目的语料库中已经存储有很多有关的论文了.

(2) 就论文中的每一个语句(以句号区分语句)和语料库中的文本的全部语句之间,检查其相似度. 此时是以语句为单位,要在论文每个"语句特征向量"和语料库中的"全部语句特征向量"之间计算相似度.

(3) 就论文中的每一个段落和语料库中的文本的全部段落之间,检查其相似度. 此时是以语句为单位,要在论文每个"语句特征向量"和语料库中的"全部语句特征向量"之间计算相似度.

(4) 就整篇论文的词条形成"论文特征向量",和语料库中全部的"每一篇论文特征向量"之间计算相似度.

(5) 综合全部检测结果,给定评判标准. 这里介绍的"余弦相似度"算法,可以用于判别"语句相似程度""文本的相似程度""网页的相似程度"和其他判别相似度的问题.

作为本章结束，我们指出：

在数字化时代，计算、归类、控制、处理等方面的工作，离不开计算机，离不开数学，离不开矩阵.

本章列举的日常生活中经常出现的应用实例，仅需要高中知识就可以理解，读者从中可以感受到矩阵在各个领域的实用性，扩大自身的知识面，提高学习线性代数的兴趣.

读者还可以在网络上查询“线性代数的应用”或者“矩阵的应用”，获得更多应用方面的知识.

习 题 十

1. 生产成本汇总问题

设某公司生产 3 种产品，各种产品的成本(元)列出明细表如下.

	A 产品	B 产品	C 产品
原料使用费	10	20	15
支付工资	30	10	20
管理及其他费用	10	15	10

这 3 种产品在各个季度的产量也可列出明细表.

	春季产量	夏季产量	秋季产量	冬季产量
A 产品	2000	3000	2500	2000
B 产品	2800	4800	3700	3000
C 产品	2500	3500	1000	2000

要求用报表呈现：

①对全部产品来说，每个季度所支付的不同类型成本的状况；

②对单种成本来说，各季节及全年的支付状况.

2. 多种产品的单件成本核算问题

某工厂每个批次的投料就能生产出 4 种产品，现将各个批次的成本以及产品数量汇总如下：

生产批次	产品 A(公斤)	产品 B(公斤)	产品 C(公斤)	产品 D(公斤)	批次成本
1	200	100	100	50	2900
2	500	250	200	100	7050
3	100	40	40	20	1360
4	400	180	160	60	5500

试求每种产品的单位(公斤)成本.

提示:在多批次生产中,每种产品的单位成本是不变的,可以设这 4 种产品的单位价格分别为 x_1、x_2、x_3、x_4,列出线性方程组求解.

3. 营养配比问题

医院营养师用 3 种食材为某类病人配制菜肴.已知 3 种食材每 100 g 的营养含量如下表所示:

100 g 营养含量	蔬菜	鱼	肉松
热量(cal)	60	300	600
蛋白质(g)	3	9	6
维生素 C(mg)	90	60	30

要求每一份菜肴符合下面 3 个标准:①总的含热量为 1200cal,②含蛋白质 30g,③含维生素 C 300mg.

问:每份菜肴中应该配比蔬菜、鱼、肉松各多少?

提示:设未知量,列方程组,用矩阵表示,求解线性方程组.

4. 封闭图形的变换问题

设在平面直角坐标系中有△ABC,要求将 A 点移到点 E(3,4)处,并将图形向左旋转 $\frac{\pi}{6}$,试写出相应的变换矩阵.

5. 化学方程式平衡问题

设有化学反应方程式

$$(x_1)C_3H_8+(x_2)O_2\rightarrow(x_3)CO_2+(x_4)H_2O,$$

其中 $x_i(i=1,2,3,4)$ 是系数.要求将此化学反应方程式配置平衡.

提示:把每种反应物的原子数目,按碳、氢、氧的顺序,写成列向量.例如,$C_3H_8\rightarrow(3,8,0)^T$,$O_2\rightarrow(0,0,2)^T$,$CO_2\rightarrow(1,0,2)^T$,$H_2O\rightarrow(0,2,1)^T$.列出方程组,求解方程组配平系数.

6. 混凝土的配比问题

已知混凝土由 5 种主要的原料组成:水泥、水、砂、石和灰.不同的成分都影响着混凝土的性能.例如,水与水泥的比例影响混凝土的最终强度,砂与石的比例影响混凝土的易加工性,灰与水泥的比例影响混凝土的耐久性等.所以,不同用途的混凝土需要不同的原料配比.

已知一个混凝土生产企业的设备只能生产并存储 3 种基本类型的混凝土,即超强型、通用型和长寿型.它们的配方如下:

超强型 A 含水泥、水、砂、石、灰的比重分别为 20、10、20、10、0;

通用型 B 含水泥、水、砂、石、灰的比重分别为 18、10、25、5、2;

长寿型 C 含水泥、水、砂、石、灰的比重分别为 12、10、15、15、8.

生产企业希望,客户所订购的其他混凝土都由这三种基本类型按一定比例混配而成.

(1)假如某客户要求的混凝土的 5 种成分的比重分别为 16、10、21、9、4,试问 A、B、C 这 3 种类型应各占多少比例?如果客户总共需要这种混凝土 200 kg ,这 3 种类型各要多少 kg

去混配就可以满足客户要求?

(2)如果客户要求的成分的比重为 30、57、69、7、80,它能用 A、B、C 三种类型配成吗?

提示:每一种基本类型的混凝土可以用一个 5 维的列向量来表示. 问题(1)是要列出线性方程组求解. 问题(2)也是列出线性方程组求解,方程组能求解表示可以混配满足要求,方程组不能求解就表示不能混配满足要求.

7. 平板温度的插值计算问题

把平板划为很多网格,如图 10-15 所示的 3×3 网格. 平板周边节点的温度已知,要近似计算平板中部节点的热传导温度 T_1、T_2、T_3、T_4 . 为表示 T_1,以 T_1 节点为中心画棱形,认为 T_1 是棱形 4 个节点温度的平均值,可列出方程 $T_1=(20+10+T_2+T_3)/4$;同样,可列出关于 T_2、T_3、T_4 的方程.

(1) 平板的周边温度不变,在 3×3 网格分划下,试列出方程组,用矩阵表示,并求解出 T_1、T_2、T_3、T_4.

(2) 平板的周边温度不变,试在 5×5 网格分划下,用线性插值方法,列出关于内部节点处温度的线性方程组.

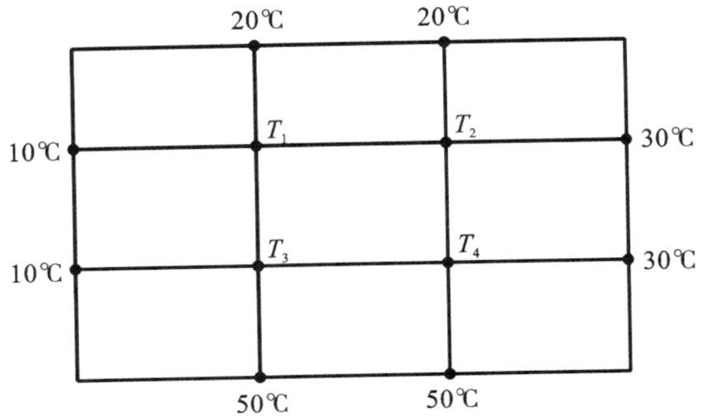

图 10-15　平板划分为 3×3 网格

8. 近似曲线的插值问题

已知 $f(x)$ 在 4 个点处的函数值:

$$f(0)=3,\quad f(1)=0,\quad f(2)=-1,\quad f(3)=8,$$

要求用 3 次多项式 $P(t)=a_0+a_1t+a_2t^2+a_3t^3$ 近似模拟 $f(x)$,试列出关于 4 个点的方程组,求出 a_0、a_1、a_2、a_3,并近似计算 $f(1.5)$ 的值.

9. 矩阵加密问题

现假设一个"字母一数字对照表":

A	B	C	D	E	F	G	H	I	J	K	L	M
1	2	3	4	5	6	7	8	9	10	11	12	13

N	O	P	Q	R	S	T	U	V	W	X	Y	Z
14	15	16	17	18	19	20	21	22	23	24	25	26

把"STUDY LINEAR ALGBRA"转换成数字代码

19	20	21	4	25	12	9	14	5	1	18	1	12	7	5	2	18	1

这串数字代码很容易被破译，希望对这串数字代码加密. 于是把上述数字串每 3 个数字作为一个向量，共分为 6 个向量：

$$\begin{pmatrix}19\\20\\21\end{pmatrix},\quad \begin{pmatrix}4\\25\\12\end{pmatrix},\quad \begin{pmatrix}9\\14\\5\end{pmatrix},\quad \begin{pmatrix}1\\18\\1\end{pmatrix},\quad \begin{pmatrix}12\\7\\5\end{pmatrix},\quad \begin{pmatrix}2\\18\\1\end{pmatrix}$$

再选用一个 3 阶可逆矩阵：

$$\boldsymbol{A}=\begin{pmatrix}0 & 2 & -1\\1 & -2 & 1\\-1 & -1 & 1\end{pmatrix},$$

对上述向量做乘法：

$$\boldsymbol{A}\cdot\begin{pmatrix}19\\20\\21\end{pmatrix},\quad \boldsymbol{A}\cdot\begin{pmatrix}4\\25\\12\end{pmatrix},\quad \cdots\quad,\quad \boldsymbol{A}\cdot\begin{pmatrix}2\\18\\1\end{pmatrix}.$$

这样就得到 6 个新的向量：

$$\begin{pmatrix}19\\0\\-18\end{pmatrix},\quad \begin{pmatrix}38\\-34\\-17\end{pmatrix},\quad \begin{pmatrix}23\\-14\\-18\end{pmatrix},\quad \begin{pmatrix}25\\-34\\-18\end{pmatrix},\quad \begin{pmatrix}9\\3\\-14\end{pmatrix},\quad \begin{pmatrix}35\\-33\\-19\end{pmatrix}.$$

把这些新向量的分量按顺序写在一起，就成了密码：

19	0	−18	38	−34	−17	23	−14	−18
25	−34	−18	9	3	−14	35	−33	−19

这种新密码具有一定的保密作用.

如果要把这个新密码翻译成原文，只需把它再以 3 个数字一组，构成一个新向量，用逆矩阵$\boldsymbol{A}^{-1}$对这 6 个新向量做乘法，例如

$$\boldsymbol{A}^{-1}\begin{pmatrix}19\\0\\-18\end{pmatrix}=\begin{pmatrix}19\\20\\21\end{pmatrix},\quad \boldsymbol{A}^{-1}\begin{pmatrix}38\\-34\\-17\end{pmatrix}=\begin{pmatrix}4\\25\\12\end{pmatrix},\quad \cdots$$

再按照原先的“字母一数字对照表”转换为字母就得到原文了.

试求出逆矩阵$\boldsymbol{A}^{-1}$，验证解码的准确性.

10. 人口迁徙估计问题

设某个大城市郊区和市区的总人口是固定的，但在政府的政策导向下，市区和郊区之间的居民有迁徙变化. 据经验，每年有 6%的市区居民搬到郊区去住，而有 2%的郊区居民搬到市区. 假如开始时有 30%的居民住在市区，70%的居民住在郊区，问 10 年后市区和郊区的居民人口比例是多少？

提示：这个问题可以用矩阵乘法来描述. 设市区和郊区的总人口为 $\boldsymbol{X}_k=(X_{ks},X_{kj})^{\mathrm{T}}$，其中市区总人口为 X_{ks}, 郊区人口为 X_{kj}，下标 k 表示年份.

对于市区来说，每年有 94% 的居民保留，2% 迁入；对于郊区来说，每年有 98% 保留，6% 迁入，于是有人口变化的矩阵

$$A=\begin{pmatrix}0.94 & 0.02\\0.06 & 0.98\end{pmatrix},$$

这样，市区和郊区人口的变换可以用矩阵乘法去估算：

$$X_1=AX_0=\begin{pmatrix}0.94 & 0.02\\0.06 & 0.98\end{pmatrix}\begin{pmatrix}0.3\\0.7\end{pmatrix}.$$

试计算出 X_1、X_2、X_{10}.

二维码资源使用说明

本书部分课程及与纸质教材配套数字资源以二维码链接的形式呈现。利用手机微信扫码成功后提示微信登录，授权后进入注册页面，填写注册信息。按照提示输入手机号码，点击获取手机验证码，稍等片刻收到4位数的验证码短信，在提示位置输入验证码成功，再设置密码，选择相应专业，点击“立即注册”，注册成功。（若手机已经注册，则在“注册”页面底部选择“已有账号？立即注册”，进入“账号绑定”页面，直接输入手机号和密码登录。）接着提示输入学习码，需刮开教材封面防伪涂层，输入13位学习码（正版图书拥有的一次性使用学习码），输入正确后提示绑定成功，即可查看二维码数字资源。手机第一次登录查看资源成功以后，再次使用二维码资源时，只需在微信端扫码即可登录进入查看。